21世纪高职高专规划教材

电子信息工学结合模式系列教材

Protel DXP电路设计案例教程（第2版）

蔡 霞 主 编

顾治萍 副主编

清华大学出版社

北京

内容简介

本书主要讲述Protel DXP电路设计软件的应用，介绍Protel DXP的发展历史和功能，以及原理图的工作环境设置、绘制原理图的基本方法和技巧、层次原理图的设计、PCB电路图的设计流程、电路板设计的基本概念、布线规则的设置、元器件库的设计、各种报表文件的生成和PCB电路板制板技巧等。全书通过大量的案例设计，对实际产品PCB的仿制与剖析，突出了案例的实用性、综合性和先进性，帮助读者快速掌握软件的基本应用方法，具备PCB设计能力。

本书突出了以案例为中心的特点，配合的案例由浅入深，从而逐步提高读者的设计能力；每章后均配有习题，便于读者操作练习。通过本书的学习与实践，读者可熟练地应用Protel DXP进行电子电路及电路板的设计。

本书既可作为高等职业院校电子类、电气类、通信类、机电类等专业的教材，也可作为职业技术教育、技术培训及从事电子产品设计与开发的工程技术人员学习PCB设计的参考用书。

图书在版编目(CIP)数据

Protel DXP电路设计案例教程/蔡霞主编.--2版.--北京：清华大学出版社，2016(2019.8重印)
21世纪高职高专规划教材　电子信息工学结合模式系列教材
ISBN 978-7-302-40017-2

Ⅰ.①P…　Ⅱ.①蔡…　Ⅲ.①印制电路－计算机辅助设计－应用软件－高等职业教育－教材
Ⅳ.①TN410.2

中国版本图书馆CIP数据核字(2015)第086744号

责任编辑：王剑乔
封面设计：傅瑞学
责任校对：李　梅
责任印制：刘祎淼

出版发行：清华大学出版社
网　　址：http://www.tup.com.cn，http://www.wqbook.com
地　　址：北京清华大学学研大厦A座　　**邮　　编**：100084
社 总 机：010-62770175　　**邮　　购**：010-62786544
投稿与读者服务：010-62776969，c-service@tup.tsinghua.edu.cn
质量反馈：010-62772015，zhiliang@tup.tsinghua.edu.cn
课件下载：http://www.tup.com.cn,010-62795764
印 装 者：三河市春园印刷有限公司
经　　销：全国新华书店
开　　本：185mm×260mm　　**印　张**：19.25　　**字　　数**：441千字
版　　次：2011年7月第1版　　2016年1月第2版　　**印　　次**：2019年8月第4次印刷
定　　价：46.00元

产品编号：060663-02

PREFACE 第2版前言

全国高职院校发展很快,"以就业为导向"使得学生们的学习必须工学结合,实现理论和实践两手抓的方针。"电子产品制图与制板"课程已成为各类高职院校应用电子技术专业、计算机控制专业等的专业核心课程,很多院校把"电子产品制图与制板"课程作为重点建设课程。我院的"电子产品制图与制板"课程也是院级骨干建设的重点建设课程,其中教材建设更是整个课程建设的重点。目前大多数的"电子产品制图与制板"课程的教材还是依据传统的教学方法编写,为了更好地培养学生的动手能力、实践能力、项目开发能力,编写一本以项目为导向的 Protel DXP 电路设计案例教程是非常必要的。本书从电气原理图的绘制开始切入,以印制电路板的设计为最终目标,简明扼要地介绍印制电路板设计的整个过程,同时展示了 Protel DXP 软件在电子产品设计过程中的作用。读者可以循序渐进地掌握利用 Protel DXP 绘制原理图、绘制原理图元器件库、绘制 PCB 图、绘制 PCB 元器件库及设计经典的电子产品。同时,为了方便学生自我检查,在每一章后面均配有上机练习题。第 2 版教材在第 1 版的基础上,修正了很多错误,在第 5 章元器件封装库的设计中增加了贴片元器件封装的设计等内容。

按照高等职业技术学校"电子产品制图与制板"课程的教学特点,本书在注重内容的先进性和科学性的基础上,更加突出项目的实用性和可操作性。本书具有如下鲜明特色。

(1) 相关的知识点融于案例中,通过完成案例掌握相应的知识和操作。

(2) 结合真实电子产品的设计过程,注重学生的能力培养。融基础知识和基本技能于一体,注重培养学生的应用能力、实践能力和职业能力。

(3) 实用性强,书中的项目代表性强,并能与实际应用相结合,使学生能够学以致用。

(4) 教辅结合。各章配有大量的上机实训题、习题,以帮助学生的学习和理解。

本书结合了真实电子产品的设计需求,采用案例教学法,注重学生的能力培养,具有很强的实用性。

本书电路符号使用的是国际上流行的图形符号,该符号体系是由电气与电子工程师协会/美国国家标准化组织(IEEE/ANSI)制定的国际标准,以此说明。

本书可以作为高等职业院校电子类、电气类、通信类、机电类专业的教材,也可以作为职业技术教育、技术培训及从事电子产品设计与开发的工程技术人员的参考用书。

本书由上海电子信息职业技术学院蔡霞担任主编,顾治萍担任副主编。其中,第 1、2、4 章由蔡霞编写,第 3、5、6 章由顾治萍编写,由蔡霞统稿。

书中所有的案例与练习都经过上机操作和认真审核,但由于作者水平有限,编写时间仓促,难免有疏漏和不足之处,敬请广大读者批评指正(作者 E-mail: 20070009@stiei.edu.cn)。

编 者

2015 年 11 月

PREFACE 前言

随着电子技术的快速发展，越来越复杂的电子电路对电子设计自动化(EDA)提出了更高的要求，各种 EDA 软件如雨后春笋般蓬勃发展。在复杂的电子产品设计过程中，电子产品制图与制板将抽象的设计思想具体化、实施化，是实现电子电路从设计到完成电路板制作的重要手段。

“电子产品制图与制板”是高等职业技术学校应用电子技术专业、计算机控制专业的一门核心课程。它是集电子产品设计、计算机应用技术、机械制造技术于一体的一种综合应用，是现代电子产品设计技术的发展方向。该课程要求读者具备电工基础知识，具有基本电路设计、分析能力、读图和识图能力以及计算机基本操作能力，所以建议该课程安排在“计算机应用基础”“电工基础”之后讲授。

本书采用的设计软件是 Protel DXP，是 Altium 公司推出的较新版本，它继承了 Protel 99 SE 的各项优点并加以改进，以操作简单、功能齐全、方便易学、自动化程度高等优点而逐步占领市场，是目前非常流行的电子 CAD 软件。通过 Protel DXP 软件的学习，读者能理解电子 CAD 软件的基本概念和工作流程，能熟练使用软件进行电路原理图和印制板设计，进而通过机械加工与化学腐蚀工艺制作出适用的印制板。本书采用项目驱动法，按照实际设计流程，通过案例教学使读者循序渐进地掌握原理图、原理图元器件库、PCB 元器件库以及 PCB 图的绘制，最后仿照几个经典的电子产品设计实例加以综合应用。

按照高等职业技术学校“电子产品制图与制板”的教学特点，本书在注重内容的先进性和科学性的基础上更加突出了项目的实用性和可操作性，具有如下鲜明特色。

(1) 先进性和科学性。本书项目丰富而且实用，方便读者自学。

(2) 项目驱动法。本书各个章节在授课内容的安排上采取项目驱动教学，将每个章节的知识点均融入具体的项目中，引导读者灵活运用各章的知识点和技能，并给出适当的操作步骤和提示，以绘制实际的电路原理图和电路板图，巩固所学的知识和技能。如全手工绘制单面板以设计振荡器电路的 PCB 为例，自动布线绘制双面板以设计三端稳压电源电路的 PCB 为例等。

(3) 内容丰富，项目由浅入深，循序渐进地提高读者的设计能力。

(4) 前 5 章均配备了详细的习题,便于读者操作练习,第 6 章则给出了电子产品设计的综合实例。

全书共分 6 章,主要内容包括原理图设计、原理图元器件库设计、PCB 设计、PCB 元器件库设计、电子产品综合实例等。

本书可以作为高等职业院校电子类、电气类、通信类、机电类专业的教材,也可以作为职业技术教育、技术培训及从事电子产品设计与开发的工程技术人员的参考用书。

本书由上海电子信息职业技术学院蔡霞任主编,顾治萍任副主编。第 1、2、4 章由蔡霞编写,第 3、5、6 章由顾治萍编写,全书由蔡霞统稿。书中所有的案例与练习都经过上机操作和认真审核。但由于作者水平所限,难免有疏漏和不足之处,敬请广大读者批评指正,不胜感激(作者 E-mail: 20070009@stiei.edu.cn)。

编　者

2011 年 2 月

CONTENTS 目录

CHAPTER 1 第1章

Protel DXP 概述

随着电子技术迅速发展和芯片生产工艺不断提高，电路板越来越复杂；电路板上的芯片越来越小，且封装各异；电路板的层数越来越多，从简单的单面板到复杂的双面板，以及制作更加复杂的多层板；超大规模集成电路的使用，使电路板走线愈加精密和复杂，加上可编程逻辑器件快速发展，使得电子工程师们依靠手工方式设计电子线路板已经不现实。计算机技术快速发展，使得电子工程师们摆脱了烦琐、艰苦的工作，极大地提高了工作效率，节省了时间，缩短了产品开发周期。计算机辅助设计/制造(CAD/CAM)工具的发展非常快。电路设计自动化(Electronic Design Automation，EDA)是CAD的一个分支，是将电路设计中的各种工作交由计算机来协助完成，影响较大的有Protel、OrCAD、Viewlogic、PowerPCB、AutoCAD等。

目前，Protel是比较突出的代表，它是国内最流行的电子线路的板级设计工具；同时，Altium公司是目前世界上最大的板级系统集成供应商。Protel操作简单、易学易用、功能强大，能够完成如电路图(Schematic)绘制、印制电路板(PCB)文件制作、执行电路仿真(Simulation)等设计工作。

1.1 Protel DXP 的发展史

1988年，计算机应用进入各个领域。在这种背景下，美国的ACCEL Technologies Inc公司推出了世界上第一个电子线路设计软件包——TANGO，开创了电子设计自动化的先河，彻底改变了电子工程师们的工作方式，使他们从艰苦、烦琐的电子线路设计工作中解放出来。一年后，Protel Technology公司以其强大的研发能力推出了Protel For Dos版。这是第一代基于Dos的Protel软件。从此，Protel这个名字在业内日益响亮。

1991年，随着计算机硬件技术水平提高以及Windows操作系统的推出，Protel Technology公司及时地推出基于Windows操作系统的Protel软件——Protel for Windows 1.0版，随后推出了Protel for Windows 1.5版。1994年，Protel公司推出Protel for Windows 2.0版；在1997年，推出Protel for Windows 3.0版。在这一版中，Protel Technology公司把CUPL公司的CPLD技术集成到Protel软件中，使用该软件可以完成可编程逻辑器件的设计。这些版本初步摆脱了烦琐的命令，给电子设计带来了很大的方便。

1998年，Protel Technology公司推出Protel 98。这个32位的EDA软件产品是第一个包含5个核心模块的EDA工具，它改进了自动布线技术，使得印制电路板自动布线真正走向实用。

1999 年,Protel Technology 公司推出 Protel 99。它既有原理图的逻辑功能验证的混合信号仿真,又有 PCB 信号完整性分析的板级仿真,构成从电路设计到真实板分析的完整体系。

2000 年推出的 Protel 99 SE,使得该软件成为集成多种工具软件的桌面级 EDA 软件。其性能进一步提高,对设计过程有更大控制力。

2001 年,Protel Technology 公司更名为 Altium。2002 年下半年,Altium 公司推出 Protel DXP,它是基于 Windows XP 的一款优秀的 EDA 软件,集成了更多工具,使用更方便,功能更强大,为电子工程师提供更全面的解决方案。

1.2 Protel DXP 的主要内容

Protel DXP 集成了多种工具软件,主要由以下四大部分组成。

(1) 原理图设计系统。它主要用来设计电路原理图,也可用来绘制电路仿真原理图。

(2) 印制电路板设计系统。它主要用来设计印制电路板,生成的文件可以直接送到工厂去加工。它和原理图设计系统有密切联系。在 Protel DXP 中,利用设计同步器实现两者之间的同步。

(3) 可编程逻辑门阵列(FPGA)设计系统。它主要用来在可编程逻辑器件中设计数字电路。对于原理图设计系统和印制电路板设计系统来说,它是一个比较独立的设计系统。

(4) 硬件描述语言(VHDL)设计系统。在该编辑器中,可以用目前流行的 VHDL 语言开发可编程逻辑器件,并进行仿真分析。

1.3 Protel DXP 的新特点

Protel DXP 是基于 Windows XP 的一款优秀的 EDA 软件,它跟以前的 Protel 98、Protel 99、Protel 99 SE 版本相比有许多新特点,功能更加强大。下面将简要介绍这些新特点。

(1) Protel DXP 一改过去 Protel 99 中把所有的设计项目做成一个 *.DDB 的数据库文件,而是把整个设计项目看作一个项目工程。其中,各种文件(如原理图文件、印制电路板文件、库文件、仿真文件等)都可以随便放置在任意目录中。同时,创建了一个项目工程文件,专门用来管理其他设计文件。这是基于以项目为中心的设计原则。通过设计打包的方式,将原理图编辑、电路仿真、PCB 设计及打印功能有机地结合在一起,提供了一个集成开发环境。

(2) Protel DXP 有强大的导航器,为用户提供全面的服务。

(3) Protel DXP 提供了丰富的原理图组件库和 PCB 封装库,并且为设计新的器件提供了封装向导程序，简化了封装设计过程。Protel DXP 还提供了混合电路仿真功能，为判别实验原理图电路中某些功能模块的正确与否提供了方便。

(4) Protel DXP 提供了层次原理图设计方法，支持"自上向下"的设计思想，使大型电路设计的工作组开发方式成为可能。

(5) Protel DXP 提供了强大的编译功能。编译功能类似于以前版本的检查功能，但比检查工具的功能强大得多。

(6) Protel DXP 完全向下兼容，全面兼容 Protel 系列以前版本的设计文件；不像以前，Protel 99 SE 打不开 Protel 99 的文件。Protel DXP 还提供了 OrCAD 格式文件的转换功能。

(7) Protel DXP 提供了全新的 FPGA 设计功能，这是以前版本所没有的。

(8) Protel DXP 采用集成元器件库来管理元器件。集成元器件库与以往版本的元器件库不同，它把各种元器件信息集成到一个库中。在该集成库中既有元器件的原理图符号，又有元器件的 PCB 封装形式，还有元器件的仿真模型和信号完整性模型，更便于用户设计印制电路板。在选用元器件原理图符号时，可以同时查询该元器件的其他各种模型。Protel DXP 为了向下兼容，仍支持以前版本的原理图符号、PCB 库、仿真模型库等。电子技术发展很快，用户不可避免地会接触到新的元器件，所以 Protel DXP 也为读者提供创建元器件原理图符号库、PCB 库、仿真模型等环境，读者也就可以随心所欲地创建自己的集成元器件库了。

(9) Protel DXP 的自动布线器比以往更强大。它引入了人工智能技术，采用 Situs 拓扑算法，用户只要进行简单的设置，就可以让 Protel DXP 按照设置自动布线。Protel DXP 布线的布通率几乎是 100%。只要参数设置合理，Protel DXP 的自动布线结果比较令人满意。一般地，只要做小小的修改，就可以满足实际生产设计需要。

(10) Protel DXP 的运行配置比较高级。它是一款真正的 32 位 EDA 软件，最好采用 Windows XP 操作系统、Windows 2000 操作系统或更高版本的操作系统。它不支持 Windows 95、Windows 98 及 Windows ME 操作系统。Protel DXP 运行的标准配置是：①CPU 主频 P4 1GHz；②内存 512MB；③硬盘空间至少 700MB；④显示存储器为 32MB；⑤屏幕分辨率为 1280×1024。

1.4　Protel DXP 工作环境介绍

Protel DXP 的所有电路设计工作都必须在集成开发环境(Design Explorer)中完成。各种编辑工具，如原理图编辑器、PCB 印制电路板编辑器等都从这个集成环境启动。集成开发环境也是 Protel DXP 启动后的主要工作接口，它包含菜单栏、工具栏、工作面板、状态栏等。集成开发环境具有友好的人—机接口，而且设计功能强大，使用方便，易于上手。用户在集成开发环境中切换不同的文档时，Protel DXP 根据打开的不同类型的文档提供不同类型的编辑环境，面板上的标签、菜单、工具栏都会相应地变化。本节将详细介绍集成开发环境的使用。

1.4.1 启动 Protel DXP

安装程序时,系统在 Windows 桌面生成 Protel DXP 软件快捷方式。在桌面上双击快捷方式,即可启动软件。

同样,可以在 Windows 桌面选择“开始/程序/Protel DXP”命令,系统立即进入 Protel DXP 设计系统。

程序启动后,系统显示 Protel DXP 启动画面,如图 1-1 所示。

图 1-1 Protel DXP 启动画面

1.4.2 Protel DXP 的集成开发环境

DXP 启动后立即进入如图 1-2 所示的 Protel DXP 集成开发环境窗口。图 1-2 所示是未打开任何文档时 Protel DXP 的集成开发环境。

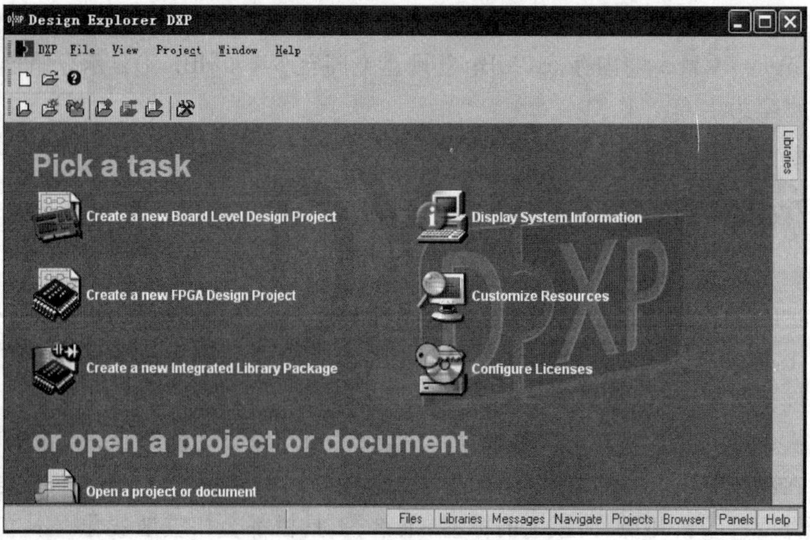

图 1-2 Protel DXP 集成开发环境

跟以往相比，Protel DXP 更接近于 Windows 的设计风格。集成开发环境窗口类似于 Windows 的资源管理器窗口，设有主菜单、主工具栏，左边为文件工作面板(Files Panels)，右边对应主工作面板，最下面是状态栏。

集成开发环境分成如下几个操作命令选项。

1. 选择任务栏(Pick a task)

Pick a task 选项区域的选项设置及功能如下所述。

(1) Create a new Board Level Design Project(新建一项设计项目)：单击 Create a new Board Level Design Project 后，系统弹出如图 1-3 所示的项目管理器。单击项目管理器右上方的白色箭头，系统弹出 Files 和 Projects 选项，可相互转换项目管理器的内容。

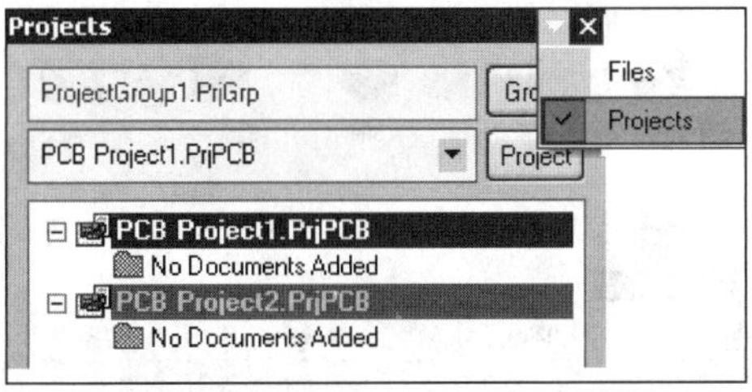

图 1-3　项目管理器

Protel DXP 以设计项目为中心。一个设计项目中包含各种设计文件，如原理图 SCH 文件、印制电路板图 PCB 文件及各种报表；多个设计项目构成一个 Project Group(设计项目组)。因此，项目是 Protel DXP 工作的核心，所有设计工作均是以项目展开的。使用项目可以方便管理。

(2) Create a new FPGA Design Project(新建一项 FPGA 项目)：单击 Create a new FPGA Design Project 选项，系统将弹出如图 1-4 所示新建 FPGA 项目设计的工作面板。

(3) Create a new integrated Library Package(新建一个集成库)：单击 Create a new integrated Library Package 选项，系统将弹出如图 1-5 所示新建集成库的工作面板。

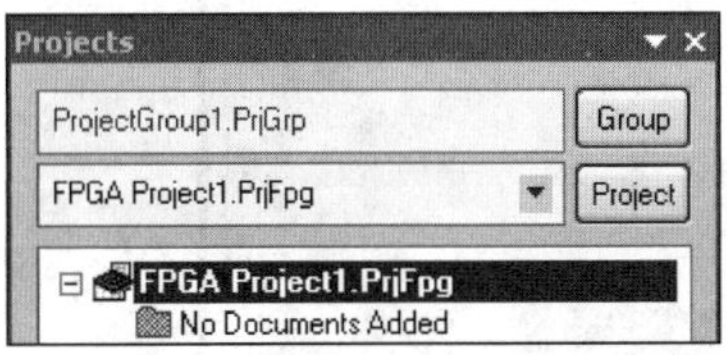

图 1-4　新建 FPGA 项目

图 1-5　新建集成库

(4) Display System Information(显示系统信息)：显示当前安装的各项软件服务器。若安装了某项服务器，能提供该项软件功能。如 SCH 服务器，用于原理图的编辑、设计、修改和生成零件封装等。单击 Display System Information 选项，系统将弹出如图 1-6 所示系统信息显示对话框。

(5) Customize Resources(自定义资源)：包括定义各种菜单的图标、文字提示、更改快捷键,以及新建命令操作等功能。用户可以根据爱好定义软件的使用接口。单击 Customize Resources 选项,系统将弹出如图 1-7 所示的自定义资源对话框。

图 1-6 系统信息显示对话框

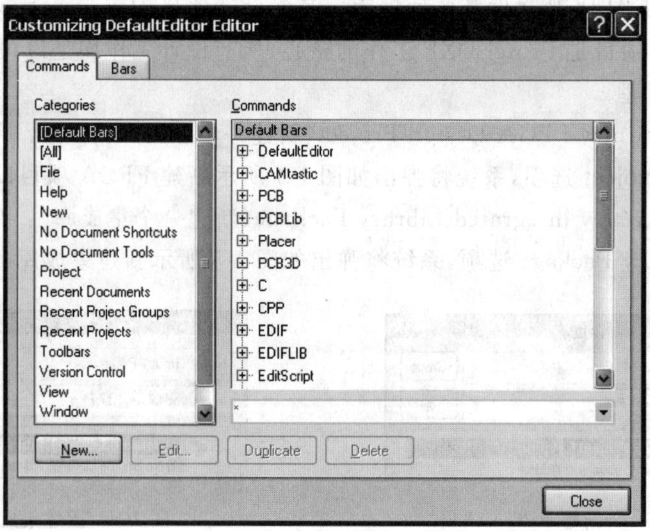

图 1-7 自定义资源对话框

(6) Configure License(配置使用许可证):用户可以查看当前使用许可的配置;也可以更改当前配置,输入新的使用许可证。单击 Configure License 选项,系统将弹出如图 1-8 所示配置使用许可证对话框。

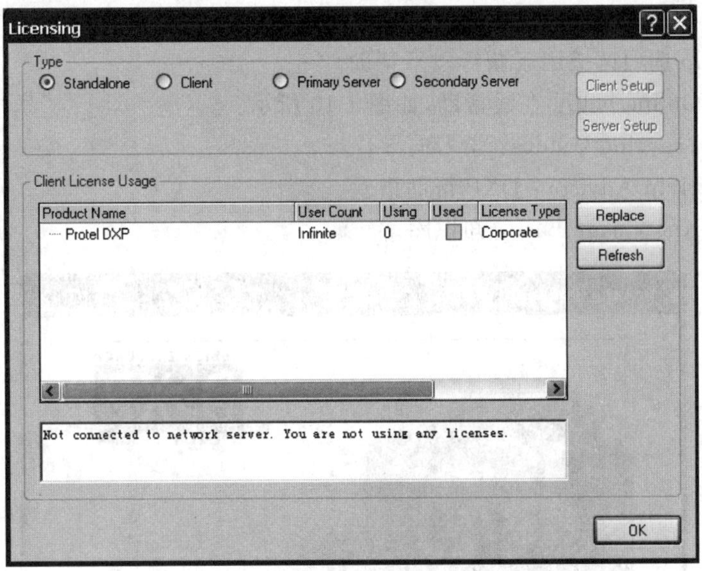

图 1-8　配置使用许可证

2. Or open a project or document 选项区域

Or open a project or document 选项区域中的选项设置及功能如下所述。

该选项区域中只有 Open a project or document(打开一项设计项目或者设计档)一项,单击后,弹出如图 1-9 所示对话框。

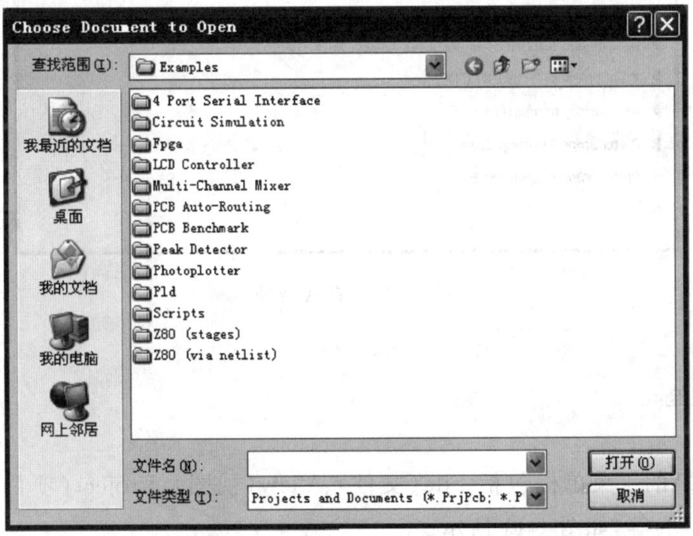

图 1-9　打开一个项目或者文件对话框

(1) Most recent project：列出最近使用过的项目名称。单击该选项,直接调出该项目进行编辑。

(2) Most recent document：列出最近使用过的设计文件名称。

3. Or get help 选项区域

Or get help 选项区域用于获得以下帮助。

(1) DXP Online help：在线帮助，如图 1-10 所示。

(2) DXP Learning Guides：学习向导。

(3) DXP Help Advisor：DXP 帮助指南。

(4) DXP Knowledge Base：知识库。

图 1-10 在线帮助

1.4.3 主菜单

Protel DXP 的主菜单栏包括 File(文件)、View(视图)、Project(项目)、Window(窗口)和 Help(帮助)等，如图 1-11 所示。

1. File 下拉菜单

File 菜单包括常用的文件功能，如文件的新建、保存、打开和关闭等；也可以用来打开项目文件，保存项目文件，显示最近使用过的文件和项目、项目组，以及退出 Protel DXP 系统等。File 下拉菜单如图 1-12 所示。

图 1-11　主菜单

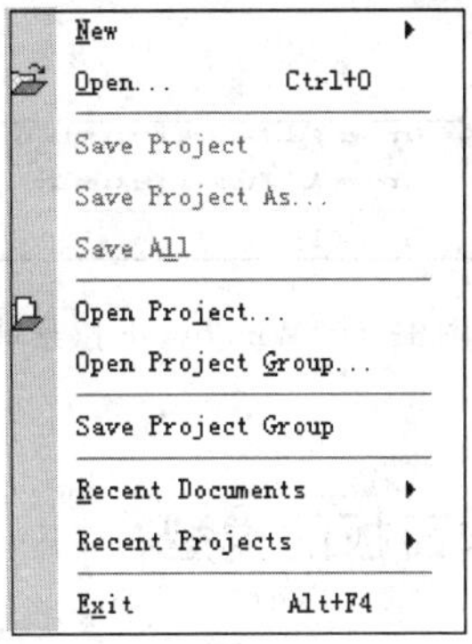

图 1-12　File 下拉菜单

2. View 下拉菜单

View 菜单主要用于管理视图，包括选择是否显示工具栏、状态栏和命令栏，显示工作面板（Workspace Panels）以及使用接口的定制等。View 下拉菜单如图 1-13 所示。

3. Project 下拉菜单

Project 菜单主要用于整个设计工程的编译、分析和版本控制，包括项目编译（Compile）及建立（Build），将文件加入项目，以及将文件从项目中删除等。Project 下拉菜单如图 1-14 所示。

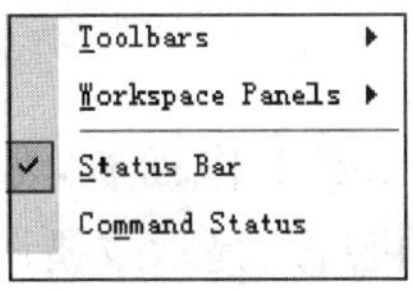

图 1-13　View 下拉菜单

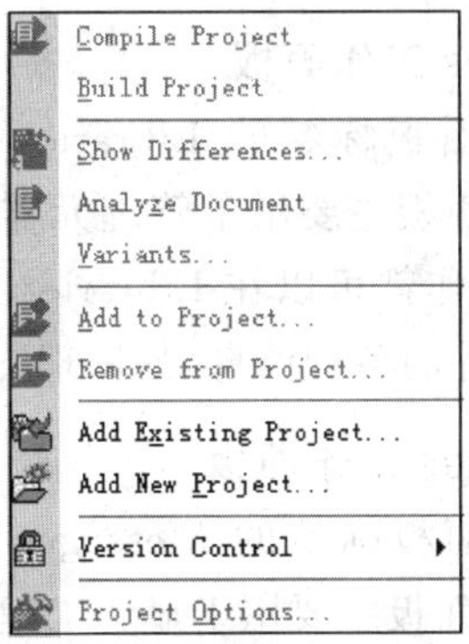

图 1-14　Project 下拉菜单

4. Window 下拉菜单

Window 菜单主要用于窗口管理，包括调整窗口的大小、位置等，也可以水平或者垂直显示当前打开的多个文件窗口。Window 下拉菜单如图 1-15 所示。

5. Help 下拉菜单

Help 菜单主要用于获取版本信息和学习 Protel DXP 教程，如图 1-16 所示。

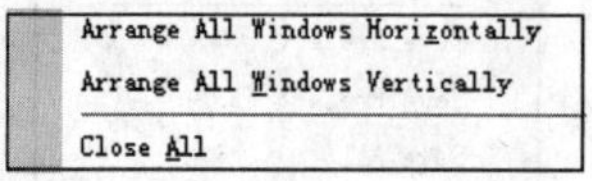

图 1-15　Window 下拉菜单

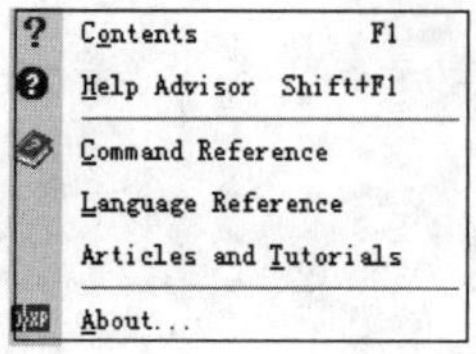

图 1-16　Help 下拉菜单

1.4.4　工作面板的类型

Protel DXP 使用大量不同的工作面板来管理、操作不同的文件，如 Files 文件面板、Libraries 库面板、Messages 工作面板、Navigate 导航面板、Projects 工作面板、Panels 工作面板和 Help 工作面板等。熟练掌握面板的操作将提高工作效率，方便用户完成设计工作。

按照 Protel DXP 默认的方式，集成开发环境主窗口右下角的标签栏如图 1-17 所示。

图 1-17　标签栏

1. Files 工作面板

单击工作面板标签的 Files 项，将弹出 Files 工作面板，如图 1-18 所示。

2. Libraries 工作面板

单击工作面板标签的 Libraries 项，将弹出 Libraries 工作面板，如图 1-19 所示。Libraries 工作面板主要用于管理元器件库。元器件库文件的加载，以及元器件的查找、编辑、放置等工作都可以在 Libraries 工作面板中实现。在 Libraries 工作面板上可以看到所选择元器件的各种信息，如原理图符号、封装图等。

3. Messages 工作面板

单击工作面板标签的 Messages 项，将弹出 Messages 工作面板，如图 1-20 所示。Messages 工作面板主要用于显示工程项目编译时出现的警告、提示或错误信息。

4. Navigate 工作面板

单击工作面板标签的 Navigate 项，将弹出 Navigator 工作面板，如图 1-21 所示。

5. Projects 工作面板

单击工作面板标签的 Projects 项，将弹出 Projects 工作面板，如图 1-22 所示。Projects 工作面板主要用于管理打开的文件。它可以是工程文件和工程文件中包含的各种文件，图 1-22 中所示的 Projects 工作面板就是一个工程项目文件；也可以是单独的自由文件，图 1-23 中所示的 Projects 工作面板就是一个单独的自由文件。

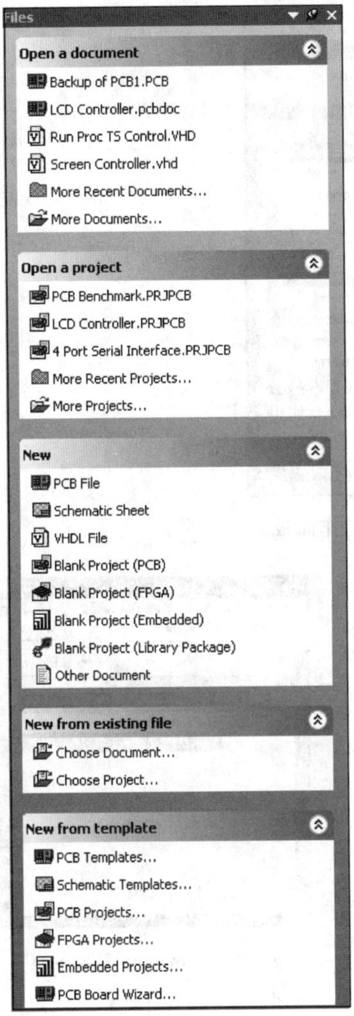

图 1-18　Files 工作面板

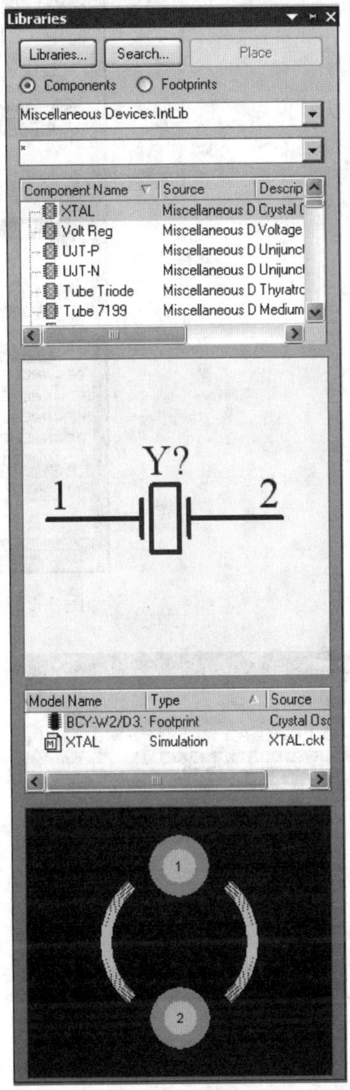

图 1-19　Libraries 工作面板

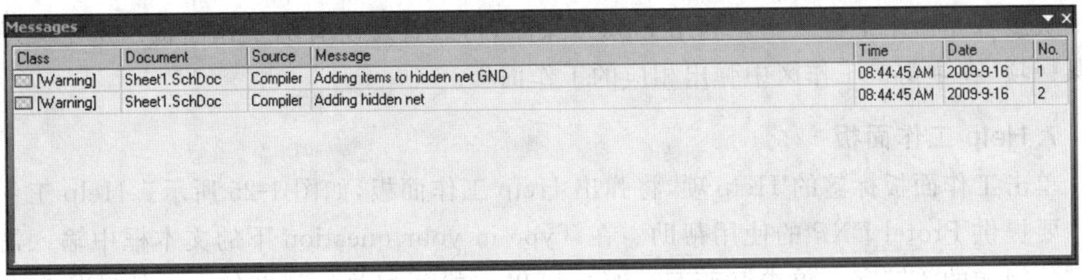

图 1-20　Messages 工作面板

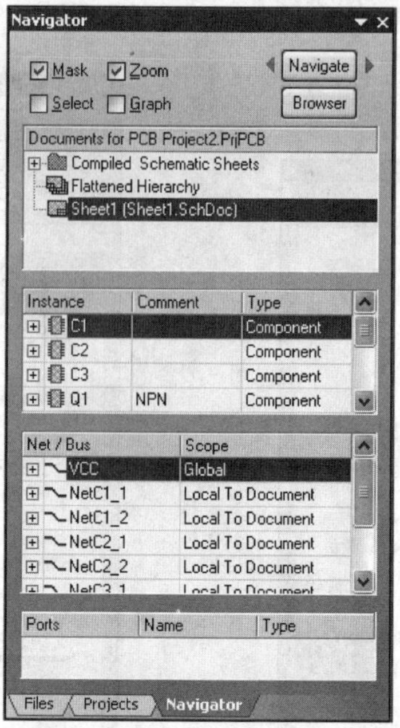

图 1-21 Navigator 工作面板

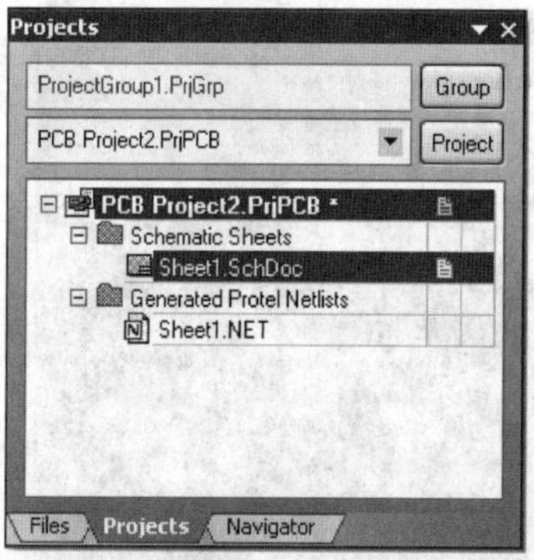

图 1-22 Projects 工作面板

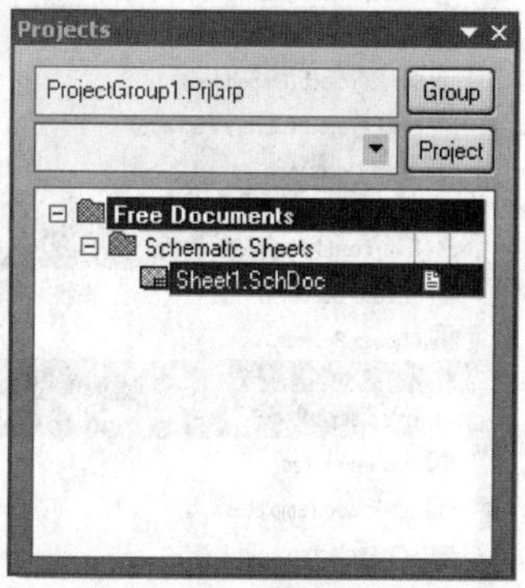

图 1-23 单独的自由文件

6. Panels 工作面板

单击工作面板标签的 Panels 项,将弹出 Panels 工作面板,如图 1-24 所示。Panels 工作面板就像是一个下拉菜单。利用 Panels 菜单,可以管理所有的工作面板。选中菜单中的某一项,在主窗口工作区中弹出相应的工作面板。

7. Help 工作面板

单击工作面板标签的 Help 项,将弹出 Help 工作面板,如图 1-25 所示。Help 工作面板主要提供 Protel DXP 的使用帮助。在 Type in your question 下的文本框中输入需要查询的问题的关键字。单击 [Search] 按钮,可以查找到相关的帮助信息。帮助信息条目在 Query Results 下的列表框中列出。双击需查找的项目,将弹出对应的帮助信息。图 1-26 所示为 Place Bus 的一条帮助信息。

图 1-24　Panels 工作面板

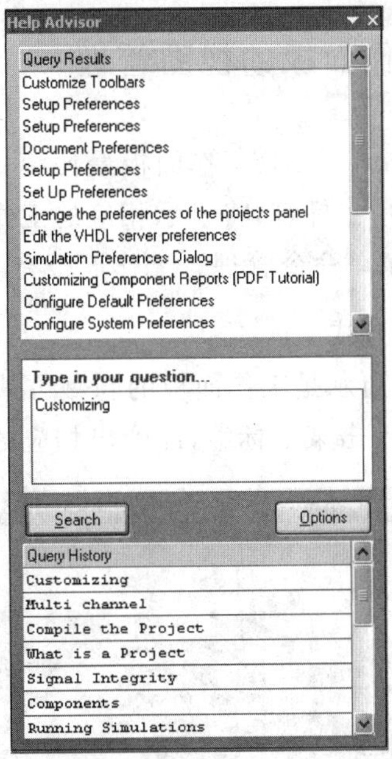

图 1-25　Help 工作面板

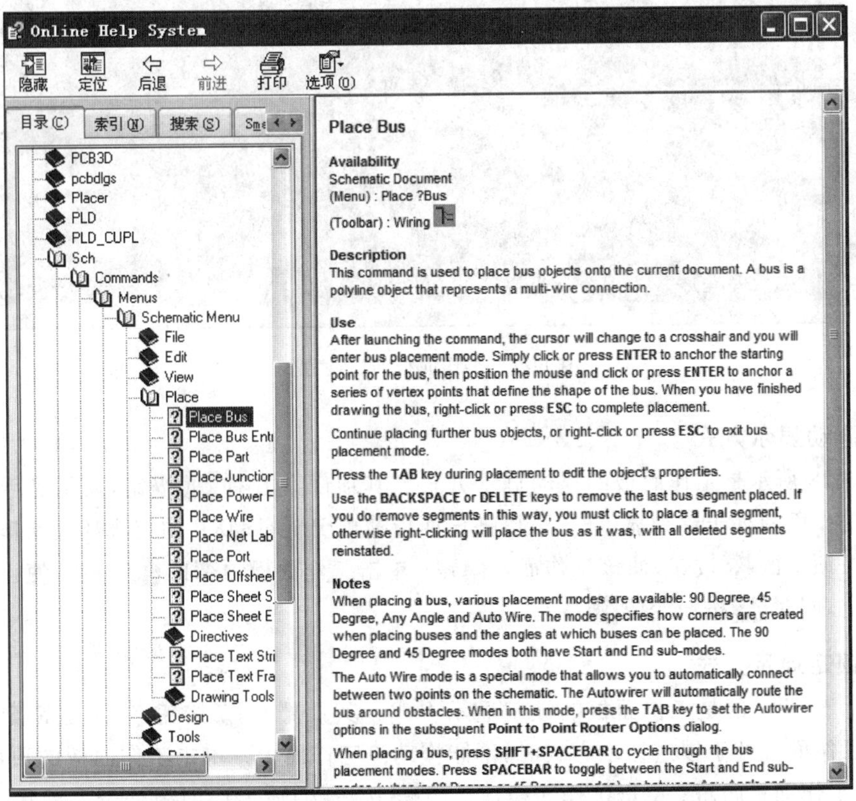

图 1-26　关于 Place Bus 的一条帮助信息

1.4.5 工作面板的视图管理

对于 Protel DXP 工作面板最便捷的管理方法是通过主窗口右下角的标签栏实现。在标签栏中单击标签，将显示相应的工作面板。工作标签的显示或隐藏通过选择 View|Status Bar 菜单命令管理。工作面板有 3 种显示方式，这 3 种方式可以相互切换。

1. 隐藏方式

图 1-27 所示是工作面板的隐藏方式。工作面板都不显示，而是集中在一起，变成一个选项卡。单击某个标签，即弹出相应的工作面板。

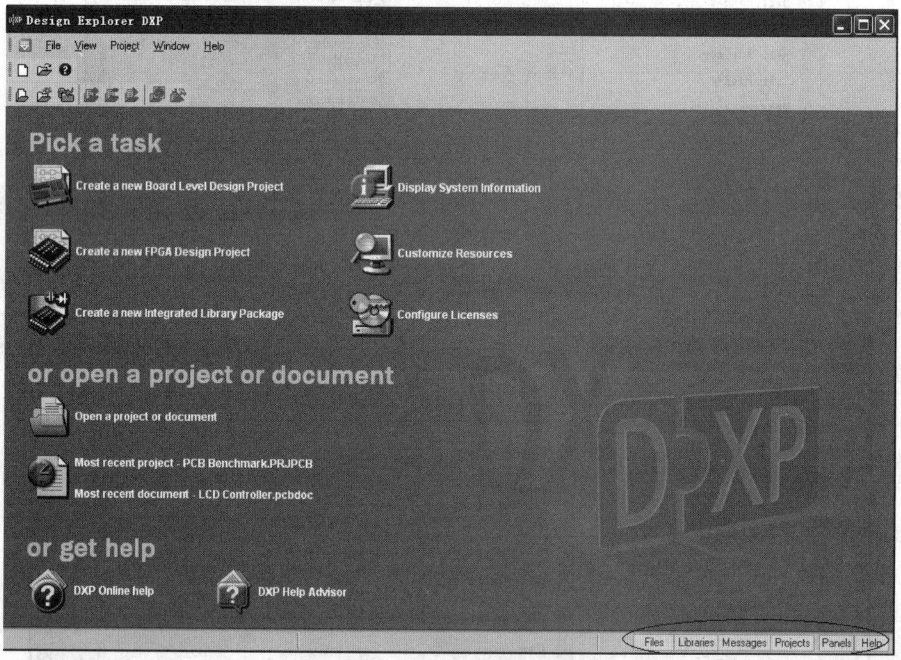

图 1-27 工作面板的隐藏方式

2. 浮动显示方式

图 1-28 所示是工作面板的浮动显示方式。其顶部右方有按钮，表示是浮动显示方式。工作面板处于浮动显示时，可以把该面板拖出 Protel DXP 的集成环境窗口。单击工作面板顶部的按钮，使该工作面板隐藏；单击工作面板顶部的按钮，使该工作面板被锁定，同时按钮变成按钮。

3. 锁定显示方式

图 1-29 所示的是工作面板的锁定显示方式。其顶部有按钮，表示是锁定显示方式。当工作面板处于锁定显示方式时，不能拖动该工作面板。单击工作面板的顶部按钮，使该工作面板隐藏；单击工作面板顶部的按钮，使该工作面板处于浮动状态，同时使按钮变成按钮。

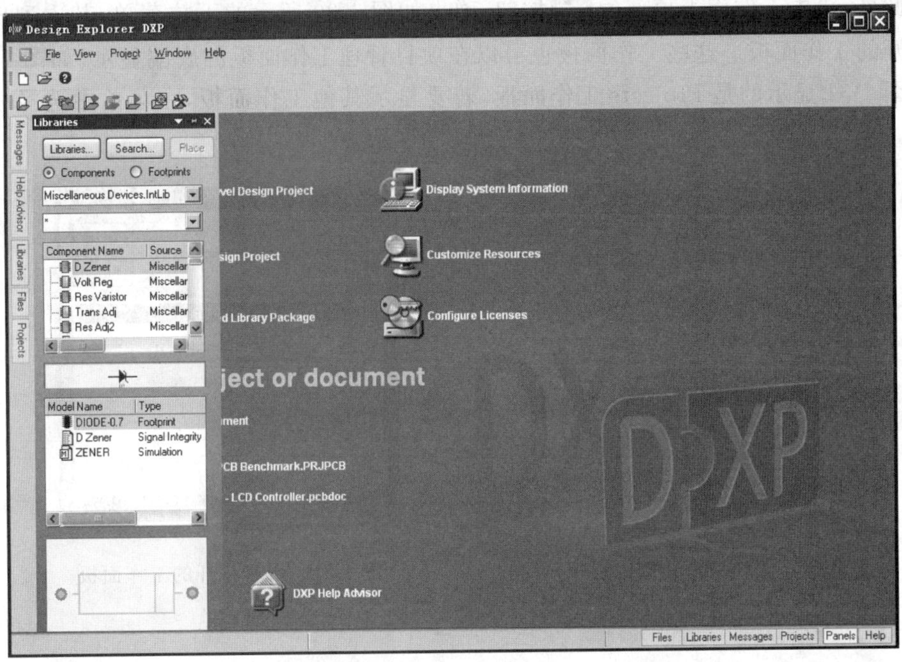

图 1-28　工作面板的浮动显示方式

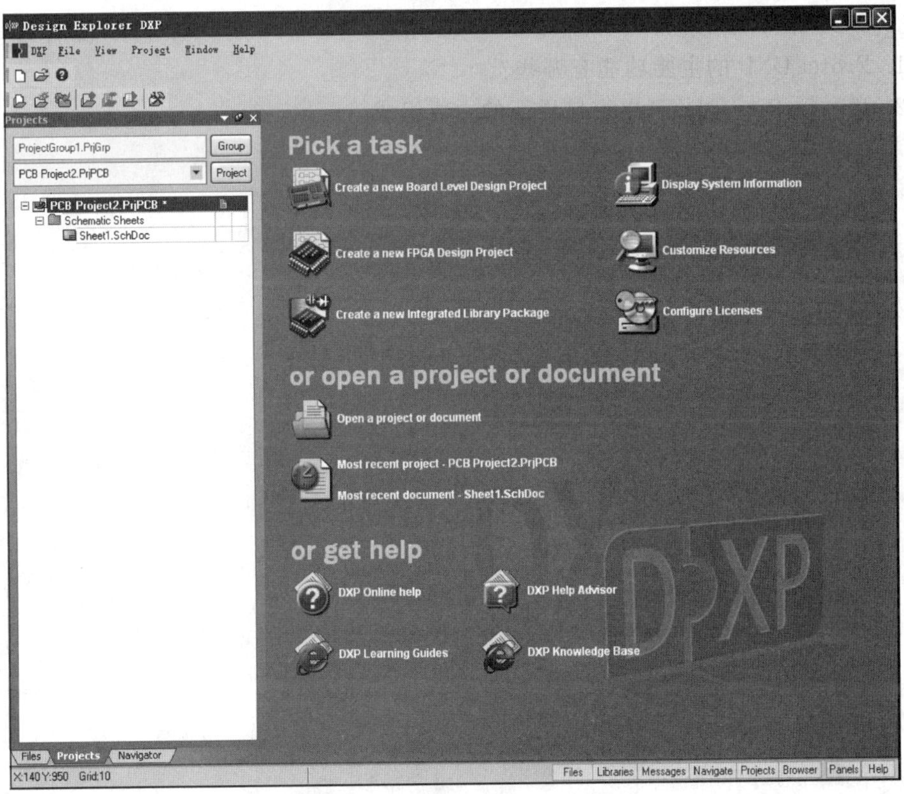

图 1-29　工作面板的锁定显示方式

此外,单击工作面板顶部的▼按钮,弹出如图 1-30 所示的下拉菜单,其中列出了所有打开的工作面板。这些工作面板也可以在项目管理工作面板的底端显示,如图 1-31 所示。图 1-31 显示的是 Projects 工作面板,若要显示其他工作面板,在菜单中选择相应的命令。

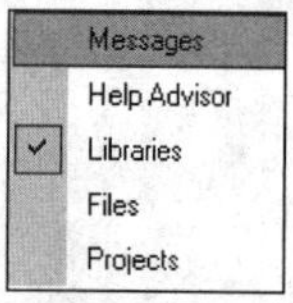

图 1-30 工作面板顶部的下拉菜单

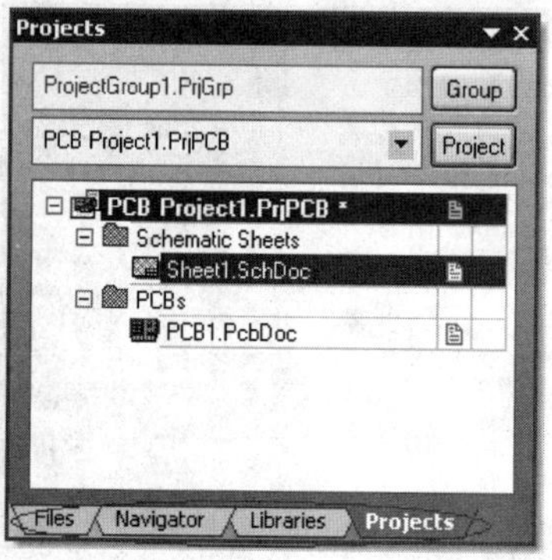

图 1-31 所有打开的工作面板

习题

1. Protel DXP 的主要功能有哪些?
2. 说一说 Protel DXP 主窗口界面的主要组成。

CHAPTER 2

第2章

原理图设计

电路原理图设计是设计者用来表达电路的设计思想，进行电子产品生产、管理和技术交流的重要工具。电路原理图设计是电路设计的基础，只有在设计好原理图的基础上才可以进行印制电路板的设计和电路仿真。原理图的设计任务是将电路设计人员的设计思路用规范的电路语言描述出来，为印制电路板提供元器件封装和网络表连接。一张正确、清晰、美观的电路原理图是整个印制电路板设计的基础和灵魂。初步了解整个 Protel DXP 的工作环境之后，本章从 8 个案例入手，深入浅出、循序渐进地讲述工程项目的建立、元器件库的使用、布线工具的使用、绘图工具的使用、原理图编辑、工程项目的编译和查错、各类报表的使用。这些内容对完成原理图的绘制非常重要。通过本章的学习，学生可以掌握电路原理图设计的过程和技巧；学会设计电路原理图，编辑、修改电路原理图，绘制层次原理图，生成各类报表文件等。电路原理图的设计质量将直接影响后面的工作。首先是正确性，因为在错误的基础上所做的任何工作都没有意义；其次，是布局合理；最后，是美观。元器件是原理图的基本组件，掌握它的使用方法是绘制原理图的基础。布线工具将元器件紧密地联系在一起，使各个元器件之间具有电气意义上的连接。原理图编辑为原理图锦上添花，使原理图更加美观和直观。工程项目的编译和查错用来检查设计人员所设计的电路原理图是否符合电气规则。报表文件可以为电路的后续制板提供帮助，并满足其他工作需要。

2.1 原理图工作环境的设置

2.1.1 案例 2-1：新建印制电路板工程项目

初步了解整个 Protel DXP 的工作环境之后，本节将以建立印制电路板工程项目和新建 SCH 电路原理图为例，说明原理图工作环境的使用。用过 Protel 99 SE 的人都知道，在 Protel 99 SE 中，整个电路图设计项目都是以数据库形式（*.ddb）存放的，只有通过导出的方法才能得到单个的原理图文件或 PCB 文件。Protel DXP 不再采用这种风格的存放方式，而是采用目前流行的软件工程中的工程管理方式组织文件。它对任何一个电路图设计都认为是一个项目工程，包含指向各个文档文件的链接和必要的工程管理信息，其他各个设计文件都放在项目工程文件所在的文件夹中，方便电子工程师管理、维护。

在利用 Protel DXP 实施一个完整的设计时，建立印制电路板工程项目是整个工作的开始。这是一个工程管理文件,用来管理设计过程中建立的各种设计文件。在 Protel DXP 中,各种设计文件的扩展名不再沿用以前版本的文件扩展名。新扩展名如表 2-1 所示,Protel DXP 对以往版本的设计文件是向下兼容的。

表 2-1 Protel DXP 的设计文件扩展名

设计文件	扩展名
PCB 项目工程文件	*.PrjPcb
FPGA 项目工程文件	*.PrjFpg
电路原理图文件	*.SchDoc
PCB 印制电路板文件	*.PcbDoc
原理图元器件库文件	*.SchLib
PCB 元器件库文件	* PcbLib
元器件集成库文件	*.IntLib
工作组的文件	.PrjGrp

创建印制电路板工程的具体步骤如下所述。

1. 在资源管理器中建立一个新文件夹

在 Protel DXP 中,工程文件和其他设计文档都是独立的文件,在保存时可以存放在任意文件夹中。为了方便查找和管理,建议用户在资源管理器中建立一个新文件夹用于保存印制电路板工程中的所有文件。例如,在 D:\目录下,新建一个 MY SCH 文件夹。

2. 新建一个印制电路板工程

方法一:执行菜单命令 File|New|PCB Project,新建一个印制电路板工程,如图 2-1 所示。

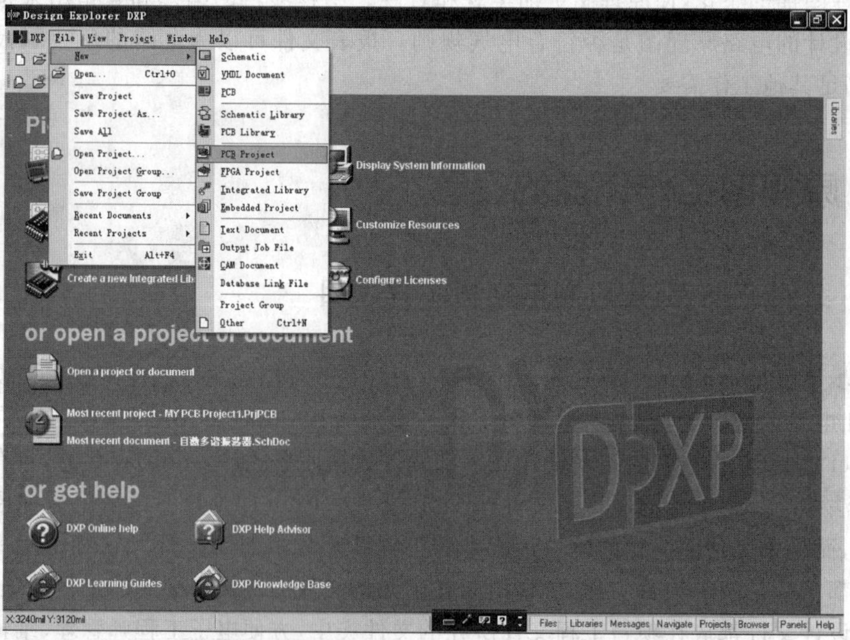

图 2-1 新建一个工程项目

方法二：在图 2-2 所示的集成开发环境主工作面板中，将鼠标移动到 Create a new Board Level Design Project 选项，使鼠标变成为手形状后，单击该选项，弹出如图 2-3 所示的 Projects 面板。新建的设计项目默认为处于 ProjectGroup1. PrjGrp 工作组下，默认的项目文件名为 PCB Project1. PrjPCB。

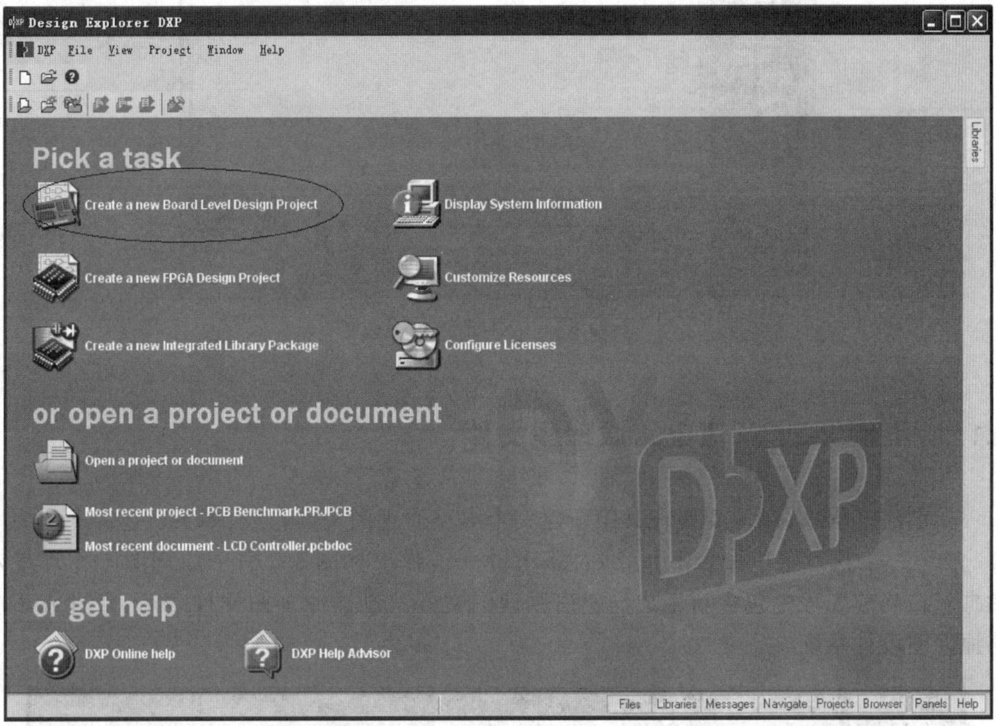

图 2-2　未打开文档时的 Protel DXP 的集成开发环境

单击工作面板标签栏的 Projects 弹出工程管理面板，用于管理当前工作区打开的所有工程，并以目录树的形式管理工程文件。图 2-3 中仅建立了一个印制电路板工程，当前没有任何文件。

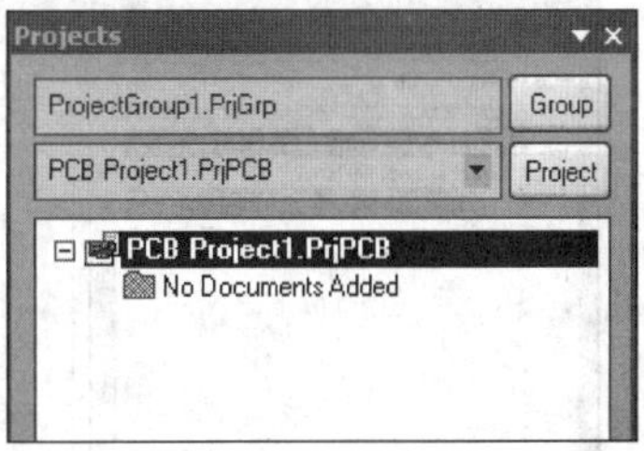

图 2-3　Projects 工程管理面板

3. 保存工程文件并更改文件名

执行菜单命令 File|Save Project，在弹出的保存文件对话框中输入文件名 MY PCB Project1. PrjPCB，并保存在 MY SCH 文件夹中，如图 2-4 所示。

选中图 2-3 所示 Projects 工程管理面板中的 PCB Project1. PrjPCB 项，右击，在弹出的快捷菜单中选择 Close Project 选项，将弹出询问是否保存当前项文件的对话框。单击 Yes 按钮，弹出如图 2-4 所示保存项目文件对话框。

在保存项目文件对话框中，用户可以更改设计项目的名称、所保存的文件路径等。文件默认类型为 PCB Projects，后缀名为. PrjPCB。其中，可以新建 SCH 电路原理图、VHDL 设计文件、PCB 文件、SCH 原理图库、PCB 库、PCB 专案等。

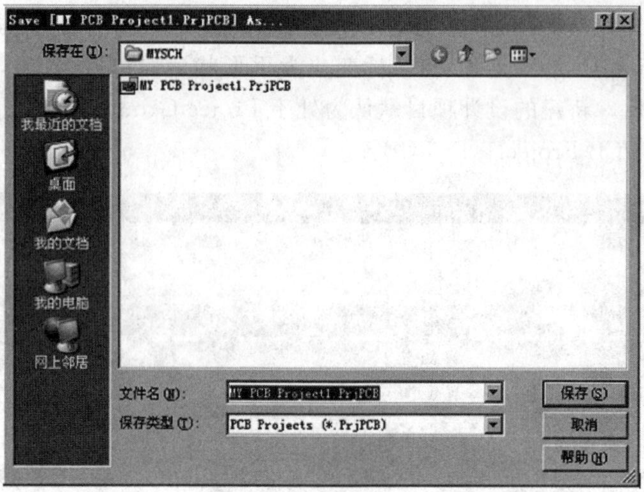

图 2-4 保存项目文件

2.1.2 案例 2-2：新建电路原理图文件

在创建工程项目后，需要在其中新建一个电路原理图文件，方法如下所述。

方法一：执行菜单命令 File|New|Schematic，弹出如图 2-5 所示原理图工作环境对话框。在当前工程中包含新生成的空白原理图文件。创建原理图文件之后，就进入了电路原理图设计系统。

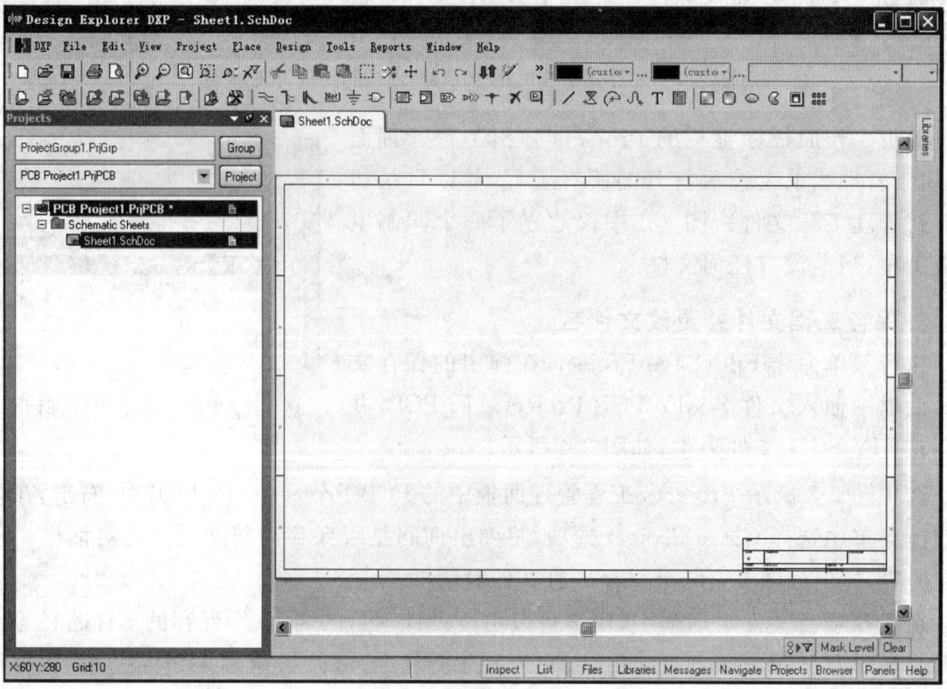

图 2-5 原理图工作环境

方法二：右击图 2-6 中的 PCB Project1. PrjPCB 图标，选择 New|Schematic，也能弹出如图 2-5 所示原理图工作环境对话框。在这个子菜单命令中，可以选择新建工程、打开工程、移出工程等项。

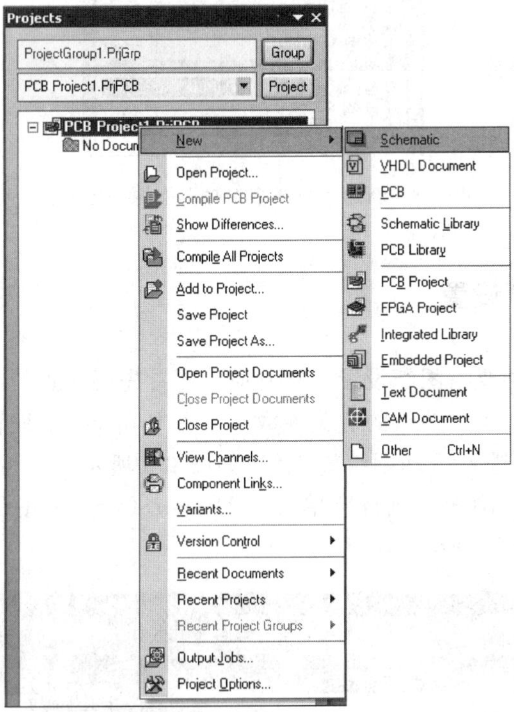

图 2-6　文件子菜单

对于在工程项目里新建的原理图文件，其默认文件名为 Sheet1. SchDoc。执行菜单命令 File|Save，弹出保存原理图文件对话框，如图 2-7 所示。

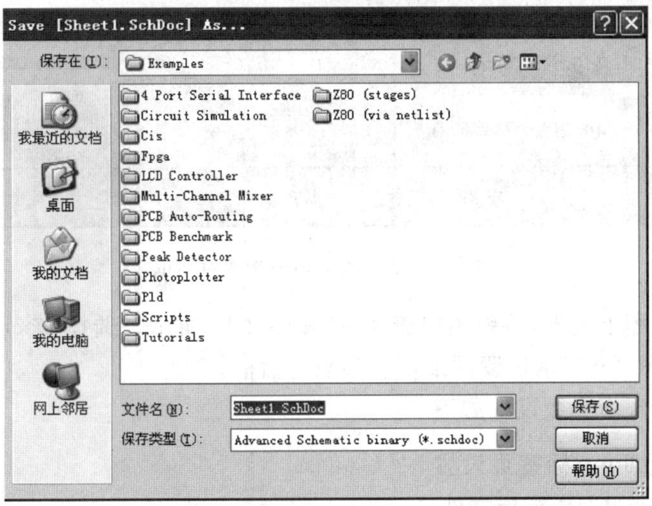

图 2-7　保存原理图文件对话框

原理图文件保存在 MY PCB 目录里,保存名为自激多谐振荡器. SchDoc,如图 2-8 所示。

图 2-8 新建的自激多谐振荡器原理图文件

2.1.3 原理图环境设置

原理图环境设置主要指图纸设置。绘制原理图首先要设置图纸,如设置纸张大小、标题框、设计文件信息等,确定图纸的有关参数。双击 Projects 工程管理面板中的自激多谐振荡器. SchDoc 图标,进入原理图编辑系统,如图 2-5 所示。可使用快捷键 Page Up 或 Page Down 放大或缩小画面。执行菜单命令 Design|Document Options,弹出设置图纸环境参数对话框,如图 2-9 所示。

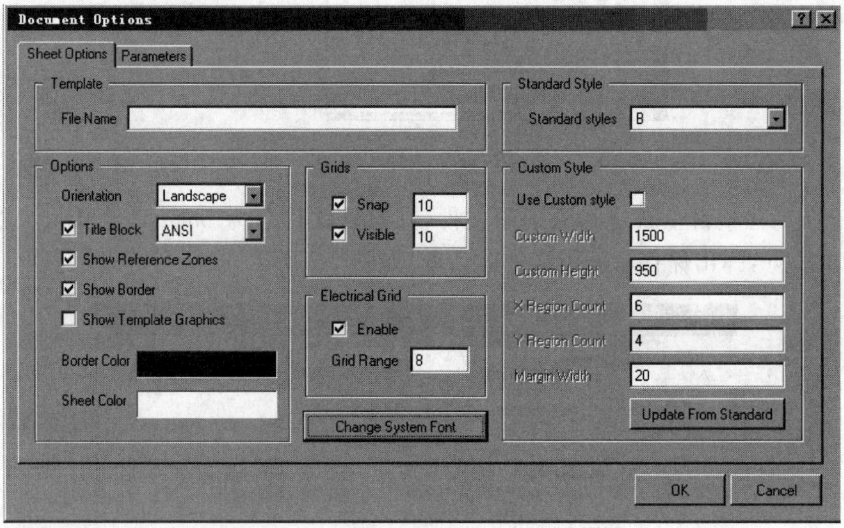

图 2-9 设置图纸环境参数对话框

在当前原理图上右击,将弹出快捷菜单,如图 2-10 所示。选择 Document Options 命令,同样弹出如图 2-9 所示设置图纸环境参数对话框。

原理图图纸环境参数设置如下。

1. Sheet Options 标签页设置

(1) Template:设置模板文件。

(2) Standard Style:设置图纸类型,可在下拉列表框内选择合适的图纸类型。默认是 B。

Protel DXP 提供以下几种标准图纸类型。

① 公制：A4、A3、A2、A1、A0。其中，A4 最小。

② 英制：A、B、C、D、E。其中，A 型最小。

③ 其他：Protel 还支持其他类型的图纸，如 Oracad、Letter、Legal、Tabloid。

(3) Options：选项。

① Orientation：设置图纸方向，可在下拉列表框内选择合适的图纸方向。默认是 Landscope。

- Landscope：图纸横向放置。
- Portrait：图纸纵向放置。

② Title Block：设置图纸标题栏，可在下拉列表框内选择合适的图纸标题栏。默认是 Standard。

- Standard：标准标题栏，如图 2-11 所示。
- ANSI：美国国家标准协会模式的标题栏，如图 2-12 所示。

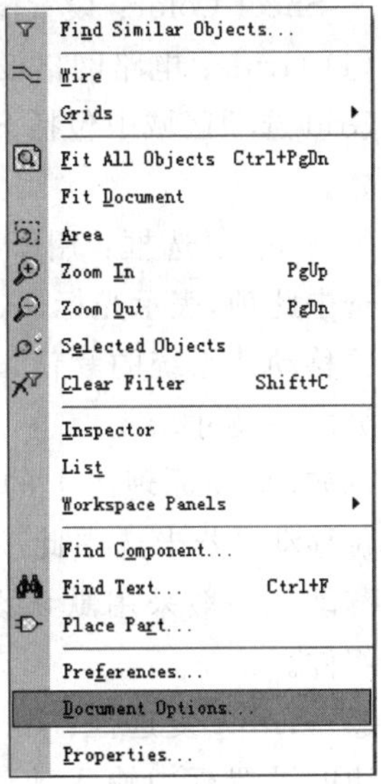

图 2-10　原理图的快捷菜单

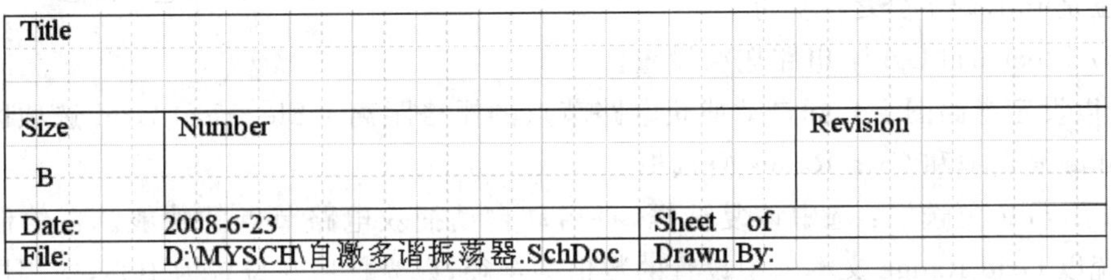

图 2-11　Standard 标准标题栏

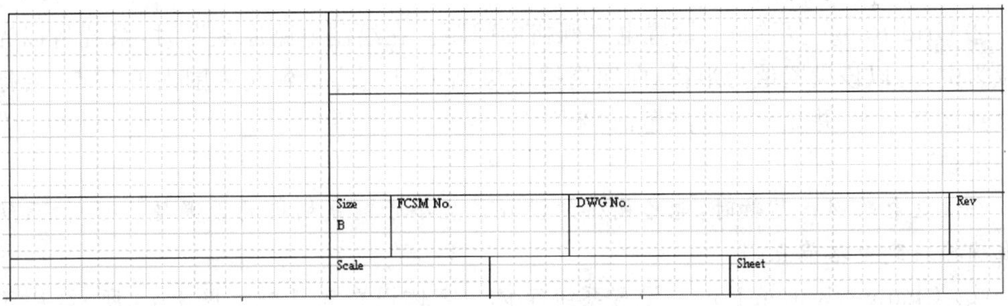

图 2-12　ANSI 标题栏

③ 选择图纸边框、颜色。

- Show Reference Zones 复选框：选中该复选框，将在图纸上显示参考图纸边框的区域。
- Show Border 复选框：选中该复选框，将在图纸上显示参考边框。
- Show Template Graphics 复选框：选中该复选框，将在图纸上显示图纸模板。
- Border Color：设置图纸边框颜色，如图 2-13 所示。

- Sheet Color：设置图纸底色。

(4) Grids：电路网格设置。

Grid 选项区域中包括 Snap 和 Visible 两个属性设置。

① Snap 复选框：用于设置光标移动时的间距。选中此项，表示光标以 Snap 右边设置值为基本单位移动。系统的默认设置是 10，单位是 mil，即千分之一英寸。

例如，移动原理图上的组件时，组件以 10mil 为单位移动；若未选中此项，组件以 1mil 为基本单位移动。一般采用默认设置，以便在原理图中对齐组件。

② Visible 复选框：用于设置格点是否可见。在右边的设置框中输入数值，可改变图纸格点间的距离。默认的设置为 10，表示格点间的距离为 10，单位是 mil，即千分之一英寸。

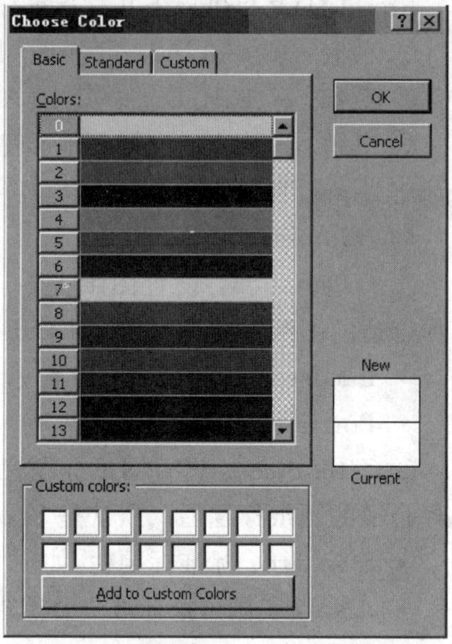

图 2-13 颜色对话框

(5) Electrical Grid：电路栅格设置。

可以设定电路图上光标自动捕获电路节点的栅格距离。Electrical Grid 选项区域设有 Enable 复选框和 Grid Range 复选框。

① Enable 复选框：选中该复选框，将启动自动捕获电路节点的功能。在绘制导线时，系统以 Grid Range 文本框中设置的数值为半径，以光标所在位置为中心，向周围搜索电气节点。如果在搜索半径内有电气节点，光标自动移到该节点上。如果未选中 Enable，则不能自动搜索电气节点。

② Grid Range 复选框：设置电路栅格的间距。在绘制电路原理图时，系统将以光标位置为中心，以该设置值为半径，向四周搜索电路节点。若找到此范围内的节点，会把光标移到该节点上，并显示一个红色的“米”字符号。

小技巧

在设置电路网格参数时，电路栅格的设置值应小于跳跃栅格的设置值；否则，系统不能准确捕获到电路节点。

(6) Change System Font：设置系统字体。字体设置对话框如图 2-14 所示，用于设置字体的类型、大小、形式等，电路图中各元器件的标注等默认字体将采用设置的样式。

(7) 自定义图纸尺寸：如果系统提供的图纸类型不能满足需要，可以自定义电路图纸。

在图 2-9 所示的设置图纸环境参数对话框，选中 Use Custom Style 复选框，然后在下列各项中填入自定义数据尺寸。

① Custom Width：自定义图纸宽度，单位是 mil。

② Custom Height：自定义图纸高度，单位是 mil。

③ X Reign Count：X 方向(水平方向)参考边框等分数。

④ Y Reign Count：Y 方向(垂直方向)参考边框等分数。

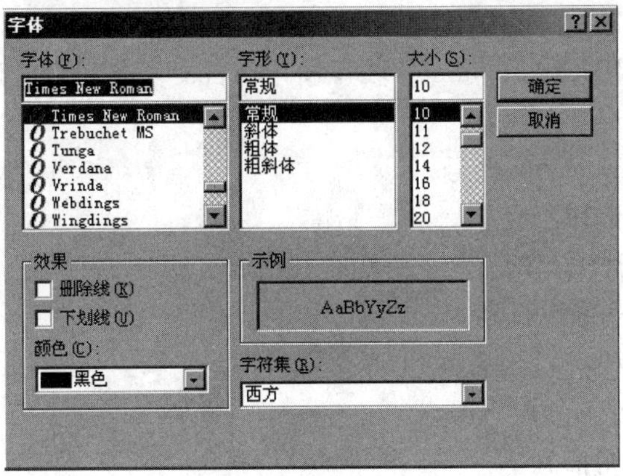

图 2-14　字体设置对话框

⑤ Margin Width：图纸边框宽度，单位是 mil。

(8) 设置图纸设计信息。

2. Parameters 标签页设置

在图 2-9 所示设置图纸环境参数对话框的顶部单击 Parameters 选项卡，系统打开如图 2-15 所示的图纸设计信息设置对话框。其中，各参数设置如下。

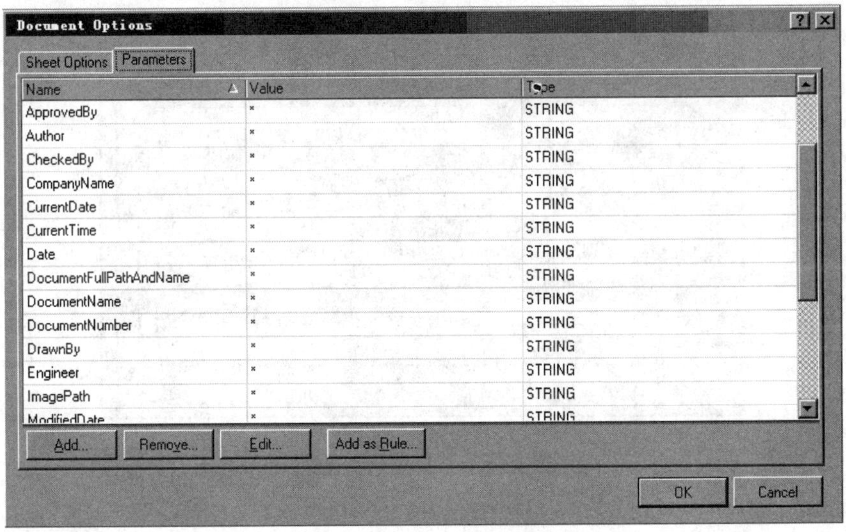

图 2-15　图纸设计信息设置对话框

① Address1、Address2、Address3、Address4：用于设置地址。

② ApprovedBy：设置项目设计负责人。

③ Author：图纸设计者。

④ CheckedBy：图纸校对者。

⑤ CompanyName：公司名称。

⑥ CurrentDate：当前日期。

⑦ CurrentTime：当前时间。

⑧ Date：设置日期。

⑨ DocumentFullPathAndName：填写设计项目文件名和完整路径。

⑩ DocumentName：文件名。

⑪ DocumentNumber：文件号。

⑫ DrawnBy：绘制图纸者。

⑬ Engineer：设计工程师。

⑭ ModifiedDate：修改日期。

⑮ Orgnization：设计机构名称。

⑯ Revision：设计图纸版本号。

⑰ Rule：设计规则信息。

⑱ SheetNumber：电路原理图的编号。

⑲ SheetTotal：整个电路工程项目中原理图总数。

⑳ Time：设置时间。

㉑ Title：填写原理图标题。

在需要设置的参数上双击或者选中需要修改的参数，并单击 Edit 按钮，弹出如图 2-16 所示的参数编辑对话框，可以在其中修改各个设定值。例如，此处为填写图纸绘制者 DrawnBy 的对话框，在 Value 栏内填入绘制者名字 JACK，并选中 Visible 复选框。

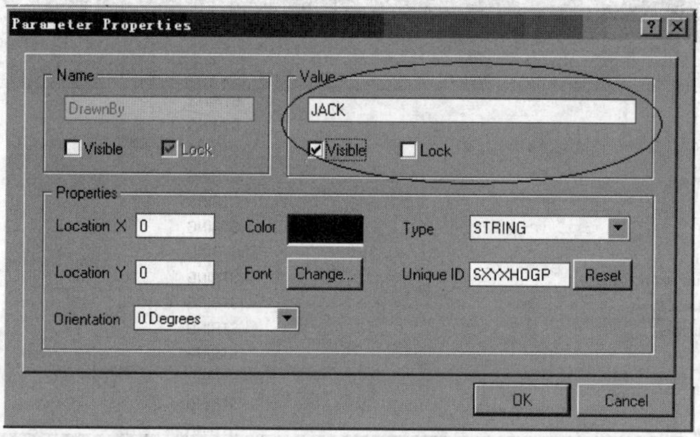

图 2-16 参数编辑对话框

2.1.4 原理图系统参数的设置

执行菜单命令 Tools|Preferences，弹出如图 2-17 所示原理图系统参数设置对话框。在当前原理图上右击，弹出如图 2-10 所示快捷菜单。选择 Preferences 命令，同样也可以弹出如图 2-17 所示对话框。

原理图系统参数设置对话框包含 3 个选项卡，分别是 Schematic 选项卡、Graphical Editing 选项卡和 Default Primitives 选项卡。下面将分别简单介绍。

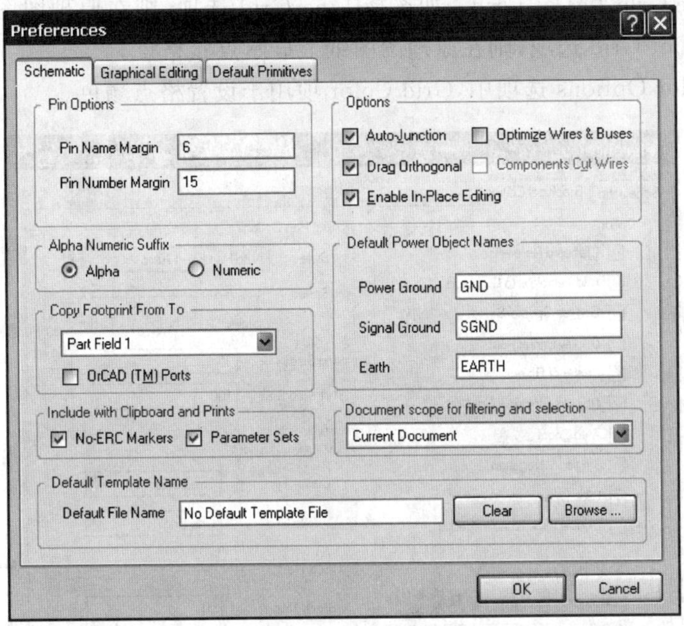

图 2-17　原理图系统参数设置对话框 Schematic 选项卡

1. Schematic 选项卡设置(如图 2-17 所示)

1) Pin Options 选项区域设置

其功能是设置元器件上的引脚名称、引脚号码与组件边缘间的间距。其中，Pin Name Margin 用于设置引脚名称与组件边缘间的间距，Pin Number Margin 用于设置引脚符号与组件边缘间的间距。在图 2-17 中分别给出了引脚符号与组件边缘的间距和引脚名称与组件边缘的间距。

2) Alpha Numeric Suffix 选项区域设置

用于设置多子元器件的元器件标号后缀的类型。有些元器件内部是由多子元器件组成的，例如 74 系列器件。SN7404 由 6 个非门组成，通过 Alpha Numeric Suffix 区域设置多子元器件的后缀。

3) Options 选项区域设置

Options 选项区域主要有 4 个复选框，下面主要介绍两个常用的复选框。

① Auto-Junction 复选框：选中此框，系统自动在“丁”字线路上加节点。

② Drag Orthogonal 复选框：选中此框，系统在绘制导线时采用 90°拐弯模式。

2. Graphical Editing 选项卡(如图 2-18 所示)

(1) Options 选项区域主要有 10 个复选框，下面主要介绍两个常用的复选框。

① Add Template to Clipboard 复选框：选中此框，系统将在复制、粘贴时自动去掉原理图的模板，只复制、粘贴原理图本身。

② Convert Special Strings 复选框：选中此框，系统可以转换特殊字符串。

(2) 在 Cursor Grid Options 选项区域中 Visible Grid 选项的下拉列表中有两个选

项,分别为 Line Grid 和 Dot Grid。如选择 Line Grid 选项,则在原理图图纸上显示线状格点;如选择 Dot Grid 选项,则在原理图图纸上显示点状格点。

(3) 在 Color Options 选项中,Grid Color 项用于设置格点颜色。

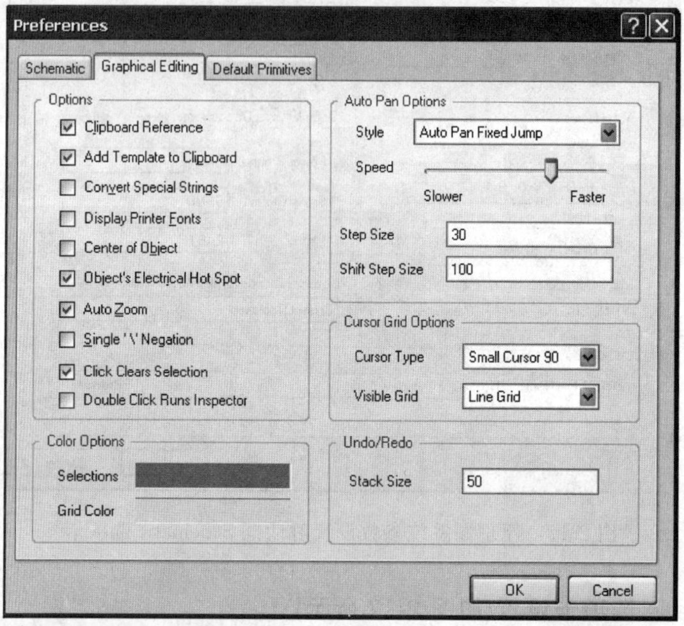

图 2-18 原理图系统参数设置对话框 Graphical Editing 选项卡

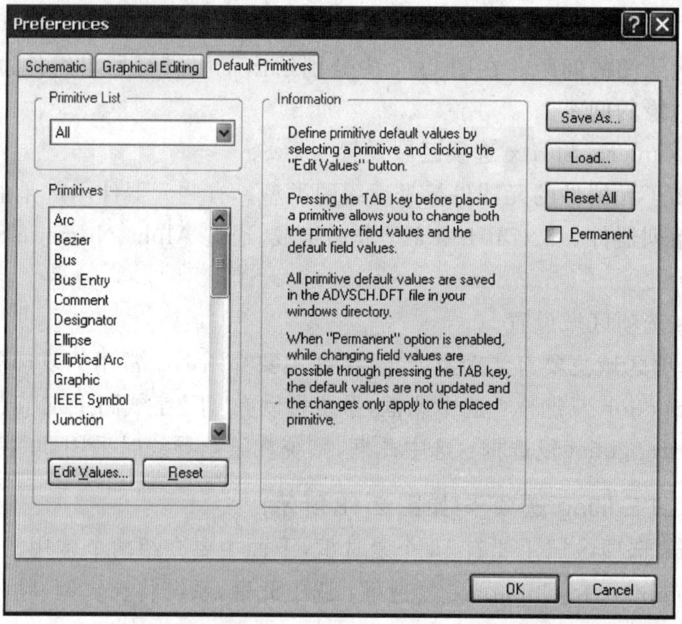

图 2-19 原理图系统参数设置对话框 Default Primitives 选项卡

3. Default Primitives 选项卡设置(如图 2-19 所示)

系统中的设置如果被改动,可以在 Primitives 选择需要重新设置的对象。单击 Reset 按钮,对象回到最初的设置。当然,如果需要统一设置,在此选择设置的对象,然后单击 Edit Values... 按钮,对象将统一设置。

2.2　案例 2-3:自激多谐振荡器原理图绘制——基本元器件库的使用

2.2.1　项目分析

本节从最简单的电路原理图开始,介绍原理图的绘制。如图 2-20 所示的自激多谐振荡器,它用了两个 2N3904 晶体管来完成自激多谐振荡电路。电路中用到的元器件,如电阻、电容、三极管、两头接插件,都在基本元器件库(Miscellaneous Devices. IntLib 和 Miscellaneous Connectors. IntLib)中。本节主要介绍基本元器件库的使用,查找和放置元器件以及布线工具的使用,完成简单原理图的绘制。由于 Protel DXP 软件中没有字符 Ω,所以书中的电阻单位统一采用默认值 K 表示,如 1K 表示电阻值为 1kΩ。

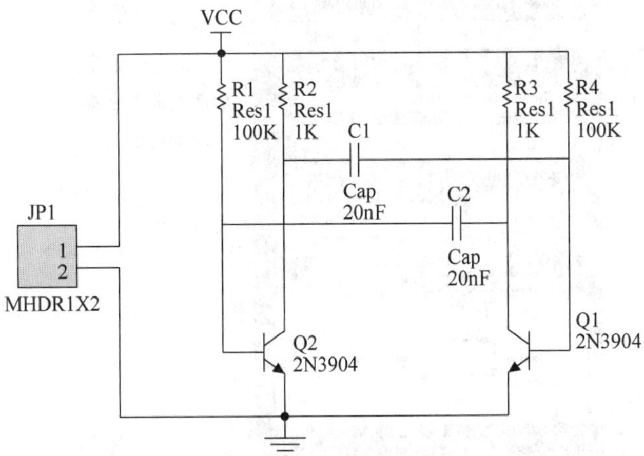

图 2-20　自激多谐振荡器原理图

2.2.2　新建印制电路板工程和原理图文件

按照前面介绍的方法,执行菜单命令 File|New|PCB Project,新建一个印制电路板工程。单击 File|Save Project,把项目文件保存在文件夹中。

创建工程项目之后,执行菜单命令 File|New|Schematic,在工程项目里新建一个原理图文件,并保存为自激多谐振荡电路. SchDoc。

2.2.3 利用库面板查找元器件

在创建一个原理图文件后,DXP默认为该文件装载了两个集成元器件库:Miscellaneous Devices. IntLib和Miscellaneous Connectors. IntLib。这两个集成元器件库包含最常用的元器件,如电阻、电容、晶振和接插件等,几乎绘制每一张原理图都要用到。集成库就是把元器件的原理图符号、引脚的封装形式、信号完整性的分析模型、仿真信息等都集成在一个库文件中。在调用某个元器件时,可以同时把该元器件的所有信息都显示出来,方便用户使用。Protel DXP具有向下兼容的能力,因此仍然可以使用Protel 99和Protel 99 SE中的原理图元器件库和PCB封装库。

Protel DXP作为优秀的EDA软件,集成了很多元器件生产厂商的元器件符号和封装形式,有原理图元器件库、PCB元器件库和集成元器件库,扩展名分别为SchLib、PcbLib和IntLib。在实际操作中,没有必要过多地添加元器件库,否则将占用过多的系统资源,降低系统的执行速度。最好的做法是只添加所需的元器件库。建议尽量使用形象、直观的库文件面板,如图2-21所示,而非枯燥、难记的菜单命令。Protel DXP的库文件面板是一种全新的集成库,后缀名是IntLib(Integrated Library)。常用的元器件都可以在元器件库文件面板中找到。

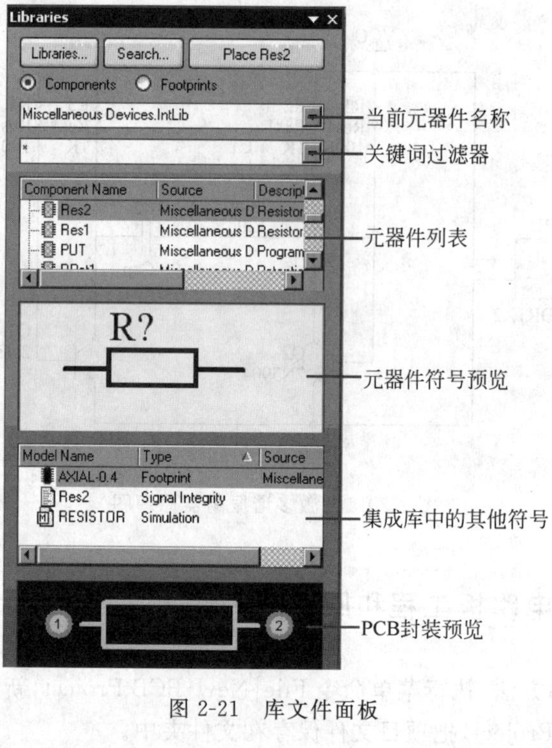

图2-21 库文件面板

本项目中所用元器件在库中的名称、所处的元器件库、元器件标号、参数值等如表2-2所示。

表 2-2　本项目所用元器件列表

名　称	所处元器件库	元器件标号	参数值
Res1(电阻)	Miscellaneous Devices. IntLib	R1～R4	1K、100K
Cap(电容)	Miscellaneous Devices. IntLib	C1、C2	20nF
MHDR1X2(接插件)	Miscellaneous Connectors. IntLib	JP1	MHDR1X2
2N3904(三极管)	Miscellaneous Devices. IntLib	Q1、Q2	2N3904

参照表 2-2，在库文件面板中找到所需元器件后，执行下一步放置元器件符号的操作。

2.2.4　放置元器件

下面介绍两种在图纸上放置元器件的方法。

方法一：利用库文件面板，具体操作步骤如下所述。

(1) 如前所述，打开库文件面板。

(2) 选择元器件所在的元器件库。在库文件下拉列表框中选中元器件所在的库文件，如 Miscellaneous Devices. IntLib。

(3) 在库文件的元器件列表中选择所需元器件，如 Res1。

(4) 把所选元器件放到工作区中，有以下两种方法。

① 直接双击欲放置的元器件 Res1。

② 选中 Res1 后，在库文件面板的右上角单击 Place Res1 按钮(也可以双击 Res1 图标)。

把光标移到工作区，可以看到带有“十”字光标和欲放置元器件的虚影，如图 2-22 所示。把光标移到适当位置后单击，即把该元器件放到工作区上。右击或按 Esc 键，退出放置元器件的命令状态。

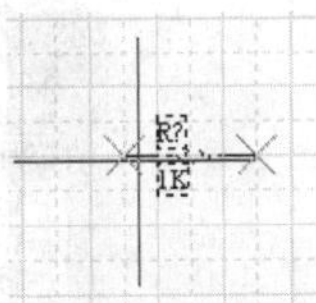

图 2-22　电阻元器件的虚影

放置元器件时，若要改变其方向，使用如表 2-3 所示快捷键。熟练使用这些快捷键，可以提高操作速度。快捷键在英文输入状态下使用。

表 2-3　改变方向的快捷键

Space(空格键)	90°翻转
X	左、右水平对调
Y	上、下垂直对调

方法二：执行菜单命令，具体操作步骤如下所述。

(1) 执行菜单命令 Place|Part，弹出如图 2-23 所示的放置元器件对话框。

在该对话框中，元器件的各项属性参数含义如下。

① Lib Ref：元器件在库中的标识。

② Designator：元器件序号。

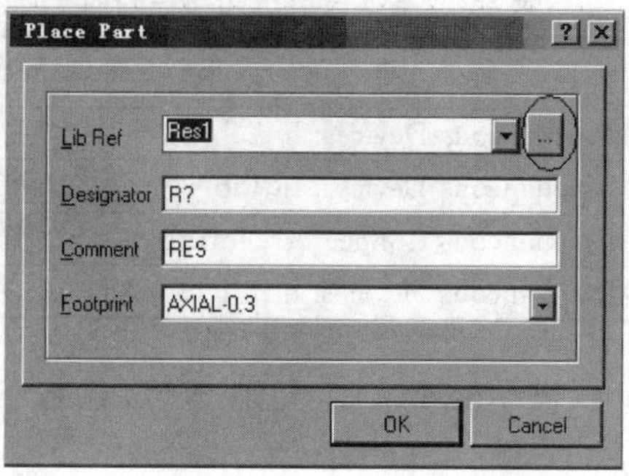

图 2-23　放置元器件对话框

③ Comment：元器件型号。

④ Footprint：元器件的封装形式。

(2) 若知道元器件在库文件中的标识，可直接在 Lib Ref 栏中填入元器件的标识，如电阻为 Res1；还可以在其他栏中填入元器件的其他属性，然后单击 OK 按钮或者直接按回车键。若不知道元器件在库文件中的标识，单击 Lib Ref 栏右侧的浏览按钮 ...，系统弹出如图 2-24 所示浏览元器件库对话框。若需要放置电阻，但不知道其准确的元器件标识，可以在浏览元器件库对话框找到库文件 Miscellaneous Devices. IntLib，然后在浏览窗口中浏览、查找，找到相应的元器件 Res1 并选中后，单击 OK 按钮或按回车键。

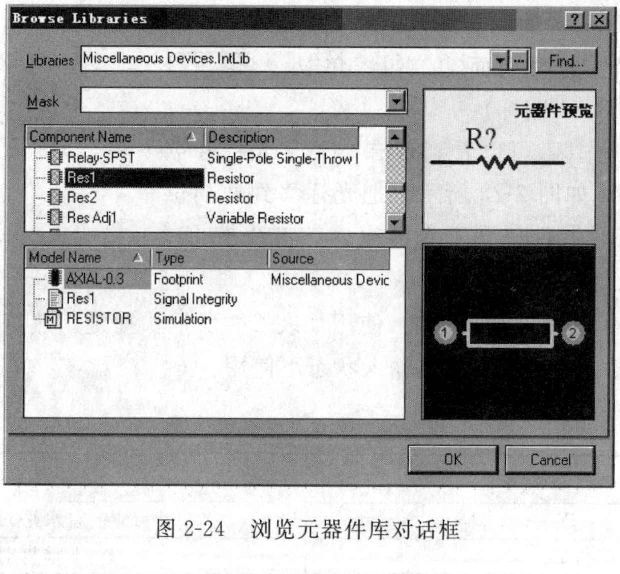

图 2-24　浏览元器件库对话框

(3) 把光标移到工作区，可以看到带有“十”字光标和如图 2-22 所示欲放置元器件的虚影。把光标移到工作区的适当位置后单击，即可把该元器件放到工作区上；右击或按 Esc 键，退出放置元器件的命令状态。此时，系统在工作区弹出如图 2-23 所示放置元器件对话框。如需继续放置元器件，重复以上步骤；如不再放置元器件，单击 Cancel 按钮退出。单击图 2-23 中的 ... 按钮，系统弹出加载元器件的对话框；单击 Find... 按钮，系统弹出查找元器件的对话框。

通过以上方法，用户可以很方便地把本项目用到的元器件放置到工作区中。放置后的结果如图 2-25 所示。

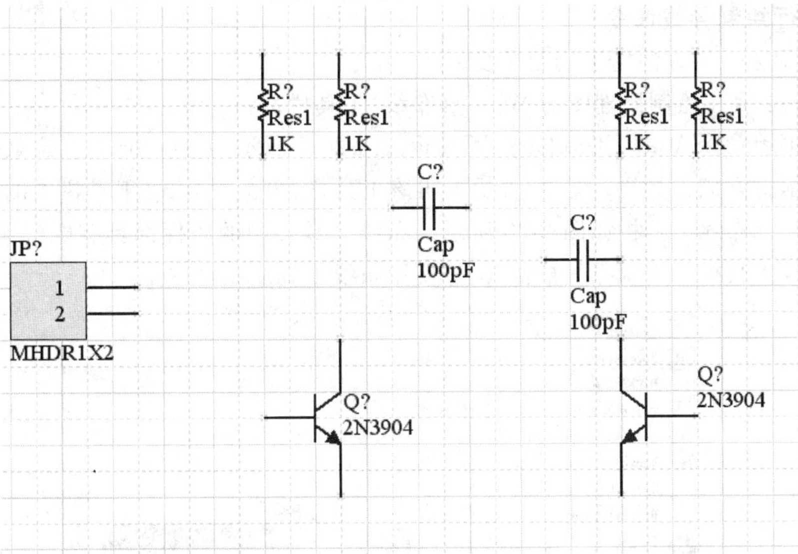

图 2-25　元器件放置后的结果

2.2.5　修改元器件参数值

放置好元器件后，接下来需要修改其参数值。原理图自带元器件库中选择的元器件的注释、标称值和元器件标号都是固定的，根据不同电路需要进行修改。如需修改电容元器件的电容值，可直接在 100pF 上单击，如图 2-26(a)所示；再在 100pF 上单击，如图 2-26(b)所示；修改为 20nF 后，在图纸上单击确认，即修改完成，如图 2-26(c)所示。

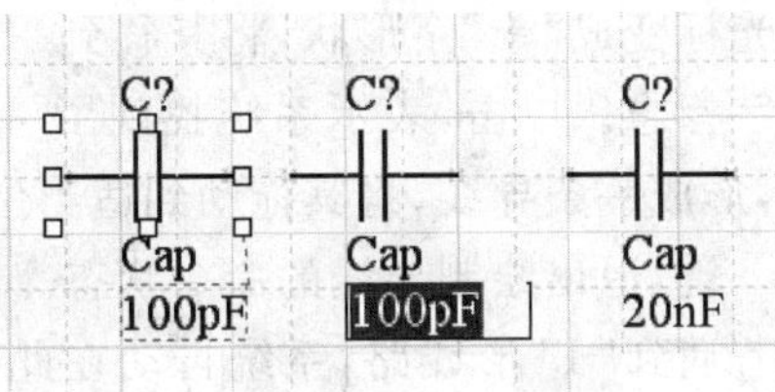

图 2-26　电容元器件的电容值的修改

接着依次修改元器件标号，把 C? 修改为 C1。其余元器件依照表 2-2 所示修改参数。

2.2.6　原理图布线

修改好元器件的参数值后，进入另一个比较重要的绘图环节——根据电路设计要求，把图纸上的各个元器件用有电路意义的导线连接起来。这就需要用到 Wiring(布线)工具。导线是绘制原理图中最重要也是用得最多的单元,下面详细介绍绘制原理图布线的方法。

1. 执行绘制导线命令

DXP 提供 3 种方法用于绘制导线。

方法一:利用绘制原理图的 Wiring(布线)工具栏。

执行菜单命令 View|Toolbars|Wiring。图 2-27 所示为 Toolbars 下拉菜单,Wiring 前打钩表示打开该工具栏;反之,表示关闭该工具栏,单击 Wiring 工具栏中的 ☒ 也可关闭该工具栏。布线工具栏如图 2-28 所示。布线工具栏中的图标都具有电气意义。用鼠标单击布线工具栏的绘制导线按钮 ≈ 。使用布线工具栏比较方便。

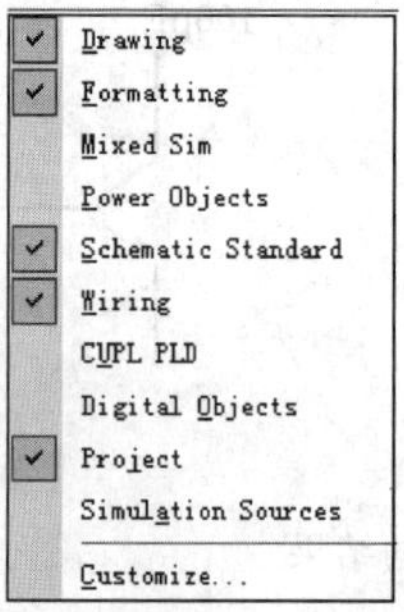

图 2-27 Toolbars 下拉菜单

图 2-28 布线工具栏

方法二:执行菜单 Place 下的各个命令,它和 Wiring 布线工具栏的各个按钮相对应。这里执行菜单命令 Place|Wire。

方法三:Place 菜单下的每个命令都有对应的快捷键。根据需要直接按下快捷键,也可以执行相应的绘制操作。这里使用绘制导线快捷键 P+W。

2. 绘制导线

执行绘制导线命令后,光标变成"十"字形状,将其移到一个电阻的引脚处,如图 2-29 所示,出现一个红色的"米"字标志。单击,表示系统找到了一个电路节点。再单击,确定导线的起点,然后拖动鼠标,形成一条导线,将其拖动到适当位置后再次确定导线的终点。绘制完导线后,右击或按 Esc 键,退出绘制导线的命令状态。

在绘制导线的过程中,若遇到"T"形线路,系统自动在此添加一个节点(可利用菜单命令 Tools|Preferences 设置自动节点功能)。在绘制导线拐弯时,需要单击,确定导线的拐弯位置,同时按 Shift+Space 键选择导线的拐弯模式,如图 2-30 所示。导线有 3 种拐弯模式:直角、45°、任意斜线。

3. 设置导线属性

在电路原理图上双击需要设置属性的导线,将弹出如图 2-31 所示设置导线属性对话框,用于设置导线的有关参数。其实,像编辑元器件属性一样,还可以用其他 3 种方法弹出该对话框。

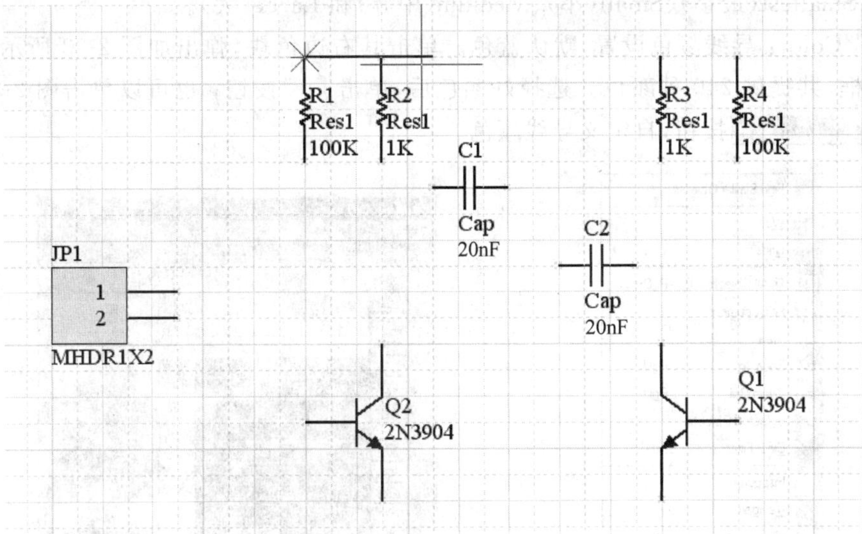

图 2-29 绘制导线

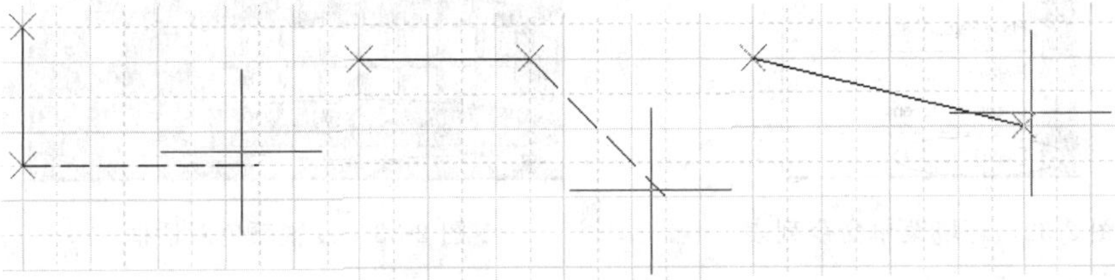

图 2-30 导线的 3 种拐弯模式

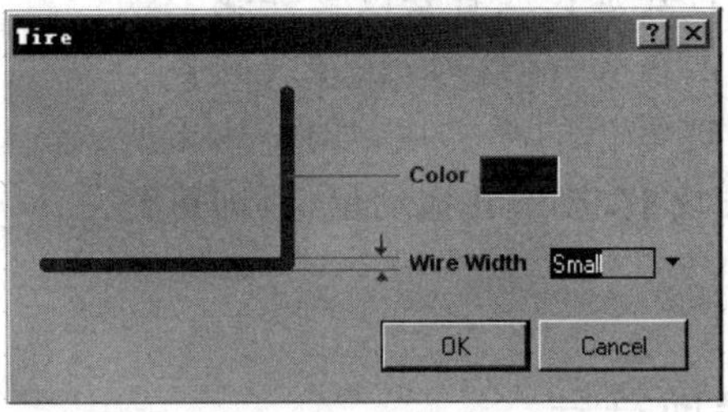

图 2-31 设置导线属性对话框

方法一：右击欲编辑的导线，弹出环境菜单命令列表，如图 2-32 所示。选择 Properties 命令，弹出属性对话框。

方法二：在欲编辑的导线处于虚影状态时，按 Tab 键，弹出属性对话框。

方法三：执行菜单命令 Edit|Change，光标变成“十”字状。将光标移到欲编辑的元器件上单击，也会弹出属性对话框。

图 2-31 所示导线属性对话框的设置如下所述。

(1) Wire Width：导线线宽设置。默认是 Small。右边的下拉列表框中有 4 个选项，分别是 Smallest(最小)、Small(小)、Medium(中等)和 Large(大)。

(2) Color：导线颜色设置，默认蓝色。单击其右边色块，弹出如图 2-33 所示设置颜色对话框，共提供 240 种颜色。选择好颜色后，单击 OK 按钮；也可以单击图 2-33 中的 

按钮，自定义导线颜色。

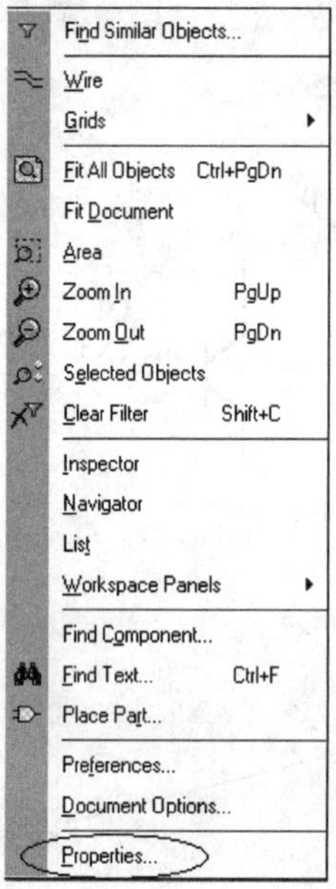

图 2-32 环境菜单命令列表

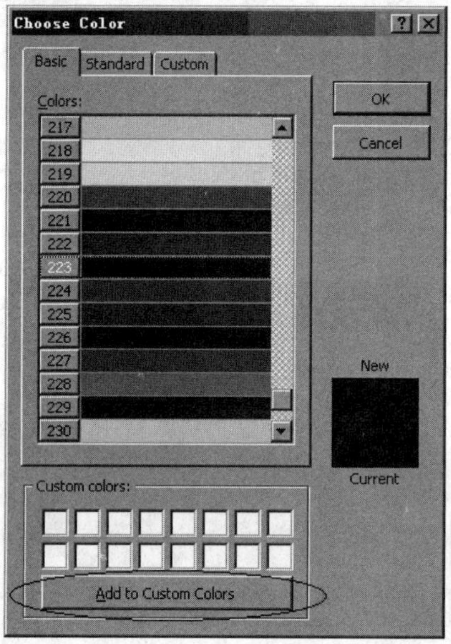

图 2-33 设置颜色对话框

4. 修改导线

绘制好一段导线后，若要延长或者要改变导线上某个拐弯点的位置，直接单击该导线，这时，在导线的各个转弯点、起点和终点处出现绿色的小方块，如图 2-34 所示。将光标移到绿色小方块上，按下并拖动鼠标，即可修改拐弯点的位置。

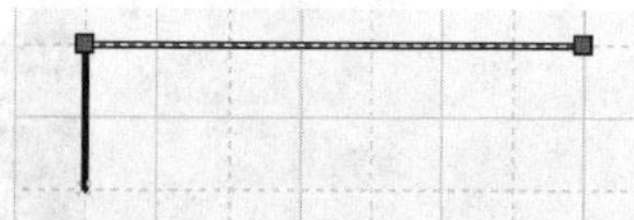

图 2-34 修改导线的方法

2.2.7 放置电源和接地符号

在一张电路原理图中，电源和接地符号是必不可少的。任何一个电子产品都必须有电源和接地才能工作。DXP 提供了 12 种不同形状的电源和接地符号，它们放在电源与接地符号工具栏 Power Object 中。执行菜单命令 View|Toolbars|Power Objects，可显示该工具栏，如图 2-35 所示。在 Toolbars 下拉菜单中，Power Objects 前打钩表示打开该工具栏；反之，关闭该工具栏，如图 2-36 所示。单击 Power Objects 工具栏中的 ☒，也可关闭该工具栏。DXP 的原理图编辑器通过这些符号的网络标号来区分电源和各种接地。

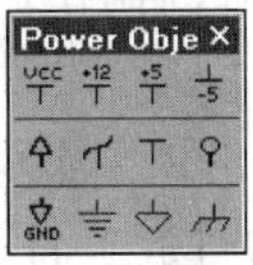

图 2-35　电源和接地符号

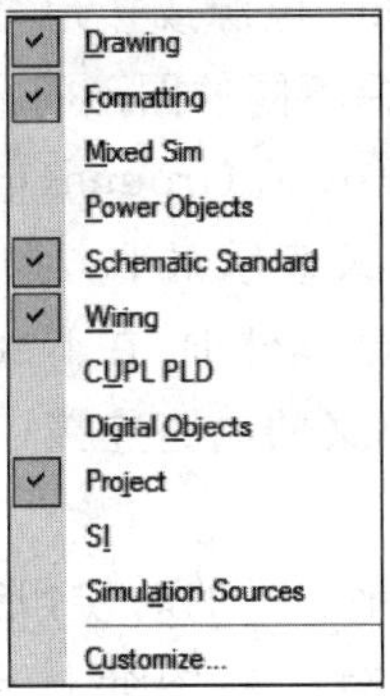

图 2-36　关闭或打开工具栏

1. 放置电源和接地符号命令

放置电源和接地符号的方法有下述 3 种。

方法一：单击布线工具栏的放置电源和接地符号按钮，通过修改符号的形状和网络来区分电源和接地。

方法二：执行菜单命令 Place|Power Port。

方法三：使用快捷键 P+O。

2. 修改电源和接地符号的属性

电源和接地符号的图标相同，网络标号不同。正电源用 VCC 表示，负电源用 VEE 表示，接地用 GND 表示。双击放置到图纸上的电源或接地符号，弹出电源和接地属性对话框，如图 2-37 所示。

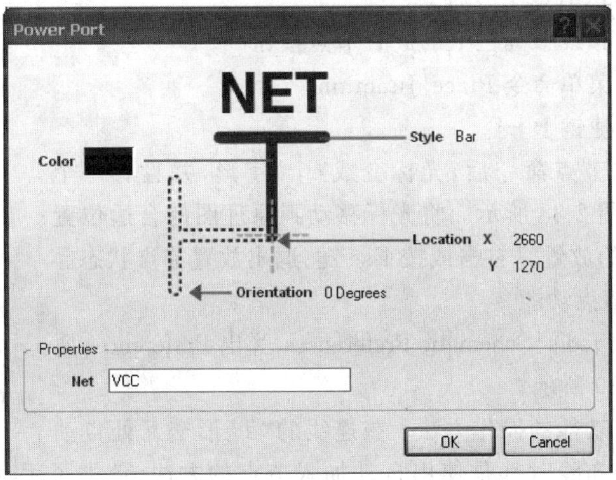

图 2-37　设置电源和接地符号属性

图 2-38 所示电源和接地属性对话框的属性设置如下所述。

(1) Color：导线颜色设置，默认蓝色。单击其右边色块，弹出设置颜色对话框。它一共提供 240 种颜色。选择后，单击 OK 按钮。

(2) Orientation：电源或接地符号有 0°、90°、180°、270°旋转方向。

(3) Style：选择不同的图形符号，如 Circle(圆节点)、Arrow(箭头)、Bar(条形节点)、Wave(波形节点)、Power Ground(电源地)、Signal Ground(信号地)、Earth(大地)等。

(4) Location：X 表示水平方向坐标位置，Y 表示垂直方向坐标位置。

(5) Properties：属性框，在 Net 处填入 VCC 或 GND。此处的属性决定了网络表的属性，实现了真正意义的电路连接；填错了会影响后续 PCB 的制作。电源和地短接是非常严重的错误。

放置电源和接地符号的时候，光标变成"十"字形状，并出现一个电源或接地符号；把鼠标移到合适的位置上，在图纸上出现"米"字形状，单击即可放置符号。放置好符号后，修改符号属性。至此，自激多谐振荡器电路原理图设计完成，保存所有文件。

2.2.8 其他电气对象的放置

Wiring 工具栏提供了原理图中电气对象的放置命令，除了导线、电源和接地符号外，还有电路节点、No ERC 测试点等。下面依次介绍其使用方法。

1. 放置电路节点

电路节点用来表示两条导线交叉处是否为连接的状态。如果没有节点，表示两条导线在电气上是不相通的；有节点，表示两条导线在电气意义上是连接的。DXP 系统默认在"T"形连接处自动放置节点；但在"十"字交叉处不会自动放置节点。若要使之电气相通，需要手工放置节点。

1) 节点的放置

放置节点的方法有以下 3 种。

方法一：单击布线工具栏上的放置节点按钮。

方法二：执行菜单命令 Place|Junction。

方法三：按快捷键 P+J。

启动放置电路节点命令后，光标变成"十"字形，并且有一个棕红色的圆点，如图 2-38 所示。将光标移动到原理图的合适位置后单击，完成节点的放置。右击或按 Esc 键，退出放置节点状态。

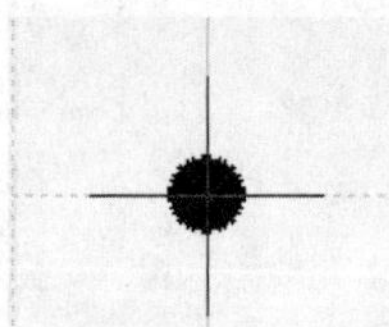

图 2-38 放置节点

2) 设置自动节点功能

执行菜单命令 Tools|Schematic Preferences，弹出 Preferences 属性对话框，如图 2-39 所示。

需要自动节点功能的操作方法：在连线的"T"形交叉处自动加入节点。一般在布线时都是使用自动加入节点的方法，免去了手动放置节点的麻烦。自动加入节点通过下面的步骤完成。

(1) 在原理图图纸上右击，在弹出的菜单中选择 Preferences 命令。

(2) 在弹出的 Preferences 对话框的 Options 区域选中 Auto Junction 项，系统在连线的交叉处自动加入节点。

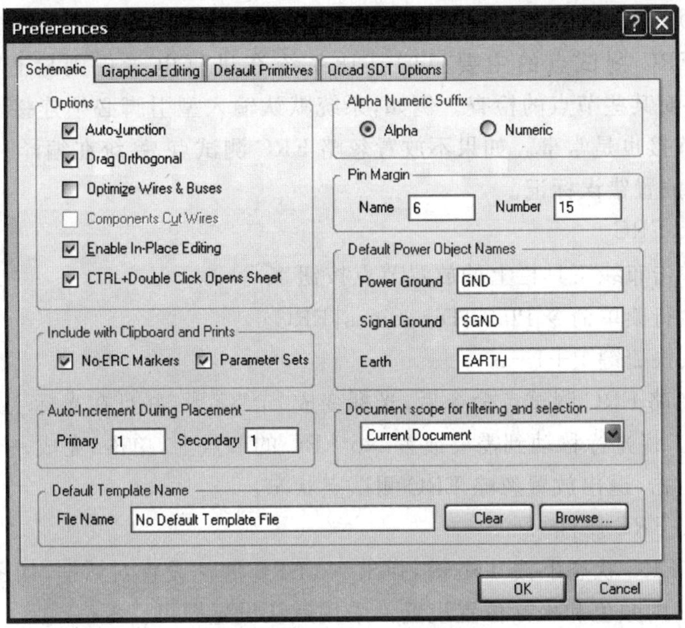

图 2-39　Preferences 属性对话框

不需要自动节点功能的操作方法：如果选择在连线的交叉处不自动加入节点，即不选中 Options 区域中的 Auto Junction 复选项，在连线的交叉处就需要手动放置节点。

3）设置节点属性

在放置电路节点状态下，按下 Tab 键，弹出 Junction 属性对话框，或者在退出放置节点状态后，双击节点，打开 Junction 节点属性对话框，如图 2-40 所示。

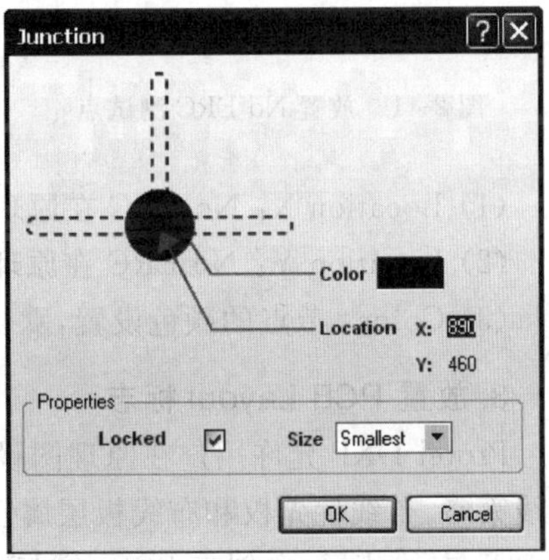

图 2-40　节点属性对话框

（1）Location X：节点在原理图上的 X 坐标。

（2）Location Y：节点在原理图上的 Y 坐标。

（3）Color：节点的颜色设置，默认棕红色。单击其右边的色块，弹出设置颜色对话框。

在 Properties 选项设置中有以下两项。

（1）Locked：如果选定 Locked 锁定属性，当在 Auto-Junction 状态下所画导线经过已存在的线路节点时，Protel DXP 认为不该有此节点，而将该节点删除。所以，一般采用默认设置，即 Locked 选项有效。若取消锁定，当节点处的导线被移去或删除时，该节点自动消失。

（2）Size：默认 Smallest。右边的下拉列表框中有 4 个选项：Smallest（最小）、Small（小）、Medium（中等）和 Large（大）。

2. 放置 No ERC 测试点

放置 No ERC 测试点的主要目的是让系统在进行电气规则检查(Electric Rule Check)时,忽略对某些节点的检查。例如,系统默认输入型引脚必须连接,但实际上某些输入型引脚不连接也是常事。如果不放置忽略 ERC 测试点,系统在编译时会生成错误信息,并在引脚上放置错误标记。

1) 放置 No ERC

方法一:单击布线工具栏上的放置节点按钮。

方法二:执行菜单命令 Place|Directives|ERC。

方法三:按快捷键 P+I+N。

启动放置忽略 ERC 测试点命令后,光标变成“十”字形,并且在光标上悬浮一个红叉,如图 2-41 所示。将光标移动到需要放置 No ERC 的节点上,单击,完成一个忽略 ERC 测试点的放置。右击,退出放置忽略 ERC 测试点状态。

2) 设置 No ERC 属性

在放置 No ERC 状态下按 Tab 键,弹出 No ERC 属性设置对话框,如图 2-42 所示,主要用于 No ERC 的颜色和坐标位置设置。采用默认设置即可。

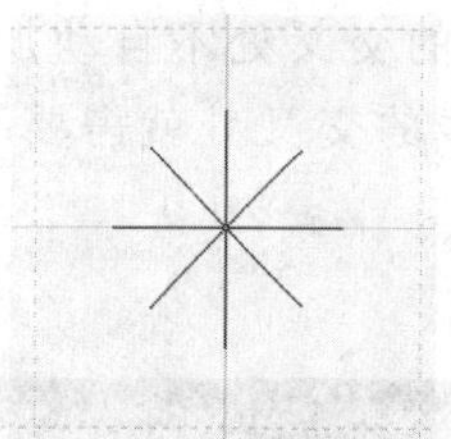

图 2-41 放置 No ERC 测试点

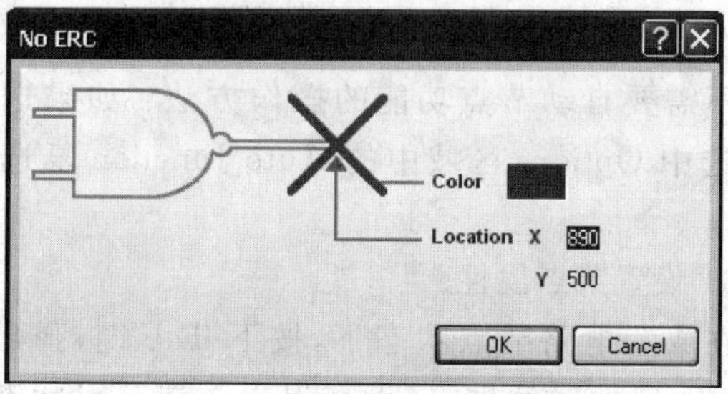

图 2-42 No ERC 属性设置对话框

(1) Location X:No ERC 在原理图上的 X 坐标。

(2) Location Y:No ERC 在原理图上的 Y 坐标。

(3) Color:节点的颜色设置,默认暗红色。单击其右边色块,弹出设置颜色对话框。

3. 放置 PCB Layout 标志

Protel DXP 允许用户在原理图设计阶段规划指定网络铜膜走线的宽度、过孔直径、布线策略、布线优先权和布线板层属性。如果用户在原理图中对某些特殊要求的网络设置 PCB 布线指示,在创建 PCB 的过程中会自动在 PCB 中引入这些设计规则。

要使在原理图中标记的网络布线规则信息传递到 PCB 文件,在设计 PCB 时应使用设计同步器来传递参数。若使用原理图创建的网络表,所有在原理图上的标记信息将丢失。

1) PCB Layout 的放置

放置 PCB Layout 的方法有以下 3 种。

方法一:单击布线工具栏上的放置节点按钮。

方法二：执行菜单命令 Place|Directives|PCB Layout ERC。

方法三：按快捷键 P+I+P。

启动放置 PCB Layout 命令后，光标变成“十”字形，PCB Rule 图标悬浮在光标上，如图 2-43 所示。将光标移动到放置 PCB 布线指示的位置后，单击，完成 PCB 布线指示的放置。右击，退出 PCB Layout 指示状态。

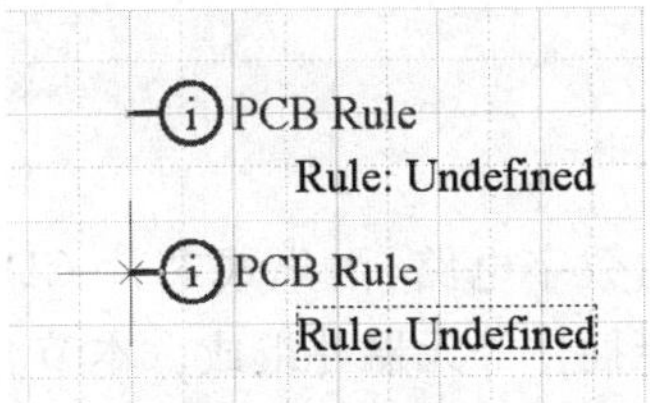

图 2-43　放置 PCB Layout 标志

2）设置 PCB Layout 属性

在放置 PCB Layout 指示状态下，按 Tab 键弹出 Parameters 属性设置对话框，如图 2-44 所示；或者在已放置的 PCB 布线指示上双击。

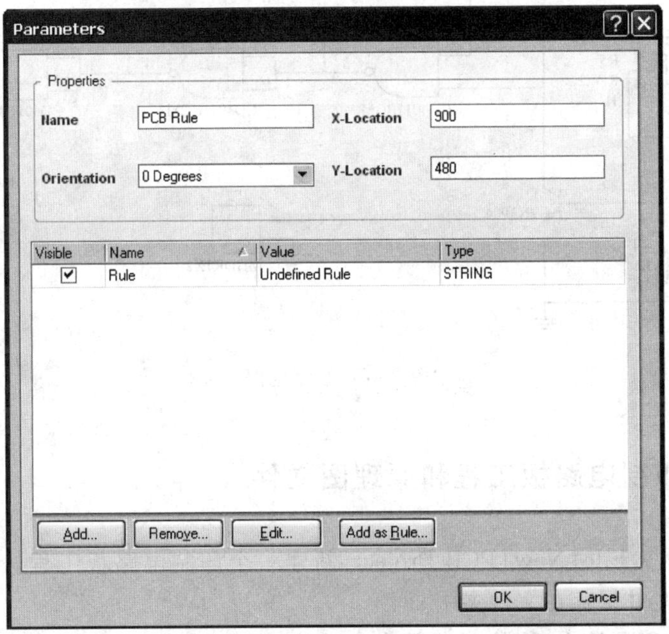

图 2-44　设置 PCB Layout 属性

Properties 选项区域用于设置 PCB 布线指示的名称、放置位置和角度。

（1）Name：设置 PCB Layout 指示名称。

（2）X-Location：PCB Layout 在原理图上的 X 坐标。

（3）Y-Location：PCB Layout 在原理图上的 Y 坐标。

（4）Orientation：输入栏用来设置 PCB 布线指示的放置角度，可以按空格键实现。

变量列表窗口区域列出了所选 PCB 布线指示定义的变量及其属性。单击 Add... 按钮、Remove... 按钮、Edit... 按钮和 Add as Rule... 按钮,可以对当前定义的变量进行编辑。

2.3 案例 2-4:数字电路原理图绘制——元器件查找功能

2.3.1 项目分析

图 2-45 所示是一个简单的数字电路,由集成芯片 CD4011BCM、电阻、可变电阻、电容、三极管、发光二极管、两头接插件等元器件组成。本节介绍 Protel DXP 的元器件查找功能。

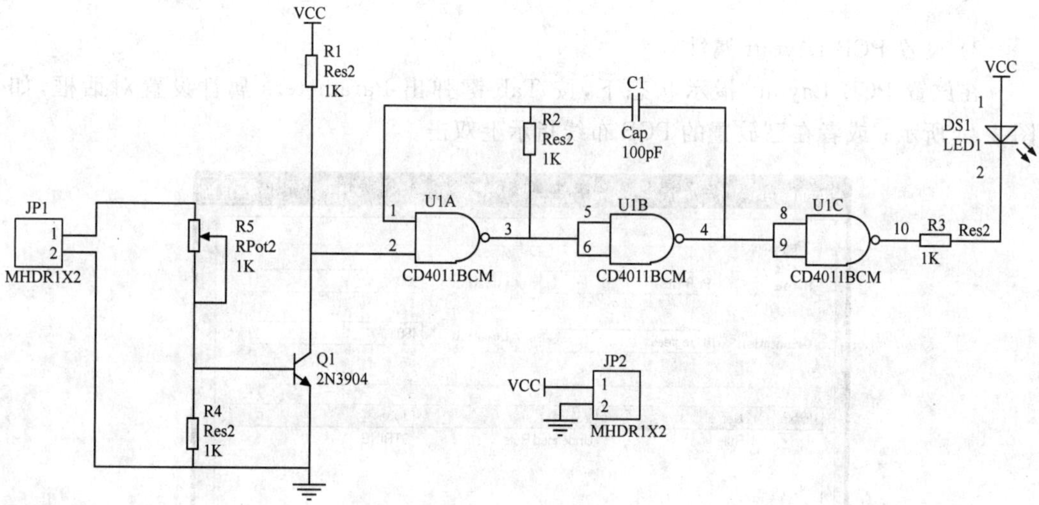

图 2-45 数字电路

2.3.2 新建印制电路板工程和原理图文件

执行菜单命令 File|New|PCB Project,新建一个印制电路板工程。单击 File|Save Project,把项目文件保存在文件夹中。

在创建了工程项目之后,执行菜单命令 File|New|Schematic,在工程项目里新建一个原理图文件,保存为数字电路. SchDoc。

2.3.3 元器件的查找

如果需要查找其他元器件,用户可能知道元器件的大概名称,却不知道元器件位于哪个元器件库中,这时要使用元器件查找功能。下面介绍两种元器件查找的方法。

(1) 方法一：在打开的原理图文件中，单击 Libraries 标签栏，弹出库文件面板。单击 Search... 按钮，弹出如图 2-46 所示查找元器件对话框。

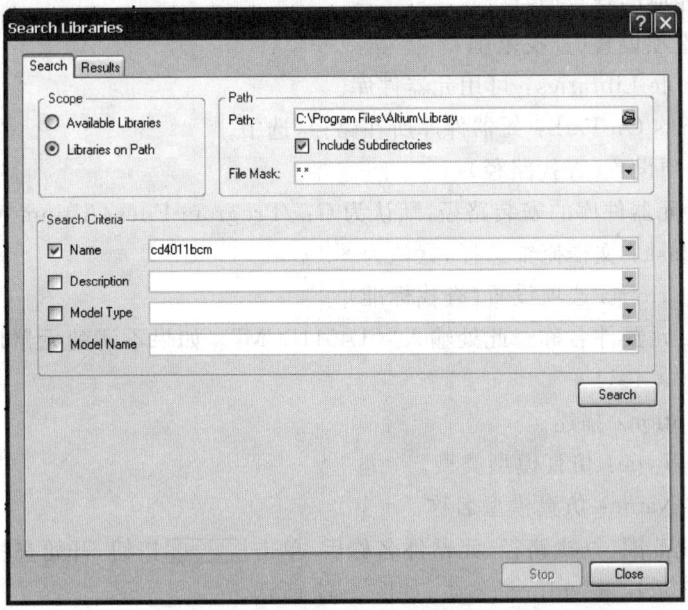

图 2-46　查找元器件对话框 Search 标签页

(2) 方法二：执行菜单命令 Tools|Find Component，弹出如图 2-47 所示查找元器件对话框。

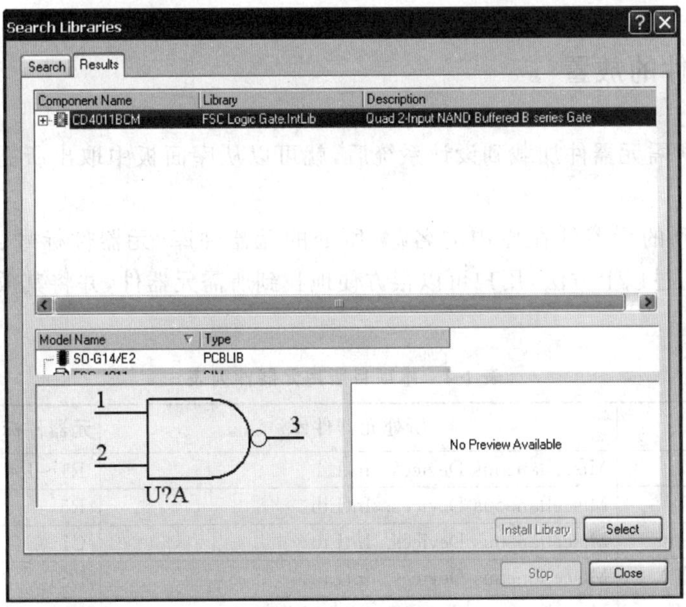

图 2-47　元器件查找对话框 Results 标签页

在元器件查找对话框中有两个标签页,分别是 Search 标签页和 Results 标签页。查找的条件在 Search 标签页设置。查找结束后,在 Results 标签页查看结果。需要在 Search 标签页中填写相应的查找信息。

1) Scope 选项设置(查找范围)

(1) Avialable Libraries:可用元器件库。

(2) Libraries On Path:元器件库所在路径,选中。

2) Path 选项设置(查找路径)

(1) Path:元器件库的安装路径,默认为 C:/Program Files/Altium/Library。

(2) File Mask:文档掩饰选择,默认为 *.*。

3) Search Criteria 选项设置(查找标准)

(1) Name:元器件名称。此处输入"CD4011BCM"。如果不清楚元器件全称,以 * 代替。例如,输入"*4011*"。

(2) Description:描述。

(3) Model Type:仿真模型类型。

(4) Model Name:仿真模型名称。

填写好查找范围、查找路径、元器件名称后,单击 Search 按钮,开始查找。

查找结果显示在 Results 标签页,如图 2-47 所示。

在 Results 对话框中可以看到元器件名称、元器件库路径、封装、元器件预览等信息。单击 Install Library 按钮,把查找出来的元器件所在的库加载到库文件面板中;单击 Select 按钮,把查找出来的元器件直接放置到原理图文件中;单击 Stop 按钮,终止查找元器件;单击 Close 按钮,关闭此对话框。

2.3.4 元器件的放置

当用户把所需元器件加载到设计系统后,就可以从库面板中取出所需元器件并将其放到图纸上。

本项目用到的元器件在库中的名称、所处的元器件库、元器件标号、参数值列表如表 2-4 所示。通过以上方法,用户可以很方便地找到所需元器件,并将其放置在原理图工作区中。

表 2-4 本项目所用元器件列表

名 称	所处元器件库	元器件标号	参数值
Res2(电阻)	Miscellaneous Devices. IntLib	R1~R4	1K
RPot2(可变电阻)	Miscellaneous Devices. IntLib	R5	1K
Cap(电容)	Miscellaneous Devices. IntLib	C1	100pF
LED1(发光二极管)	Miscellaneous Devices. IntLib	DS1	LED1
MHDR1X2(接插件)	Miscellaneous Connectors. IntLib	JP1、JP2	MHDR1X2
2N3904(三极管)	Miscellaneous Devices. IntLib	Q1	2N3904
CD4011BCM(与非门)	Fairchild Semiconductor|FSC Logic Gate. IntLib	U1	CD4011BCM

CD4011BCM 是一个多子元器件，由 4 个相同功能的与非门电路组成，封装在一个芯片里，电源和接地都隐藏了，其放置方法与其他元器件有所不同。放置集成芯片 CD4011BCM 时，库文件面板出现 Part A、Part B、Part C、Part D 4 个子元器件，其外观都一样，就是引脚不同。集成芯片 CD4011BCM 与库面板如图 2-48 所示。

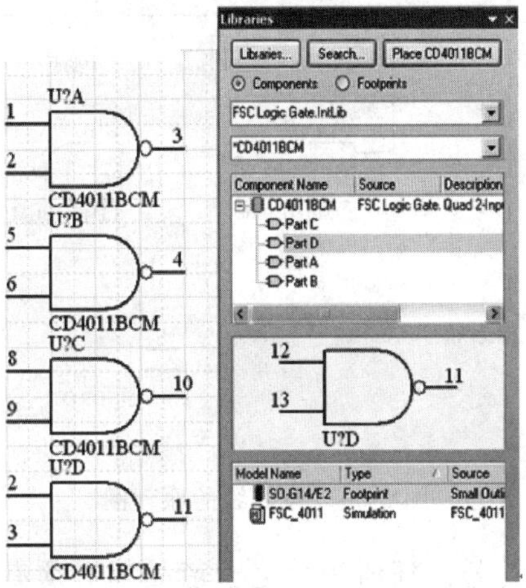

图 2-48　多子元器件 CD4011BCM 与库面板

当同一个多子元器件放在图纸上时，元器件标号都是一样的，如 U1A 和 U1B 表示同一个器件。放置时，注意选择不同的 Part，以免放置过多的元器件。放置好元器件的原理图如图 2-49 所示。

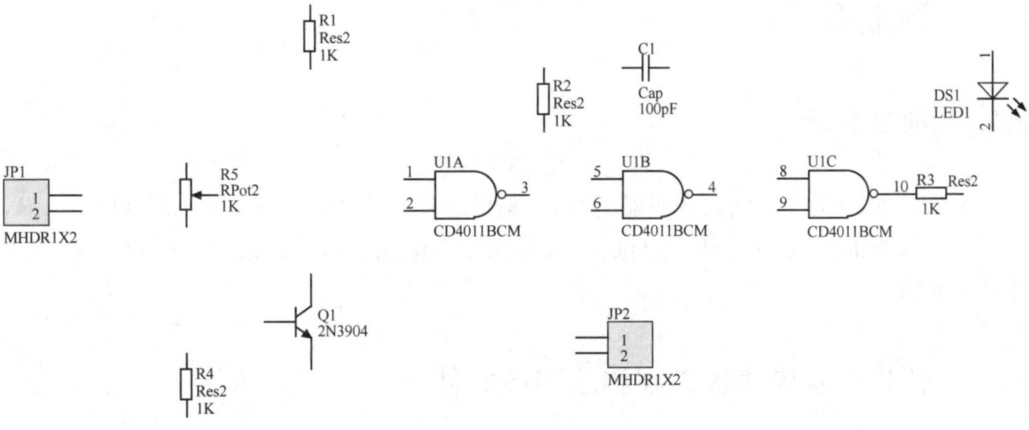

图 2-49　放置好元器件的原理图

2.3.5　布线与放置电源和接地符号

对放置好的元器件进行连线，元器件之间应留有间隔，以便有大量的空间用来将导线连接到每个元器件引脚。这很重要，因为不能将一根导线穿过同一个元器件的一个引脚来连接另一个引脚；否则，两个引脚都连接到导线上，元器件将短路。布好线的原理图如图 2-50 所示。

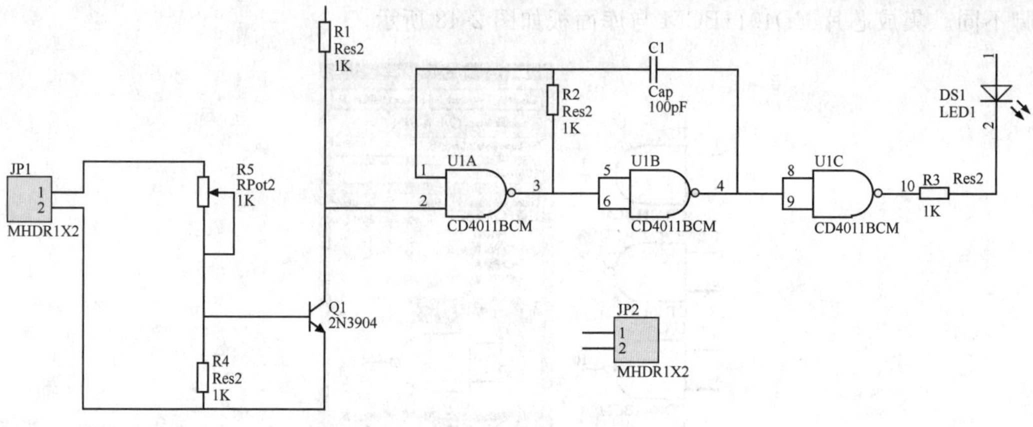

图 2-50　布好线的原理图

接着，放置电源和接地符号。任何一个电子产品都必须有电源和接地才能工作。然后，修改符号的形状和网络标号。最后，对元器件的属性进行编辑。至此，数字电路原理图设计完成，保存所有文件。

2.4　案例 2-5：优先译码器电路原理图绘制——元器件库的加载

2.4.1　项目分析

图 2-51 所示是一个优先译码器电路，由集成芯片 SN74246N、SN74148N 和 SN7404，电阻、排阻、按钮、三极管、蜂鸣器与数码管等元器件组成。本节介绍 Protel DXP 的元器件库加载功能。

2.4.2　新建印制电路板工程和原理图文件

执行菜单命令 File|New|PCB Project，新建一个印制电路板工程。单击 File|Save Project，把项目文件保存在文件夹中。

在创建工程项目后，执行菜单命令 File|New|Schematic，在工程项目里新建一个原理图文件，保存为优先译码器.SchDoc。

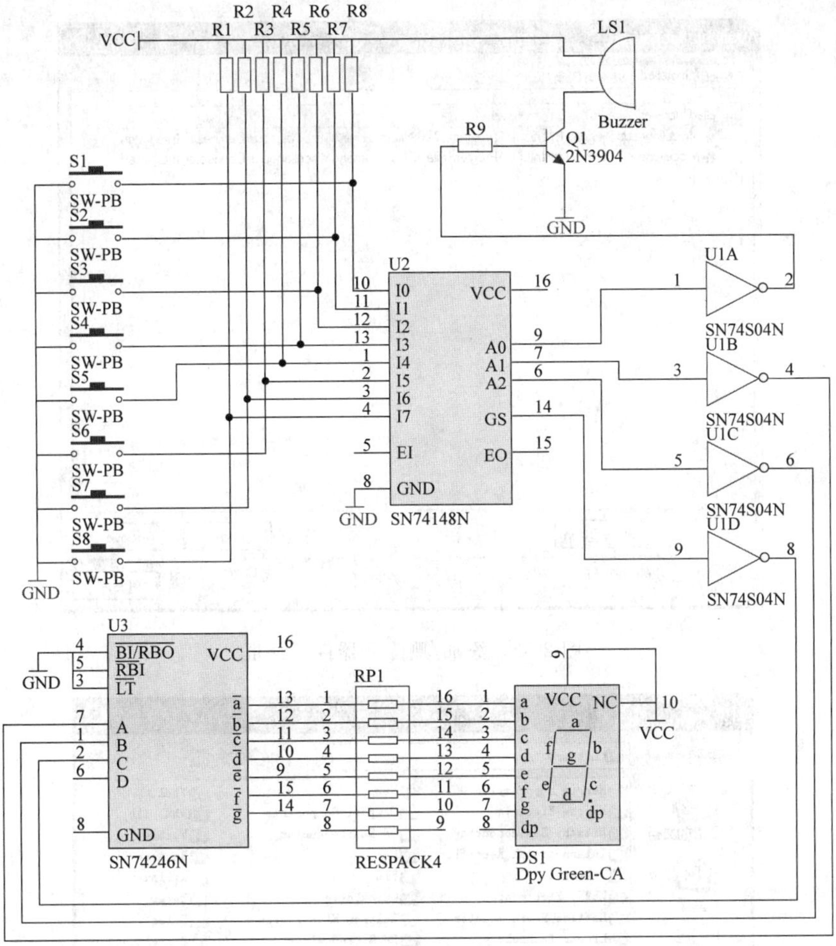

图 2-51 优先译码器电路

2.4.3 元器件库的加载

通过前面的学习，用户可以很方便地找到本项目所用的大部分元器件，并放置在原理图工作区中。集成芯片 SN7404、SN74148N 和 SN74246N 在 Texas Instruments 公司的库中都能找到，需要另外加载。如果 Protel DXP 安装在 C 盘根目录下，Library 的路径默认安装在 C：/Program Files/Altium/Library 中。它的数量非常庞大，但是分类明确。第一级以元器件生产厂商分类，如 Texas Instruments（美国德州仪器公司）的元器件资源就十分充足；第二级以元器件的功能分类，如运放类、逻辑门电路等。

根据绘制原理图的需要，选择所需元器件。例如，加载元器件非门电路 SN7404。

首先单击 Libraries 标签栏，打开 Libraries 工作面板。然后单击 Libraries... 按钮，弹出 Available Libraries 对话框，如图 2-52 所示。

在图 2-52 所示添加/删除元器件对话框中单击 Install... 按钮，弹出如图 2-53 所示一级元器件库文件夹对话框。在 C：/Program Files/Altium/Library 中选择一级元器件库文件夹 Texas Instruments（公司名称），将其打开。

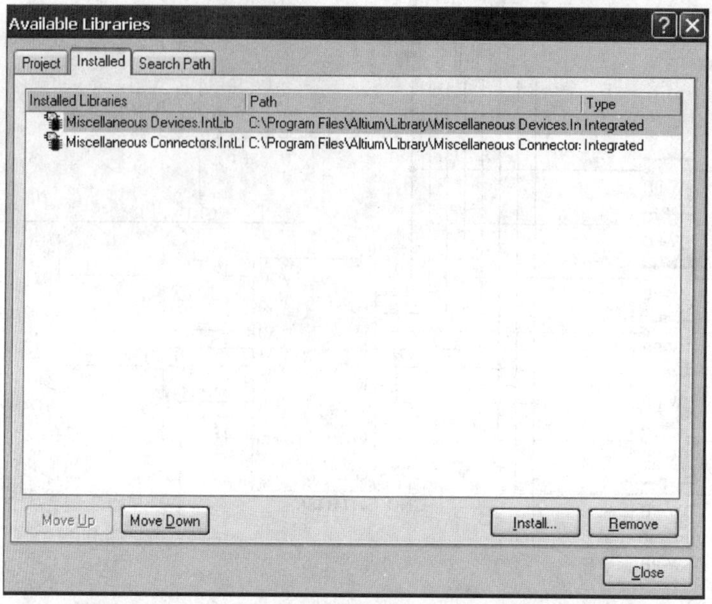

图 2-52　添加/删除元器件对话框

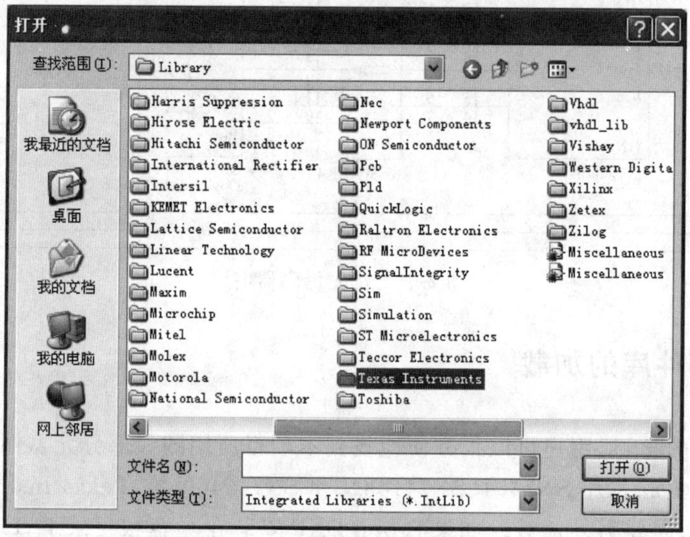

图 2-53　一级元器件库文件夹对话框

双击二级元器件库文件 TI Logic Gate 2. IntLib(元器件功能名称),打开如图 2-54 所示二级元器件库文件对话框。

选择 TI Logic Gate 2. IntLib 后单击 打开(O) 按钮,元器件库立即加载到 Libraries 中,如图 2-55 所示。

在如图 2-55 所示对话框中,如需继续加载,单击 Install... 按钮；如需删除已经装载的元器件库文件,则选择不需要的库文件后,单击 Remove 按钮；单击 Close 按钮,关闭此对话框,同时,添加的元器件库出现在库文件面板上,成为当前活动的库文件,如图 2-56 所示。

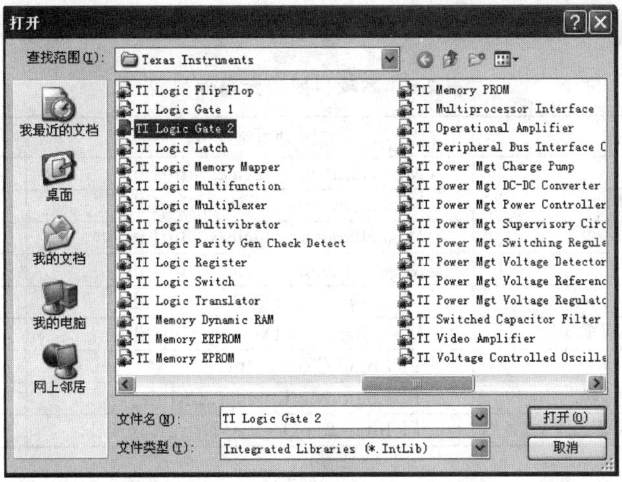

图 2-54　二级元器件库文件对话框

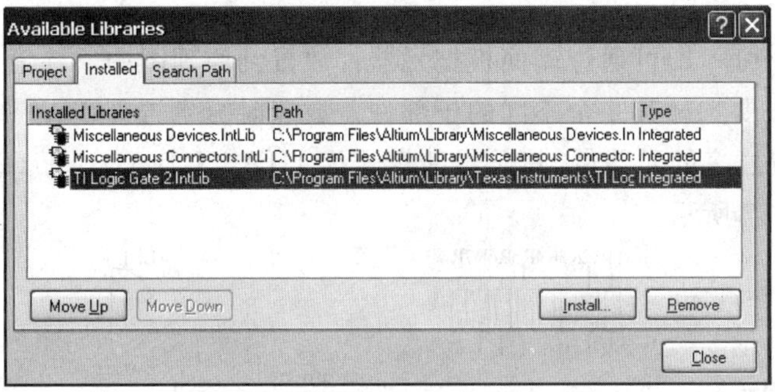

图 2-55　添加元器件后的对话框

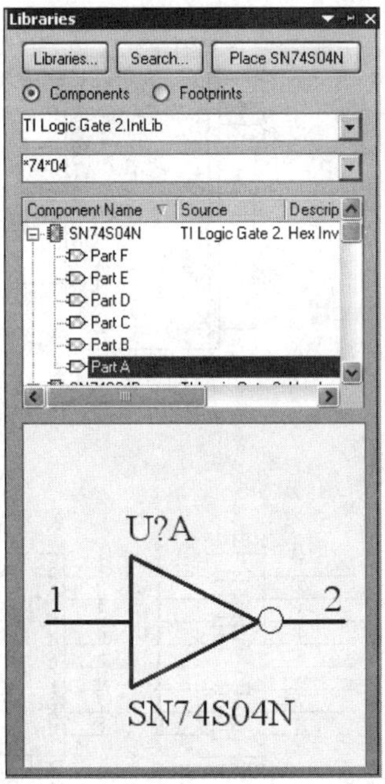

图 2-56　添加元器件库后的库文件面板对话框

本项目用到的元器件在库中的名称、所处的元器件库及元器件标号如表 2-5 所示。

表 2-5　本项目所用元器件列表

名　　称	所处元器件库	元器件标号
Res2(电阻)	Miscellaneous Devices. IntLib	R1～R9
RES PACK4(排阻)	Miscellaneous Devices. IntLib	RP1
2N3904(三极管)	Miscellaneous Devices. IntLib	Q1
SW-PB(按钮)	Miscellaneous Devices. IntLib	S1～S8
Buzzer(蜂鸣器)	Miscellaneous Devices. IntLib	LS1
Dyp Green-CA(数码管)	Miscellaneous Devices. IntLib	DS1
SN74S04N(反相器)	TI Logic Gate 2. IntLib.	U1
SN74148N(优先译码器)	TI Logic Multiplexer. IntLib	U2
SN74246N(数码管驱动)	TI Interface Display Driver. IntLib.	U3

参照表 2-5,采用同样的方法加载 SN74148N 和 SN74246N。这两个元器件同在 Texas Instruments 库中。

加载好元器件库,即可通过库面板把元器件放置到原理图中。注意,SN74S04N 是一个多子元器件,需要选择其 4 个不同的子部件。放置时分别选择 Part A、Part B、Part C、Part D,避免放置过多的元器件,其元器件标号为 U1A、U1B、U1C、U1D。放置好元器件的原理图如图 2-57 所示。

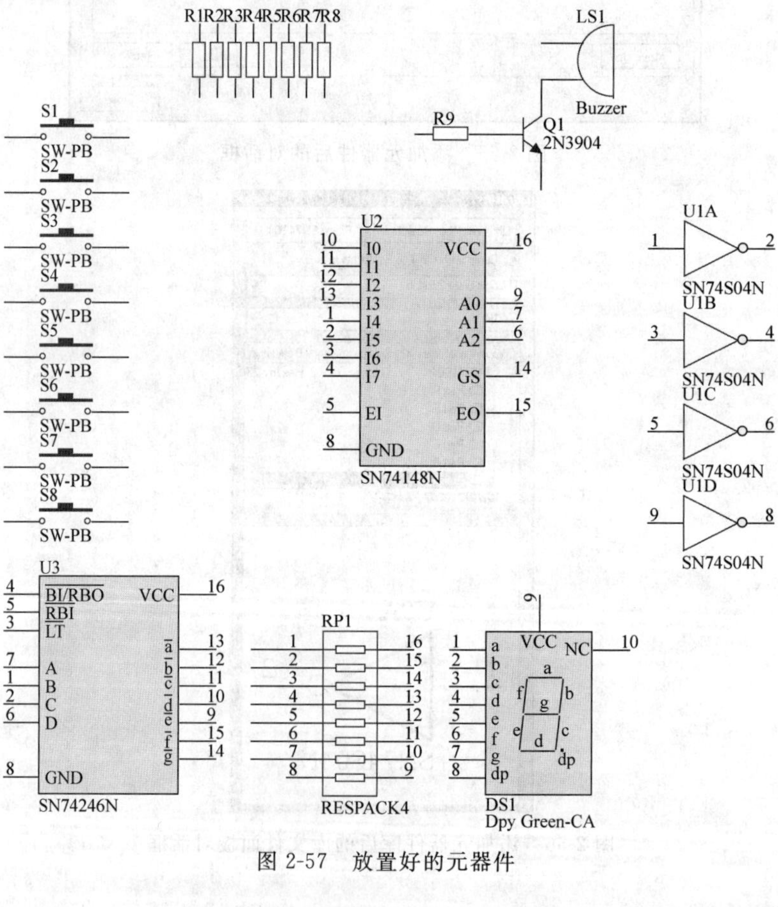

图 2-57　放置好的元器件

2.4.4　布线及放置电源和接地符号

对放置好的元器件进行连线。布好线的原理图如图 2-58 所示。

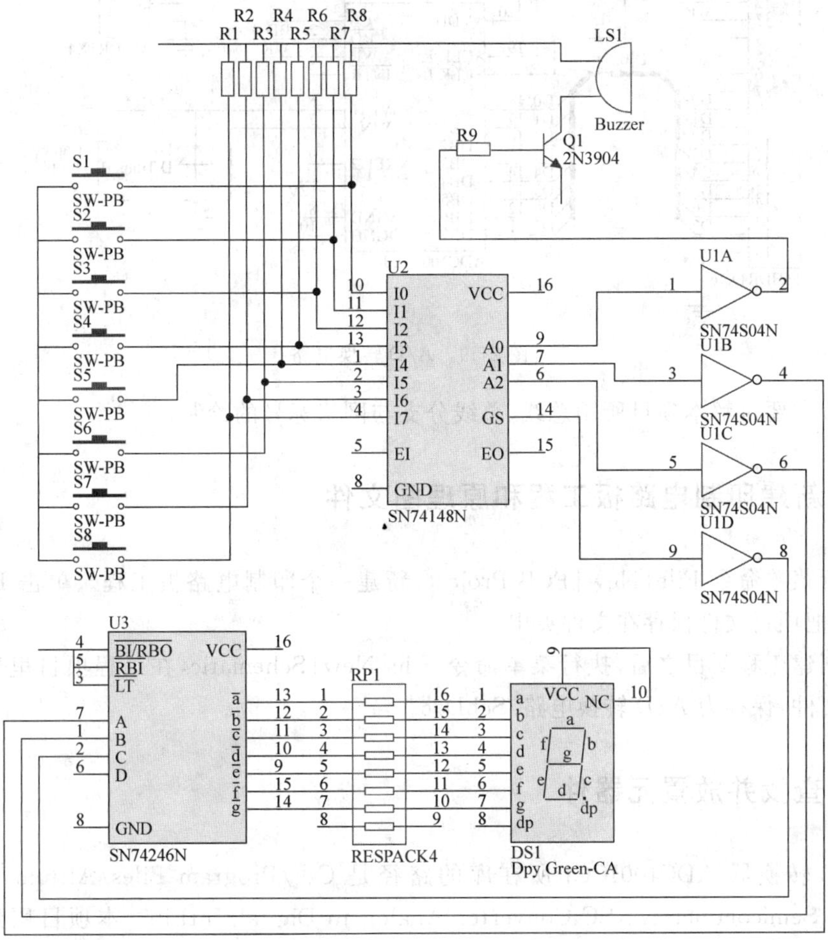

图 2-58　布好线的原理图

接着，放置电源和接地符号。任何一个电子产品都必须有电源和接地才能工作。然后，修改符号的形状和网络标号。最后，对元器件的属性进行编辑。至此，优先译码器电路原理图设计完成，保存所有文件。

2.5　案例 2-6：A/D 转换电路原理图绘制——总线的绘制

2.5.1　项目分析

图 2-59 所示是一个 A/D 转换电路，主要由 A/D 转换器 ADC100ICCJ、电阻、电容、隧道二极管和接插件构成。这是一个较复杂的电路，涉及总线、总线分支与网络标号的绘

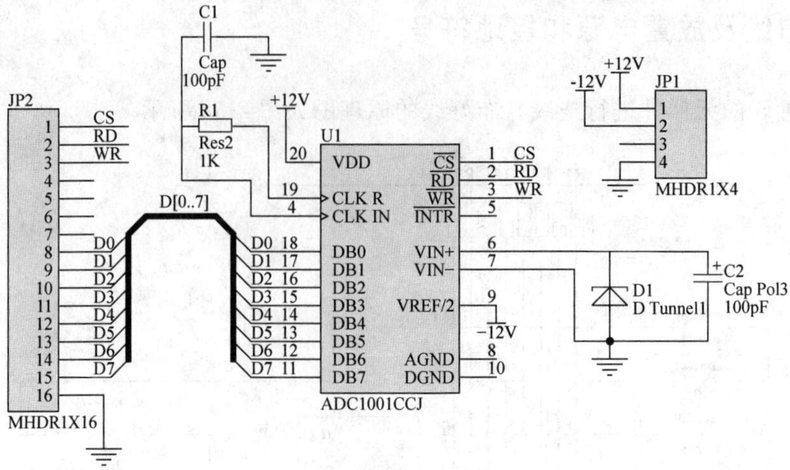

图 2-59 A/D 转换电路

制。本节主要讲解本项目所用总线、总线分支与网络标号的绘制。

2.5.2 新建印制电路板工程和原理图文件

执行菜单命令 File|New|PCB Project,新建一个印制电路板工程。单击 File|Save Project,把项目文件保存在文件夹中。

在创建工程项目之后,执行菜单命令 File|New|Schematic,在工程项目里新建一个原理图文件,保存为 A/D 转换电路. SchDoc。

2.5.3 查找并放置元器件

A/D 转换器 ADC100ICCJ 所在库的路径是 C:/Program Files/Altium|Library/National Semiconductor/NSC Converter Analog to Digital. IntLib。本项目用到的元器件在库中的名称、所处的元器件库和元器件标号如表 2-6 所示。加载元器件库后,即可放置元器件。

表 2-6 本项目所需元器件列表

名 称	所处元器件库	元器件标号
Res2	Miscellaneous Devices. IntLib	R1
Cap	Miscellaneous Devices. IntLib	C1
Cap Pol3	Miscellaneous Devices. IntLib	C2
D Tunnel	Miscellaneous Devices. IntLib	D1
MHDR1X4(接插件)	MiscellaneousConnectors. IntLib	JP1
MHDR1X16(接插件)	MiscellaneousConnectors. IntLib	JP2
ADC100ICCJ(A/D 转换器)	NSC Converter Analog to Digital. IntLib	U1

放置好元器件的原理图如图 2-60 所示。

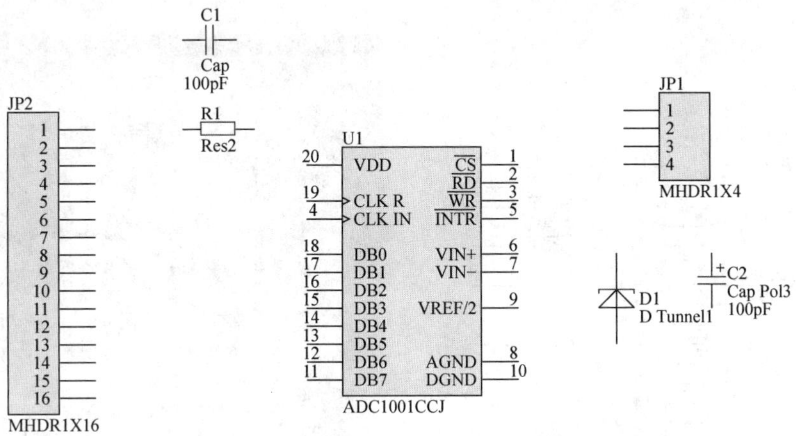

图 2-60　放置好元器件的原理图

2.5.4　绘制总线、总线分支和网络标号

本项目需要绘制大量的总线、总线分支和网络标号。Wiring 工具栏提供了原理图中大量电气对象的放置命令，除了导线、电源和接地符号外，还有网络标号、总线、总线分支等。下面将依次介绍它们的使用方法。

1. 放置网络标号

在绘制电路原理图时，除了用导线使元器件之间具有电路连接外，还可以通过设置网络标号的方法使元器件之间具有电路连接。网络标号具有电气特性。对于具有相同网络标号的导线或元器件引脚，不管在电路原理图上是否连接在一起，其电气关系都是连接在一起的。在绘制复杂原理图时，要把所有具有电气连接的元器件用导线连起来，很麻烦；设置网络标号，可使原理图清晰、简单，方便阅读。本项目中大量使用了网络标号。

1）网络标号的放置

执行放置网络标号的方法有以下 3 种。

方法一：单击布线工具栏上的放置网络标号按钮 Net1 。

方法二：执行菜单命令 Place|Net Lable。

方法三：按快捷键 P+N。

当网络标号靠近元器件引脚或导线时，必须有红色的“米”字形标注出现，才可放置网络标号，如图 2-61 所示；否则，该网络标号没有连接到元器件的引脚或导线上。在放置网络标号时，可以按空格键改变网络标号的放置方向。右击或按 Esc 键，退出放置网络标号的命令状态。

2）设置网络标号属性

双击网络标号，系统弹出属性对话框，如图 2-62 所示。

网络标号属性对话框的设置如下所述。

（1）Location X：网络标号在原理图上的 X 坐标。

（2）Location Y：网络标号在原理图上的 Y 坐标。

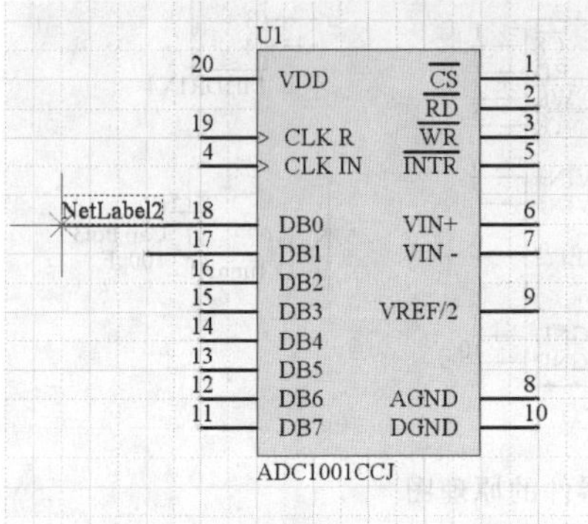

图 2-61 放置网络标号

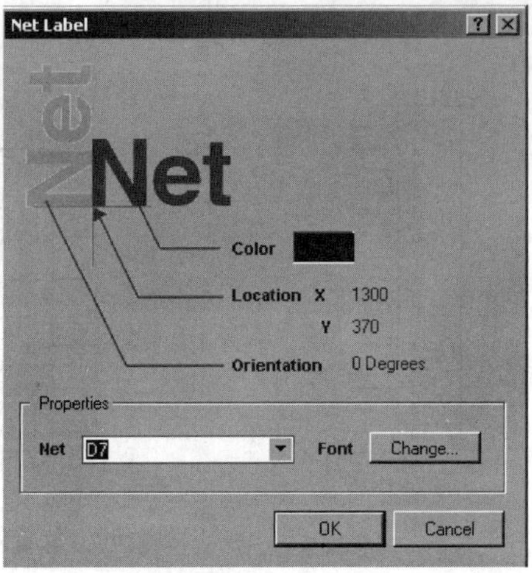

图 2-62 网络标号属性对话框

(3) Orientation：网络标号在原理图上的放置方向，右边下拉列表框中有 4 个选项，分别为 0 Degrees、90 Degrees、180 Degrees 和 270 Degrees。

(4) Color：网络标号颜色设置。默认蓝色。单击其右边色块，弹出设置颜色对话框。它一共提供 240 种颜色，与导线的设置一样。

(5) Net：网络标号名称，区分大小写，如 D0 与 d0 表示两个不同的网络。如果混淆字母的大小写，将使元器件本应连接在一起的引脚在电路上不连接。如果把这个错误带到 PCB 板的设计中，将导致很严重的错误。

(6) Font：网络标号名称字体设置。单击图 2-62 右边的 Change... 按钮，弹出如图 2-63 所示对话框，可选择所需的字体。

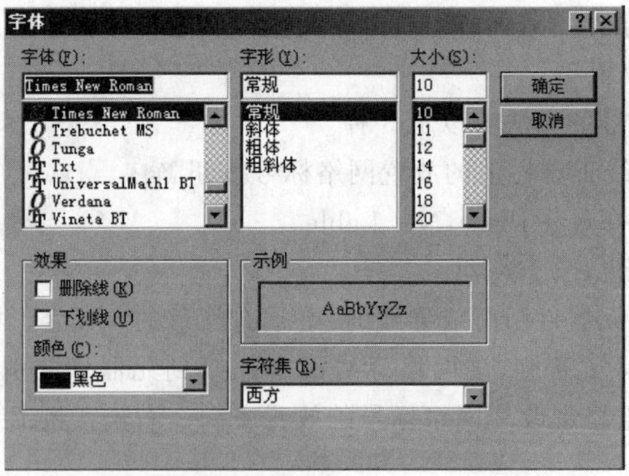

图 2-63 网络标号的字体设置

如果网络标号名称的末尾为数字，在放置网络标号的过程中按 Tab 键，也会弹出如图 2-62 所示对话框。在文本框中输入“D0”，可以在连续放置网络标号时自动使该数字加 1。

2. 绘制总线

在绘制电路原理图时，通常会出现一组具有相关性的并行导线（如数据总线和地址总线）。为绘制方便，用一根较粗的线条表示总线，以减少连线的工作量和简化电路，同时增加电路的美观性。在原理图编辑环境下，总线本身没有任何电气连接意义，它只是用来更清晰地标注电路的逻辑连接关系，而电气连接要通过网络标号来实现。

1）总线的绘制

图 2-64 所示为总线的绘制。绘制总线的方法有以下 3 种。

方法一：单击布线工具栏上的放置总线按钮 。

方法二：执行菜单命令 Place| Bus。

方法三：按快捷键 P+B。

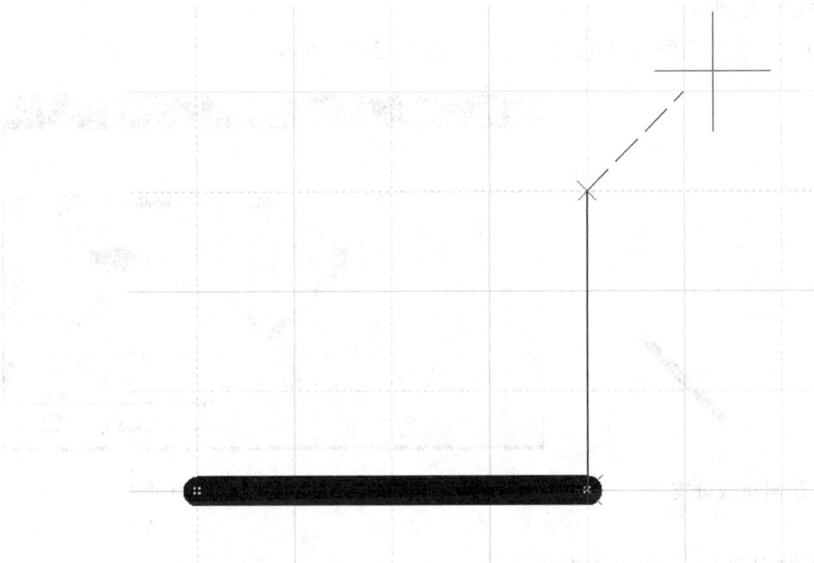

图 2-64　绘制总线

总线拐弯如同导线拐弯一样，有 3 种模式：直角、45°、任意斜线，可以在画总线的状态下按 Shift+Space 键来切换。绘制好总线后，右击或按 Esc 键，退出画总线的命令状态。在绘制总线的过程中，若遇到“T”形线路，系统不会像绘制导线一样添加节点。

2）设置总线属性

双击总线，弹出总线属性对话框，如图 2-65 所示。

总线属性对话框的设置如下所述。

(1) Color：总线颜色设置。默认蓝色。单击其右边色块，弹出设置颜色对话框。它一共提供 240 种颜色。同导线的设置。

(2) Bus Width：总线线宽设置。默认 Small。右边的下拉列表框中有 4 个选项，分别为 Smallest（最小）、Small（小）、Medium（中等）和 Large（大）。

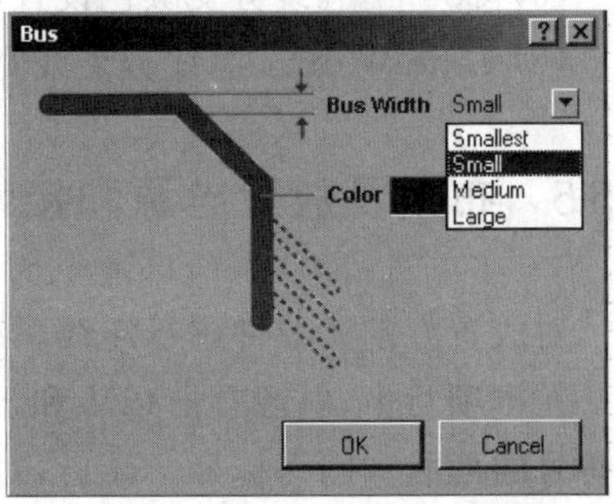

图 2-65　总线属性对话框

3. 绘制总线分支

绘制好总线之后,要把总线和具有电路特性的导线连接起来,常用总线分支,使得原理图清晰、美观,具有专业水准。总线分支也具备电气特性。

1) 总线分支的绘制

图 2-66 所示为绘制总线分支。绘制总线分支的方法有以下 3 种。

方法一:单击布线工具栏上的放置总线分支按钮。

方法二:执行菜单命令 Place|Bus Entry。

方法三:按快捷键 P+U。

按 Space 键可调整总线分支的方向。绘制好总线分支之后,右击或按 Esc 键,退出绘制总线分支的命令状态。

2) 设置总线分支属性

双击总线分支,弹出总线分支属性对话框,如图 2-67 所示。

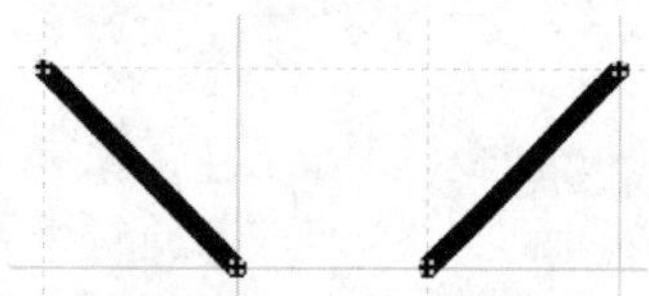

图 2-66 绘制总线分支

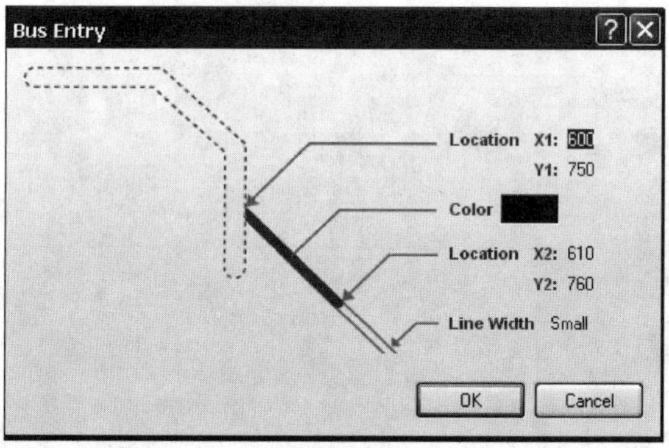

图 2-67 总线分支属性对话框

总线分支属性对话框的设置如下所述。

(1) Location X1:分支的一个端点在原理图上的 X 坐标。

(2) Location Y1:分支的一个端点在原理图上的 Y 坐标。

(3) Location X2:分支的另一个端点在原理图上的 X 坐标。

(4) Location Y2:分支的另一个端点在原理图上的 Y 坐标。

(5) Color:总线分支颜色设置,默认蓝色。单击其右边色块,弹出颜色设置对话框。

(6) Line Width:总线分支线宽设置,默认 Small。

2.5.5 布线及放置电源和接地符号

对放置好的元器件进行连线。布好线的原理图如图 2-68 所示。

在本项目中,电源有+12V 和-12V 两种。下面需要放置电源和接地符号,并且修改符号的形状和网络标号。最后,对元器件的属性进行编辑。至此,A/D 转换电路原理图设计完成,保存所有文件。

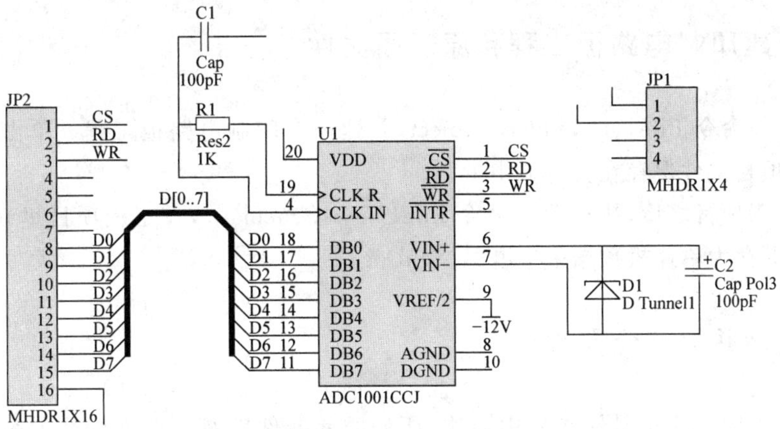

图 2-68　布好线的原理图

2.6　案例 2-7：单片机数据采集电路原理图绘制——绘图工具栏的使用

2.6.1　项目分析

图 2-69 所示是一个单片机数据采集电路，主要由 Motorola 公司的单片机 MC6805、TI 公司的八双向数据收发器 SN74LS245、Maxim 公司的 A/D 转换器 MAX7821 构成，再加上一些必要的电阻。元器件的查找和总线的绘制在前面已经介绍过。图 2-69 中出现了一个正弦波、文字及虚线框，这需要用到绘图工具栏。

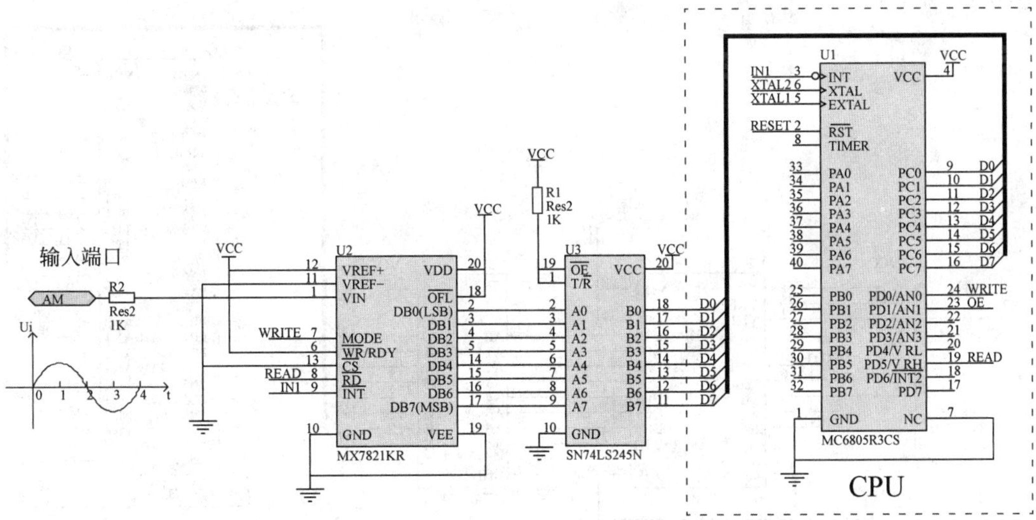

图 2-69　单片机数据采集电路

2.6.2 新建印制电路板工程和原理图文件

执行菜单命令 File|New|PCB Project，新建一个印制电路板工程。单击 File|Save Project，把项目文件保存在文件夹中。

创建工程项目之后，执行菜单命令 File|New|Schematic，在工程项目里新建一个原理图文件，保存为单片机数据采集电路. SchDoc。

2.6.3 查找并放置元器件

本项目中用到的元器件在库中名称、所处的元器件库及元器件标号如表 2-7 所示。参照表 2-7，采用前述方法加载元器件库后，即可放置元器件。

表 2-7 本项目所需元器件列表

名 称	所处元器件库	元器件标号
Res2	Miscellaneous Devices. IntLib	R1、R2
MC6805R3CS	Motorola Microprocessor 8-bit. IntLib	U1
MX7821KR	Maxim Converter Analog to Digital . IntLib	U2
SN74LS245N	TI Interface 8-Bit Line Tranceiver. IntLib	U3

2.6.4 原理图布线与放置输入/输出端口

对放置好的元器件连接导线、网络标号、绘制总线和总线分支等。布好线的原理图如图 2-70 所示。

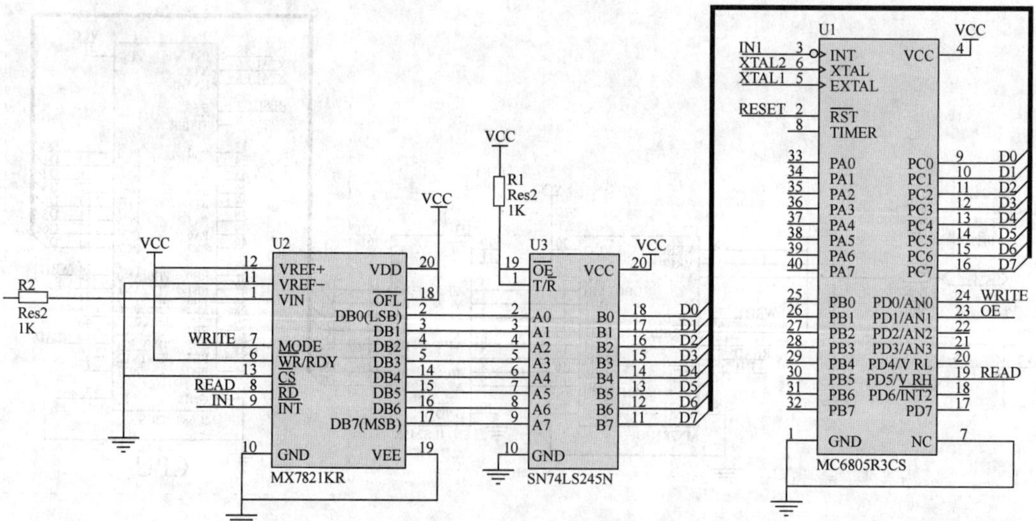

图 2-70 布好线的原理图

在设计电路图时，一个电路和另一个电路可以通过导线连接；也可以通过放置网络标号，使两个电路具有电气连接关系；还可以使用输入/输出端口。相同名称的输入/输出端口在电气上是连接的，常用于绘制层次原理图。本项目使用到了一个输入/输出端口和外面的电路连接。下面介绍输入/输出端口的绘制方法。

1. 输入/输出端口的绘制

输入/输出端口的绘制如图 2-71 所示，方法有以下 3 种。

方法一：单击布线工具栏上的放置输入/输出端口按钮 D1 。

方法二：执行菜单命令 Place|Port。

方法三：按快捷键 P+R。

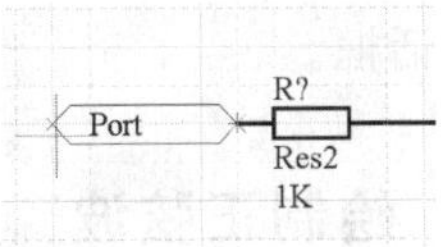

图 2-71　放置输入/输出端口

2. 设置输入/输出端口属性

双击输入/输出端口，弹出输入/输出端口属性对话框，如图 2-72 所示。

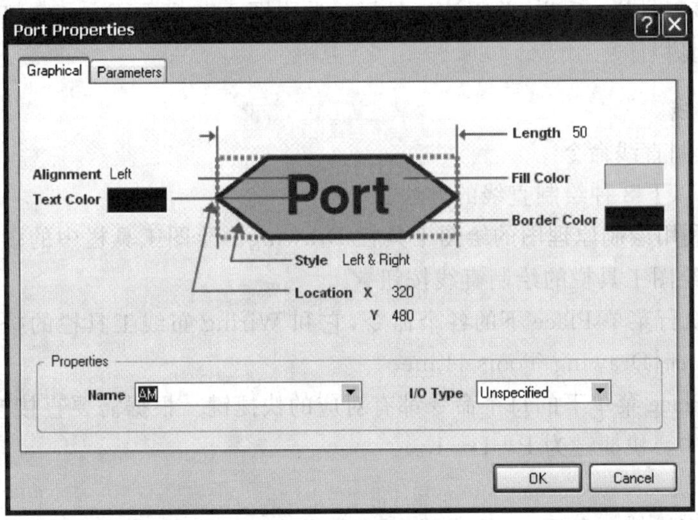

图 2-72　输入/输出端口属性对话框 Graphical 标签页

属性对话框的 Graphical(图形)标签页设置如下所述。

(1) Name：输入/输出端口名称。相同名称的输入/输出端口在电气上是连接的。

(2) I/O Type：输入/输出端口类型，作为检测系统电气规则的依据。端口类型共有 4 种，分别为 Unspecified(未定义端口)、Output(输出端口)、Input(输入端口)和 Bidirectional(双向端口)。

(3) Location X：输入/输出端口在原理图上的 X 坐标。

(4) LocationY：输入/输出端口在原理图上的 Y 坐标。

(5) Style：输入/输出端口在原理图上的外形。端口外形共有 8 种，分别为 None(Horizontal)、Left、Right、Left_Right、None(Vertical)、Top、Bottom 和 Top_Bottom。

(6) Length：端口长度设置。

(7) Alignment：端口名称在端口符号中的类型，共有 3 种形式，分别为 Center、Left 和 Right。

(8) Text Color：端口名称的颜色设置，默认暗红色。单击其右边色块，弹出设置颜色对话框。

(9) Fill Color：端口的颜色设置，默认黄色。单击其右边色块，弹出设置颜色对话框。

(10) Border Color：端口边框的颜色设置，默认暗红色。单击其右边色块，弹出设置颜色对话框。

2.6.5 绘制正弦波

利用 Protel DXP 提供的 Drawing Tools(绘图工具)，可以在原理图上绘制无电气特性的图形，使得原理图更加完美，更容易阅读。利用绘图工具可以绘制直线、圆弧、曲线、多边形和文本等。本项目的电路中就使用了绘图工具。执行菜单命令 View|Toolbars|Drawing，显示绘图工具栏，如图 2-73 所示。在 Toolbars 下拉菜单中，在 Drawing 前打钩，表示打开该工具栏；反之，关闭该工具栏。单击图 2-73 所示 Drawing 工具栏中的 ☒，也可关闭该工具栏。

1. 绘制直线

1) 执行绘制直线命令

DXP 提供以下 3 种绘制直线的方法。

方法一：利用绘制原理图的绘图工具栏 Drawing。绘图工具栏中的图标都不具有电气意义。单击绘图工具栏的绘制直线按钮 ╱。

方法二：执行菜单 Place 下的各个命令，它和 Wiring 布线工具栏的按钮相对应。执行菜单命令 Place|Drawing Tools |Line。

方法三：Place 菜单下的每个命令都有对应的快捷键。根据需要直接按快捷键，执行相应的绘制操作。快捷键为 P+D+L。

2) 绘制直线

执行绘制直线的命令后，光标变成“十”字形状。把光标移到需要绘制的区域中，如图 2-74 所示，单击，确定直线的起点；拖动鼠标，形成一条虚直线。拖动到适当位置后，再次确定该直线的终点。绘制完直线后，右击或按 Esc 键，退出绘制直线的命令状态。

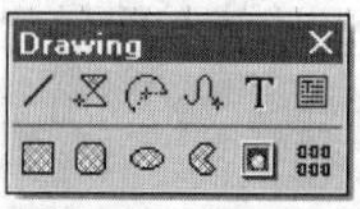

图 2-73 绘图工具栏

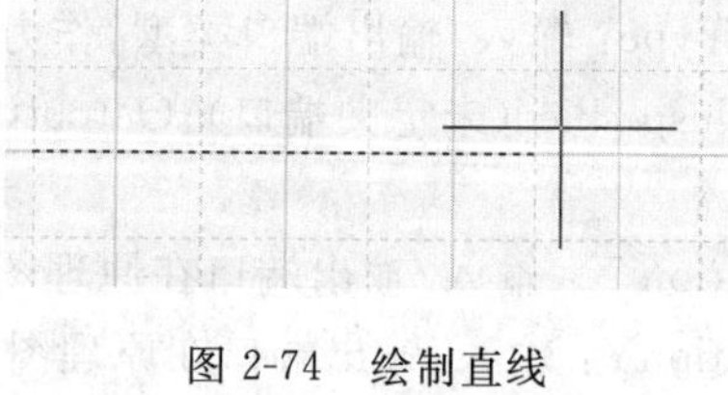

图 2-74 绘制直线

在绘制直线拐点时，需要单击，确定直线的拐弯位置；同时，按 Shift+Space 键来选择直线的拐弯模式，如图 2-75 所示。直线有 3 种拐弯模式：直角、45°、任意斜线。

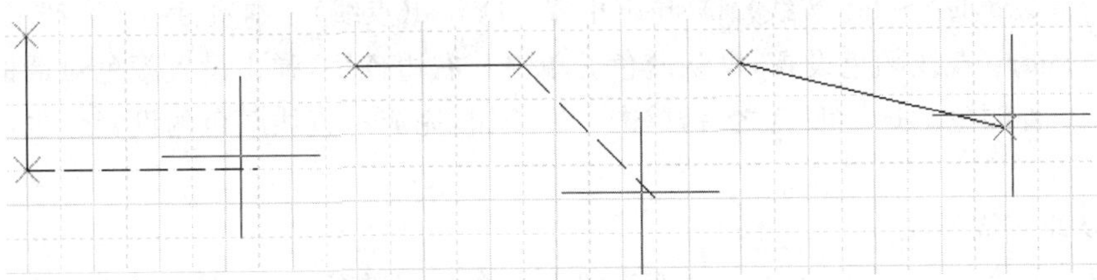

图 2-75　直线的 3 种拐弯模式

坐标轴中的箭头是斜线。为了画好箭头，必须将捕获栅格尺寸减小到 1mil。由于系统默认绘制直线的拐弯模式为 90°，所以在画箭头时，按 Shift+Space 键，将拐弯模式设置为任意角度。完成坐标轴的绘制后，切换回去。完成的坐标轴如图 2-76 所示。

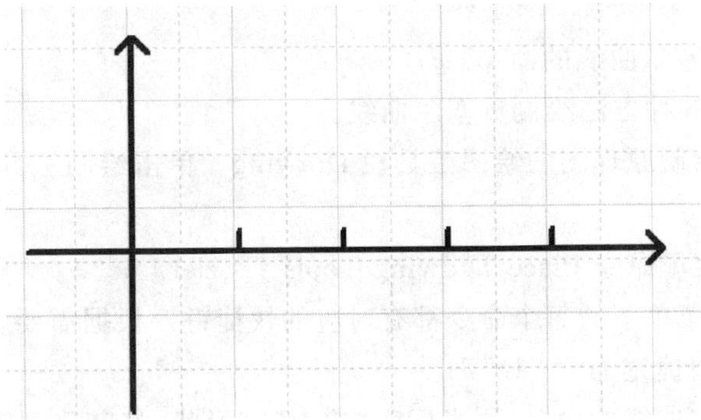

图 2-76　坐标轴

3）设置直线属性

在电路原理图上双击需要设置属性的直线，将弹出如图 2-77 所示的设置属性对话框 PolyLine，设置直线的有关参数。其实，像编辑元器件属性一样，有 4 种方法弹出这个对话框，与设置导线属性一样，这里不再赘述。

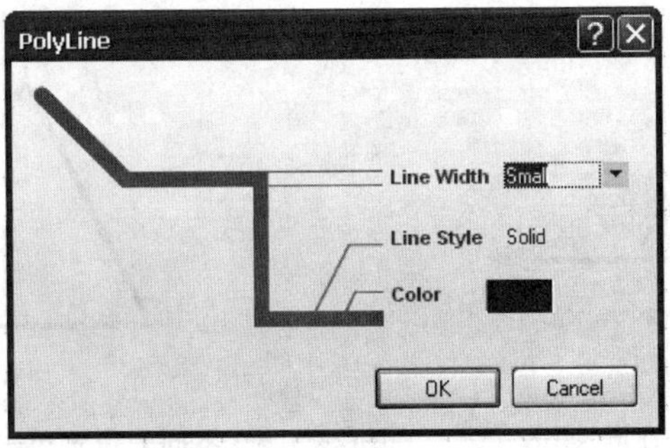

图 2-77　设置直线属性对话框

直线属性对话框的设置如下所述。

（1）Line Width：直线线宽设置。默认 Small。右边的下拉列表框中有 4 个选项，分别为 Smallest（最小）、Small（小）、Medium（中等）和 Large（大）。

(2) Line Style：Solid(实线)、Dashed(虚线)、Dotted(点线)。本项目中的直线采用虚线。

(3) Color：直线颜色设置，默认蓝色。单击其右边色块，弹出设置颜色对话框。它一共提供 240 种颜色。选择颜色之后，单击 OK 按钮，完成对直线颜色的设置。也可以选择自定义颜色。

4) 修改直线形状

绘制一段直线后，若要延长或改变直线上某个拐点的位置，直接单击该直线，这时在直线的各个转弯点、起点和终点出现绿色的小方块。将光标移到绿色小方块上，按下并拖动鼠标，即可修改直线上拐弯点的位置。

2. 绘制正弦波

贝塞尔曲线可以用来绘制正弦波、抛物线等。下面以绘制贝塞尔曲线为例，讲解绘制正弦波的过程。

1) 执行绘制贝塞尔曲线的命令。

DXP 提供以下 3 种方法绘制贝塞尔曲线。

方法一：利用绘制原理图的绘图工具栏 Drawing。单击绘图工具栏中绘制贝塞尔曲线的 图标。

方法二：执行菜单命令 Place|Drawing Tools |Bezier。

方法三：Place 菜单下的每个命令都有对应的快捷键。根据需要直接按快捷键，执行相应的绘制操作。快捷键为 P+D+B。

执行绘制贝塞尔曲线的命令后，光标变成“十”字形状，将其移到需要绘制的区域中，如图 2-78 所示，单击，确定贝塞尔曲线的起点后单击 1 次；拖动鼠标，形成一条红色的弧线，在顶中部单击第二次；拖动到适当位置，确定该弧线的终点后单击 2 次。单击鼠标的位置是有顺序的，在不同的位置单击鼠标，会得到不同的曲线，如图 2-79 所示。绘制好上半部后，再绘制下半部。绘制完贝塞尔曲线后，右击或按 Esc 键，退出绘制贝塞尔曲线的命令状态。

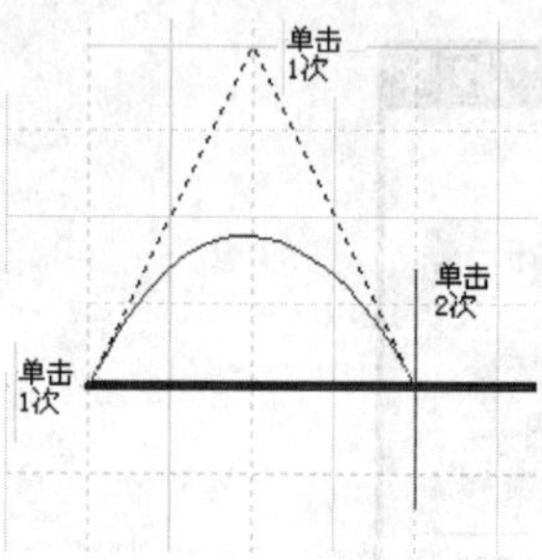

图 2-78　绘制正弦波上半部分

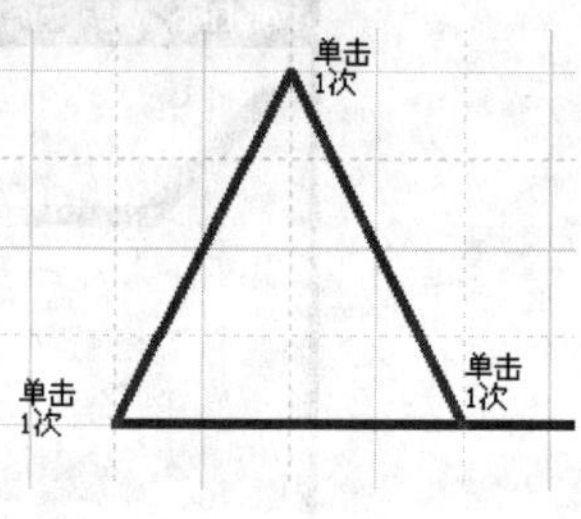

图 2-79　在不同的位置单击鼠标会得到不同的曲线

2) 设置贝塞尔曲线属性

在电路原理图上双击需要设置属性的贝塞尔曲线，弹出如图 2-80 所示设置属性对话框 Bezier，设置贝塞尔曲线的有关参数。

贝塞尔曲线属性对话框的设置如下所述。

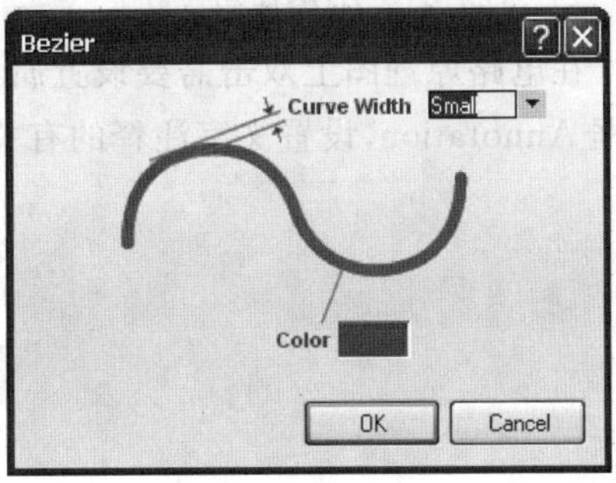

图 2-80　设置贝塞尔曲线属性对话框

(1) Curve Width：曲线线宽设置。默认是 Small。右边的下拉列表框中有 4 个选项，分别为 Smallest(最小)、Small(小)、Medium(中等)和 Large(大)。

(2) Line Style：Solid(实线)、Dashed(虚线)和 Dotted(点线)。

(3) Color：曲线颜色设置，默认红色。

3) 修改曲线形状

绘制一段曲线后，若要延长或改变曲线上某个拐弯点的位置，直接单击该曲线。这时，在曲线的各个转弯点、起点和终点出现绿色的小方块，将光标移到绿色小方块上，按下并拖动鼠标，即可修改拐弯点的位置。完成绘制的正弦波和坐标轴如图 2-81 所示。

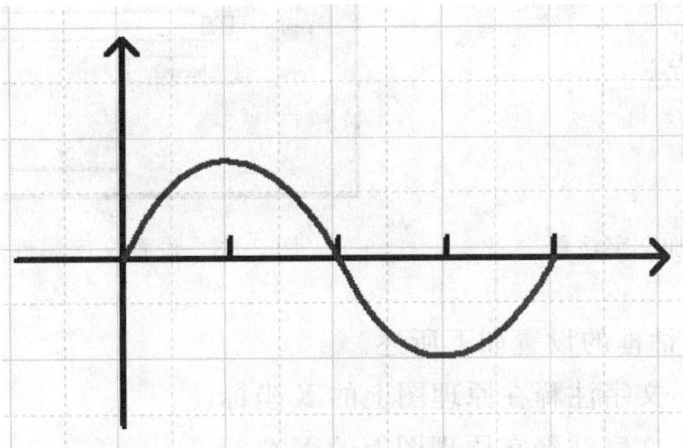

图 2-81　绘制好的正弦波

3. 文字注释

在电路原理图中，文本注释是对图形的重要补充说明。在某些关键的引脚信号上添加文字说明，可以增加图纸的可读性，便于技术人员交流。在 DXP 中，文字说明分为文字注释和文本框注释。下面介绍为正弦波添加文字注释的操作步骤。

1) 执行添加文字注释的命令

DXP 提供 3 种方法添加文字注释。

方法一：利用绘制原理图的绘图工具栏 Drawing。单击绘图工具栏中添加文字注释的图标 T 。

方法二：执行菜单命令 Place|Drawing Tools |Text String。

方法三：Place 菜单下的每个命令都有对应的快捷键。根据需要直接按快捷键，执行相应的绘制操作。快捷键为 P+D+T。

2) 添加文字注释

执行添加文字注释命令后，光标变成“十”字形，并带有一个文本字符串。把光标移到需要添加的区域中，如图 2-82 所示，单击，即可放置该文本字符串。右击或按 Esc 键，退出添加文字注释。

3) 设置文字注释属性

在电路原理图上双击需要设置属性的文字注释，弹出如图 2-83 所示设置文字属性对话框 Annotation，设置文字注释的有关参数。

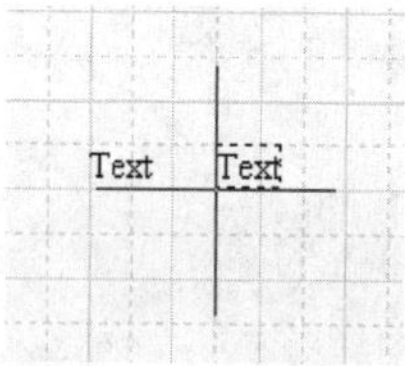

图 2-82 添加文字注释

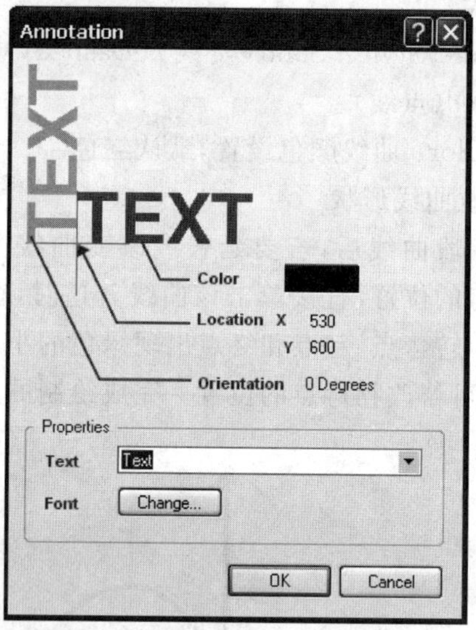

图 2-83 设置文字属性对话框

文字注释属性对话框的设置如下所述。

(1) Location X：文字注释在原理图上的 X 坐标。

(2) Location Y：文字注释在原理图上的 Y 坐标。

(3) Orientation：文字注释在原理图上的放置方向，右边下拉列表框中有 4 个选项，分别为 0 Degrees、90 Degrees、180 Degrees 和 270 Degrees。

(4) Color：文字注释颜色设置。

(5) Text：文字注释的内容。

(6) Font：文字注释字体设置。单击图 2-83 右边的 Change... 按钮，系统弹出设置文字字体对话框，用于选择所需字体。

添加文字后的正弦波如图 2-84 所示。

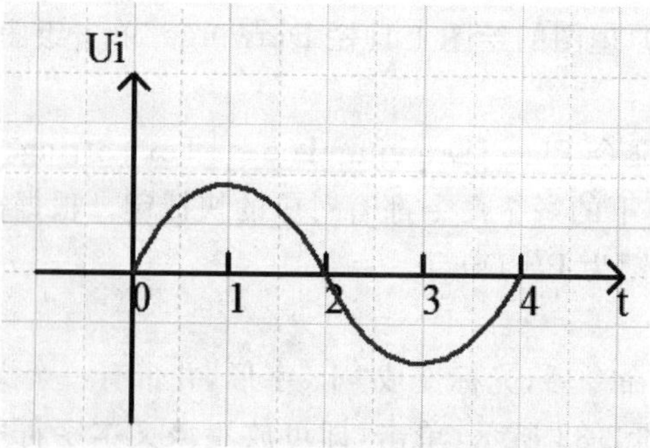

图 2-84 添加文字后的正弦波

至此，单片机数据采集电路原理图设计完成，保存所有文件。

2.6.6 绘图工具的使用

前面绘制正弦波时用到了 Drawing Tools(绘图工具)。其实它除了用于绘制直线、放置文本外，还可以绘制多边形、圆弧、曲线等。下面详细介绍绘图工具栏的其他使用方法。

1. 绘制多边形

多边形是指利用鼠标光标确定的顶点所构成的封闭区域。利用 Protel DXP，可以绘制任意形状的多边形。下面讲解绘制多边形的过程。

1) 执行绘制多边形的命令

DXP 提供3种方法绘制多边形。

方法一：利用绘制原理图的绘图工具栏 Drawing。单击绘图工具栏的图标。

方法二：执行菜单命令 Place|Drawing Tools |Polygon。

方法三：Place 菜单下的每个命令都有对应的快捷键。根据需要直接按快捷键，可以执行相应的绘制操作。快捷键为 P+D+Y。

2) 绘制多边形

执行绘制多边形的命令后，光标变成"十"字形状。将光标移到需要绘制的区域中，如图 2-85 所示，单击，确定多边形的第一个顶点；然后，拖动并单击，形成多边形的另一个顶点。右击或按 Esc 键，退出绘制多边形的命令状态。系统自动把多边形的第一个顶点和最后一个顶点连接起来，构成封闭的多边形，如图 2-86 所示。

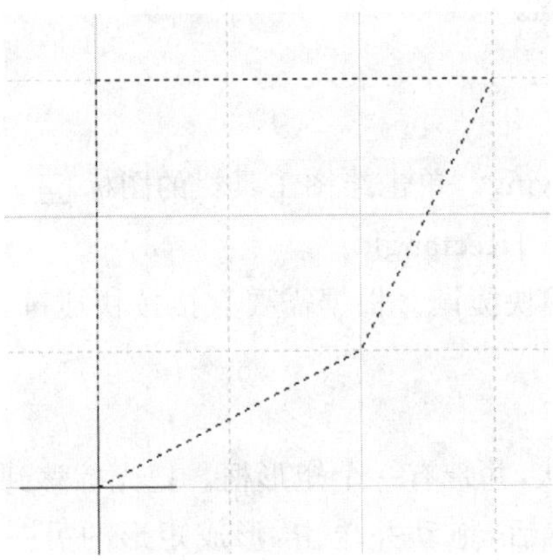

图 2-85 绘制多边形

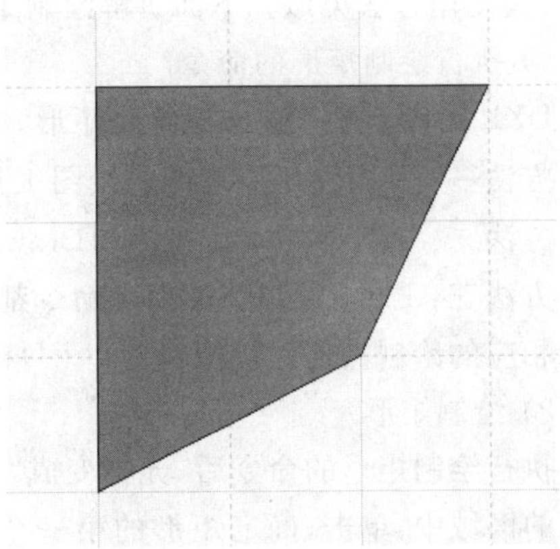

图 2-86 绘制好的多边形

3) 设置多边形属性

在电路原理图上双击需要设置属性的多边形，弹出如图 2-87 所示多边形属性设置对话框，设置多边形的有关参数。

多边形属性对话框的设置如下所述。

(1) Fill Color：多边形内部填充的颜色设置。默认灰色。

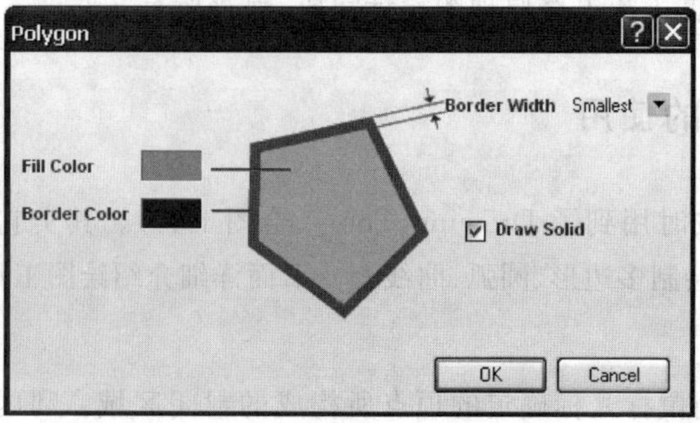

图 2-87 多边形属性设置对话框

(2) Border Color：多边形框填充的颜色设置。默认蓝色。

(3) Border Width：边框宽度设置。默认是 Smallest。右边的下拉列表框中有 4 个选项，分别为 Smallest(最细)、Small(细)、Medium(中等)和 Large(粗)。

(4) Draw Solid(实心填充复选框)：当选中该复选框时，多边形内部用 Fill Color 中设置的颜色填充。

4) 修改多边形形状

绘制好一个多边形后，若要改变其大小，直接单击该多边形，在各个顶点上出现绿色的小方块。将光标移到绿色小方块上，按下并拖动鼠标，修改多边形顶点的位置。

2. 绘制矩形

除了多边形外，Protel DXP 还提供了几种绘制封闭区域(如矩形、椭圆、圆、饼图)的工具，其使用方法类似。下面讲解绘制矩形的过程。

1) 执行绘制矩形的命令

DXP 提供下述 3 种方法绘制矩形。

方法一：利用绘制原理图的绘图工具栏 Drawing。单击绘图工具栏的图标▢。

方法二：执行菜单命令 Place|Drawing Tools |Rectangle。

方法三：Place 菜单下的每个命令都有对应的快捷键。根据需要直接按快捷键，可以执行相应的绘制操作。快捷键为 P+D+R。

2) 绘制矩形

执行绘制矩形的命令后，光标变成"十"字形状，并带有一个矩形框。把光标移到需要绘制的区域中，单击，确定矩形的第一个顶点；然后，拖动并单击，形成矩形的另一个顶点，在电路图上绘制出一个矩形，如图 2-88 所示。右击或按 Esc 键，退出绘制矩形的命令状态。绘制好的矩形如图 2-89 所示。

3) 设置矩形属性

在电路原理图上双击需要设置属性的矩形，弹出如图 2-90 所示设置属性对话框，设置矩形的有关参数。

矩形属性对话框的设置如下所述。

(1) Fill Color：矩形内部填充的颜色设置。默认黄色。

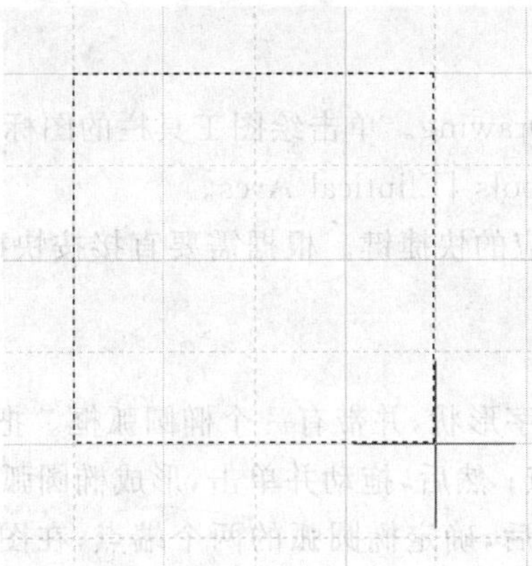

图 2-88　绘制矩形

图 2-89　绘制好的矩形

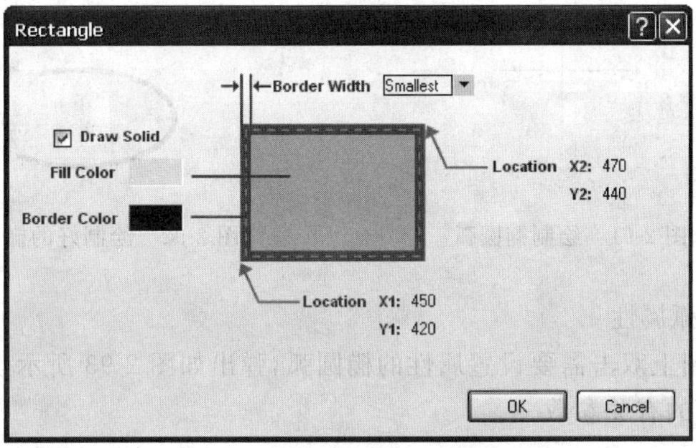

图 2-90　设置矩形属性对话框

(2) Border Color：矩形框填充的颜色设置。默认黑色。

(3) Border Width：边框宽度设置。默认是 Smallest。右边的下拉列表框中有 4 个选项，分别为 Smallest(最细)、Small(细)、Medium(中等)和 Large(粗)。

(4) Draw Solid(实心填充复选框)：当选中该复选框时，矩形内部用 Fill Color 中设置的颜色填充。

(5) Location X1：矩形在原理图上的 X1 坐标。

(6) Location Y1：矩形在原理图上的 Y1 坐标。

(7) Location X2：矩形在原理图上的 X2 坐标。

(8) Location Y2：矩形在原理图上的 Y2 坐标。

4) 修改矩形大小

绘制好一个矩形后，若要改变其大小，直接单击该矩形，各个顶点上出现绿色的小方块。将光标移到绿色小方块上，按下并拖动鼠标，修改顶点位置。

3. 绘制曲线

DXP 提供了两种曲线，除了贝塞尔曲线外，还有椭圆弧。下面讲解绘制椭圆弧的方法。

1) 执行绘制椭圆弧的命令

DXP 提供下述 3 种方法绘制椭圆弧。

方法一：利用绘制原理图的绘图工具栏 Drawing。单击绘图工具栏的图标 。

方法二：执行菜单命令 Place|Drawing Tools |Eliptical Arcs。

方法三：Place 菜单下的每个命令都有对应的快捷键。根据需要直接按快捷键，执行相应的绘制操作。快捷键为 P+D+A。

2) 绘制椭圆弧

执行绘制椭圆弧的命令后，光标变成“十”字形状，并带有一个椭圆弧框。把光标移到需要绘制的区域中，单击，确定椭圆弧的中心点；然后，拖动并单击，形成椭圆弧 X 方向上的一个顶点，再形成 Y 方向上的一个顶点；最后，确定椭圆弧的两个端点，在图纸上绘制出一个椭圆弧，如图 2-91 所示。右击或按 Esc 键，退出绘制椭圆弧的命令状态。绘制好的椭圆弧如图 2-92 所示。

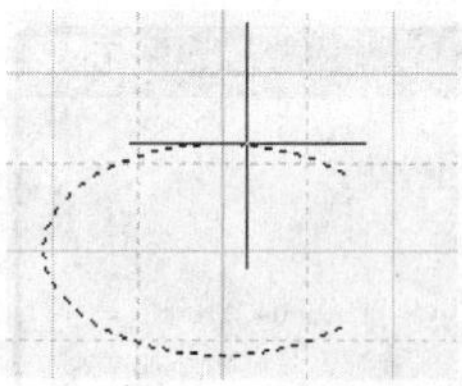

图 2-91 绘制椭圆弧

图 2-92 绘制好的椭圆弧

3) 设置椭圆弧属性

在电路原理图上双击需要设置属性的椭圆弧，弹出如图 2-93 所示设置椭圆弧属性对话框，设置椭圆弧的有关参数。

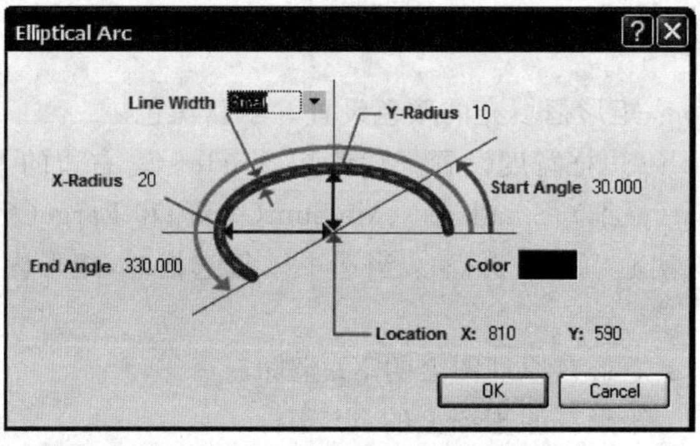

图 2-93 设置椭圆弧属性对话框

椭圆弧属性对话框的设置如下所述。

(1) Line Width：线宽设置。默认是 Small。右边的下拉列表框中有 4 个选项，分别为 Smallest(最小)、Small(小)、Medium(中等)和 Large(大)。

(2) X-Radius：椭圆弧 X 轴方向上的半径。

(3) Y-Radius：椭圆弧 Y 轴方向上的半径。若 X-Radius 和 Y-Radius 中数值一致，则绘制出一个圆形。

(4) Start Angle：椭圆弧起始位置。

(5) End Angle：椭圆弧终止位置。若 Start Angle 和 End Angle 中数值一致，则绘制出一个封闭图形。

(6) Location X：椭圆弧在原理图上的 X 坐标。

(7) Location Y：椭圆弧在原理图上的 Y 坐标。

(8) Color：矩形内部填充的颜色设置，默认蓝色。

4) 修改椭圆弧大小

绘制好一个椭圆弧后，若要改变其大小，直接单击该椭圆弧，各个顶点上出现绿色的小方块。将光标移到绿色小方块上，按下并拖动鼠标，修改顶点的位置。

4. 粘贴图片

为了使原理图个性化或者带有公司标记，有时需要在原理图上粘贴图片。下面讲解粘贴图片的过程。

1) 执行粘贴图片的命令

DXP 提供下述 3 种方法粘贴图片。

方法一：利用绘制原理图的绘图工具栏 Drawing。单击绘图工具栏的图标。

方法二：执行菜单命令 Place|Drawing Tools |Graphic。

方法三：Place 菜单下的每个命令都有对应的快捷键。根据需要直接按快捷键，执行相应的绘制操作。快捷键为 P+D+G。

2) 粘贴图片

执行粘贴图片的命令后，光标变成“十”字形状。把光标移到适当的位置后单击，确定图片放置的第一个顶点；然后，拖动并单击，形成图片放置的另一个顶点，如图 2-94 所示。系统弹出如图 2-95 所示的“打开”对话框。选择要粘贴的图片，然后单击 打开(O) 按钮确认，即可在电路图上粘贴图片。右击或按 Esc 键，退出绘制矩形的命令状态。

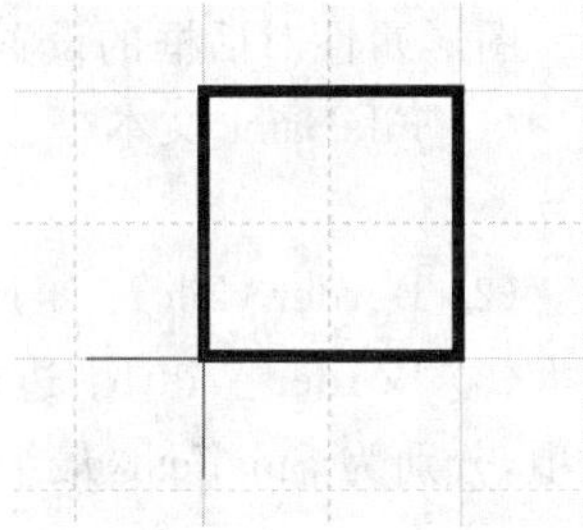

图 2-94　粘贴图片时方框

图 2-95　“打开”对话框

3) 设置图片属性

在电路原理图上双击需要设置属性的图片,弹出如图 2-96 所示的设置属性对话框,设置图形的有关参数。

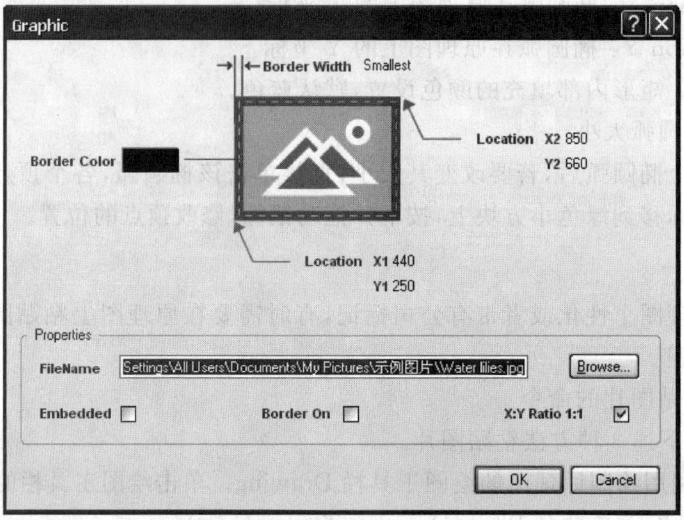

图 2-96 设置图形属性对话框

图形属性对话框的设置如下所述。

(1) FileName 文本框:欲粘贴的图片路径和名称。单击右边的 Browse 按钮,选择图片。

(2) Border Color:矩形框填充的颜色设置。默认黑色。

(3) Border Width:边框宽度设置。默认是 Smallest。右边的下拉列表框中有 4 个选项,分别为 Smallest(最细)、Small(细)、Medium(中等)和 Large(粗)。

(4) Embedded 复选框:当选中该复选框时,将图片嵌入原理图。

(5) Border On 复选框:当选中该复选框时,图片有边框。

(6) X∶Y Ratio 1∶1 复选框:当选中该复选框时,图片的宽高比锁定 1∶1。

(7) Location X1:图片在原理图上的 X1 坐标。

(8) Location Y1:图片在原理图上的 Y1 坐标。

(9) Location X2:图片在原理图上的 X2 坐标。

(10) Location Y2:图片在原理图上的 Y2 坐标。

按照以上要求操作,粘贴图片后的效果如图 2-97 所示。

5. 阵列粘贴

有时,在一张原理图中有较多的同一类元器件,一个一个放置比较费时间,用户可以采用阵列粘贴的方式快速解决问题。下面讲解阵列粘贴的方法。

(1) 首先在图纸上放置一个发光二极管,并执行一次复制发光二极管的命令。

(2) 执行阵列粘贴的命令。

方法一:利用绘制原理图的绘图工具栏 Drawing。单击绘图工具栏的图标。

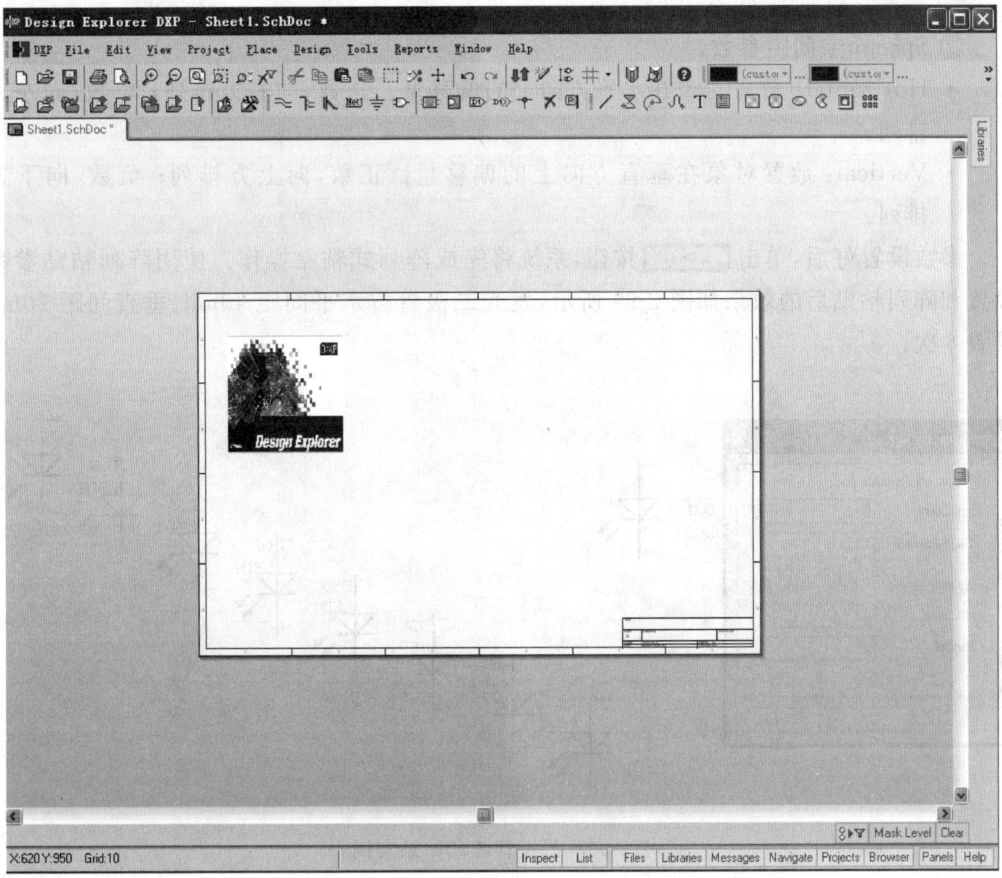

图 2-97　粘贴图片后的效果

方法二：执行菜单命令 Edit | Paste Array。

方法三：Place 菜单下的每个命令都有对应的快捷键。根据需要直接按快捷键，执行相应的绘制操作。阵列粘贴的快捷键为 E+Y。

执行阵列粘贴命令后，弹出如图 2-98 所示设置阵列粘贴属性对话框。

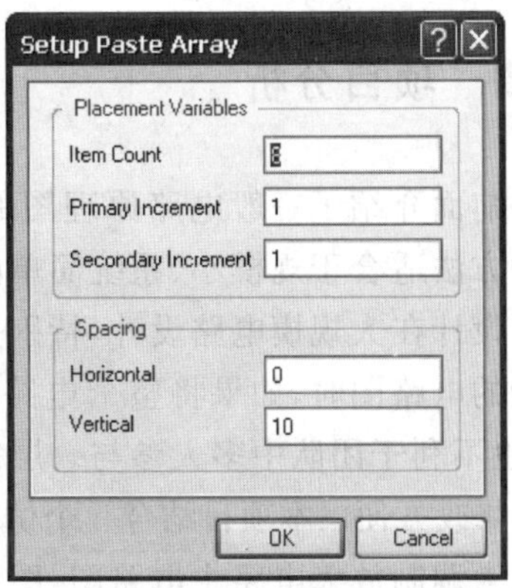

图 2-98　设置阵列粘贴属性对话框

(3) 设置阵列粘贴属性，如下所述。

① Placement Variables：放置参数。

- Item Count：复制对象的数量。
- Primary Increment：序号增量，复制对象序号的增量值。此值可设定序号递增（正值）或递减（负值）。
- Secondary Increment：第二序号增量。为保持序号简洁，一般不用第二序号，可将其设置为“0”。

② Spacing：间距参数。

- Horizontal：放置对象在水平方向上的偏移量。正数，向右方排列；负数，向左方排列。
- Vertical：放置对象在垂直方向上的偏移量。正数，向上方排列；负数，向下方排列。

参数设置好后，单击 OK 按钮，系统将完成阵列式粘贴操作。使用阵列粘贴参数设置和阵列粘贴后的效果如图 2-99 所示，发光二极管按水平间距 40mil、垂直间距 20mil 放置 8 次。

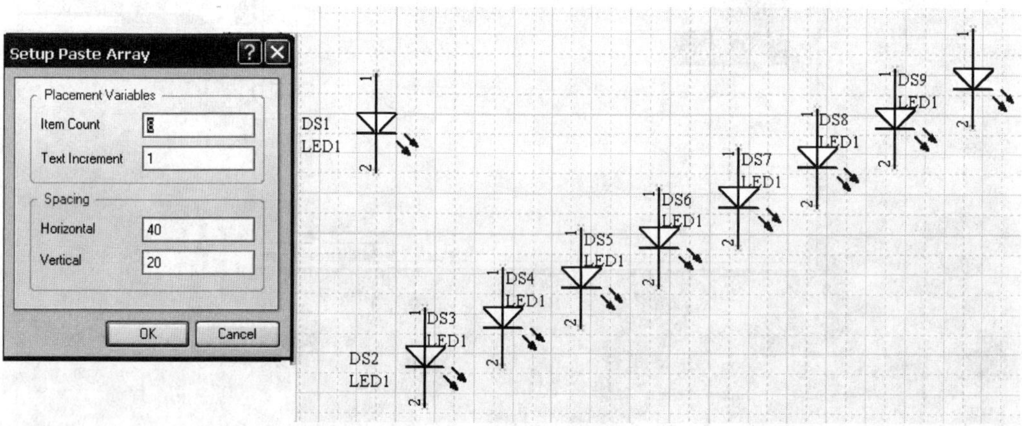

图 2-99 二极管阵列粘贴实例

2.7 案例 2-8：调制信号放大电路原理图绘制——层次原理图的绘制

2.7.1 项目分析

前面介绍了一般电路原理图的设计方法，即将整个电路原理图绘制在一张图纸上。这种方法适合于规模小、系统简单的电路设计。本项目将绘制一个层次原理图。层次原理图设计在大规模电路设计，特别是超大集成电路设计过程中十分有用。当设计大型的、复杂的电路图时，如果将整个电路图绘制在一张图纸上，会使图纸变得复杂又不利于查错，也不利于团队中多人参与。层次原理图的模块化设计方法，使概念清晰，结构明了，设计和修改方便。本项目结合一个仿真调制放大电路来讲解如何绘制层次原理图。图 2-100 所示为调制放大电路主电路图，图 2-101 所示为放大电路子电路图，图 2-102 所示为调制电路子电路图。

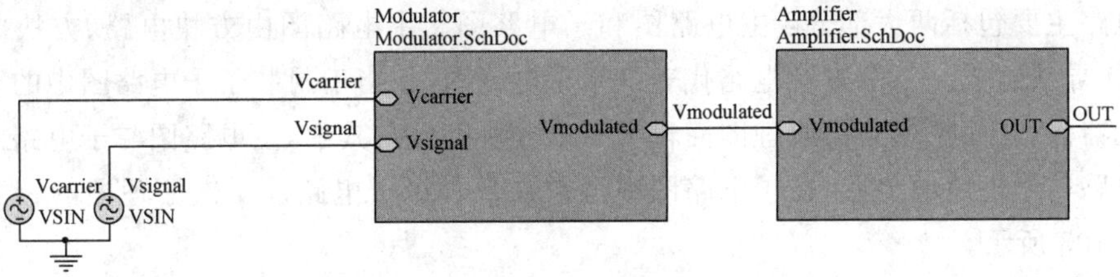

图 2-100　调制放大电路主电路图

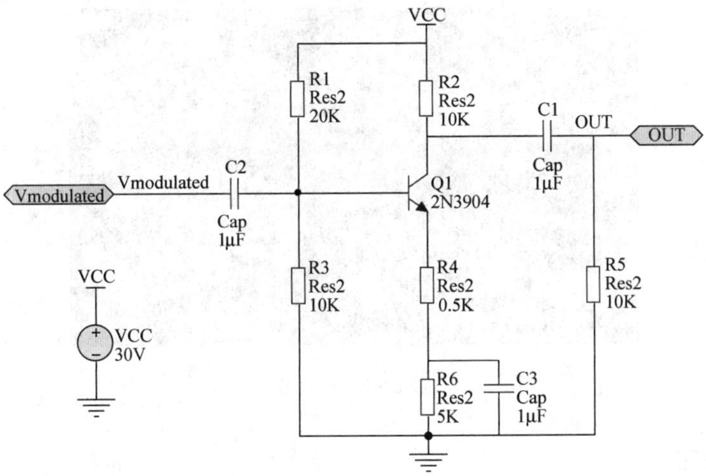

图 2-101　放大电路(Amplifier)子电路图

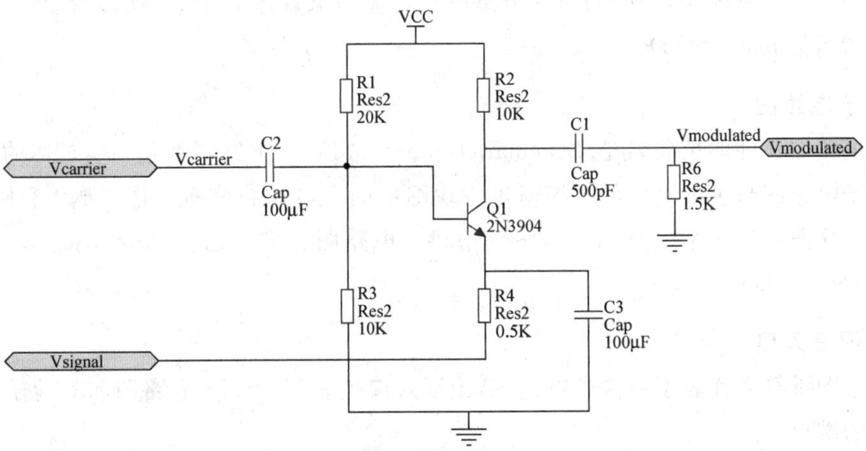

图 2-102　调制电路(Modulator)子电路图

2.7.2　层次原理图简介

层次原理图的设计思路是把整个项目原理图用若干个子电路图来表示。DXP 采用主电路图和子电路图的方法来表达整个项目原理图中各个子电路图之间的连接关系。层次式电路主要包括两大部分：主电路图和子电路图。主电路图由方块电路、方块电路端口、连接导线组成。一个方块电路代表一张子电路图，相当于封装了子电路图中的所有电路和元器件，从而把一张子原理图简化为一个方块符号。其中，主电路图与子电路图之间是父电路与子电路的关系，在子电路图中可包含下一级子电路。层次原理图的相关符号如图 2-103 所示。

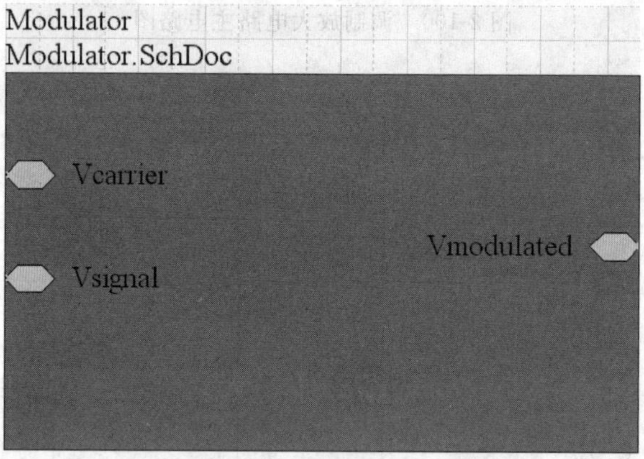

图 2-103　层次原理图的相关符号

1. 主电路图

主电路图的文件扩展名是. SchDoc。主电路图相当于整个电路图中的方框图，一个方块图相当于一个模块，图中的每一个模块都对应一个具体的子电路图。本案例中将主电路图命名为 main. SchDoc。

2. 子电路图

子电路图文件的扩展名是. SchematicDoc。一般地，子电路图都是一些具体的电路原理图。子电路图与主电路图的连接通过方块图中的 I/O 端口实现。图 2-101 和图 2-102 所示为方块图对应的子电路图。本案例中将子电路图分别命名为 Amplifier. SchDoc 和 Modulator. SchDoc。

3. 图纸入口

一个图纸符号代表了一张子电路图，图纸入口代表了一个子电路图和其他子电路图相连接的端口。

4. 网络标号

网络标号在不同层次的电路原理图中起电气连接的作用，标有相同网络标号的元器件引脚、导线等在电气上是连接在一起的。

5. I/O 端口

在与图纸符号相对应的子电路图中，必须有 I/O 端口与图纸符号中的图纸入口相对应，两者必须同名。I/O 端口一般用在子电路图中。在同一个项目中，同名的 I/O 端口之间在电气上是相互连接的。

2.7.3　不同层次电路文件之间的切换

在设计层次原理图时，原理图的张数很多，所以需要在多张原理图之间切换。例如，从主电路图中的方块电路符号切换到对应的子电路图。下面将介绍层次原理图的切换方法。

1. 利用工程项目面板进行切换

打开调制放大电路.PrjPCB 工作面板，单击层次原理图文件前的"＋"号，即可展开整个工程的树形目录，如图 2-104 所示。单击项目面板中的文件名或文件名前面的图标，打开相应层次的原理图文件。

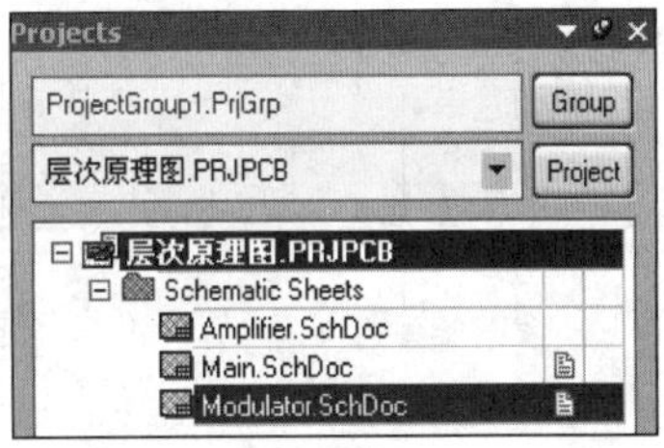

图 2-104　利用工程项目面板进行切换

2. 利用工具栏或菜单命令

(1) 从方块图(主电路图)查看子电路图的操作步骤如下所述。

① 打开方块图电路文件。

② 单击主工具栏上的图标，或执行菜单命令 Tools|Up/Down Hierarchy，光标变成"十"字形。

③ 在准备查看的方块图上单击图纸入口，如图 2-105 所示，系统立即切换到该方块图对应的子电路图上，如图 2-106 所示。

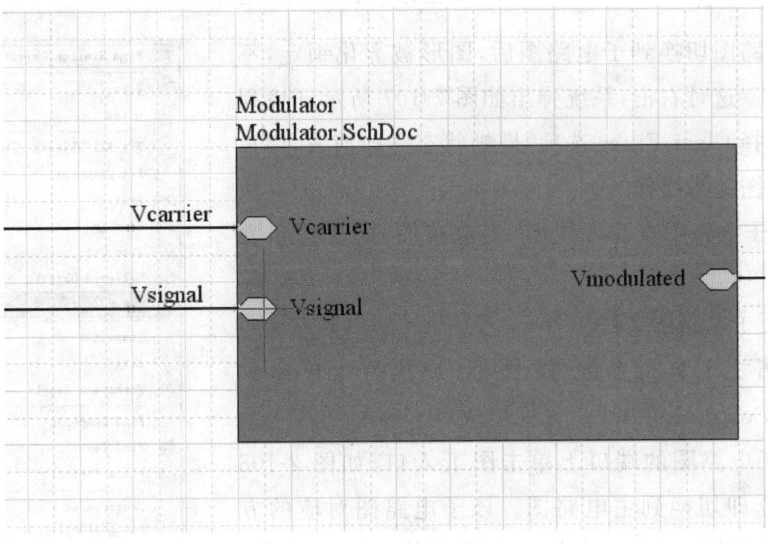

图 2-105　单击主电路图的图纸入口

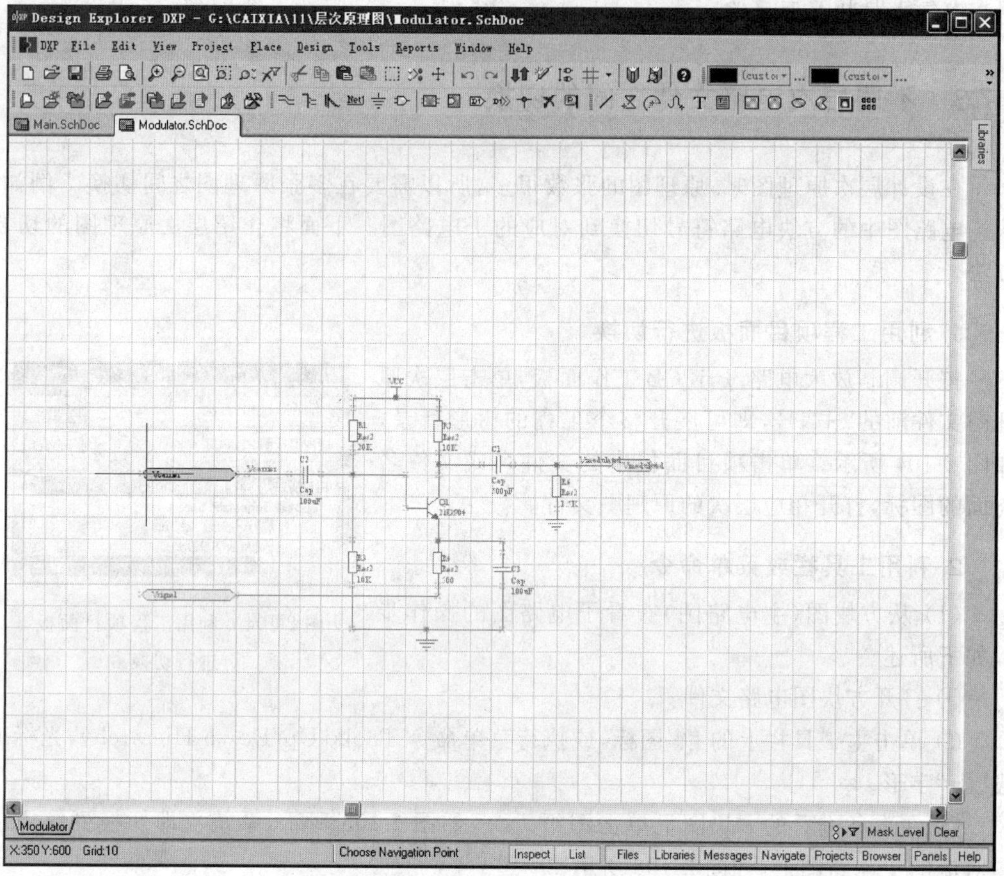

图 2-106　从主电路图切换到子电路图

从主电路图切换到子电路图后，图形被雾化锁定，不能编辑操作。这时右击，系统弹出如图 2-107 所示环境列表菜单。选择 Clear Filter 选项，模糊状态立即消失，用户又可对原理图编辑操作了。

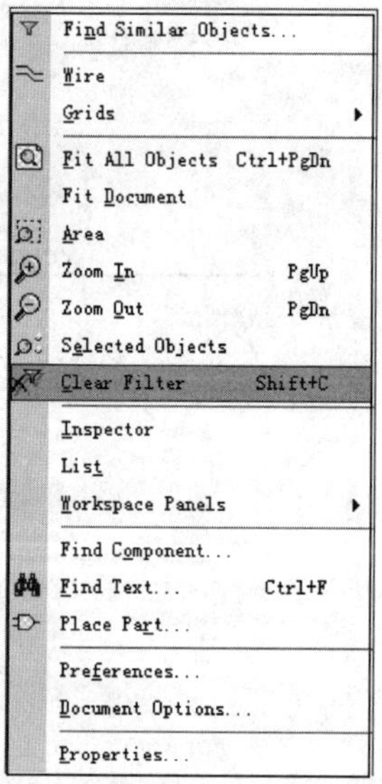

图 2-107　环境列表菜单

(2) 从子电路图查看方块图(主电路图)的操作步骤如下所述。

① 打开子电路图文件。

② 单击主工具栏上的图标，或执行菜单命令 Tools|Up/Down Hierarchy，光标变成“十”字形。

③ 在子电路图的端口上单击图纸入口，如图 2-108 所示，系统立即切换到主电路图。该子电路图对应的方块图位于编辑窗口中央，单击过的端口处于聚焦状态。经放大后如图 2-109 所示。

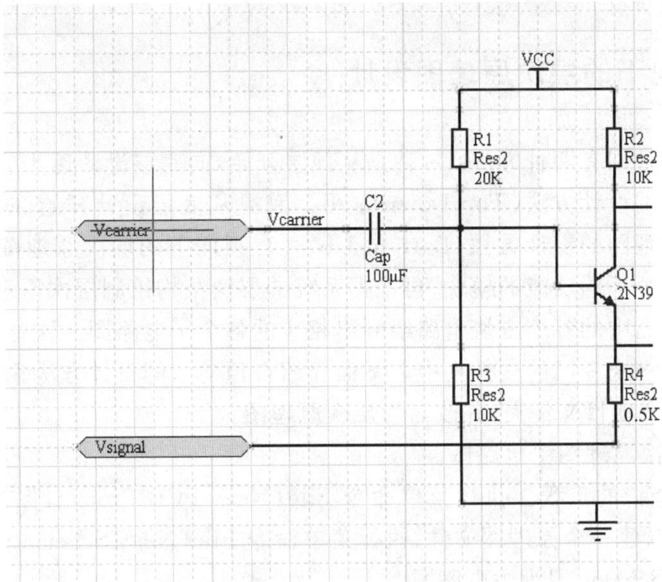

图 2-108　单击子电路图的图纸入口

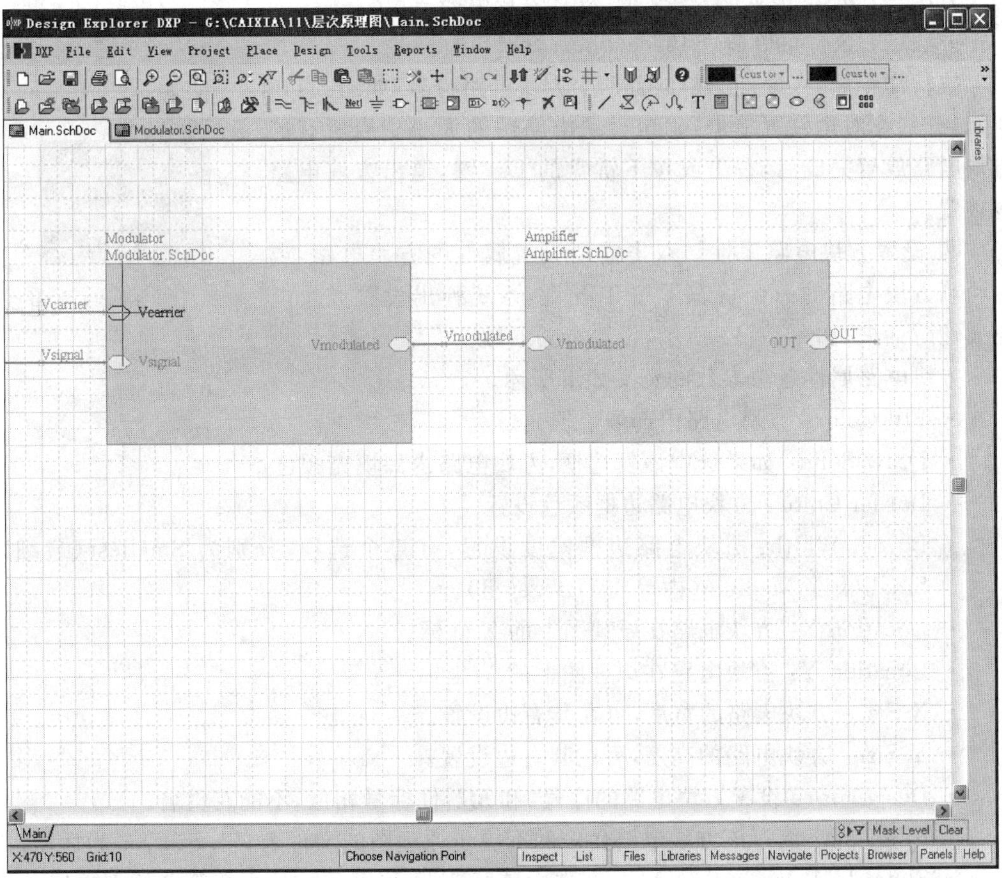

图 2-109　从子电路图切换到主电路图

2.7.4 自顶向下的层次原理图设计

设计层次原理图有两种方法：一种是从顶层开始，向底层设计逐步分析，称为自顶向下的层次原理图的设计方法(Top Down)；另一种是从底层设计开始，向上综合，称为自底向上的层次原理图的设计方法(Bottom Up)。自顶向下的层次原理图的设计方法是：把系统划分为各个不同功能的模块，再根据系统的层次结构绘制层次原理图的主电路图，然后根据主电路图中的各个方块电路绘制出相应的各个子电路图。这些主电路和子电路文件都要保存在一个专门的文件夹中。下面介绍自顶向下的设计方法。

(1) 建立一个项目文件夹，并改名为层次原理图。

(2) 绘制层次原理图主电路图。

① 建立一个新的工程。执行菜单命令 File|New|PCB Project，保存为调制放大电路.PrjPCB。再新建一个原理图文件，执行菜单命令 File|New|Schematic，保存为 Main.SchDoc。Main.SchDoc 即为主电路图。

② 在新建的原理图上放置方块电路。

方法一：单击布线工具栏上的“放置方块电路”按钮。

方法二：执行菜单命令 Place|Sheet Symbol。

执行命令后，在原理图中放置两个方块电路符号，如图 2-110 所示，分别在对角位置单击，确定方块电路图的大小。当所有的方块电路放置完成后，右击或按下键盘的 Esc 键，退出方块电路的放置。

图 2-110 放置方块电路

③ 设置方块电路属性。双击需要设置属性的方块电路，或在绘制方块电路的命令状态下按 Tab 键，系统弹出设置方块电路属性对话框，如图 2-111 所示，设置有关参数。

方块电路属性各项参数的意义如下所述。

- Fill Color：方块电路内部颜色填充。
- Draw Solid：如果选中该复选框，方块电路内部填充颜色。
- Border Color：方块电路边框颜色设置。
- Border Width：方块电路边框宽度设置，有 4 个选项，分别为 Smallest(最细)、Small(细)、Medium(中等)和 Large(粗)。
- Location X：方块电路在原理图上的 X 坐标。
- Location Y：方块电路在原理图上的 Y 坐标。
- X-Size：方块电路的宽度，可在其右边设置。
- Y-Size：方块电路的高度，可在其右边设置。
- Designator：设置方块电路的序号，和元器件标号相似，不能有重名。
- Filename：填写该方块电路代表的下层子原理图的文件名，以.SchDoc 为后缀。
- Show Hidden Text Fields：若选中该复选框，可显示方块电路隐藏的文本域。

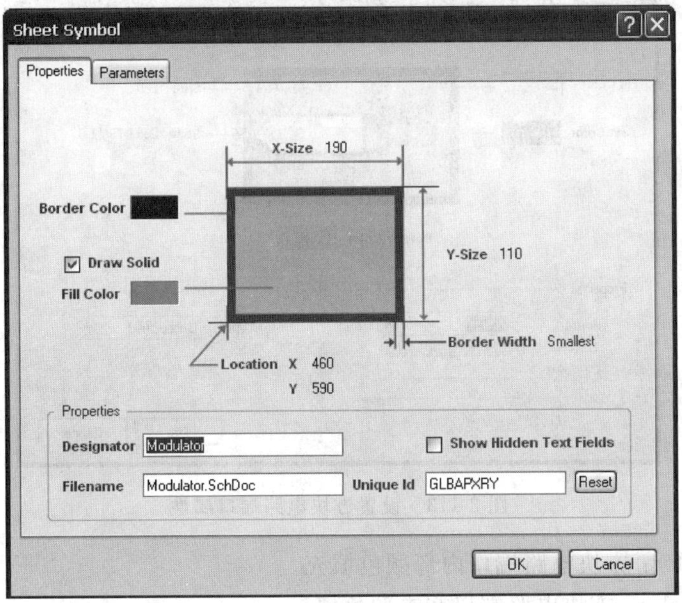

图 2-111　设置方块电路属性对话框

- Unique Id：由系统给出的唯一标识码，不要修改。

④ 放置方块电路端口。单击 Wiring Tools 工具栏中的图标，或执行菜单命令 Place|Add Sheet Entry，光标变成"十"字形。将光标移到方块图上单击，出现一个浮动的方块电路端口。此端口随光标的移动而移动，如图 2-112 所示。

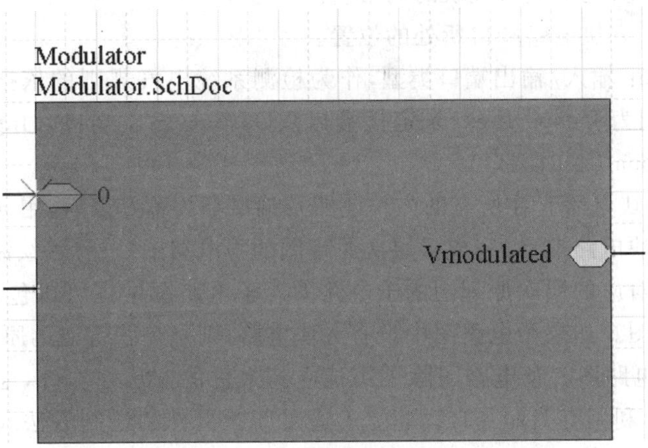

图 2-112　放置方块电路端口

⑤ 设置方块电路端口属性。双击需要设置属性的方块电路端口，或在绘制方块电路端口的命令状态下按 Tab 键，系统弹出设置方块电路端口属性对话框，如图 2-113 所示，设置有关参数。

方块电路端口属性各项参数的意义如下所述。

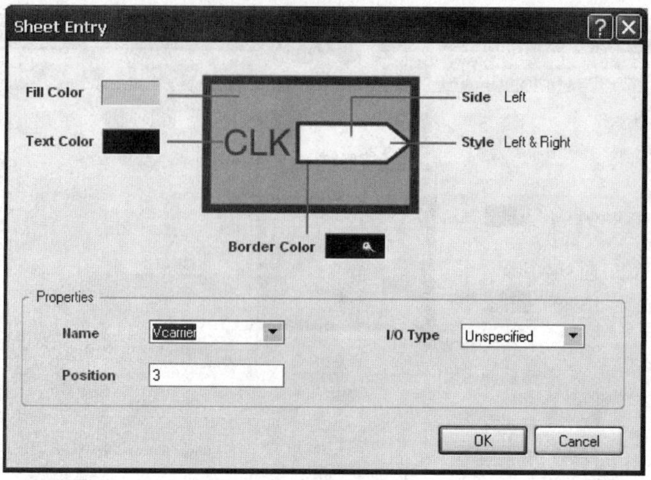

图 2-113 设置方块电路端口属性

- Fill Color：方块电路端口内部颜色填充。
- Text Color：方块电路端口文本颜色填充。
- Border Color：方块电路端口边框颜色设置。
- Side：方块电路端口在方块电路四周的停靠方向。方向有4种，分别为 Left、Right、Top 和 Bottom。
- Style：方块电路端口在原理图上的外形。端口外形共有8种，分别为 None(Horizontal)、Left、Right、Left_Right、None(Vertical)、Top、Bottom 和 Top_Bottom。
- Name：方块电路端口代表的网络名。
- Position：方块电路端口所处的位置。
- I/O Type：输入/输出端口类型，作为检测系统电气规则的依据。端口类型共有4种，分别为 Unspecified(未定义端口)、Output(输出端口)、Input(输入端口)和 Bidirectional(双向端口)。

⑥ 连接各方块电路。在所有的方块电路及端口都放置好以后，用导线或总线连接具有电气意义的方块电路端口，完成了层次原理图的主电路图。然后，绘制主电路图中每一个方块电路符号对应的层次原理图的子电路图。子电路图中也可以包含方块电路符号，称为二级子电路图。如果子电路图中没有方块电路，则是一张普通的原理图。

(3) 设计子电路图。子电路图除了用建立新文件的方法建立外，也可以根据主电路图中的方块电路，利用有关命令自动建立。通过新建文件的绘制方法和新建普通原理图的方法一样。下面介绍通过方块电路自动生成的操作方法。

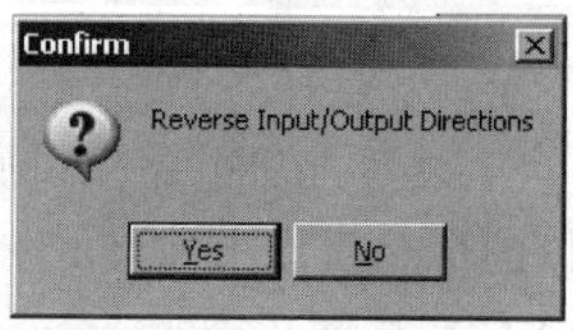

图 2-114 Confirm 对话框

① 在主电路图中执行菜单命令 Design|Create Sheet From Symbol，光标变成“十”字形。将光标移到名为 Main 的方块电路上，单击，系统弹出 Confirm 对话框，如图 2-114 所示，要求用户确认端口的输入/输出方向。如果选择 Yes，产生的子电路图中的 I/O 端口方向与主电路图方块

电路中端口的方向相反，即输入变成输出，输出变成输入；如果选择 No，端口方向不反向。本项目中选择 No。

② 按下 No 按钮后，系统自动生成名为 Modulator. SchDoc 的子电路图，且自动切换到 Modulator. SchDoc 子电路图，如图 2-115 所示。这个新文件已经布好与方块电路相对应的 I/O 端口，它们与方块电路端口具有相同的名称和输入/输出方向。

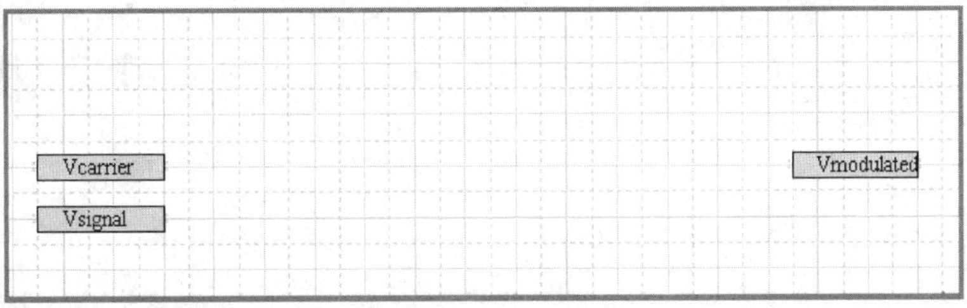

图 2-115　自动生成的子电路图 Modulator. SchDoc

③ 在自动生成的子电路图中添加元器件和连线，绘制 Modulator 模块的内部电路。具体方法与绘制一般原理图相同。

用同样的方法生成所有方块电路符号代表的子电路图后，完成整个层次原理图的设计。

2.7.5　自底向上的层次原理图设计

自底向上的层次原理图设计方法是：若不清楚每个模块到底有哪些端口，先设计子电路图，再由这些子电路图产生方块电路，进而产生上层主电路图。下面介绍自底向上的设计方法。

1. 建立子电路图文件

① 建立一个文件夹，并改名为层次原理图。

② 在层次原理图文件夹下面，建立一个新的原理图文件。

③ 将系统默认的文件名 Sheet1. SchDoc 改为 Modulator. SchDoc。

④ 绘制子电路图，放置 I/O 端口。

2. 根据子电路图产生方块电路图

① 在层次原理图文件夹下，新建一个工程项目文件，建立一个新的工程。执行菜单命令 File|New|PCB Project，并将文件保存为调制放大电路. PrjPCB。

② 打开调制放大电路. PrjPCB 文件。执行菜单命令 Design|Create Symbol From Sheet，系统弹出 Choose Document to Place 对话框，如图 2-116 所示。在对话框中列出了当前目录中所有的原理图文件名。

③ 选择准备转换为方块电路的原理图文件名，如 Modulator. SchDoc，然后单击 OK 按钮。

④ 系统弹出如图 2-114 所示 Confirm 对话框，确认端口的输入/输出方向。这里选择 No。

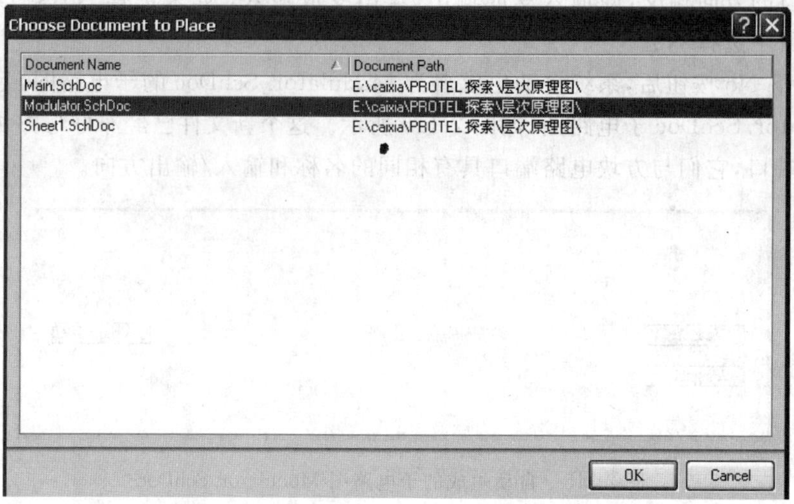

图 2-116 Choose Document to Place 对话框

⑤ 光标变成"十"字形,且出现一个浮动的方块电路图形,随光标的移动而移动。

⑥ 在合适的位置单击,放置好 Modulator. SchDoc 对应的方块电路。在该方块图中包含 Modulator. SchDoc 中所有的 I/O 端口,无须用户放置,如图 2-117 所示。

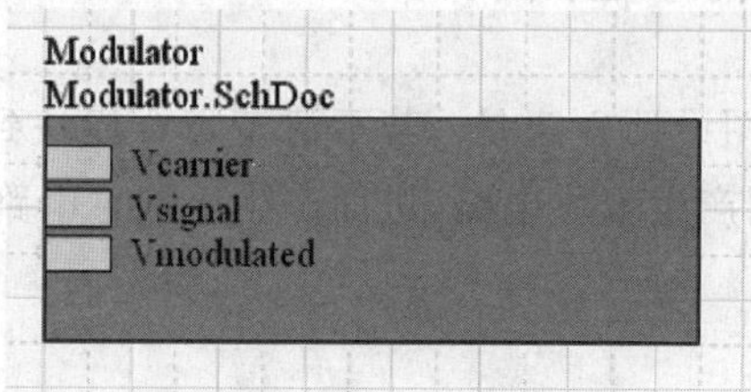

图 2-117 绘制调制电路子电路方块图

⑦ 编辑已放置好的方块电路。完成结果如图 2-118 和图 2-119 所示。

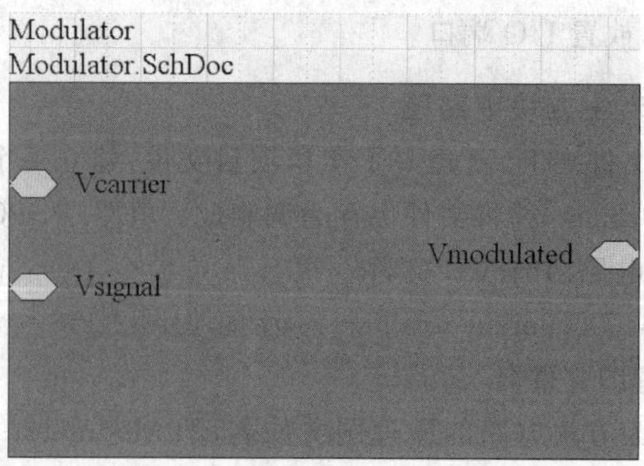

图 2-118 编辑调制电路子电路图

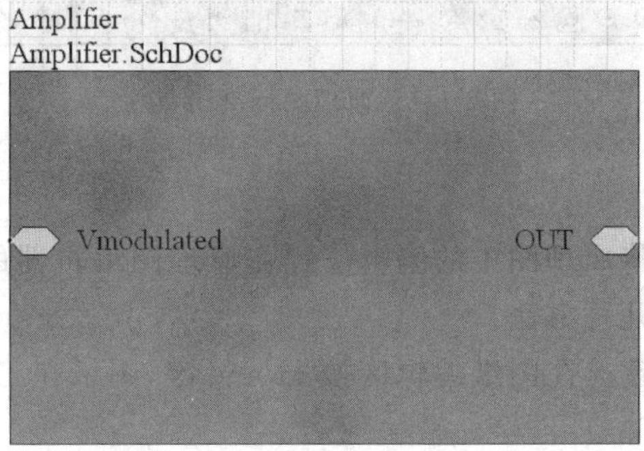

图 2-119　编辑放大电路子电路图

⑧ 用导线和总线等工具绘制连线，完成从子电路图产生方块电路的设计。

至此，调制信号放大电路原理图设计完成，保存所有文件。

2.8　元器件的编辑功能

2.8.1　编辑区域的调整

在使用 Protel DXP 进行原理图设计或修改时，对于图纸的编辑、修改是必不可少的。在编辑原理图时，为方便操作，尽可能大地在屏幕的编辑窗口显示编辑环境中的对象。但是当放大的图纸尺寸超过原理图的编辑窗口时，在编辑的工作区内不能全部显示图纸上的内容，需要对编辑区内的图纸大小进行缩放或对图纸工作区内图纸进行移动操作。

1. 图纸的缩放

实现图纸在显示区内的缩放有以下 3 种方法。

方法一：使用快捷键。在图纸编辑状态下按 Pageup 键放大，或按 Pagedown 键缩小。这种方法最方便，最易于掌握。

方法二：使用菜单命令 View 下的显示比例直接确定图纸的显示比例，如图 2-120 所示。执行菜单命令 View|Fit Document，可显示整个文档；执行 View|Fit All Objects，可显示原理图工作区的所有元器件。初学者容易把元器件放置到图纸以外的地方，可通过这个菜单命令显示出来。

方法三：使用原理图标准工具栏的 按钮放大，或 按钮缩小。原理图标准工具栏如图 2-121 所示。

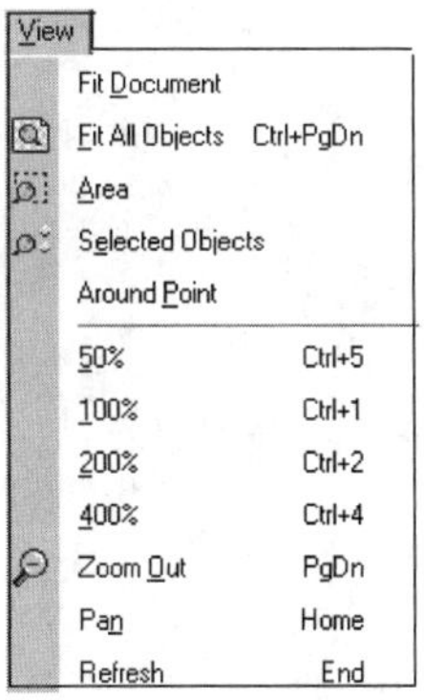

图 2-120　显示比例

图 2-121　原理图标准工具栏

2. 图纸的移动

移动图纸的目的是将原理图中的编辑位置在原理图编辑器的工作区内移动并显示。实现图纸的移动有以下几种方法。

方法一：使用快捷键。在图纸编辑区按 Home 键，图纸在工作区内将自动以鼠标指向位置为中心显示。

方法二：使用鼠标直接拖动。在原理图编辑区内，按下鼠标右键不放，拖动鼠标，这时鼠标变成手形，显示部分随之移动。

2.8.2　文本的查找与定位

Protel DXP 可以根据原理图上现有的对象或图纸的特定位置实现快速定位。执行菜单命令 Edit|Find Text，如图 2-122 所示，实现对象的快速定位；执行菜单命令 Edit|Jump，实现快速转向原理图上的坐标位置。

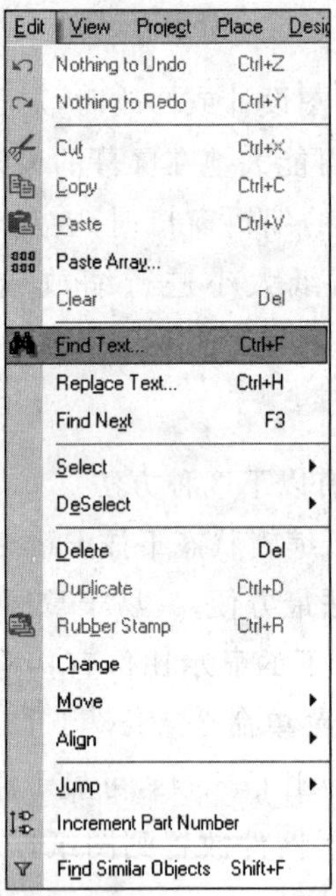

图 2-122　查找命令

1. 文本的查找

为实现快速地定位元器件，操作步骤如下所述。

① 利用菜单命令 Edit|Find Text 打开文本查找对话框，如图 2-123 所示。

② 在查找内容 Text to Find 下拉框中输入查找对象的文本信息。

③ 确定查找范围 Scope。在该区域有两种选择范围的方法。

方法一：在原理图的查找范围 Sheet Scope 选项中，选择 4 种与图纸有关的查找范围，如图 2-124 所示，分别如下。

- Current Document：在当前编辑的文档中搜索。
- Project Documents：在当前打开的项目内部的所有文档中搜索。
- Open Documents：只对当前打开的文档进行搜索。
- Documents On Path：对指定路径上的文档进行搜索。

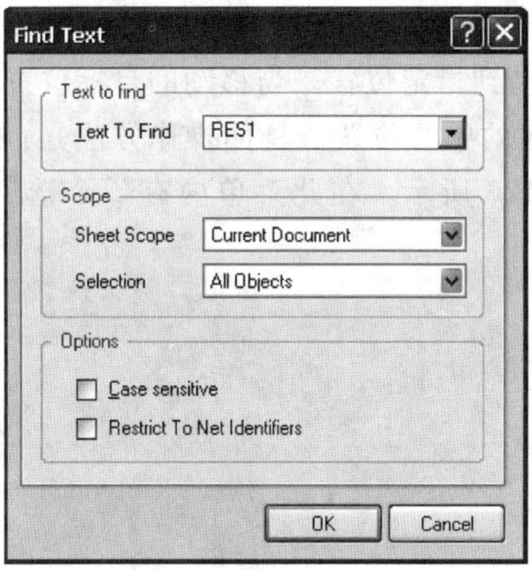

图 2-123　文本查找对话框

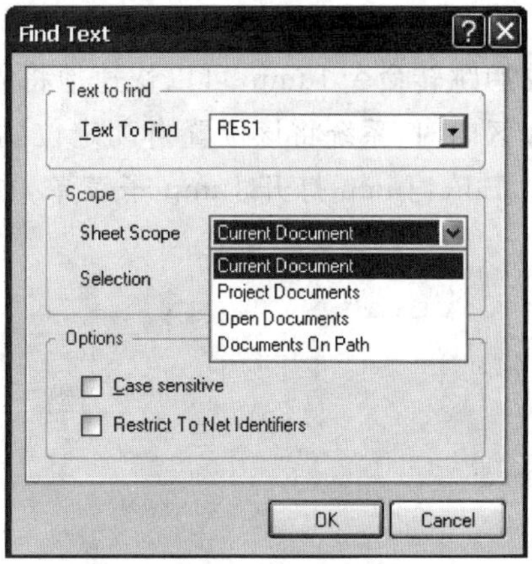

图 2-124　图纸查找范围

方法二：在原理图的查找类别 Selection 选项中，选择以某种方式确定查找范围。单击 Selection 右方的下拉按钮，如图 2-125 所示，下拉框给出以下三种查找选择范围。

图 2-125　在文本查找对话框中选择类别

- Selected Objects：只在已选中的对象中搜索。
- DeSelected Objects：只在没选中的对象中搜索。
- All Objects：在所有对象中搜索。

④ 确定查找选项 Options。在 Options 中有两个复选框,含义如下所述。

- Case sensitive：区分大小写。选中该复选框,表示在 Text to Find 框内输入的查找字符串区分大小写,并达到完全匹配；不选中,则不区分大小写,只要字符匹配就可以了。
- Restrict To Net Identifiers：仅限于网络标识符。若选中该复选框,只查找网络对象,如网络标签、电源端口、与页面有关的端口等,其他文件内容将被忽略。当查找用于定位元器件位置,在查找内容输入框输入的内容是元器件的标识时,则不能选中此复选框。

2. 文本的定位

使用跳转命令 Jump,可以快速地将光标移动到指定位置。当移动的目标位置不在绘图工作区内时,系统将该位置自动定位到工作区的中心位置。具体操作方法是：执行菜单命令 Edit|Jump 打开 Jump 子菜单,如图 2-126 所示。在此菜单内有 4 个选项,如下所述。

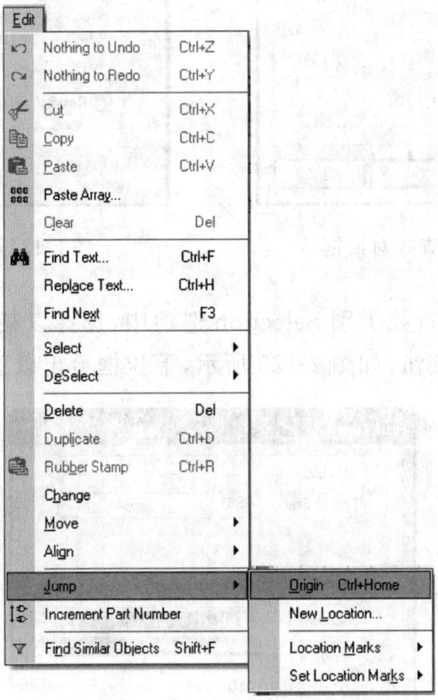

图 2-126 Jump 菜单

① Origin：光标移到图纸的原点。

② New Location：光标移到新的坐标位置,弹出坐标输入对话框,如图 2-127 所示。在 X、Y 输入栏内输入欲跳转的目标 X、Y 坐标值,然后单击 OK 按钮,光标自动跳到定位于图纸的坐标位置。

③ Location Marks：跳转到标记位置。使用该选项,菜单给出一系列表示标记的位置处。标记的位置以数字形式表示,如图 2-128 所示。

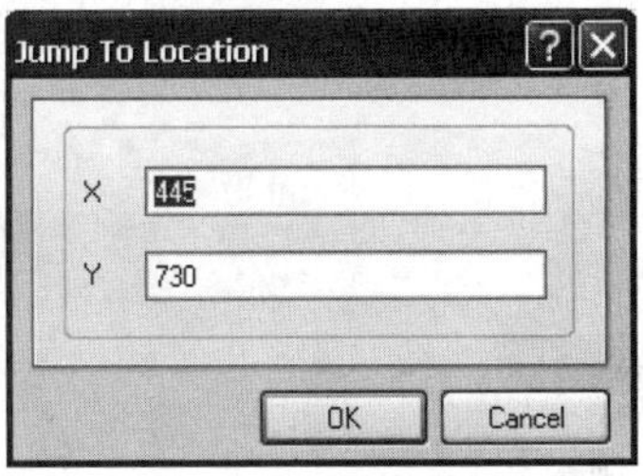

图 2-127　新坐标位置输入对话框

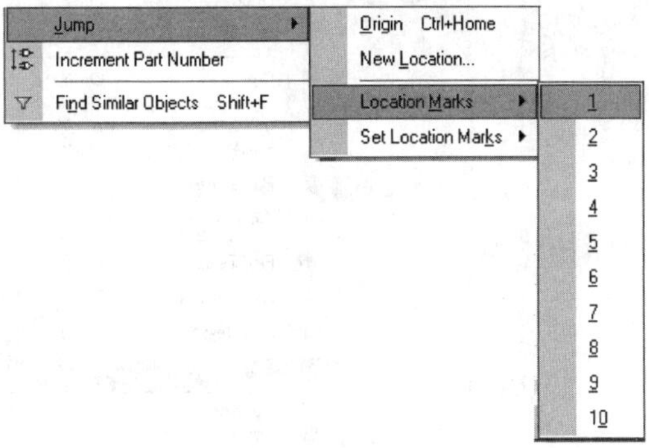

图 2-128　跳转标记位置的数字形式

④ Set Location Marks：设定指定坐标位置选项。在使用 Location Marks 前，应先使用 Set Location Marks。系统自动弹出标记位置数字的子菜单，从中选择一个设有标记位置的数字图编辑区，并将光标移到图纸上需标记的位置，然后单击，设定以选中数字为标志的标记位置 Location Marks。

2.8.3　常用的编辑操作

在 Protel DXP 编辑对象时，需要确定编辑的对象。在 Windows 软件系统中，该操作称为对象的选择。Protel DXP 继承了 Windows 软件系统的操作风格，与 Windows 软件系统提供的编辑功能相似。Protel DXP 原理图编辑所指的对象是原理图上放置的元器件、导线、说明性文字及其他原理图的组成内容。Protel DXP 原理图对象的编辑有选择、删除、剪切、复制、粘贴和移动等。

1. 对象的选择与取消选择

在原理图的编辑操作中，有以下几种选择与取消选择方式。

(1) 鼠标点选。单击对象，点选结果如图 2-129 所示。单击工作区空白区域，即取消选择。

(2) 鼠标框选。用鼠标在图纸中拉出一个方框进行选择，可以同时选择多个对象。取消选择的方法和点选是一样的。

(3) 使用菜单命令 Edit | Select。在弹出的子菜单中给出了 5 种操作方式，如图 2-130 所示。

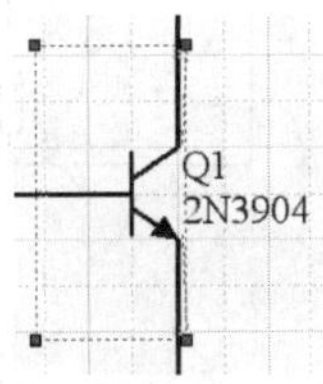

图 2-129　选中的对象

① Inside Area：区域内选择。

② Outside Area：区域外选择。

③ All：全部选择。

④ Connection：指定连接上所有对象的选择。执行该命令后，鼠标光标变成“十”字状态。若将它移到某个具有电气属性的对象上，所有与之有电气属性连接关系的对象组件将全部被选中，如图 2-131 所示。

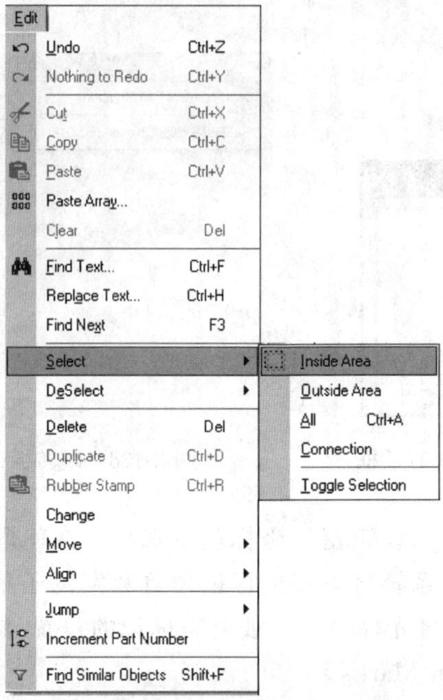

图 2-130 用菜单命令选择对象的 5 种方式

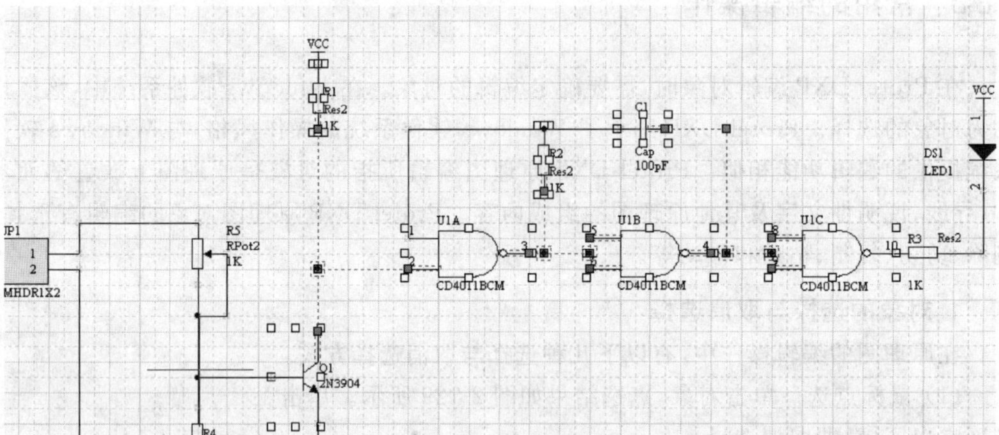

图 2-131 连接上的所有对象的选择

Protel DXP 中有电气意义的对象有个标志，连接时有“米”字形的电气捕捉点，称为电气热点捕捉标志，像元器件的引脚、导线、总线分支、网络标号等的连接，都会出现如图 2-132 所示的电气热点捕捉标志。连接直线、文本、元器件图标等没有电气属性的对象，没有电气热点捕捉标志。

此时若执行 Connection 命令，选中元器件图标此类无电气意义的对象，将不会选择对象。结束选择后，右击或按 Esc 键退出。单击工作区域，可取消选择。

⑤ Toggle Selection：切换选择状态。执行该命令后，鼠标光标变成“十”字状态。在操作的对象上单击，当前对象若为选中状态，则其选择状态将变成未选中；反之，当前对

象若未被选中，其选择状态将变成选中。取消这个选择要用菜单命令。

(4) 选择一组不规则区域的元器件。按住 Shift 键，同时将光标移到这些元器件上，逐一单击，即可选中该组元器件。

(5) 利用主工具栏上的选取按钮。利用如图 2-133 所示椭圆圈中的框选按钮，可以选择一个矩形区域内的元器件。单击该按钮，光标变成“十”字形。单击，确定矩形区域的一个端点；然后将鼠标拖动到欲选择区域的另一个端点并再次单击，即可选中该区域内的器件。

(6) 使用菜单命令 Edit|DeSelect 取消选择，有 5 种方式，如图 2-134 所示。

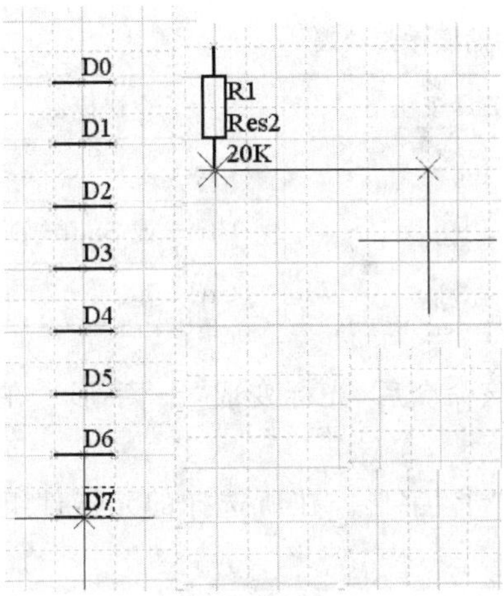

图 2-132 电气热点捕捉标志

图 2-133 主工具栏上的选取按钮

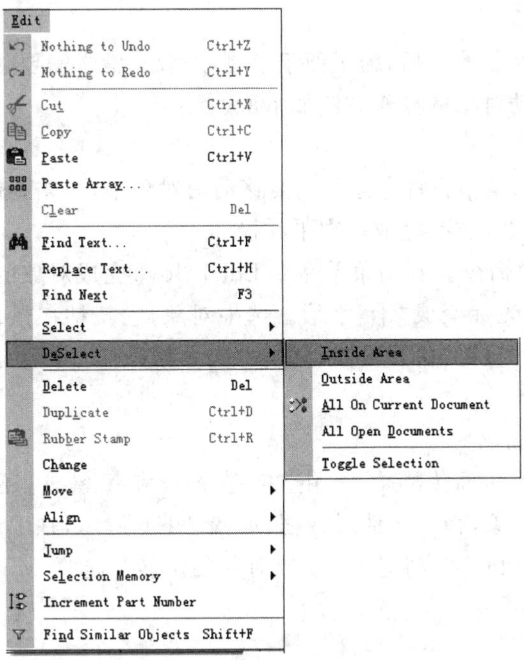

图 2-134 取消选择菜单

① Inside Area：取消区域内选择。

② Outside Area：取消区域外选择。

③ All On Current Document：取消当前文档全部选择。

④ All Open Documents：取消打开的文档全部选择。

⑤ Toggle Selection：取消切换选择状态。

2. 对象的剪切、复制与粘贴

Protel DXP 的剪贴板能在 Windows 下的各个应用软件之间，包括自身软件环境中，剪切、复制与粘贴图件，其快捷键操作和菜单命令操作归纳如表 2-8 所示。

表 2-8 剪切、复制与粘贴操作归纳表

操作	菜单命令	工具按钮	快捷键
剪切	Edit|Cut		Ctrl+X
复制	Edit|Copy		Ctrl+或 Shift+Delete
粘贴	Edit|Paste		Ctrl+V

(1) 对象的剪切：选择要剪切的对象，执行该命令后，光标变成“十”字形。在图纸空白区域单击，完成剪切操作。

(2) 对象的复制：执行该命令后，光标变成“十”字形。在所选择的元器件组中任意选择一个元器件并单击确定，完成复制操作。

(3) 对象的粘贴：执行该命令后，光标变成“十”字形，并带着粘贴的元器件虚影。在电路图的适当位置单击，放置欲粘贴的元器件。

3. 对象的移动及对齐

在完成原理图的对象放置后，为了便于绘制原理图，常常需要将对象移动到图纸的合适位置。在图纸上移动对象的操作方法如下所述。

1) 对象的平移

方法一：直接鼠标操作。将光标移到要移动的对象上，单击，选中该对象；然后将对象放置到相应位置，松开鼠标，完成一次平移操作。

方法二：执行菜单命令。利用菜单命令 Edit|Move 完成对象的移动操作，如图 2-135 所示。执行该命令后，光标变成“十”字形。选中对象，它就粘在鼠标上，并随之移动；然后将对象放置到相应的位置，松开鼠标，完成一次平移操作。若要退出移动状态，按鼠标右键或 Esc 键。

2) 对象的旋转和翻转

要实现对象的旋转和翻转，除了使用空格键、X 键和 Y 键外，还可以利用编辑属性对话框。双击欲编辑的对象，弹出属性对话框，如图 2-136 所示，在 Orientation 下拉列表框中选择，有 0°、90°、180°和 270°等选项，完成对象的旋转。选择 Mirrored 复选框，实现对象的翻转。

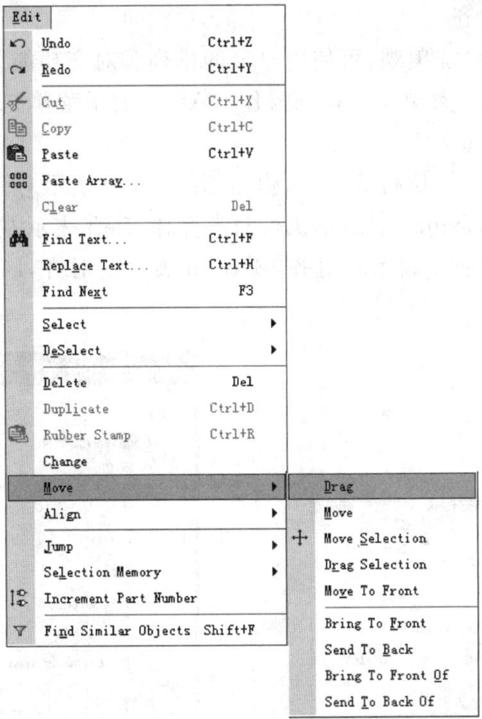

图 2-135　Move 菜单指令

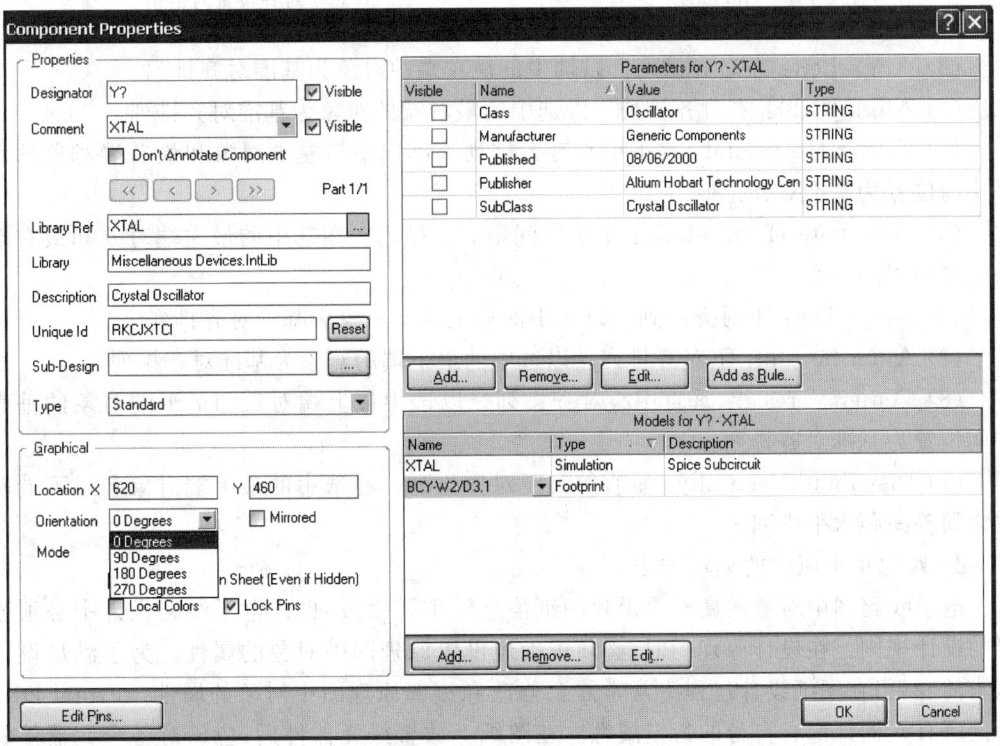

图 2-136　对象的旋转和翻转

3) 对象的排列和对齐

为使原理图的布局更加美观,可使用对象的排列和对齐功能。先选择要对齐的对象,再使用 Edit|Align 下的子菜单完成排列操作。Align 的子菜单如图 2-137 所示。

菜单中各项的意义如下所述。

(1) Align:排列操作。执行该命令,弹出如图 2-138 所示对话框,分别设置水平排列和垂直排列。其中,No Change 表示不执行对齐操作,Left 表示左对齐,Top 表示上对齐,Center 表示中心对齐,Right 表示右对齐,Bottom 表示底对齐,Distribute equally 表示均匀分布。

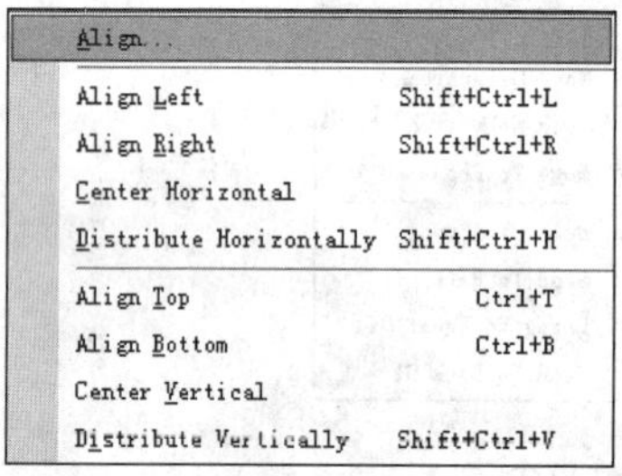

图 2-137 Align 的子菜单

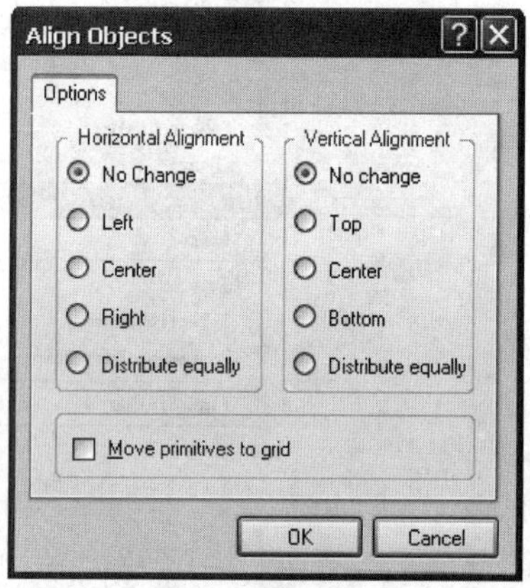

图 2-138 对齐设置对话框

(2) Align Left:左对齐排列。以选中的最左端的对象为基准对齐排列。

(3) Align Right:右对齐排列。以选中的最右端的对象为基准对齐排列。

(4) Center Horizontal:水平中心对齐排列。以选中最左端对象和最右端对象的水平中间位置为基准对齐排列。

(5) Distribute Horizontally:水平等间距对齐排列。在选中的最左端对象和最右端对象之间等间距水平排列。

(6) Align Top:上对齐排列。以选中的最上端的对象为基准对齐排列。

(7) Align Bottom:下对齐排列。以选中的最下端的对象为基准对齐排列。

(8) Center Vertical:垂直中心对齐排列。以选中最上端对象和最下端对象的垂直中间位置为基准对齐排列。

(9) Distribute Vertically:垂直等间距对齐排列。在选中的最上端对象和最下端对象之间等间距水平排列。

4) 对象单个属性的编辑方法

电子线路图中对象的属性是反映图纸信息的重要手段,也是电子线路设计中必须遵循的设计规则。在设计原理图时,必须正确地设置原理图中对象的属性。为了满足设计需求的变更,在图纸设计过程中常常需要修改和编辑原理图中对象的属性。Protel DXP 中的所有元器件都有自身的特定属性。在图纸上放置好元器件后,应该对各个元器件的属性进行编辑,这一步对以后装载网络表、制作 PCB 板有很大的帮助。元器件的属性包括元器件标识、元器件序号、元器件型号和元器件封装形式等。下面将编辑电阻属性。

打开元器件属性编辑对话框，有下述 4 种方法。

方法一：双击欲编辑的元器件，弹出属性对话框，如图 2-139 所示。

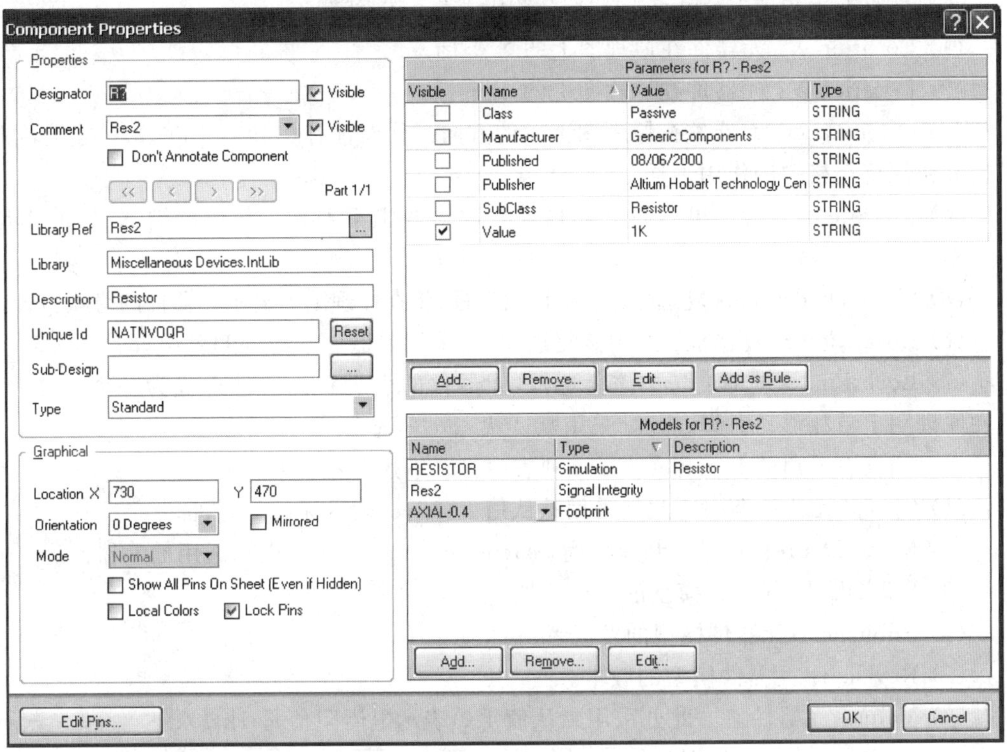

图 2-139　属性对话框

方法二：右击欲编辑的元器件，弹出环境菜单命令列表，然后选择 Properties 命令，弹出属性对话框。

方法三：在欲编辑的元器件处于虚影状态时，按 Tab 键，弹出属性对话框。

方法四：执行菜单命令 Edit|Change，光标变成“十”字状。将光标移到欲编辑的元器件上单击，弹出属性对话框。

根据电器原理图的需要，在元器件编辑属性对话框中设置元器件属性。下面介绍对话框中的各项参数。

在属性对话框的 Properties 选项区域中设置下述参数。

(1) Designator：元器件序号，例如在此编辑的电阻元器件 Res2。输入 R1，并在其后选择 Visible 复选框，R1 将显示在图纸上。

(2) Comment：元器件型号，用来说明元器件的特性在此默认为 Res2。然后选择 Visible 复选框，Res2 将显示在图纸上。

(3) Library Ref：元器件标识，它是元器件在 DXP 库文件中的标识符。

(4) Library：元器件符号所在的库，此处为 Miscellaneous Devices. IntLib 集成库。

(5) Description 对元器件符号的描述，此处采用默认的 Resistor(电阻器)。

(6) Unique Id：项目工程中元器件的唯一编号，由系统随机给出，一般不要修改。

(7) Sub-Design：子设计文件，用来说明可编程逻辑器件的子设计文件的名称和路径。

(8) Tape：元器件符号的类型，此处采用默认值 Standard。

在对话框左下角的 Graphical 选项区域中设置下述参数。

(1) Location X：元器件在原理图上的 X 坐标。

(2) Location Y：元器件在原理图上的 Y 坐标。

(3) Orientation：元器件在原理图上发的方向。元器件有 0°、90°、180°、270°等旋转方向。和快捷键空格键的作用一样。

(4) Mirrored：镜像。可设置元器件左右对调和上下对调；和快捷键 X、Y 的作用一样。

(5) Show Hidden Pins 复选框：选中该复选框，将在原理图上显示元器件的隐藏引脚。

(6) Local Colors 复选框：选中该复选框，将采用元器件本身的颜色设置。

(7) Lock Pins 复选框：选中该复选框，元器件的引脚和元器件合成为一个整体，无法在原理图上单独移动引脚。此处采用默认状态——选中。

在对话框右上角的 Parameters for 列表中设置下述参数。

(1) Class：元器件类型。此处采用默认值 Passive，表示无源元器件。

(2) Manufacture：元器件制造厂商。Generic Components 表示通用的元器件。

(3) Published：元器件模型的发行日期。

(4) Publisher：元器件模型的发行者。

(5) Revision：元器件模型的版本。

(6) Value：元器件值。此处采用默认值 1K，表示电阻阻值是 1kΩ。

最下面有 4 个按钮，分别是 Add...、Remove...、Edit... 和 Add as Rule...，用于对上述几个属性执行添加、删除、编辑和添加作为规则等操作。

在对话框右下角的 Model for 列表中，显示了元器件的仿真模型、信号完整性分析模型及元器件的 PCB 封装形式。对于不同的元器件，显示不同的模型。有的元器件可能不存在仿真模型、信号完整性分析模型，但是一般都有 PCB 封装形式，这也是制作印制电路板时必需的信息。

完成属性设置后，单击 OK 按钮确认。如果此时再次打开元器件属性编辑对话框，将发现所有的属性设置值都变成了刚才设置的值。

5) 直接编辑元器件的序号和型号

元器件的序号和型号除了可以在属性对话框中设置以外，还可以直接双击原理图上元器件的序号和型号，通过弹出的对话框来设置。例如，双击 Res2 的元器件序号，弹出如图 2-140 所示的属性参数设置对话框 Parameter Properties。在该对话框内修改元器件序号，然后单击 OK 按钮确认。对元器件型号参数的修改方法与之相同。

6) 对象属性的整体编辑功能

若要对原理图上多个相同的组件进行相同的修改，如果一个一个地修改，可能要重复上百遍同样的操作，枯燥又费时，效率很低。将原理图设计中的逻辑块分成系列组件，即使对很小的逻辑电路块来说，原理图中也包括很多元器件，每个元器件要设置很多参数。

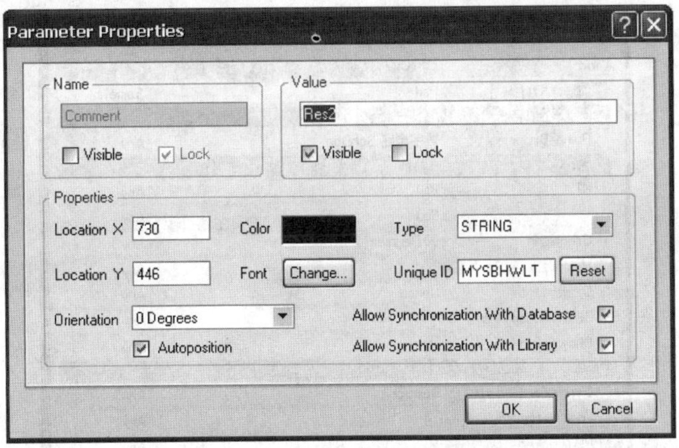

图 2-140 属性参数设置对话框

为了在电路设计过程中修改逻辑块电路的属性，以满足设计要求，Protel DXP 提供一个新的数据编辑系统去查找、选择、修改多个对象，即整体编辑功能，它可以提高工作效率，节约用户的时间和精力。

多个对象的编辑有很多种方法，主要是通过 Navigator 面板和 Find Similar Objects 对话框实现。

如图 2-141 所示，修改图中所有电阻的封装。

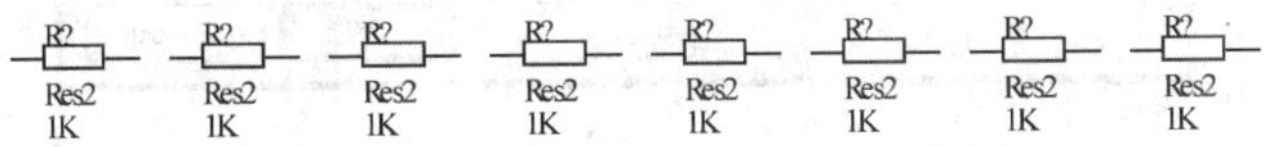

图 2-141 整体编辑电阻封装

图 2-141 所示电阻封装都为 AXIAL-0.4。利用整体编辑功能，把图中电阻的封装都修改为 AXIAL-0.3，操作步骤如下所述。

(1) 绘制电路原理图，如图 2-141 所示。

(2) 打开 Find Similar Objects 对话框，有下述 3 种方法。

方法一：单击元器件，使其呈选中状态；再右击工作区，弹出快捷菜单 Find Similar Objects，如图 2-142 所示。单击 Find Similar Objects 命令，弹出如图 2-143 所示 Find Similar Objects 对话框。

方法二：按住快捷键 Shift+F，单击元器件，弹出 Find Similar Objects 对话框。

方法三：执行菜单命令 Edit|Find Similar Objects，光标变成“十”字形状。将光标移到欲编辑的对象上单击打开 Find Similar Objects 对话框。

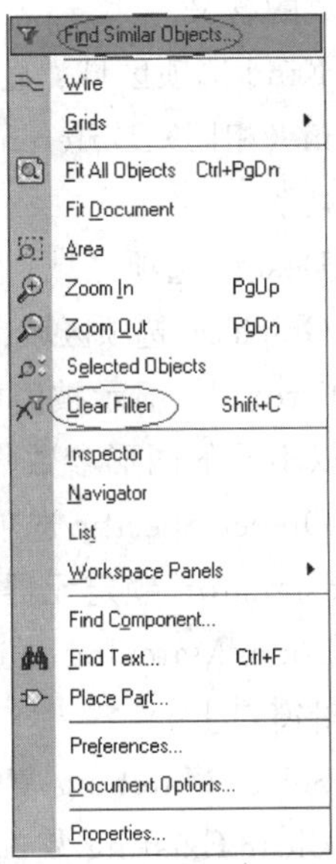

图 2-142 Find Similar Objects 命令

下面介绍 Find Similar Objects 对话框中各个区

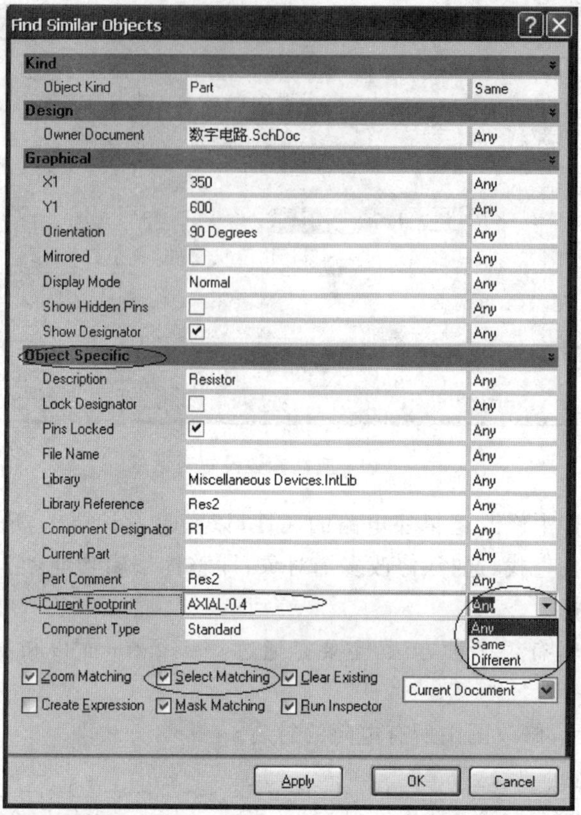

图 2-143　Find Similar Objects 对话框

域中参数的含义。

① Kind 选项区域：显示当前对象的类别(元器件、导线、引脚等)。其右边的下拉列表有 Same(相同)、Different(不同)、Any(任意) 3 个选项,表示要搜索的对象类别和当前对象的关系。

② Design 选项区域：显示文件设计信息,例如文件名。

③ Graphical 选项区域：设置对象的图形参数,例如位置(X1,Y1)、旋转角度(Orientation)、镜像(Mirrored)、显示被隐藏的引脚(Show Hidden Pins)。在每个选项右边的下拉列表中设置以不同的图形参数作为搜索条件。

④ Object Specific 选项区域：设置对象的详细参数,例如 Description(对象描述)、Lock Designator(锁定元器件标识)、Pins Locked(锁定引脚)等。

⑤ Zoom Matching 复选项：设置是否将条件相匹配的对象以最大显示模式显示在原理图编辑窗口上。

⑥ Select Matching 复选项：设置是否将符合条件的对象选中。

⑦ Clear Existing 复选项：设置是否清除已存在的过滤条件。

⑧ Create Expression 复选项：设置是否自动创建一个表达式。

⑨ Mask Matching 复选项：设置是否在显示条件相匹配的对象的同时,屏蔽其他对象。

⑩ Current Document 下拉按钮：设置 Current Document(当前文档)和 Open Documents (所有打开文档)。

(3) 设置有关选项：在对话框中给出了当前选择对象的属性。例如，当前选中的元器件在电路原理图中的电阻分别在 Kind 对象类型、Design 对象设计类型、Graphical 对象的图形属性以及 Object Specific 对象细节 4 个参数域中列出，以供修改。同时，在每项属性值右边，通过下拉框的方式选择匹配关键字，如 Same、Different、Any 等。Same 表示该项目相同，才满足选择条件；Different 表示该项目不相同，才满足选择条件；Any 表示该项目所有条件都满足。

在 Object Specific 一栏，Current Footprint(当前封装)中显示当前元器件封装形式为 AXIAL-0.4。单击右面的 Any，在弹出的下拉菜单中选择 Same。如果 Find Similar Objects 面板下 Select Matching(匹配选择)复选框没有选中，请选中它。这样，只有电阻元器件可供编辑，其他元器件呈隐藏状态，无法被修改。最后，单击 Apply 按钮，再单击 OK 按钮。

(4) 打开如图 2-144 所示 Inspector 面板。对于多个对象编辑，最简便的方法是利用 Navigator 面板来浏览元器件、网络、引脚等。

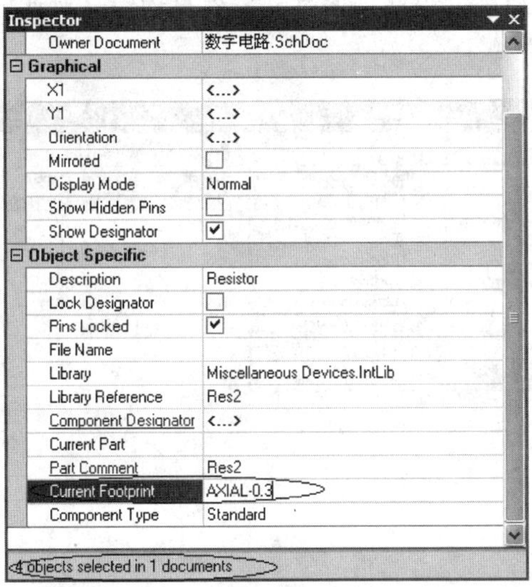

图 2-144　Inspector 面板

方法一：单击原理图编辑器下方状态栏的 Inspector 标签页。

方法二：按快捷键 F11。

如图 2-144 所示，Inspector 面板最下方显示有 4 个元器件被选中。在 Object Specific 一栏，Current Footprint 中显示了当前元器件封装形式为 AXIAL-0.4，把 AXIAL-0.4 修改为 AXIAL-0.3，然后单击对话框中的其他任何地方即可确定，最后关闭对话框。

(5) 回到当前图纸上。

方法一：选择菜单项 Clear Filter(清除过滤器)。

方法二：单击标准工具栏上的按钮。

方法三：按快捷键 Shift+C。

这样，就完成对电阻元器件封装的改变。电阻元器件封装变为新值 AXIAL-0.3。

利用 Protel DXP 的编辑技巧，用户不仅可以编辑原理图的单个对象，还可以编辑一批具有某种相同特性的对象的属性，即利用整体编辑功能。针对不同情况设定整体变换参数，符合属性匹配规则后进行整体变换，可以大大提高工作效率，节省设计时间。整体编辑不仅适用于原理图编辑环境，也适用于印制电路板编辑环境。对于其他属性对象的参数修改，如电路节点的形状大小、铜膜走线的层次等，都可以参照此法进行设置。

7) 对象的删除

启用自动放置节点功能时，如果在不需要的地方放置了节点，则要删除多余的节点。单击要删除的节点，其周围出现虚框，然后按 Delete 键即可。

2.8.4 元器件的自动编号

在电路原理图中，为了便于管理、查找和区分，一般需要在图纸上对元器件编号。Protel DXP 提供了 4 种元器件编号模式。执行菜单命令 Tools|Annotate 后，弹出如图 2-145 所示对话框。所有的自动编号过程都是通过元器件自动编号对话框完成的。经过编号的元器件序号规则并有序。

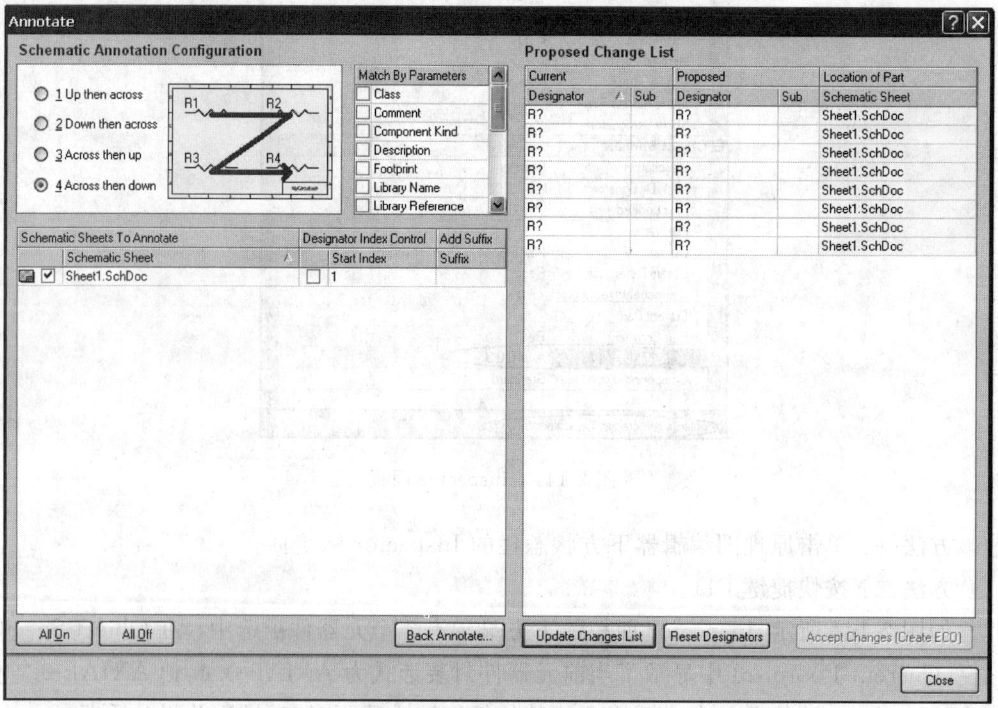

图 2-145　元器件自动编号对话框

元器件自动编号对话框的设置如下所述。

(1) Schematicematic Annotation Configuration(自动编辑方案设置)：原理图编号设置有

4 种方式，如图 2-146 所示。本项目选择方式 4：Across then down（由左向右，由上向下）。

图 2-146 所示的编号方式简单明了，如下所述。

① Up then across：由下向上，由左向右。

② Down then across：由上向下，由左向右。

③ Across then up：由左向右，由下向上。

④ Across then down：由左向右，由上向下。

（2）Match By Parameters（选择匹配参数设置）：在匹配参数栏内，根据对象编号的特征选择匹配的参数。在复选框内打钩，表示选择；不打钩，表示不选择，如图 2-147 所示。

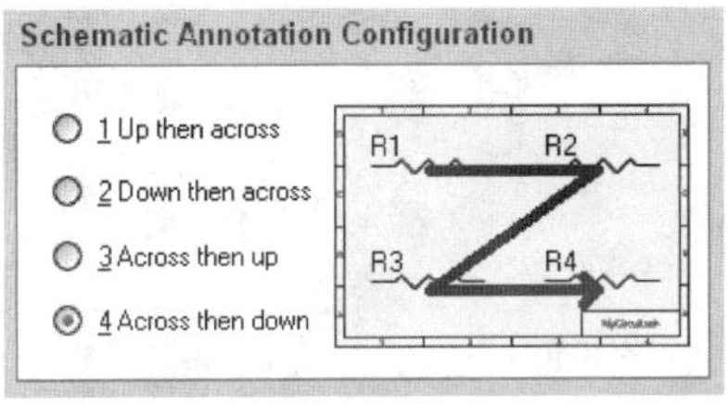

图 2-146　元器件自动编号方式设置

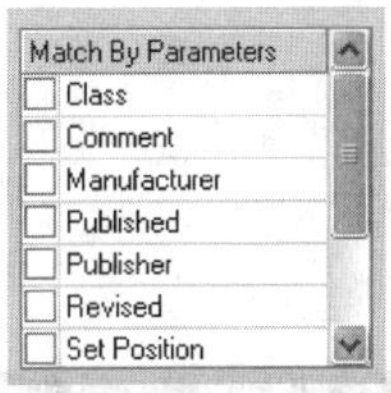

图 2-147　元器件自动编号匹配参数设置

（3）Schematicematic Sheets To Annotate（选择自动编号的文件）：在该参数下给出了当前工程项目中所有的原理图文件。在要自动编号的文件复选框内打钩，系统自动将选中的文件编号。本项目选中“数字电路. SchDoc”，如图 2-148 所示。

（4）Designator Index Control（选择自动编号的起始值）和 Add Suffix（添加后缀）：若一个工程项目里包含多张图纸，可以选择其中一张图纸进行编号，编号顺序从 1 开始，这样可以避免在同一个工程项目中，多个文件中的元器件编号重复。如果一个工程文件中只有一个原理图文件，或多个原理图文件彼此无关，为了符合习惯，该值一般从 1 开始。在同一个工程项目中，为了区别相关的多个原理图文件元器件，可以添加后缀。例如，第一张图中的电阻用 R1a 表示，第二张图中用 R1b 表示，以此类推，即使用后缀区别不同图纸中的元器件，每张图纸仍采用自然顺序编号。自动编号的起始值和添加后缀设置如图 2-149 所示。

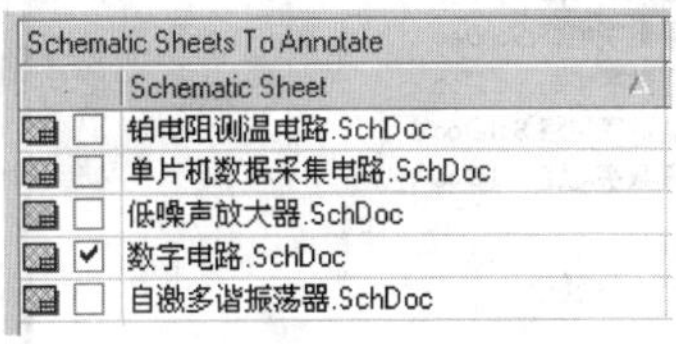

图 2-148　选择自动编号的文件

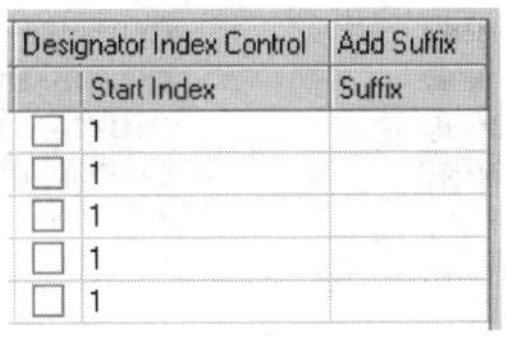

图 2-149　自动编号的起始值和添加后缀设置

（5）Proposed Change List（修改后列表建议值域）：在设置更新元器件参数域中，用鼠标单击 Update Change List 按钮，弹出设计资源管理更新信息对话框，如图 2-150 所示。单击 OK 按钮，在图 2-151 所示的修改后列表建议值域中列出元器件自动编号的建议值。

单击 Accept Changes (Create ECO) 按钮，弹出 Engineering Change Order 工程修改命令对话框，如图 2-152 所示。

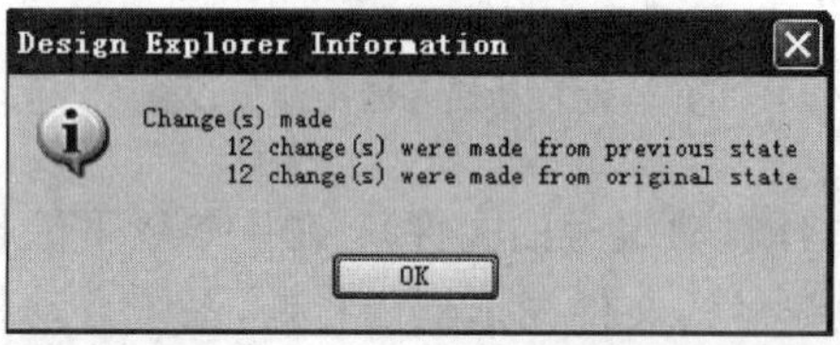

图 2-150 设计资源管理更新信息对话框

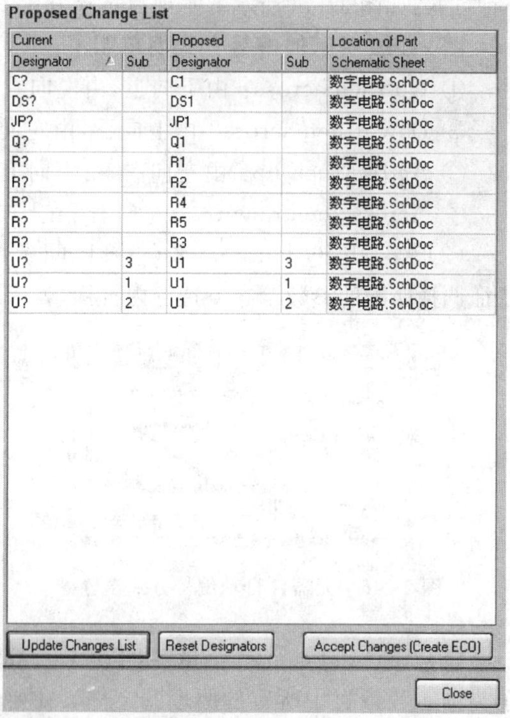

图 2-151 修改后列表建议值域

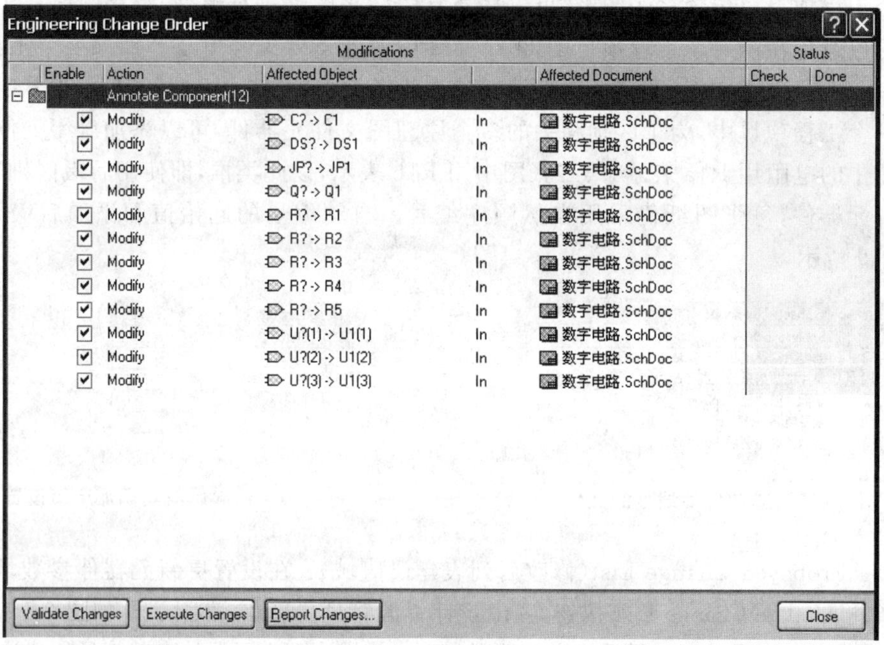

图 2-152 工程修改命令对话框

单击 Validate Changes 按钮，在工程修改命令对话框的状态栏内进行检查。全部打钩，如图 2-153 所示。

单击图 2-152 所示工程修改命令对话框中的 Execute Changes 按钮，弹出如图 2-154 所示对话框。单击 Close 按钮，关闭此对话框，回到图 2-145。此时，元器件已经全部编号。单击 Close 按钮，关闭元器件自动编号对话框，元器件自动编号完成。

对于已经编号的元器件，系统能够使其恢复到没有编号的状态。具体操作方法如下所述。

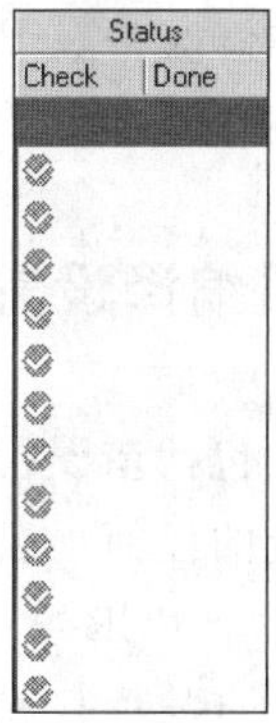

图 2-153　元器件自动编号的检查

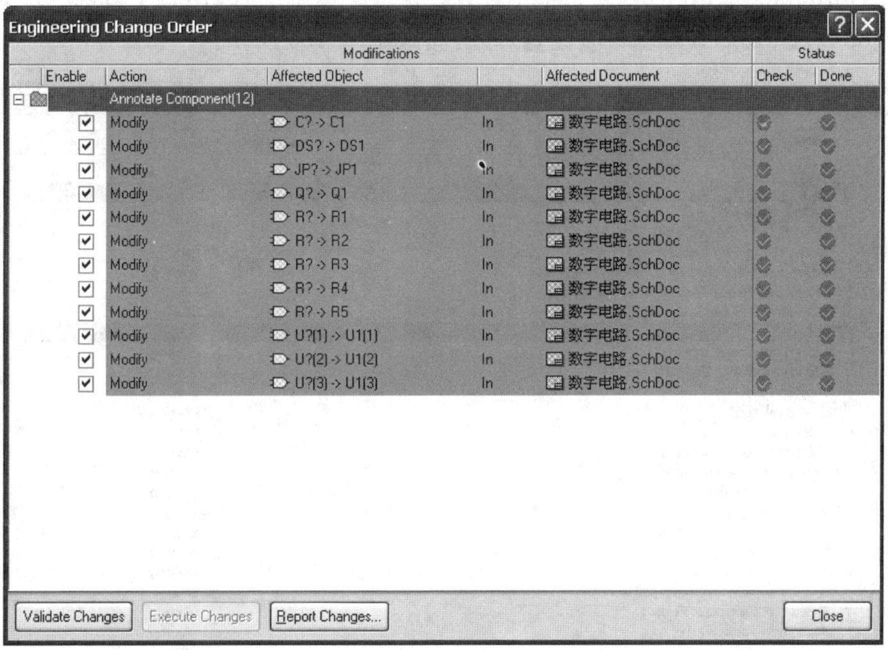

图 2-154　通过检查的工程修改命令对话框

执行菜单命令 Tools | Annotate 后，弹出如图 2-145 所示元器件自动编号对话框。单击 Reset Designators 按钮，弹出更新信息对话框后，确认并单击 Accept Changes (Create ECO) 按钮，弹出 Engineering Change Order(工程修改命令)对话框。单击 Validate Changes 按钮后，再单击 Execute Changes 按钮，完成操作后关闭所有对话框，元器件的原有编号将全部变成"?"。

2.9 编译工程项目及查错

在电路原理图设计中，元器件之间的连接必须遵循一定的电气规则。在 PCB 设计之前，要确保原理图正确。因此，在绘制好原理图之后，为了保证电路的正确性，需要对原理图进行检查并修改。在 Protel DXP 中,通过其项目编译功能来检查用户设计的电路原理图是否符合电气规则。

2.9.1 项目编译设置

项目选项包括错误检查规则、连接矩阵、比较设置、ECO 启动、输出路径和网络选项以及用户指定的任何项目规则。当项目被编译时,详尽的设计和电气规则将应用于设计验证。例如一个 PCB 文件,项目比较器允许用户找出源文件和目标文件之间的差别,并相互更新。所有与项目相关的操作,如错误检查、比较仪和 ECO 启动均在 Options For Project 对话框中设置。所有的项目输出,如网络名称、仿真器、文件打印、集合和输出报表均在 Outputs For Projects 对话框中设置。执行菜单命令 Project| Project Options,打开 Options for Project(规则检查设置)对话框,如图 2-155 所示。

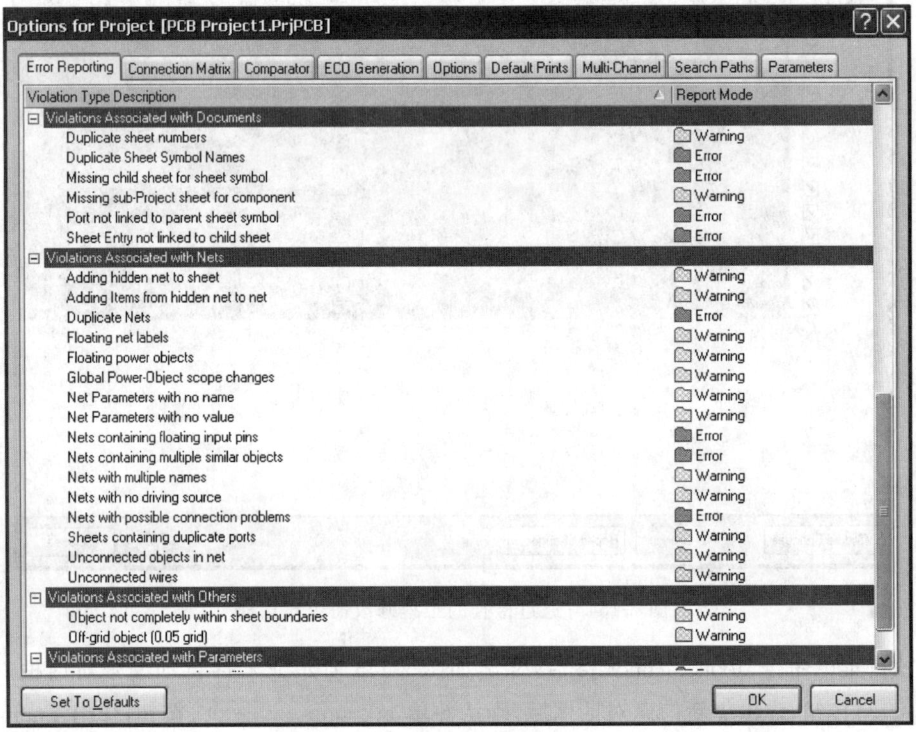

图 2-155 规则检查设置对话框

下面介绍规则检查设置对话框中的各个选项卡。

1. Error Reporting(错误报告)选项卡

Error Reporting 用于报告原理图设计的错误,主要涉及下面几个方面。

① Violations Associated with Buses：总线错误检查报告。

② Violations Associated with Components：组件错误检查报告。

③ Violations Associated with Documents：文档错误检查报告。

④ ViolationsAssociated with With Nets：网络错误检查报告。

⑤ Violations Associated with Others：其他错误检查报告。

⑥ Violations Associated with Parameters：参数错误检查报告。

对每一种错误都设置相应的报告类型。例如，选中 Bus indices out of range，然后单击其后的 Fatal Error 按钮，弹出错误报告类型下拉列表。一般采用默认设置，不需要修改错误报告类型。

2. Connection Matrix(连接矩阵)选项卡

在规则检查设置对话框中单击 Connection Matrix 卷标，弹出 Connection Matrix 选项卡，如图 2-156 所示。连接矩阵卷标显示的是错误类型的严格性。这将在设计中运行“错误报告”检查电气连接，如引脚间的连接、组件和图纸的输入。连接矩阵给出了原理图中不同类型的连接点，以及是否被允许的图表描述。

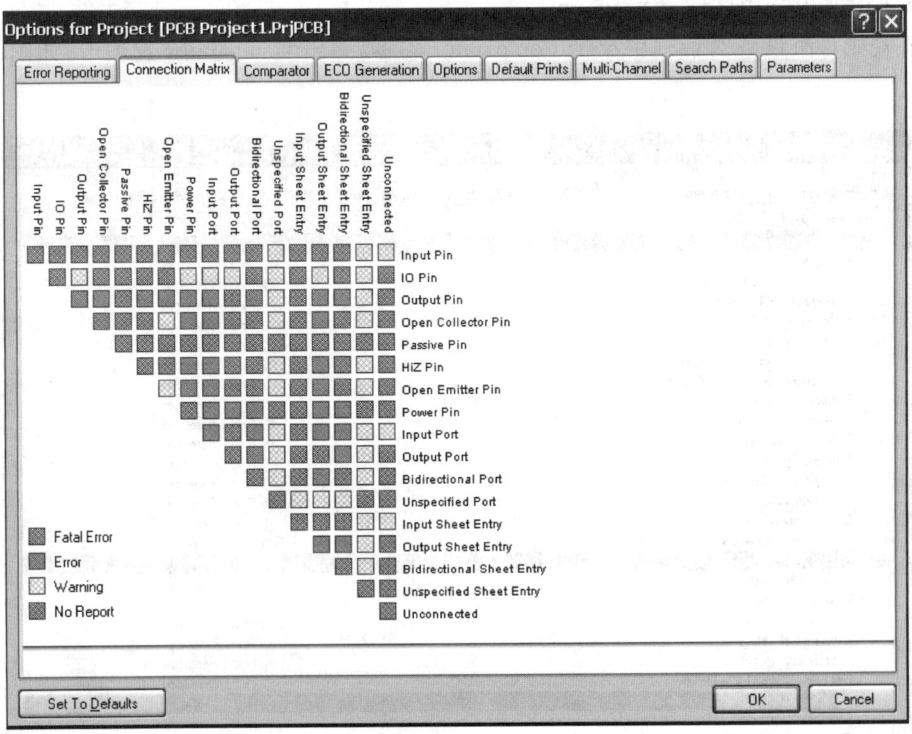

图 2-156　连接矩阵选项卡

① 如果横坐标和纵坐标的交叉点为红色，则当横坐标代表的引脚和纵坐标代表的引脚相连接时，出现 Fatal Error 信息。

② 如果横坐标和纵坐标的交叉点为橙色，则当横坐标代表的引脚和纵坐标代表的引脚相连接时，出现 Error 信息。

③ 如果横坐标和纵坐标的交叉点为黄色，则当横坐标代表的引脚和纵坐标代表的引脚相连接时，出现 Warning 信息。

④ 如果横坐标和纵坐标的交叉点为绿色，则当横坐标代表的引脚和纵坐标代表的引

脚相连接时,不出现错误或警告信息。

例如,在矩阵图的横向找到 Output Pin,从列向找到 Open Collector Pin,在相交处是绿色的方块。当项目被编译时,这个绿色方块表示在原理图中从一个 Output Pin 连接到 Open Collector Pin 时将启动一个错误条件。如果想修改连接矩阵的错误检查报告类型,比如想改变 Passive Pins(电阻、电容和连接器)和 Unconnected 的错误检查,按下述步骤操作。

① 在纵坐标找到 Passive Pins,在横坐标找到 Unconnected,系统默认为绿色,表示当项目被编译时,在原理图上发现未连接的 Passive Pins 不会显示错误信息。

② 单击相交处的方块,直到变成黄色。这样,当编译项目时和发现未连接的 Passive Pins 时,给出警告信息。

③ 单击 Set To Defaults 按钮,恢复到系统默认设置。

3. Comparator(比较器)选项卡

在规则检查设置对话框中单击 Comparator 卷标,弹出 Comparator 选项卡,如图 2-157 所示。

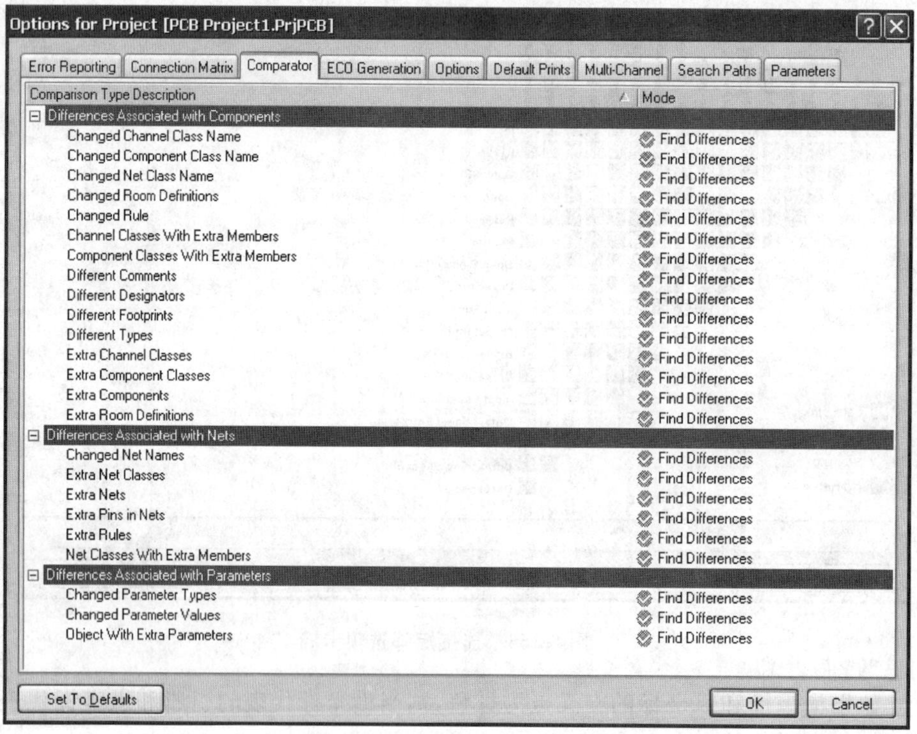

图 2-157　比较器选项卡

Comparator 选项卡用于设置当一个项目被编译时给出档之间的不同和忽略彼此的不同。在一般电路设计中,不需要将一些表示原理图设计等级的特性之间的不同显示出来,所以在 Difference Associated with Components 单元找到 Changed Room Definitions、Extra Room Definitions 和 Extra Component Classes,然后在这些选项右边的 Mode 下拉列表中选择 Ignore Differences，原理图设计等级特性之间的不同就被忽略。对于不同的项目，可能设置有所不同，但是一般采用默认设置。

4. ECO Generation(电气更改命令)选项卡

在规则检查设置对话框中单击 ECO Generation 卷标，弹出 ECO Generation 选项卡，如图 2-158 所示。

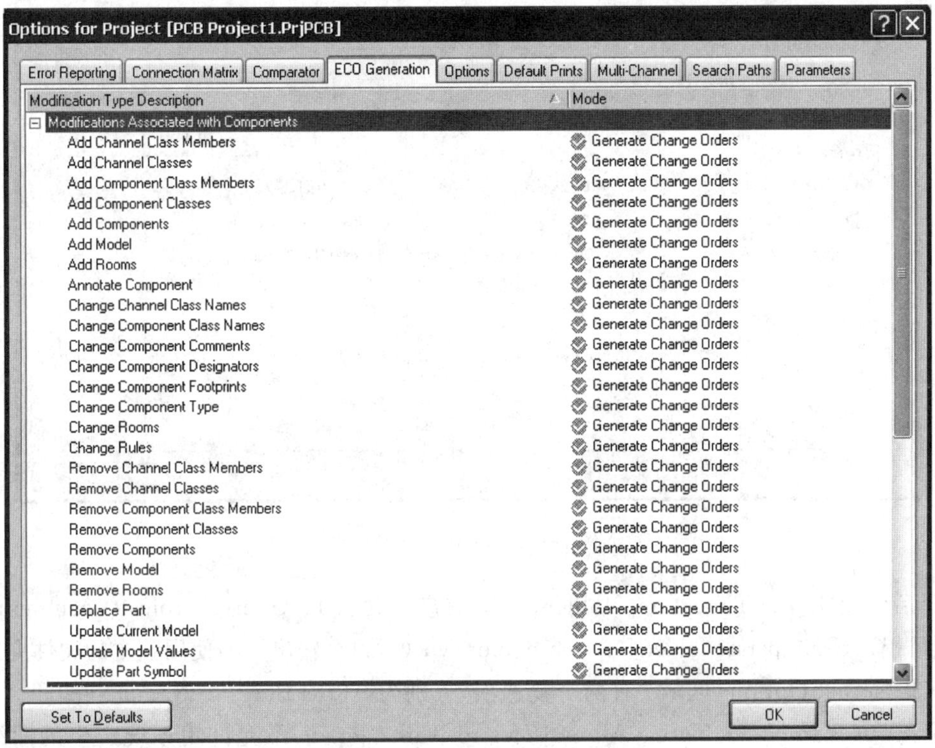

图 2-158　电气更改命令选项卡

通过在比较器中找到原理图的不同，当执行电气更改命令后，ECO Generation 栏中显示更改类型的详细说明，主要用于在原理图更新时显示更新的内容与以前档的不同之处。ECO(Engineering Change Order)Generation 选项卡主要用于设置与组件、网络和参数相关的改变。对于每种变换，都可以通过在 Mode 列表框下拉列表中选择 Generate Change Orders(检查电气更改命令)或 Ignore Differences(忽略不同)来操作。单击 Set To Defaults 按钮，恢复系统默认设置。

5. Options(选项)选项卡

在规则检查设置对话框中单击 Options 卷标，弹出 Options 选项卡，如图 2-159 所示。

① Output Path(输出路径)区域：设置各种报表的输出路径。默认的路径由系统在当前项目文件所在文件夹内创建。对于文件路径的选择，主要考虑用户是希望设置单独的文件夹保存所有的设计项目，还是为每个项目设置一个文件夹。

② Output Options 区域：有 4 个复选项设置输出档，即 Open outputs after compile

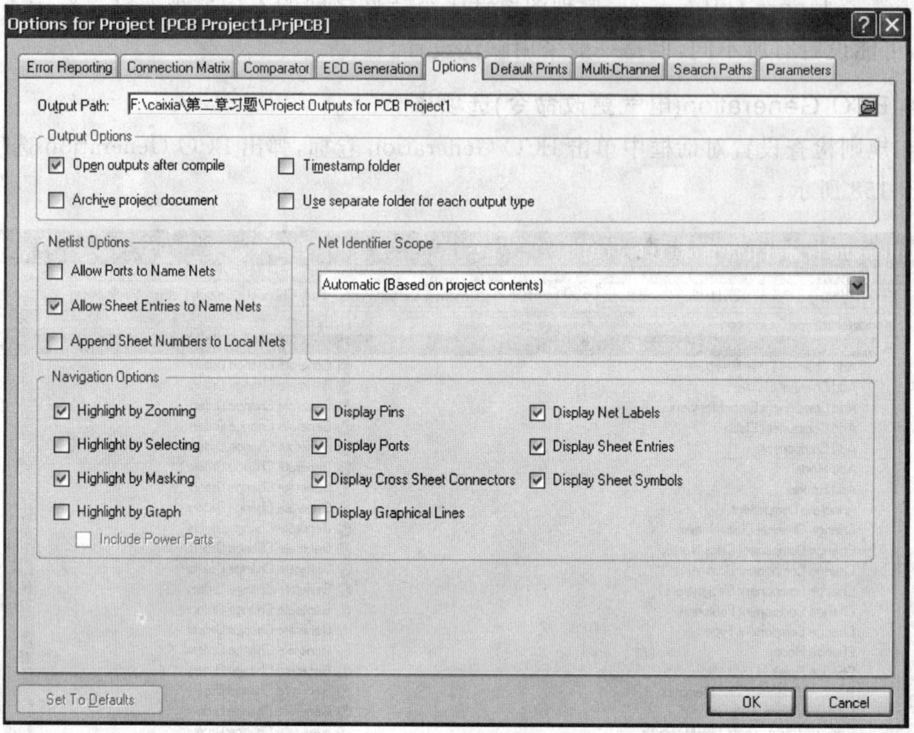

图 2-159 Options 选项卡

(编译后输出文件)、Timestamp folder(时间信息文件夹)、Archive project document(存档项目档)、Use separate folder for each output type(对每个输出类型使用独立的文件夹)。

③ Netlist Options 区域:有两个复选项,分别为 Allow Ports to Name Nets 和 Allow Sheet Entries to Name Nets。Allow ports to NameNets 表示允许用系统产生的网络名来代替与输入输出端口相关联的网络名。如果所设计的项目只是简单的原理图文件,不包含层次关系,可以选择此项。Allow Sheet Entries to Name Nets 表示允许用系统产生的网络名来代替与子图入口相关联的网络名。该项为系统默认设置选项。

2.9.2 编译项目

编译项目就是在设计文件中检查原理图的电气规则错误。执行菜单命令 Project|Compile PCB Project,系统开始编译 Myproject1. PrjPCB。当项目被编译时,在项目选项中设置的错误检查被启动,同时弹出 Message 窗口显示错误信息。如果原理图绘制正确,将不弹出 Message 窗口。下面以案例 2-6 的 A/D 转换电路原理图为例,删除 NE555P 第 4 脚与电源连接的导线,并说明如何设置项目选项和编译项目,操作步骤如下所述:

(1) 如果正确绘制 A/D 转换电路原理图,执行菜单命令 Project|Compile PCB Project 后,将不会弹出 Message 窗口。

(2) 选中 NE555P 第 4 脚与电源连接的导线,然后删除这段导线。

(3) 再次执行菜单命令 Project|Compile PCB Project，将弹出错误检查报告，如图 2-160 所示。

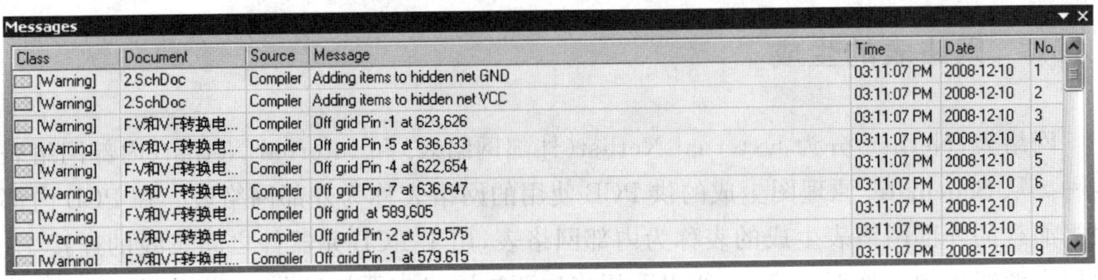

图 2-160　错误检查报告

(4) 通过错误报告中列出的错误类型修改原理图的错误。在 Message 对话框中单击一个错误，打开 Compile Errors 对话框，如图 2-161 所示，显示错误的详细信息。在 Compile Errors 对话框中单击错误，跳转到原理图中的相应对象进行检查或修改。修改对象高亮显示，电路图中的其他组件和导线模糊。修改完成后，右击图纸，弹出环境菜单，单击 Clear Filter 按钮，清除图纸的模糊状态。

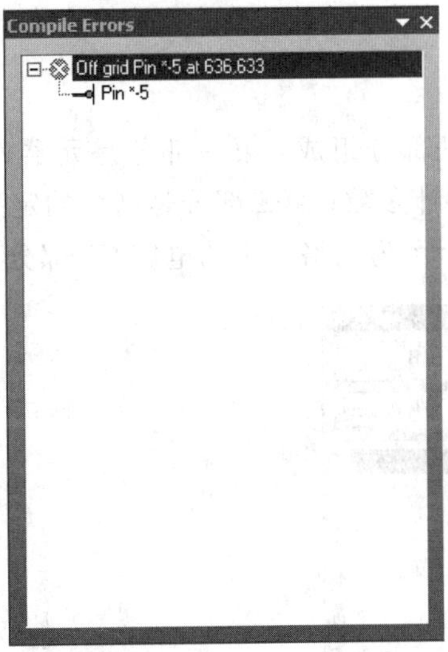

图 2-161　Compile Errors 对话框

(5) 修改完成后，重新编译项目，直至不再显示错误为止。保存项目，为 PCB 板设计做好准备。

2.10　各类报表的生成

完成电路原理图的设计之后，为了便于后续的制板设计和开展其他工作，还需要检查电路原理图并生成一系列报表文件。根据电路设计和生产的需要，通过 Protel DXP 生成的报表种类有：网络表文件(Netlist)、项目层次报表文件(Report Project Hierarchy)、电路元器件清单(Bill of Materials)，以及元器件交叉参考报表文件(Cross Reference)。

2.10.1 网络表的生成

网络表(Netlist)分为 External Netlist(外部网络表)和 Internal Netlist(内部网络表)两种。从 Schematic 原理图生成的供 PCB 使用的网络表称为外部网络表。在 PCB 内部，根据加载的外部网络表生成的表称为内部网络表，用于 PCB 元器件之间飞线的连接。一般用户者使用的是外部网络表，所以不用将这两种网络表严格区分。

1. 生成网络表

为单个 Schematic 原理图文件创建网络表的步骤如下所述。

(1) 双击文件工作面板中对应的 Schematic 原理文件，打开要创建网络表的原理图文档。

(2) 执行主菜单命令 Design|Netlist |Protel。产生的网络表与原项目文件同名，后缀名为. NET。这里生成的网络表名称为 A/D 转换电路. NET。图标位于文件工作面板中该项目的 Generated Protel Netlist 选项下，文件保存在 Generated Protel Netlist 文件夹下，如图 2-162 所示。

2. 网络表的格式

Protel 网络表的格式由两部分组成：第一部分是元器件的声明部分，其中定义了元器件标号、元器件封装以及设计参数；第二部分是网络的定义部分，其中通过网络定义了电路的连接关系。图 2-163 所示为网络表中的电容 C1 部分。

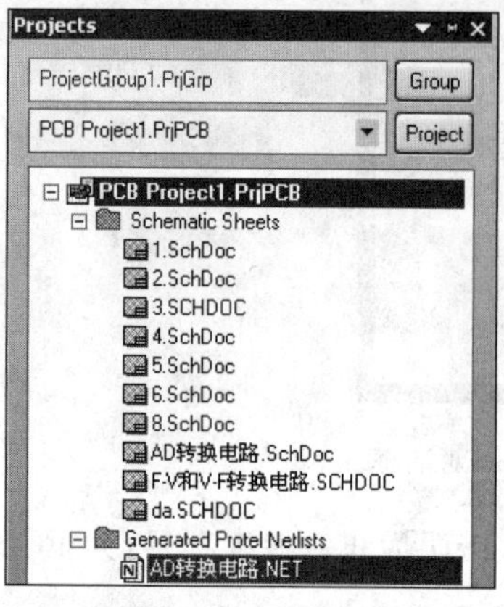

图 2-162 网络表图标

```
[
C1
RAD-0.3    (
Cap        NetC1_1
           C1-1
           R1-1
           U1-4
]          )
```

图 2-163 网络表中电容 C1 部分

1) 元器件的定义

网络表的第一部分是对所使用元器件的定义。本项目的一个元器件定义格式如下所示：

```
[            ；元器件定义开始
C1           ；元器件标志名称
```

```
RAD-0.3     ; 元器件的封装
Cap         ; 元器件注释
]           ; 元器件定义结束
```

每一个元器件的定义都以符号“[”开始，以符号“]”结束。它是元器件的声明标志。第一行是元器件的名称，即 Designator 信息；第二行为元器件的封装，即 Footprint 信息；第三行为元器件的注释。在接下来的元器件定义中，列出了电路原理图中所有元器件的标志信息。

2）网络的定义

网络表的第二部分为电路图中使用的网络定义。每一个网络意义就是对应电路中有电气连接关系的一个点。本项目的一个网络定义格式如下所示：

```
(           ; 网络定义开始
NetC1_1     ; 网络的名称
C1-1        ; 连接到此网络的所有元器件的标志和引脚号
U1-4        ; 连接到此网络的元器件标志和引脚号
)           ; 网络定义结束
```

每一个网络定义的部分从符号“(”开始，以符号“)”结束。“(”符号下第一行为网络的名称。以下几行是连接到该网络点的所有元器件的标识和引脚号。例如，“C1-1”表示电容 C1 的第 1 脚连接到网络“NetC1_1”上；“U1-4”表示 A/D 转换器 U1 的第 1 脚也连接到该网络点上。在接下来的网络定义中，列出了电路原理图中所有连接在一起的元器件及其引脚。例如，“R1-2”表示 R1 的第一个引脚，“JP1-1”表示 JP1 的第一个引脚。

2.10.2　元器件清单的生成

电路元器件清单(Bill of Materials)包含电路原理图中所有的元器件名称以及参数。它是电子产品生产中重要过程的管理文件和技术文件，也是电路成本核算的依据，可以看作是一份采购元器件的清单。对于比较大的项目，元器件种类繁多，封装各不相同，用人工的方法很难统计完全。为避免出错，可使用 Protel DXP 的元器件清单自动生成功能。

生成元器件清单的步骤如下所述。

(1) 双击文件工作面板中对应的 Schematic 原理文件，打开要创建元器件清单的原理图文件，创建元器件清单。

(2) 执行主菜单命令 Reports|Bill of Materials。以调制信号放大电路为例，执行命令后，系统自动打开该电路原理图的项目材料清单报表对话框，如图 2-164 所示。在对话框中，左面区域用来选择报表的栏目，右面区域用于预览报表。对话框下方的按钮用来决定报表的输出形式。这些按钮分述如下。

① Menu 按钮：单击该按钮，打开环境菜单。

② Report... 按钮：报表预览、打印。

③ Export... 按钮：将报表导出到指定的文件夹内。

④ Excel... 按钮：将报表输出到 Excel 程序并打开。

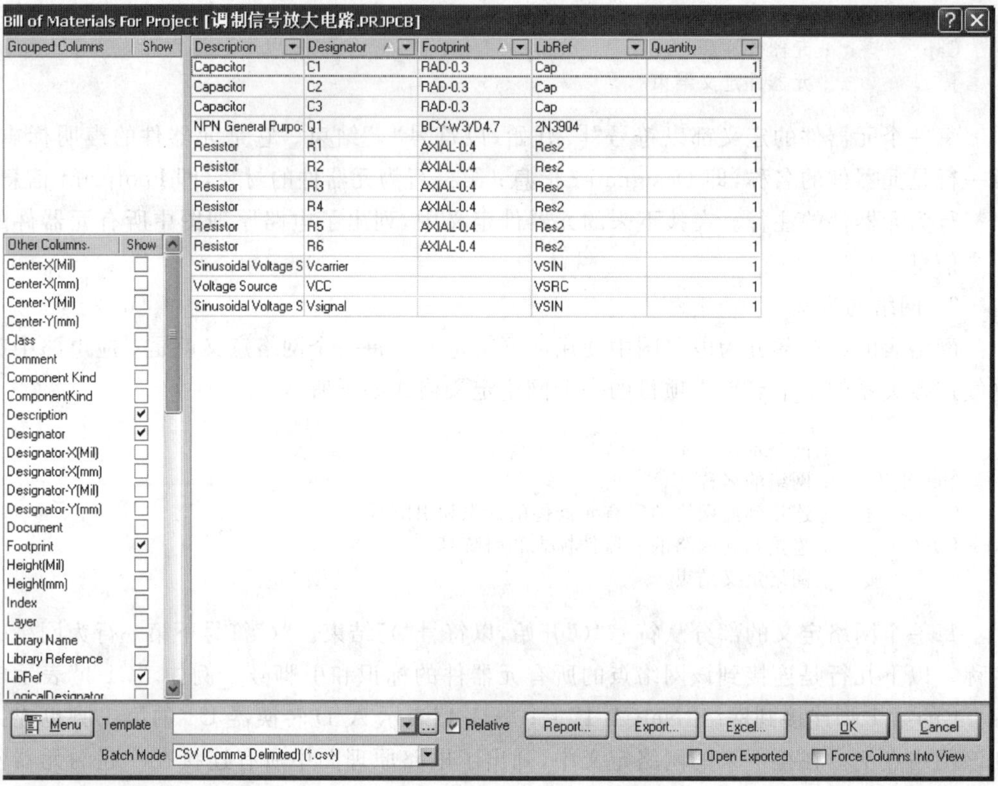

图 2-164　项目材料元器件清单创建对话框

在图 2-164 中，左面区域中有如下两个列表框。

- Grouped Columns：分组列表框。把右面元器件列表的表头拖入其中，元器件将以此属性分组显示。
- Other Columns：Protel DXP 能够提供的元器件的属性列表。

在图 2-164 中，通过右边区域元器件列表各栏中的下拉列表，可以选择按不同的方式和要求显示元器件清单。本项目中，元器件列表的封装 Footprint 形式栏的下拉列表框如图 2-165 所示。若选择 All，项目中的所有元器件封装都包含在内，如图 2-165 所示；若选择 AXIAL-0.4，则只选择整个原理图中封装形式为 AXIAL-0.4 的元器件列表，如图 2-166 所示。

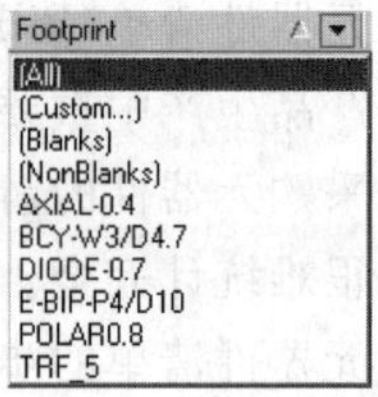

图 2-165　封装 Footprint 形式栏的下拉列表框

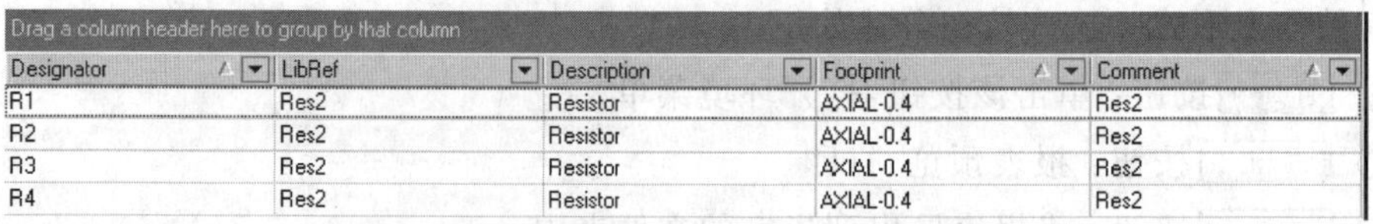

图 2-166　只显示 AXIAL-0.4 的元器件列表

单击图 2-164 中的 Export... 按钮，即可导出 Excel 列表形式的元器件清单，如图 2-167 所示。

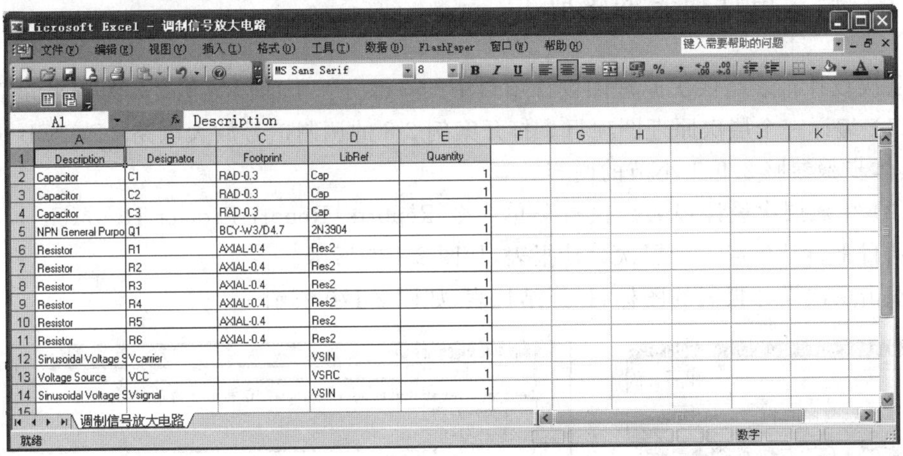

图 2-167　生成的元器件清单 Excel 列表

2.10.3　元器件交叉参考表的生成

元器件交叉参考表(Component Cross Reference)主要用于列出项目中各个元器件的编号、名称以及所在的电路原理图文件。执行菜单命令 Reports|Component Cross Reference，弹出如图 2-168 所示对话框，具体的操作与元器件清单类似。

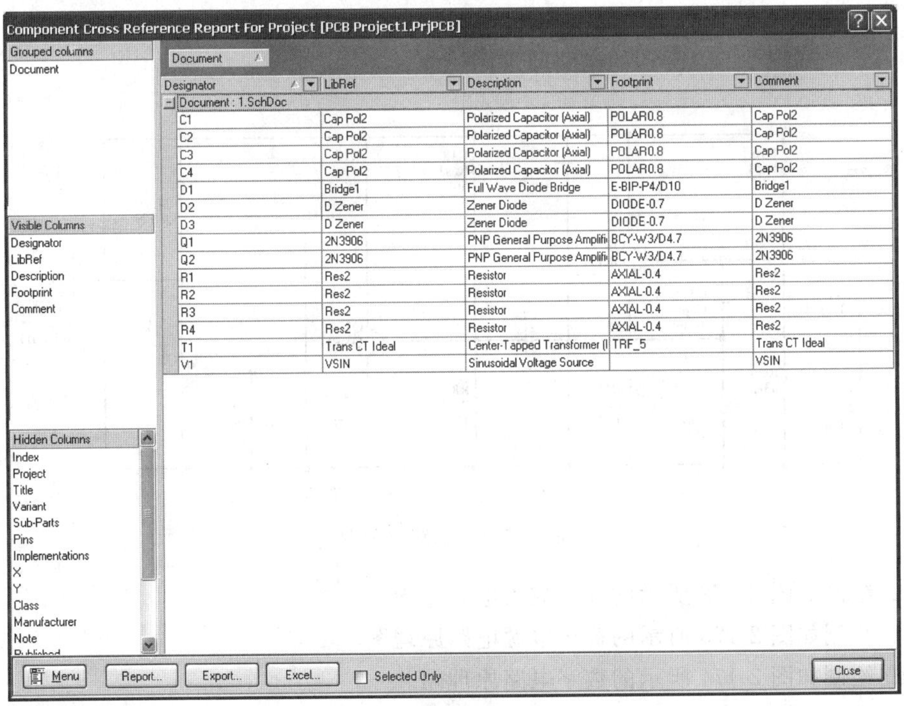

图 2-168　交叉元器件参考表

2.10.4 层次设计报表的生成

层次设计报表是层次原理图设计项目中的一部分。下面以案例 2-8 为例来介绍。

(1) 编译一个层次原理图项目。打开案例 2-8 的调制信号放大电路. PrjPCB 进行编译,具体步骤参照 2.9.1 小节的内容。

(2) 生成层次设计报表。执行菜单命令 Reports|Report Project Hierarchy,系统将在该项目下自动生成一个层次设计报表,如图 2-169 所示。

双击层次设计报表的图标,打开结构表,如图 2-170 所示。

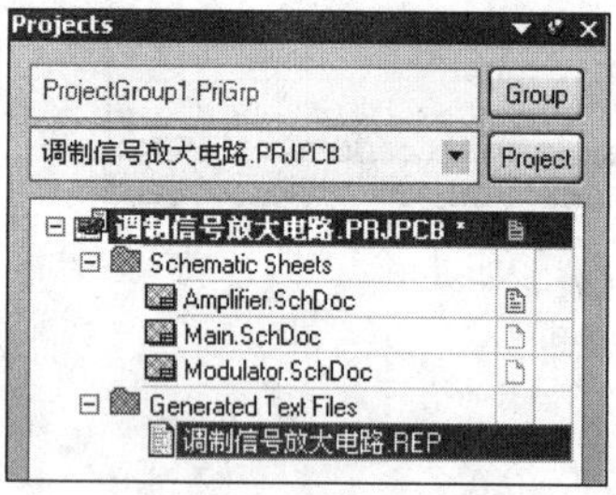

图 2-169 层次设计报表

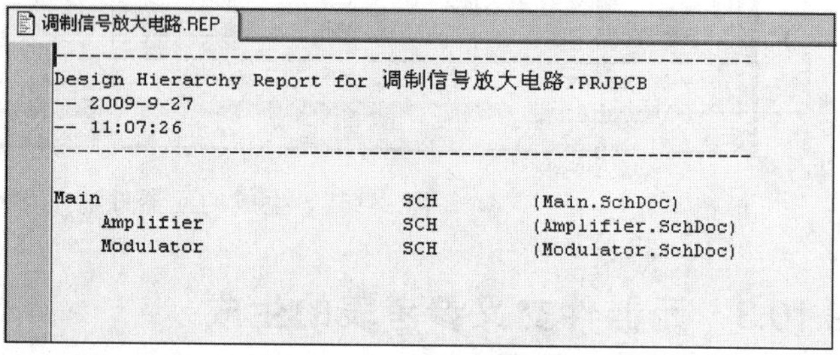

图 2-170 层次设计报表

习题

1. 绘制如图 2-171 所示的电路原理图

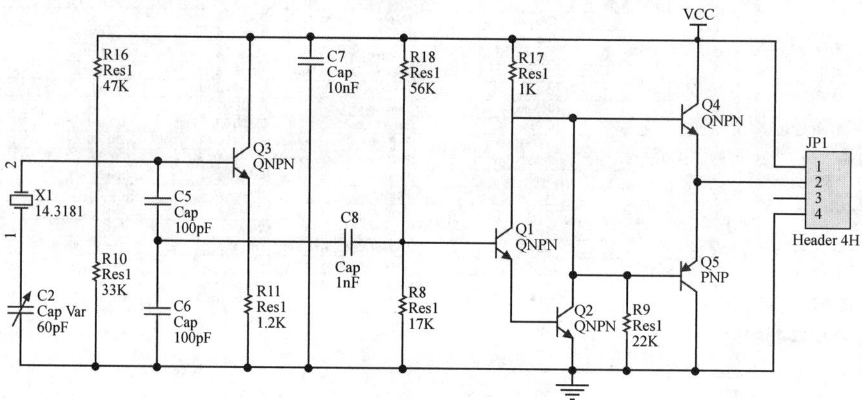

图 2-171 电路原理图

2. 绘制如图 2-172 所示的基本放大电路原理图。
3. 绘制如图 2-173 所示的稳压电源电路原理图。
4. 绘制如图 2-174 所示的数字电路原理图。
5. 绘制如图 2-175 所示的运放电路原理图。

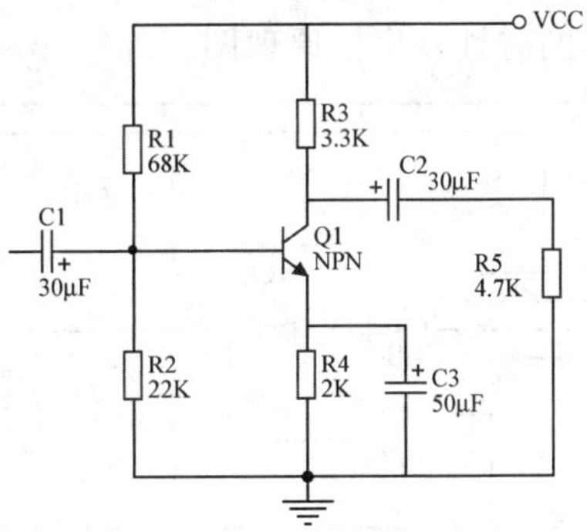

图 2-172 基本放大电路

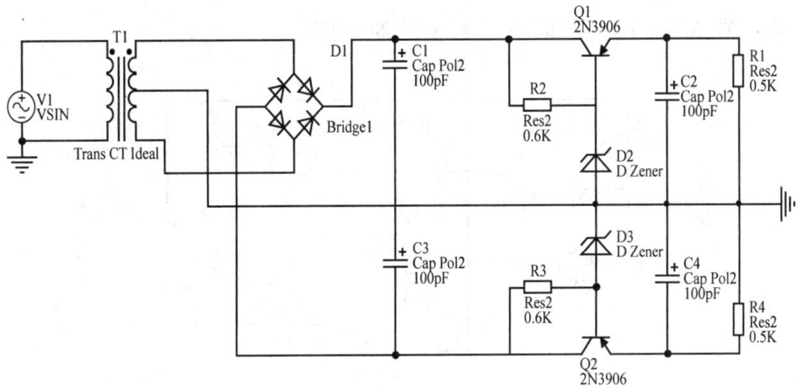

图 2-173 稳压电源电路

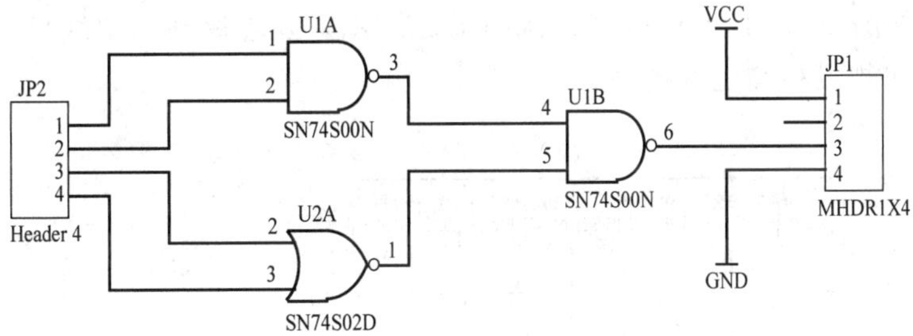

图 2-174 数字电路

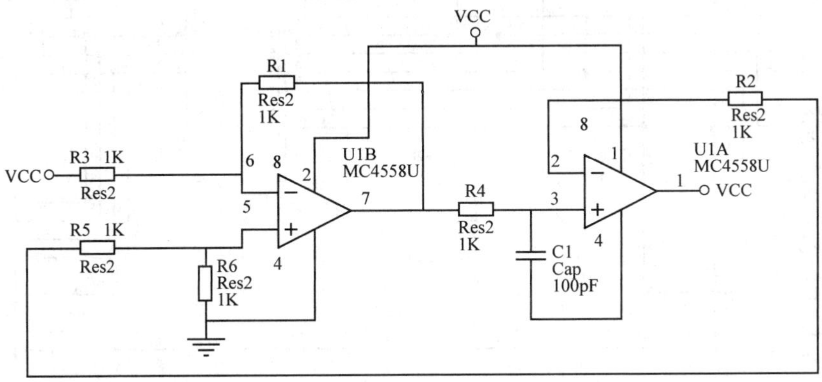

图 2-175 运放电路

6. 绘制如图 2-176 所示的时钟发生器原理图。

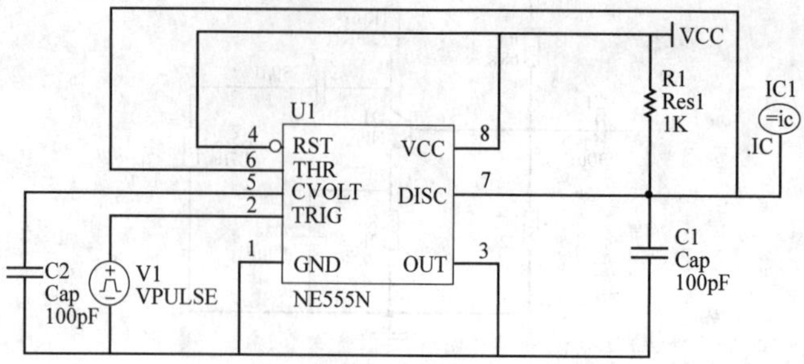

图 2-176　时钟发生器

7. 绘制如图 2-177 所示的时钟信号电路原理图。

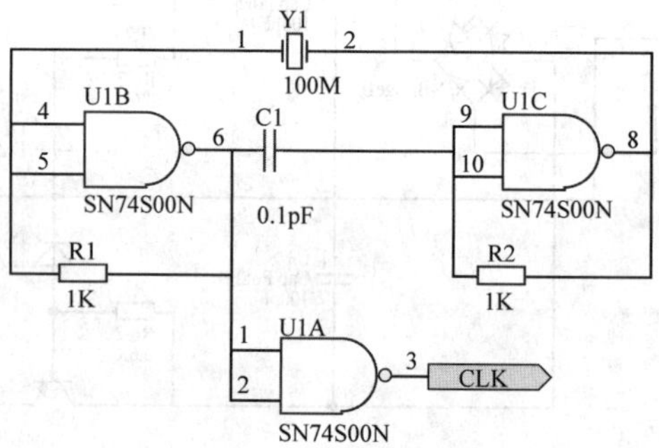

图 2-177　时钟信号

8. 绘制如图 2-178 所示的优先级编码器原理图。要求原理图图纸尺寸为 A4,去掉标题栏,关闭可视栅格和电气栅格。

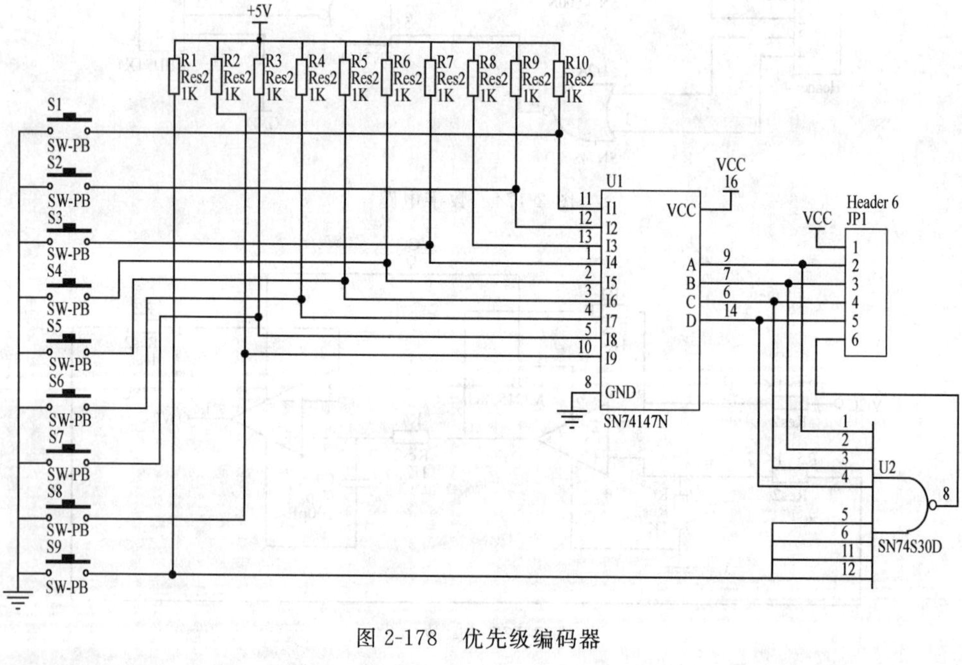

图 2-178　优先级编码器

9. 绘制如图 2-179 所示的双运放电路原理图。

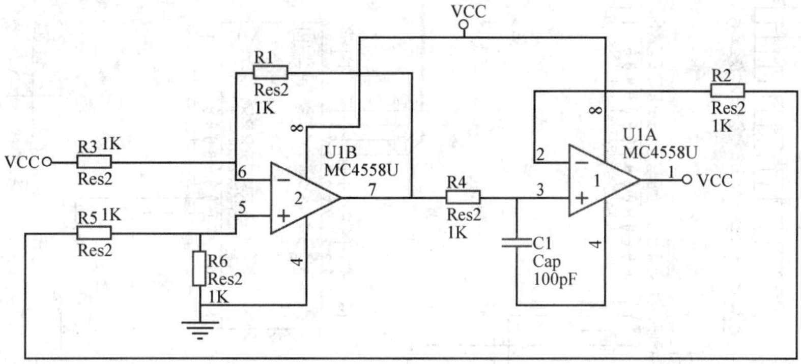

图 2-179　双运放电路

10. 绘制如图 2-180 所示的数/模转换电路原理图。

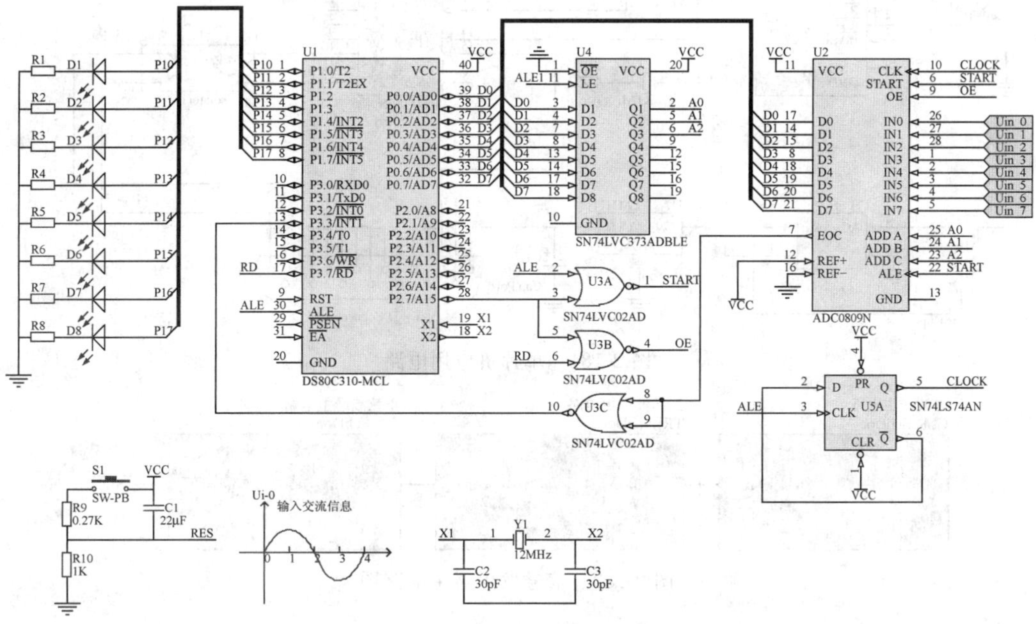

图 2-180　数/模转换电路

11. 绘制如图 2-181 所示的单片机应用电路原理图。

12. 绘制如图 2-182 所示的信号发生器电路层次原理图主电路图。图 2-183 所示为方波发生电路图，图 2-184 所示为正弦波发生电路图，图 2-185 所示为三角波发生电路图。

13. 绘制如图 2-186 所示的声光报警电路原理图，并使用自底向上的方法绘制将其改画为层次原理图。其中，图 2-187 所示为主电路，图 2-188 所示为 XTAL 子电路，图 2-189 所示为 SOUND 子电路，图 2-190 所示为 CPU 子电路，图 2-191 所示为 LED 子电路，图 2-192 所示为 RESET 子电路。

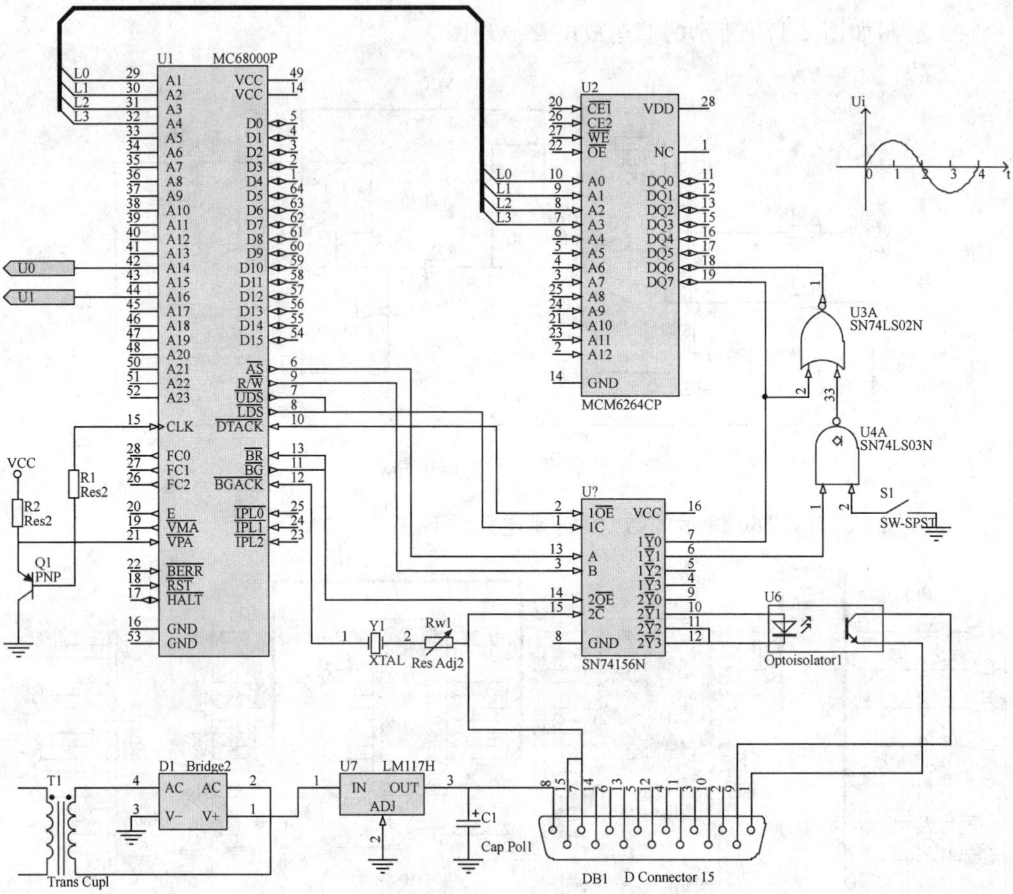

图 2-181 单片机应用电路

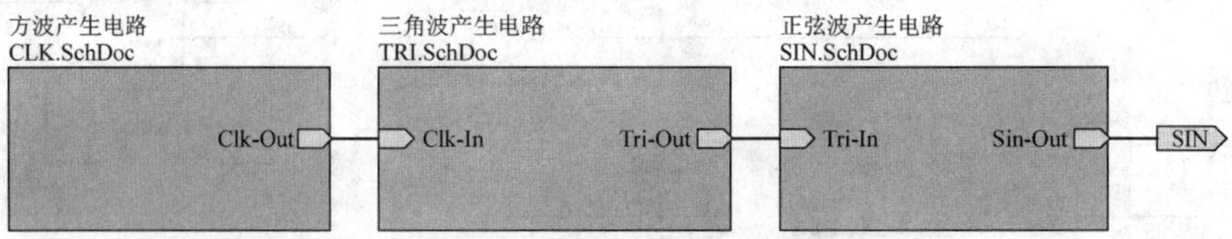

图 2-182 信号发生器主电路图

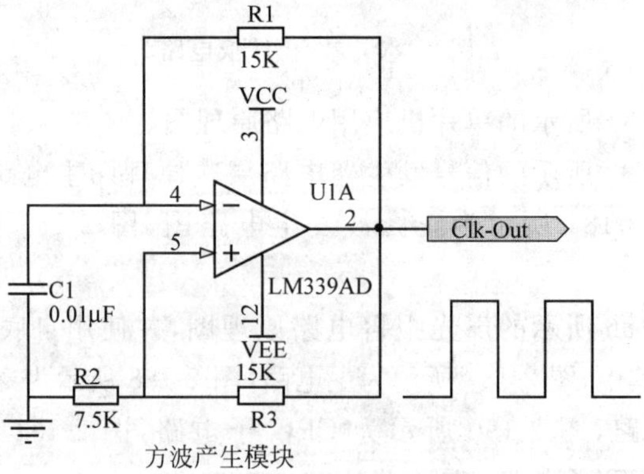

图 2-183 方波发生电路图

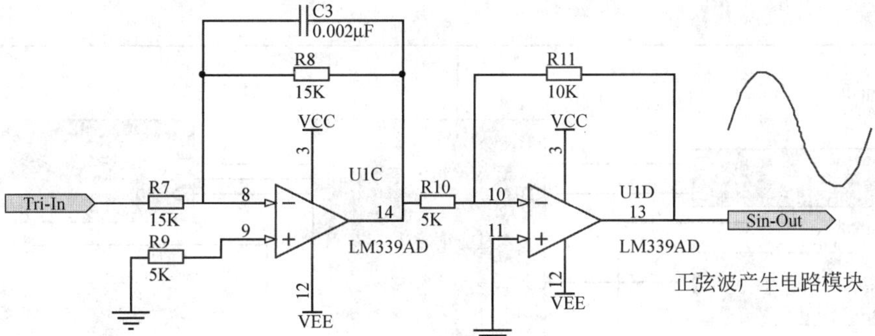

图 2-184　正弦波发生电路图

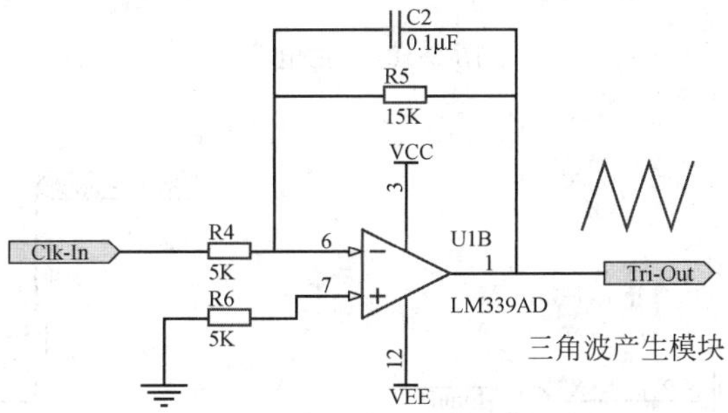

图 2-185　三角波发生电路图

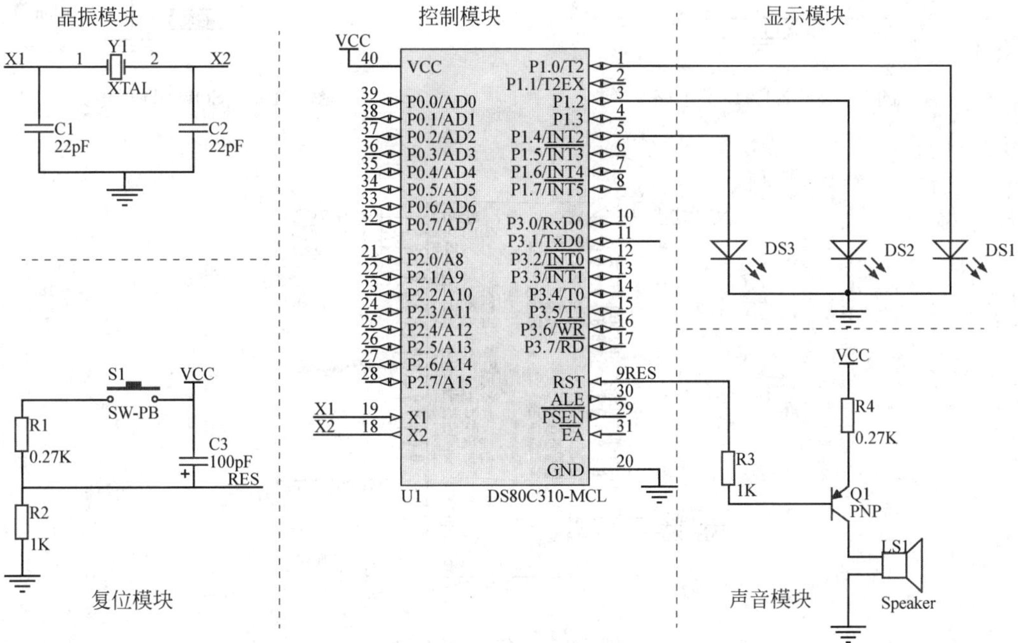

图 2-186　声光报警总电路

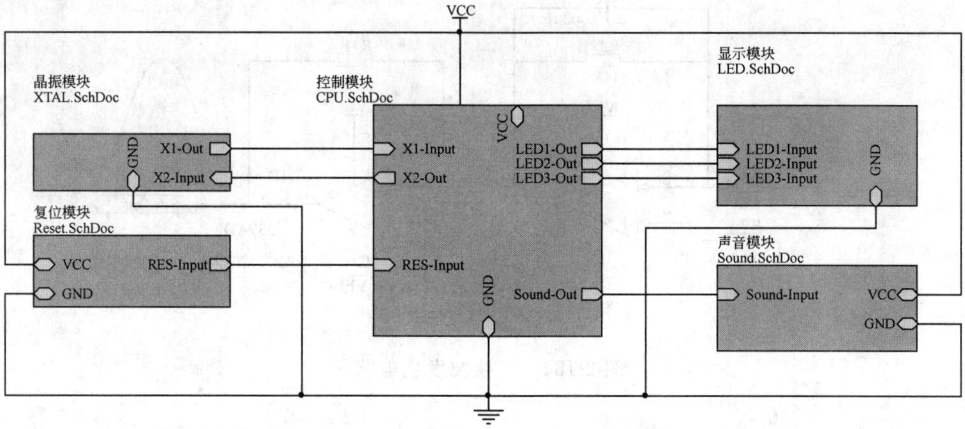

图 2-187 主电路

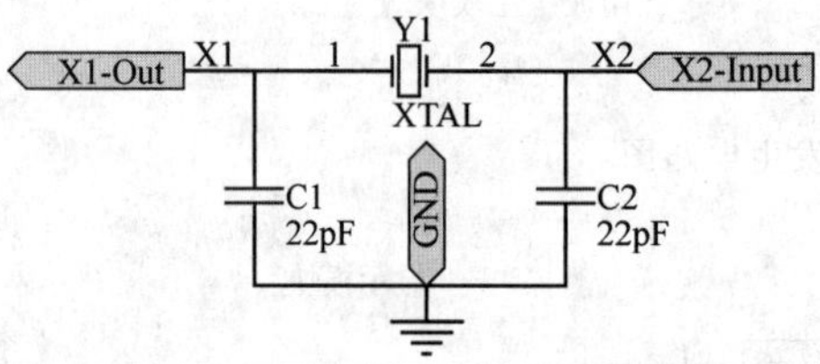

图 2-188 XTAL 子电路

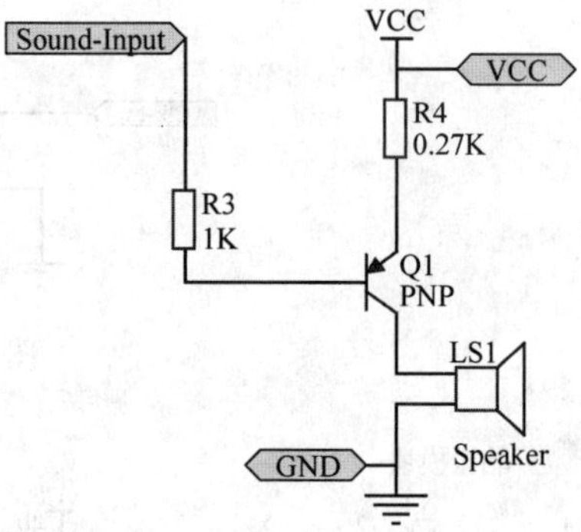

图 2-189 SOUND 子电路

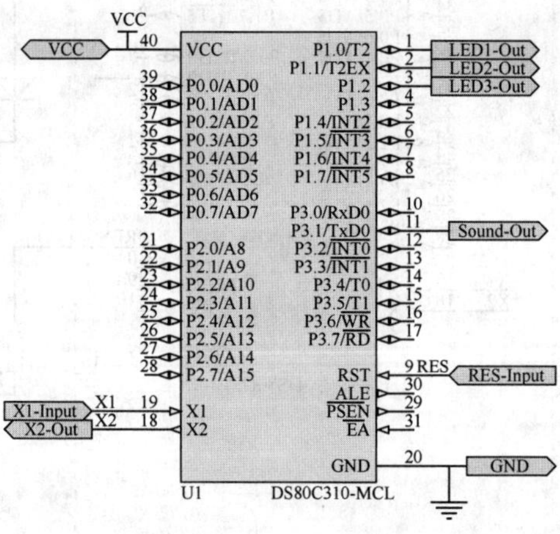

图 2-190 CPU 子电路

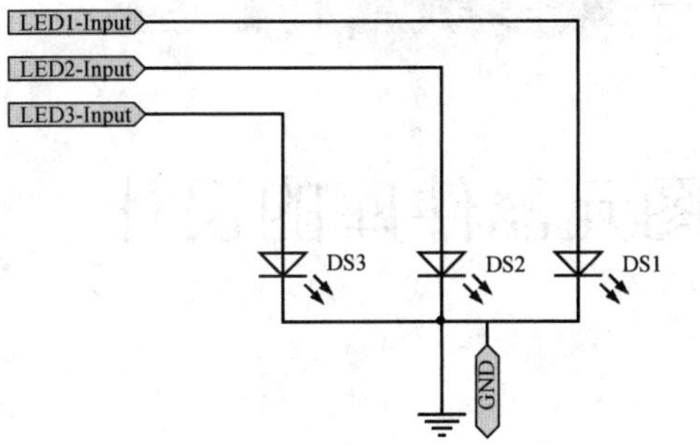

图 2-191　LED 子电路

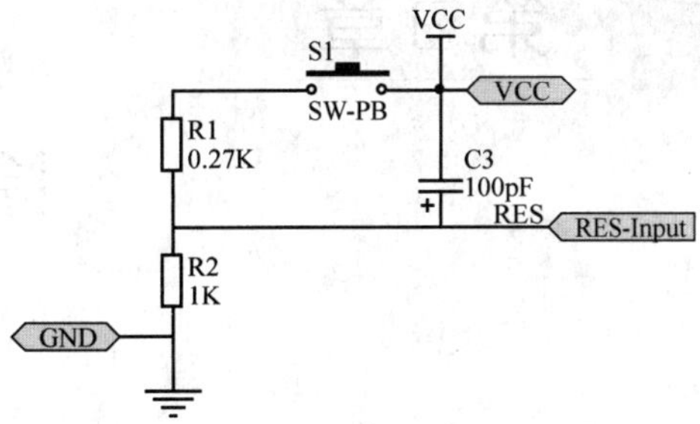

图 2-192　RESET 子电路

第3章 CHAPTER 3

原理图元器件库的设计

原理图元器件是组成原理图必不可少的部分，虽然 Protel DXP 中自带非常丰富的原理图元器件库，一些著名的芯片生产厂商（如 Atmel、Dallas、Lattice 等）都有元器件库以文件夹的形式存于 Library 目录中，甚至可以在 Altium 公司的官方网站随时更新元器件库，然而在实际项目中，不是每个元器件在 Protel DXP 元器件库中都能找到其对应的原理图符号，即使找到了，也可能存在与实际元器件引脚不一致的情况。这时，要根据实际元器件的电气特性或者外围形式绘制需要的原理图元器件。这就是本章将介绍的内容。

3.1 案例 3-1：三极管元器件的绘制——分立元器件的绘制

3.1.1 项目设计任务

1. 分立元器件简介

分立元器件的种类比较多，每一种元器件根据其电气参数和外形尺寸又分为多个种类。分立元器件包括电阻、电容、二极管、三极管、稳压管、LED 指示灯等。Protel DXP 中的分立元器件大部分在 Miscellaneous Devices. IntLib 集成库中。

2. 项目分析

下面以绘制分立元器件三极管 9013 为例进行介绍，如图 3-1 所示。具体要求如下。

（1）绘制原理图符号。

（2）编辑元器件属性，如添加元器件标号为“Q?”，命名为“9013”。

（3）加载元器件封装 BCY-W3/D4.7。

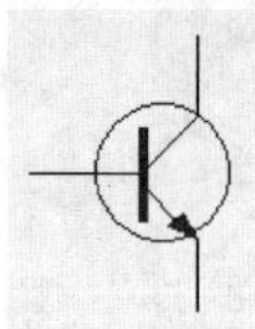

图 3-1 三极管 9013 示意图

3.1.2 创建原理图元器件库文件

在创建新的元器件之前，应先创建一个新的原理图元器件库文件。原理图元器件库可以由多个元器件构成，这些元器件可被单独选取，并与其 PCB footprint 元器件名同步对应。创建原理图元器件库文件的操作步骤如下所述。

（1）新建：执行菜单命令 File|New|Schematic Library（如图 3-2 所示），或在 Projects 面板上右击，在弹出的快捷菜单中选择 New|Schematic Library（如图 3-3 所示），启动元器件库编辑器，并自动创建名为 Schlib1. SchLib 的元器件库文件。其中，. SchLib 是 Protel DXP 中原理图元器件库文件的后缀名。

图 3-2　File|New|Schematic Library 选项

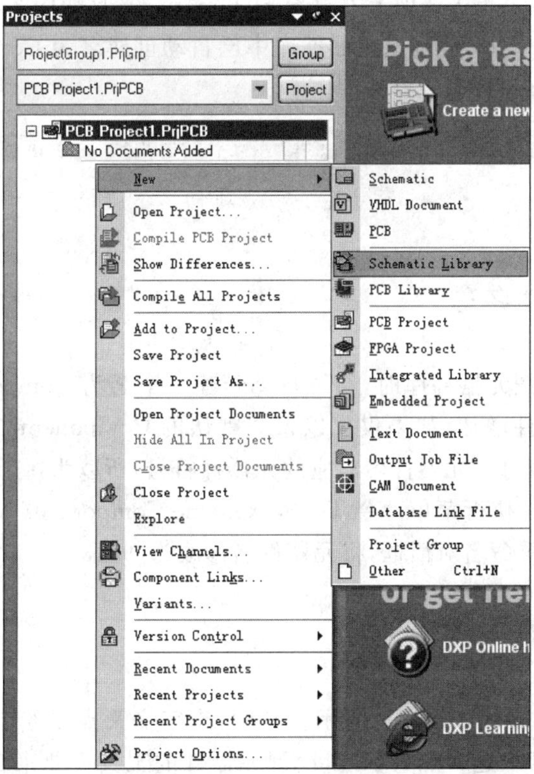

图 3-3　“新建”快捷菜单

(2) 保存：执行菜单命令 File|Save，或在右键快捷菜单中选择 Save，弹出如图 3-4 所示的“文件保存”对话框。将文件名修改为 MYSCHLIB. SchLib。系统默认的保存路径与该文件所在工程文件相同。

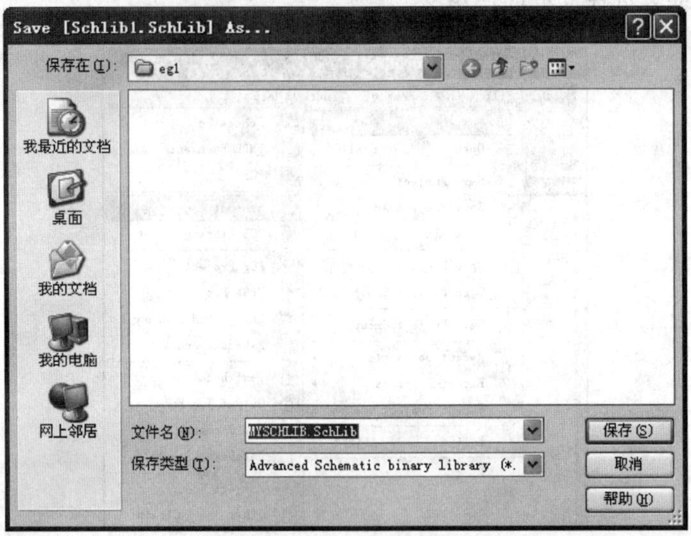

图 3-4 “文件保存”对话框

(3) 打开管理面板：单击选项卡中的 SCH Library 按钮(如图 3-5 所示)，打开如图 3-6 所示的 SCH Library 管理面板，该元器件库中已自动创建名为 Component_1 的元器件。该面板用于创建、调整和管理元器件库。

图 3-5 选项卡

3.1.3 修改元器件名称

虽然在创建原理图元器件库时，系统自动新建一个名为 Component_1 的元器件，但随着元器件库中元器件增加，如果仅仅以系统默认的 Component_1、Component_2 等命名元器件，不容易分辨每个元器件名对应的元器件符号，所以为每个元器件规范命名极为重要。其操作步骤为：执行菜单命令 Tools|Rename Component(如图 3-7 所示)，弹出如图 3-8 所示的元器件重命名对话框，将元器件名修改为“9013”。

3.1.4 绘制元器件

绘制元器件的工作区如图 3-9 所示。其中，十字交叉点是绘制元器件的基准位置。图中，元器件的坐标都以这一点为基准，绘制元器件的工具主要来自于 Sch Lib Drawing 工具栏(如图 3-10 所示)。下面介绍绘制 9013 的具体操作步骤。

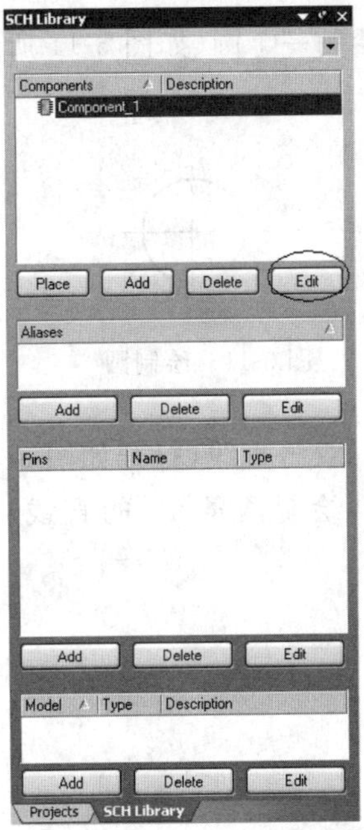

图 3-6　SCH Library 管理面板

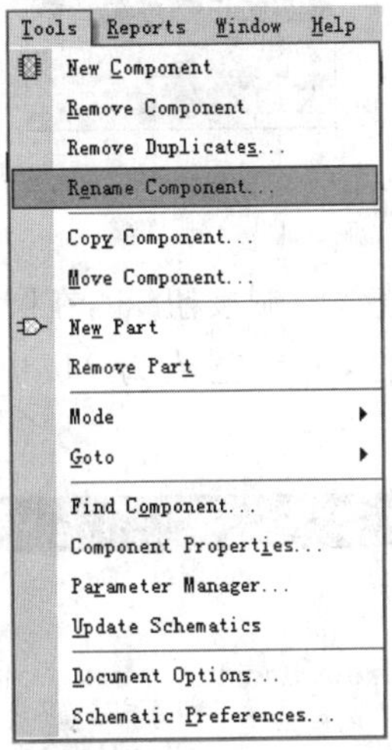

图 3-7　Tools|Rename Component 选项

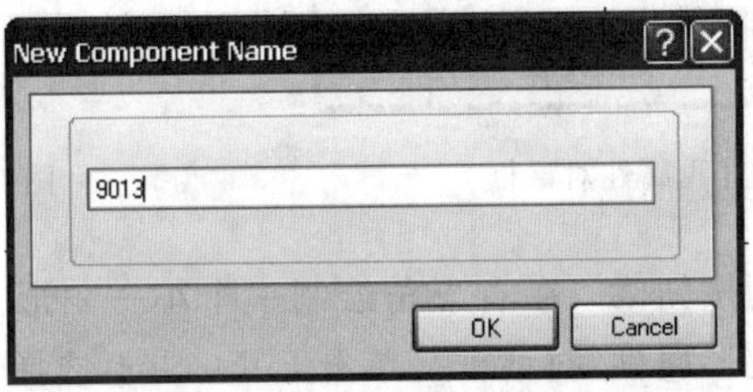

图 3-8　元器件重命名对话框

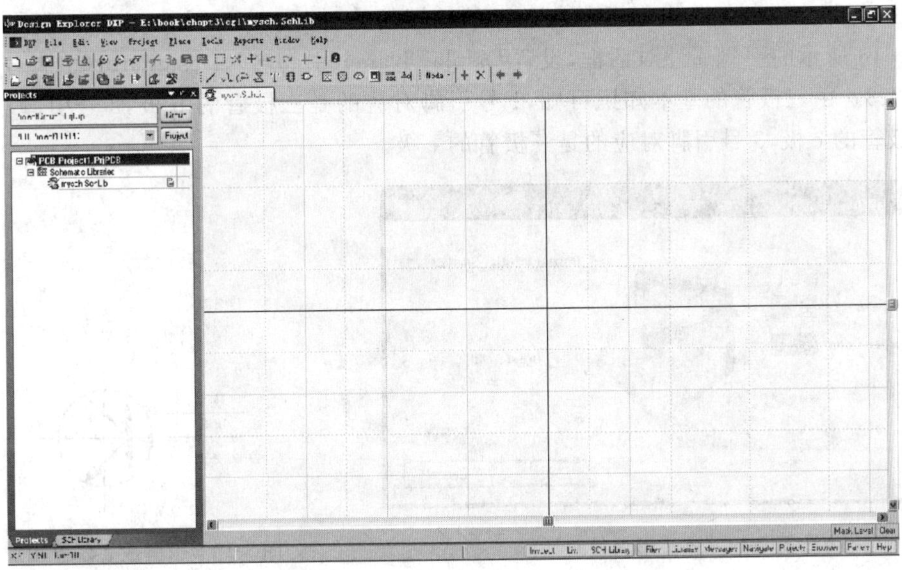

图 3-9　原理图元器件库工作区

(1) 选取圆弧绘制按钮,以十字交叉点为圆心绘制一个圆(如图 3-11 所示);然后右击,结束这部分图形的绘制。

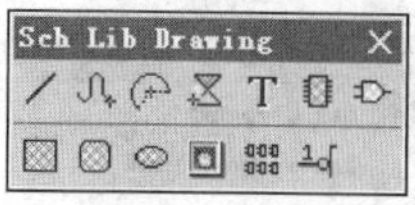

图 3-10 Sch Lib Drawing 工具栏

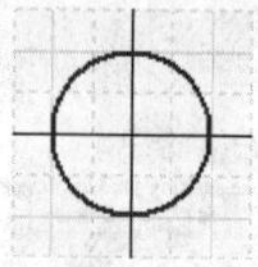

图 3-11 绘制圆

(2) 选取直线绘制按钮,在圆中绘制一条直线。双击直线,打开如图 3-12 所示的直线属性对话框,将线宽改为 Medium(中等宽度),再绘制两条 45°的直线,如图 3-13 所示。

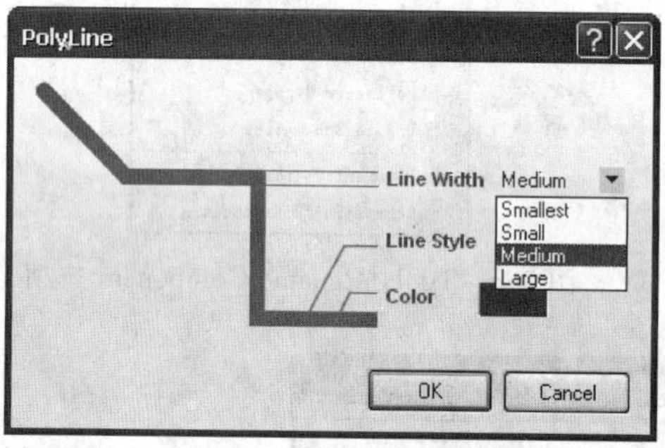

图 3-12 直线属性对话框

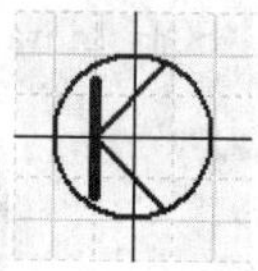

图 3-13 绘制直线

(3) 选取多边形绘制按钮,在右下角绘制一个小三角形。双击该三角形区域,打开如图 3-14 所示的"多边形属性"对话框。单击 Fill Color,选择与边框相同的蓝色。

(4) 选取放置引脚按钮,可通过 Space 键旋转角度。分别在三个方向各放一个引脚。注意,带有电气捕捉点即显示灰色叉的一端朝外(如图 3-15 所示)。双击引脚,打开如图 3-16 所示的引脚属性对话框,设置 Display Name(引脚名),Designator(引脚号)依次为 1、2、3。由三极管的基本知识可知,1 号引脚对应的是三极管的 b 极,2 号引脚对应的是三极管的 c 极,3 号引脚对应的是三极管的 e 极。

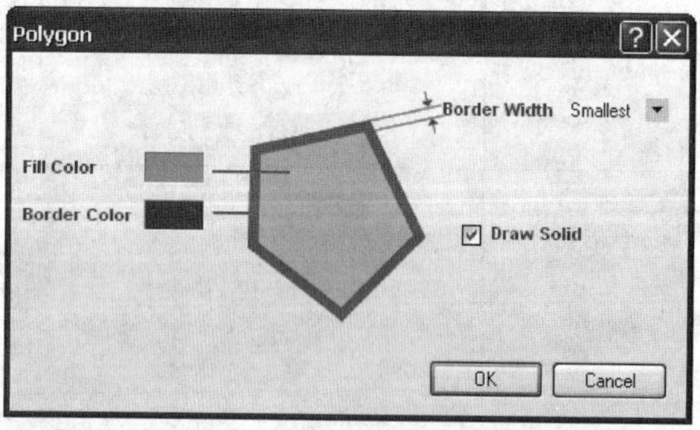

图 3-14 多边形属性对话框

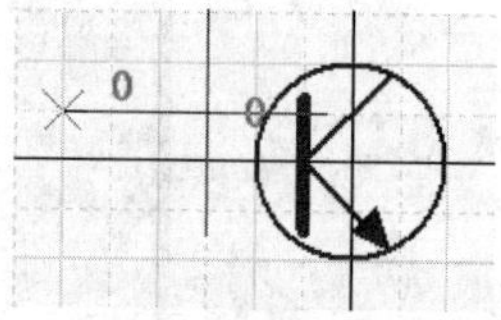

图 3-15 引脚放置示意图

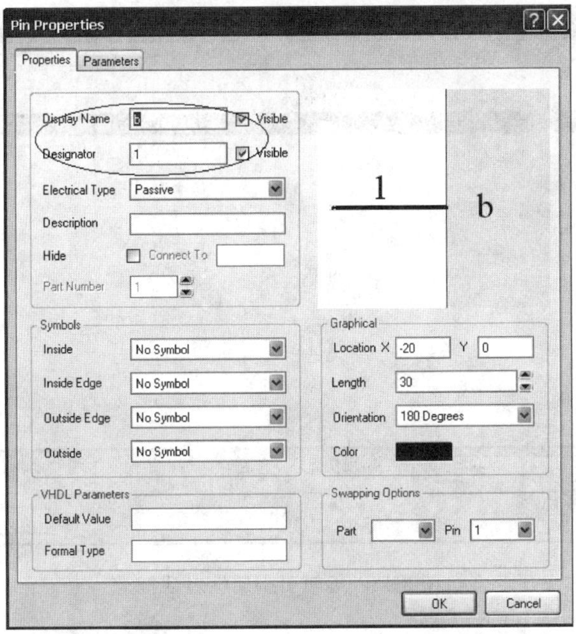

图 3-16　引脚属性对话框

（5）单击 SCH Library 管理面板（如图所示 3-6）的 Edit 按钮，弹出如图 3-17 所示元器件属性编辑对话框。单击该对话框左下角的 Edit Pins... 按钮，弹出如图 3-18 所示引脚属性编辑对话框。在 Show、Name 下的复选框中把√去掉，原理图符号上将显示不出引脚号与引脚名。

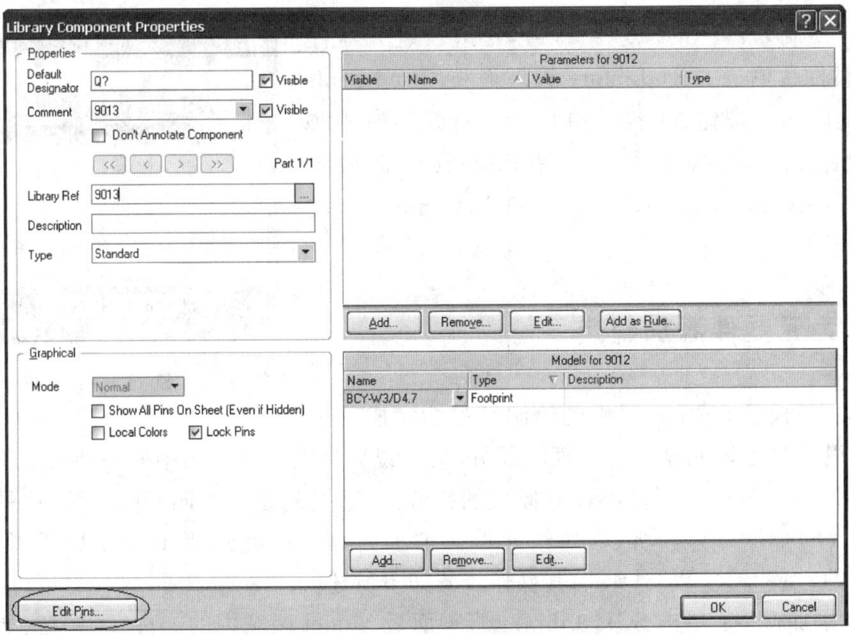

图 3-17　元器件属性编辑对话框

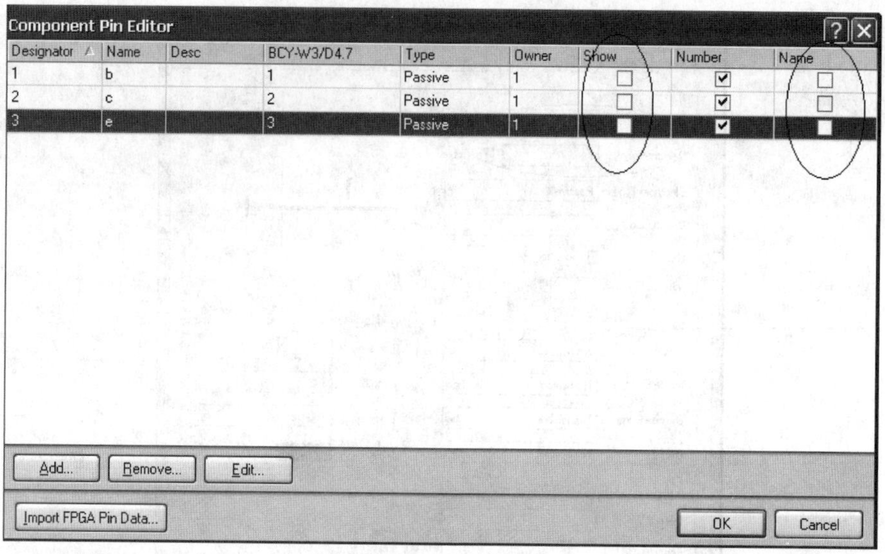

图 3-18 编辑引脚属性对话框

小技巧

在绘图过程中,可能因为光标移动间距的限制而受到干扰,这是因为系统默认的 snap 为 10,即光标移动的基本单位为 10 个像素点。执行菜单命令 Tools|Document Options 打开 Library Editor Workspace 对话框,将 snap 改为"1",绘图时就显得更加游刃有余了。

3.1.5 编辑元器件属性

除了绘制元器件的原理图符号,还应设置元器件的部分属性。单击 SCH Library 管理面板 Components 区域中的 Edit 按钮(如图 3-19 所示),打开如图 3-20 所示的元器件属性对话框。设置 Properties 区域中 Default Designator(默认标号)为"Q?",Comment(注释)为"9013"。

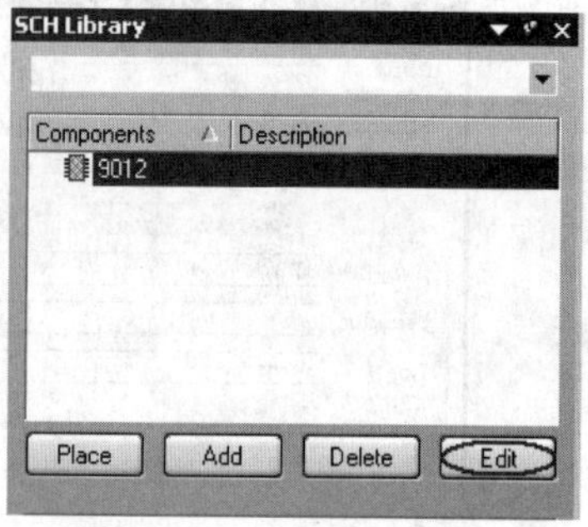

图 3-19 SCH Library 管理面板

3.1.6 为元器件添加封装

至此,三极管 9013 元器件的绘制任务才完成了一半,因为以上只是该元器件的原理图部分,或者说只是它在原理图中的一种表示符号。在 Protel DXP 中,每个元器件不仅有原理图符号,更重要的是需要匹配的封装,这是后续制作 PCB 板的必备条件。所以,应给元器件加上封装。在此选用 Protel DXP 中三极管 2N3904 的封装 BCY-W3/D4.7,其操作步骤如下所述。

(1) 添加模型:单击 SCH Library 管理面板 Model 区域中的 Add... 按钮(如图 3-21 所示),或在图 3-20 所示的元器件属性对话框中单击 Models 区域中的 Add... 按钮,弹出如图 3-22 所示的添加模型对话框。在下拉框中选择 Footprint，打开如图 3-23 所示的 PCB 模型对话框。

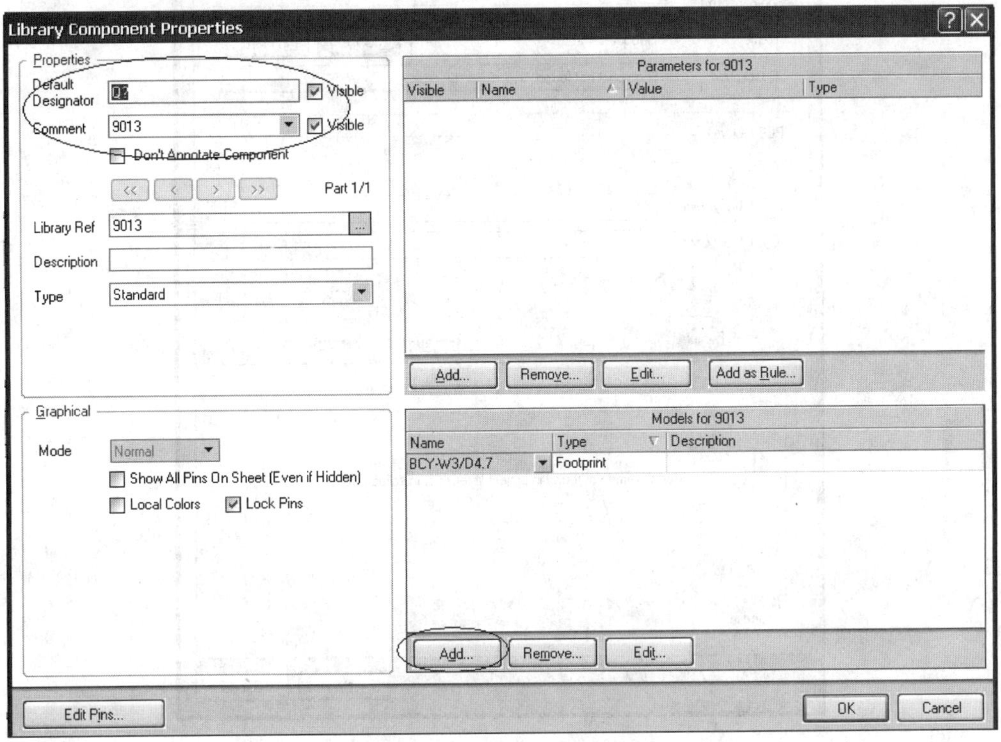

图 3-20　元器件属性对话框

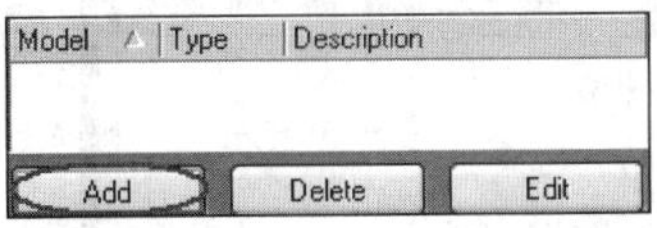

图 3-21　Model 区域

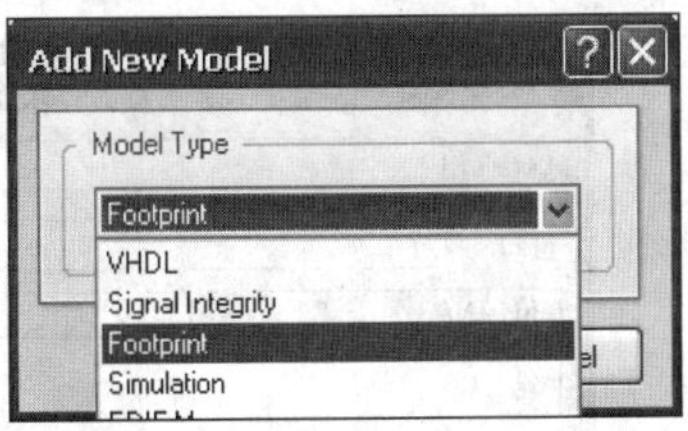

图 3-22　添加模型对话框

(2) 查找并添加封装：在 PCB 模型对话框中，单击 [Browse...] 按钮，弹出如图 3-24 所示的浏览库对话框；单击右上角的 [Find...] 按钮，弹出如图 3-25 所示的查找库对话框，使其中的 Path 指向 Protel DXP 中 PCB 文件夹在本机中的安装路径，并在 Name 栏中输入 BCY-W3/D4.7，然后单击 [Search] 按钮开始查找。最后搜索到如图 3-26 所示的封装示意图。单击右下角的 [Select] 按钮，再连续单击之前出现的几个对话框中的 [OK] 按钮返回，封装即被加载，如图 3-27 所示。

至此，三极管 9013 元器件绘制完毕，保存文件。

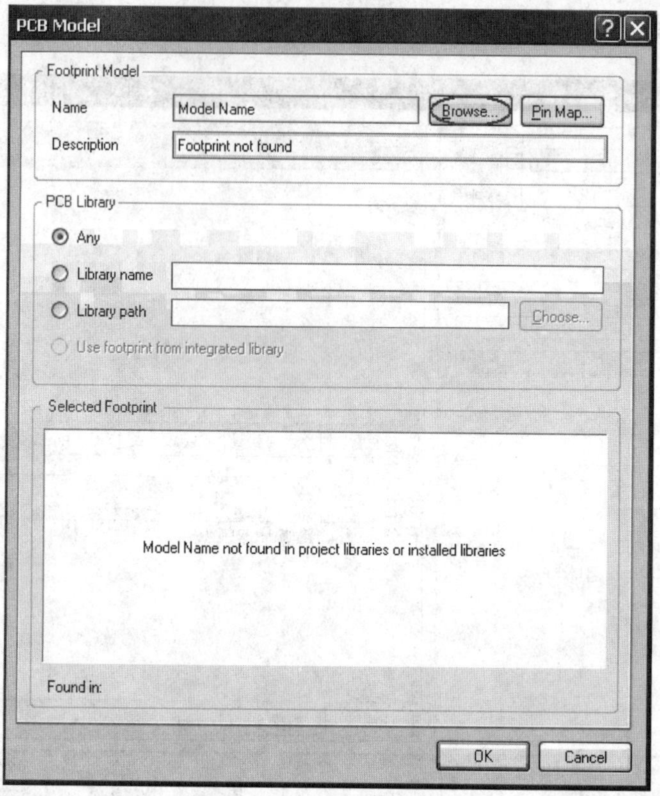

图 3-23 PCB 模型对话框

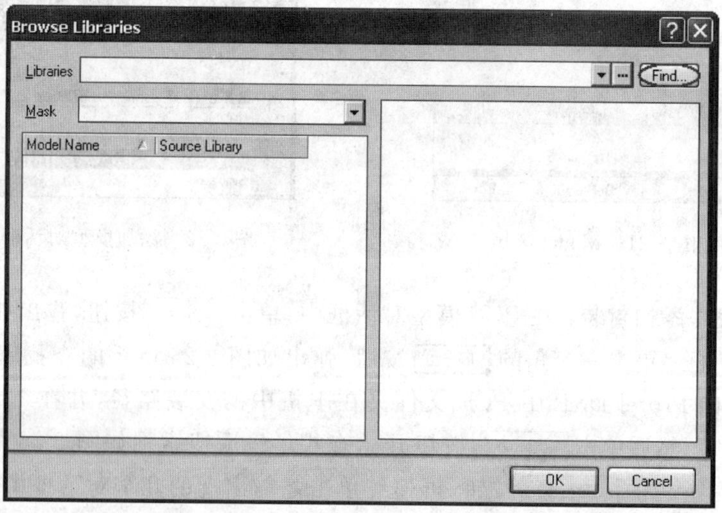

图 3-24 浏览库对话框

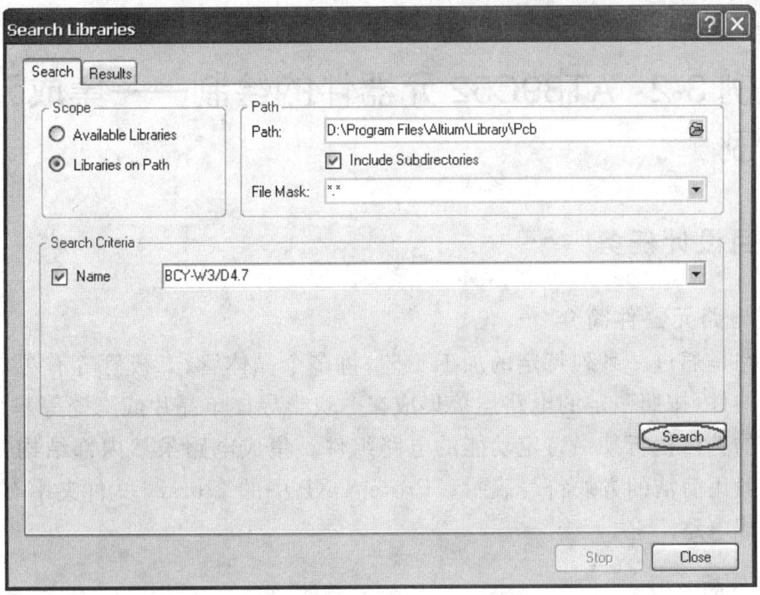

图 3-25　查找库对话框

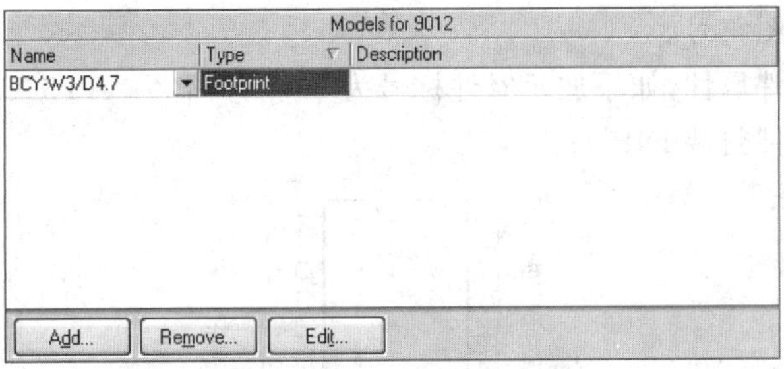

图 3-26　搜索结果封装示意图

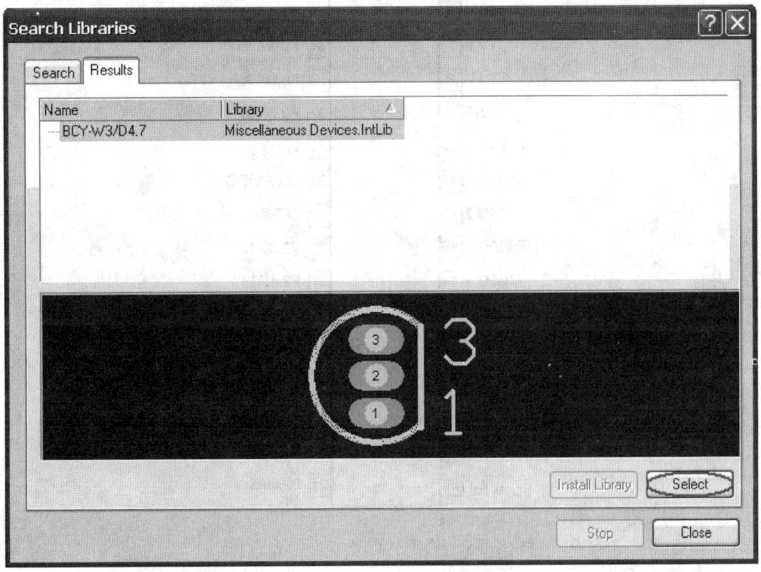

图 3-27　加载封装后的模型面板

3.2 案例 3-2：AT89C52 元器件的绘制——集成元器件的绘制

3.2.1 项目设计任务

1. 集成电路元器件简介

集成电路是通过一系列特定的加工工艺，将多个晶体管、二极管等有源器件和电阻、电容等无源器件，按照一定的电路连接集成在一块半导体单晶片或陶瓷等基片上，作为一个不可分割的整体执行某一特定功能的电路组件。集成电路虽然内部结构复杂，但是在电路图中一般用简洁的方块符号表示。Protel DXP 中的 Library 文件夹中有很多芯片生产厂商的集成电路。

2. 项目分析

下面以绘制单片机 AT89C52 芯片为例来介绍，如图 3-28 所示。具体要求如下。

(1) 绘制原理图符号。

(2) 编辑元器件属性，如添加元器件标号为"U?"，命名为"AT89C52"。

(3) 加载元器件封装 DIP-40。

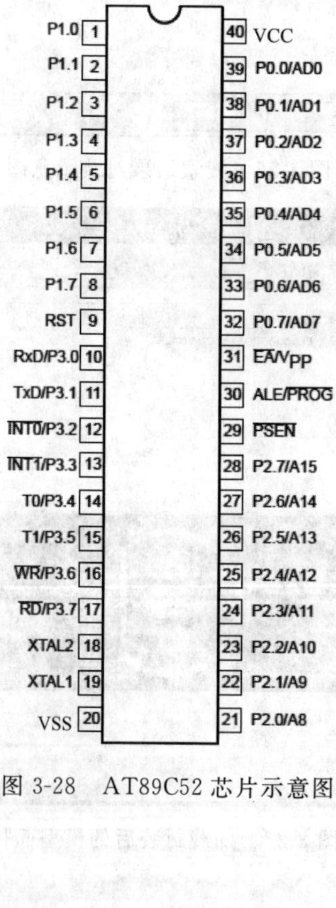

图 3-28 AT89C52 芯片示意图

3.2.2　在原理图元器件库中添加新元器件

3.1 节新建了原理图元器件库文件 MYSCHLIB. SchLib，若再新建元器件，可在已有元器件库中添加。在原理图元器件库中添加新元器件有以下 3 种方法。

方法一：执行菜单命令 Tools|New Component(如图 3-29 所示)。

方法二：单击 Sch Lib Drawing 工具栏中的新建元器件按钮。

方法三：单击 SCH Library 管理面板 Components 区域中的 Add 按钮。

然后，将元器件名修改为 AT89C52，该元器件将被添加至 SCH Library 管理面板的元器件列表中，如图 3-30 所示。

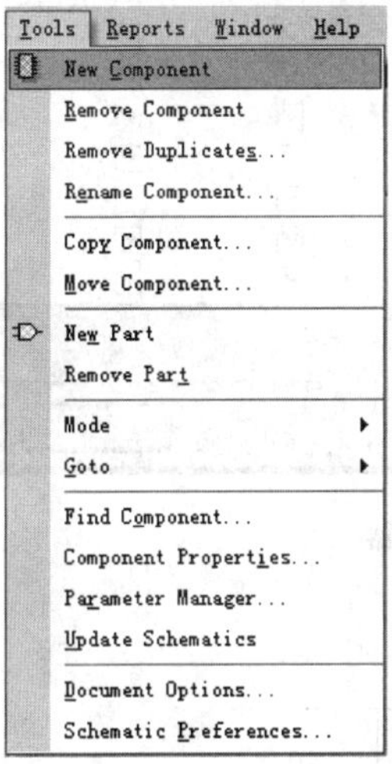

图 3-29　Tools|New Component 选项

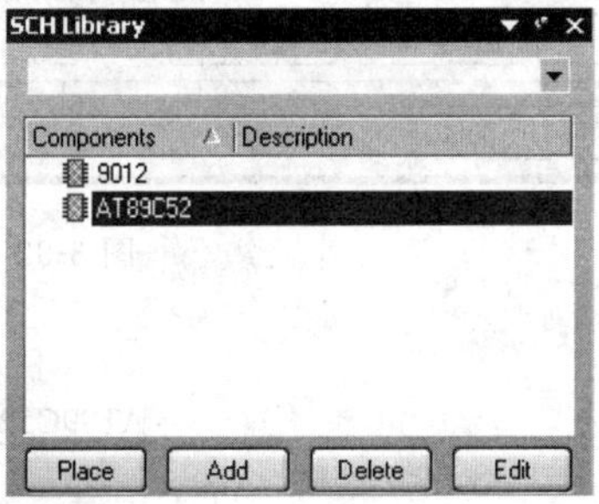

图 3-30　添加新元器件后的元器件列表

3.2.3　绘制元器件

依然从工作区的基准点开始绘制，具体操作步骤如下所述。

(1) 选取矩形绘制按钮，绘制一个长方形。

(2) 选取放置引脚按钮，分别在左、右两边放置依次编号的 20 个引脚，如图 3-31 所示。

(3) 打开“元器件属性”对话框，然后单击左下角的 Edit Pins... 按钮，打开元器件引脚编辑器，依次修改 40 个引脚名，如图 3-32 所示。

绘制完毕的 AT89C52 元器件符号如图 3-33 所示。

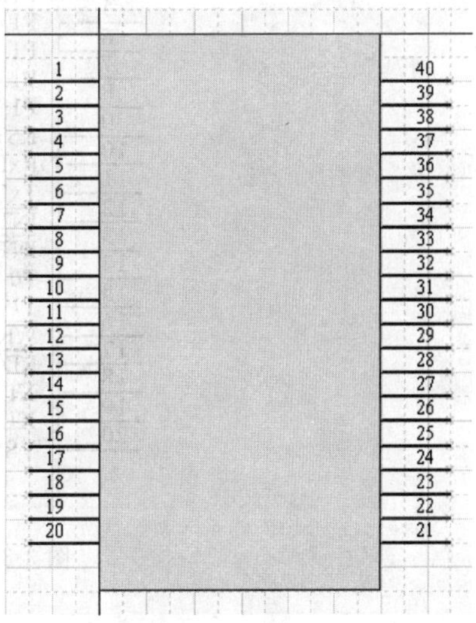

图 3-31　添加引脚

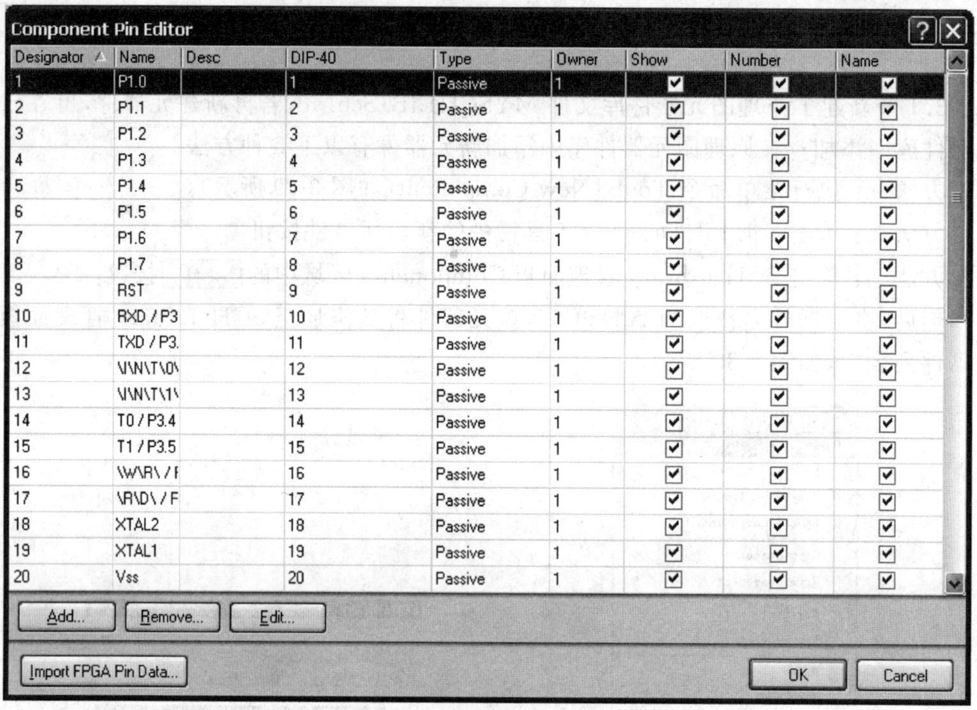

图 3-32 元器件引脚编辑器

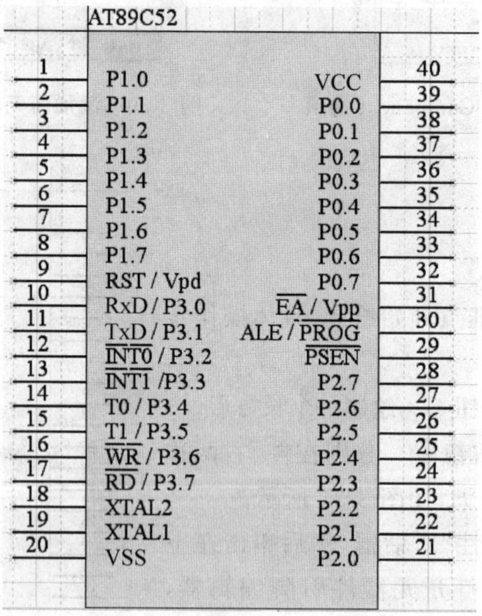

图 3-33 绘制完毕的 AT89C52

小技巧

当绘制元器件的引脚较多时，先放置依次编号的引脚，再统一添加引脚名。即在放置第一个引脚时，使其处于悬浮状态，通过快捷键 Tab 打开引脚属性对话框（如图 3-16 所示），设置 Display Name（引脚名）为空，Designator（引脚号）为 1，放置的引脚将从 1 开始依次自动编号，直到 40。在修改引脚名时，若碰到带非号的引脚名，可在字符后面加“\”。例如$\overline{EA}$引脚，输入“\E\A\”即可。

3.2.4　编辑元器件属性

打开元器件属性对话框，设置 Properties 区域中的 Default Designator 为 U?，Comment 为 AT89C52。

3.2.5　为元器件添加封装

为 AT89C52 添加的封装是 DIP-40，所以搜索 Name 为 DIP-40 的封装，并将其加载。至此，AT89C52 元器件绘制完毕，最后保存文件。

3.3　案例 3-3：LM358 元器件的绘制——多子元器件的绘制

3.3.1　项目设计任务

1. 多子元器件简介

多子元器件具有多个功能完全相同的模块，如集成电路中的门电路系列。这些独立的功能模块共享同一元器件封装体，可用在电路的不同处，每一个功能模块都必须由一个独立的符号表示。对于这种含有多个功能模块的集成元器件，需要为每个功能模块绘制独立的与分立元器件类似的符号，而不必绘制其方块符号。各模块之间的符号通过一定方法建立相应的关联，形成一个整体。

2. 项目分析

下面以绘制多子元器件 LM358 芯片为例来介绍，其内部包含两个运算放大器，如图 3-34 所示。具体要求如下。

（1）绘制原理图符号。

（2）编辑元器件属性，如添加元器件标号为“U?”，命名为“LM358”。

（3）加载元器件封装 DIP-8。

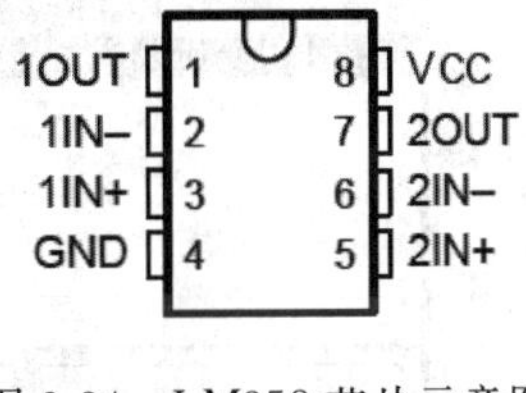

图 3-34　LM358 芯片示意图

3.3.2 在原理图元器件库中添加新元器件

与 3.2.2 小节中的操作相似,在原理图元器件库文件 MYSCHLIB. SchLib 中新建元器件 LM358。

3.3.3 绘制一个子元器件

依然从工作区的基准点开始绘制,其具体操作步骤如下所述。

(1) 选取多边形绘制按钮 ,绘制一个三角形。双击该三角形区域,在弹出的多边形属性对话框中将三角形的边框线宽度设为 Small(细),且取消 Draw Solid 复选框的选择,即使三角形无填充色,如图 3-35 所示。

(2) 选取放置引脚按钮 ,依次放置 5 个引脚,如图 3-36 所示。其中,引脚 2 和 3 为输入脚,引脚 1 为输出脚。电源引脚是隐藏的。引脚 4(GND)和 8(VCC)对所有的功能模块都是共用的,只需设置一次。编辑电源和地的引脚属性为 Power,输入脚的引脚属性为 Input,输出脚的引脚属性为 Output。引脚属性如图 3-37 所示。

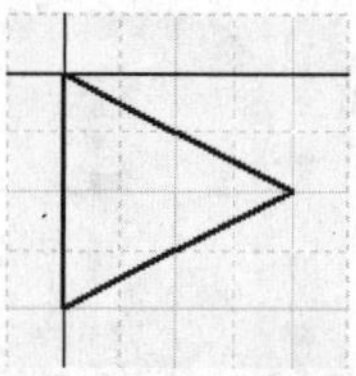

图 3-35 绘制三角形

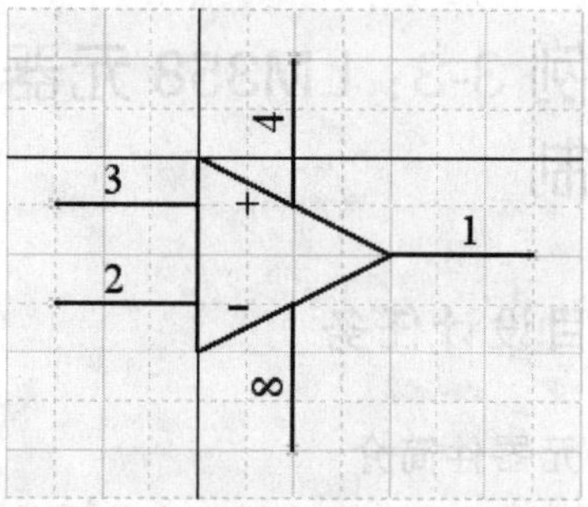

图 3-36 添加引脚

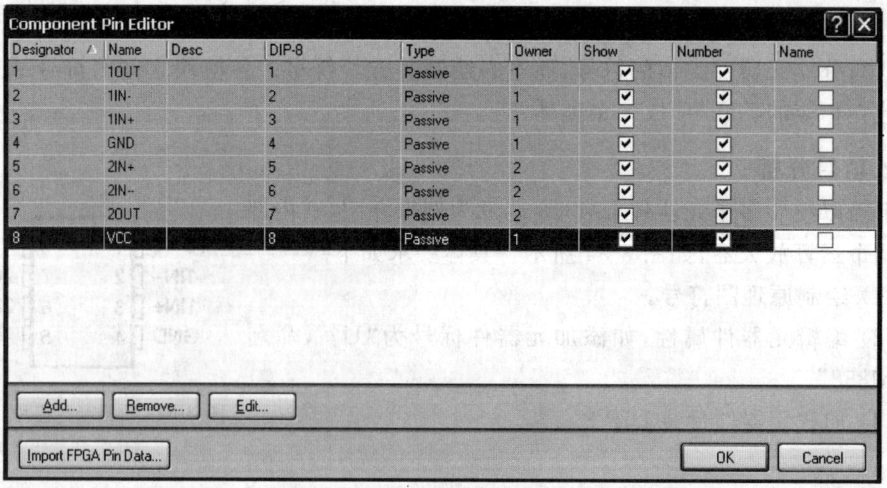

Component Pin Editor

Designator	Name	Desc	DIP-8	Type	Owner	Show	Number	Name
1	1OUT		1	Passive	1	☑	☑	☐
2	1IN-		2	Passive	1	☑	☑	☐
3	1IN+		3	Passive	1	☑	☑	☐
4	GND		4	Passive	1	☑	☑	☐
5	2IN+		5	Passive	2	☑	☑	☐
6	2IN-		6	Passive	2	☑	☑	☐
7	2OUT		7	Passive	2	☑	☑	☐
8	VCC		8	Passive	1	☑	☑	☐

Add... Remove... Edit...

Import FPGA Pin Data... OK Cancel

图 3-37 引脚属性

这样，其中的一个子元器件绘制完成。

3.3.4　复制子元器件

因为多子元器件中的各子元器件完全相同，所以其他子元器件不需要重复绘制，只需复制绘制好的一个子元器件就可以了，具体操作步骤如下所述。

(1) 新建子元器件：执行菜单命令 Tools | New Part(如图 3-38 所示)，或直接单击 Sch Lib Drawing 工具栏中的新建子元器件按钮，出现空白的工作区。此时，SCH Library 元器件列表中的元器件 LM358 包含 Part A 和 Part B 两个子元器件，如图 3-39 所示。

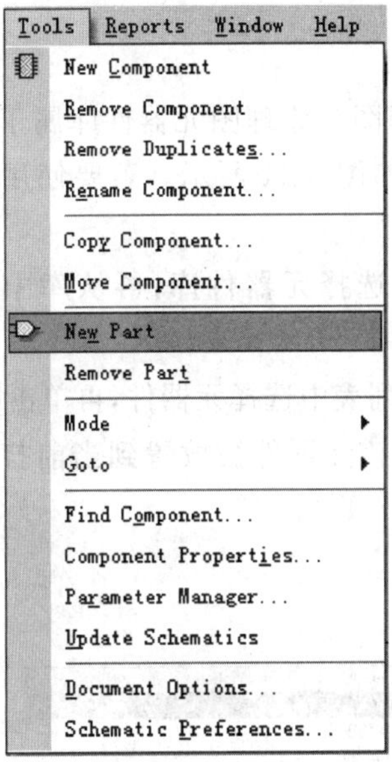

图 3-38　Tools | Rename Component 选项

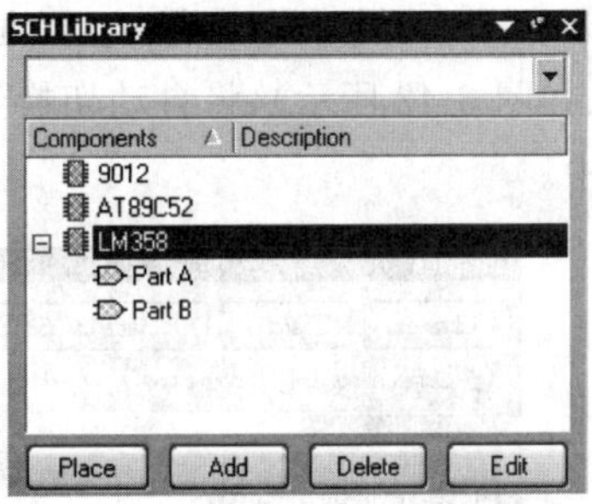

图 3-39　添加新子元器件后的 SCH Library 元器件列表

(2) 复制子元器件：选取并复制 Part A(除电源引脚)，然后切换至 Part B 工作区，接着粘贴，并修改引脚号，如图 3-40 所示。

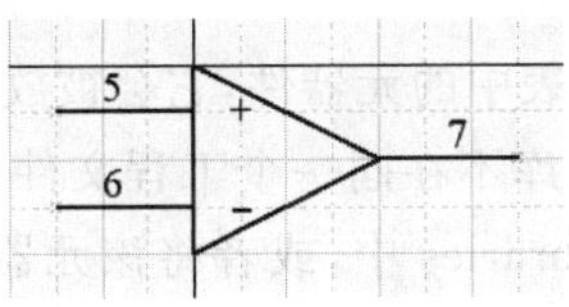

图 3-40　子元器件 Part B

3.3.5　编辑元器件属性

打开元器件属性对话框，设置 Properties 区域中的 Default Designator 为 U?，Comment 为 LM358。

3.3.6 为元器件添加封装

为 LM358 添加的封装是 DIP-8,所以搜索 Name 为 DIP-8,并将其加载。至此,LM358 元器件绘制完毕,最后保存文件。

3.4 原理图元器件库的使用

3.4.1 原理图元器件库的使用

用户设计的元器件库最终都是为了使用。如果原理图与原理图元器件库属于同一个工程文件,元器件库会被自动加载到 Libraries 面板中,如图 3-41 所示。若要使用元器件库中的某个元器件,有 3 种方法实现。

方法一:在原理图编辑环境下,从 Libraries 面板中选择元器件库,再从库中选择元器件。

方法二:打开 SCH Library 管理面板,然后在元器件列表中选择元器件,再单击 Place 按钮(如图 3-42 所示),将自动切换到原理图设计界面。该元器件被放置到当前打开的原理图中。

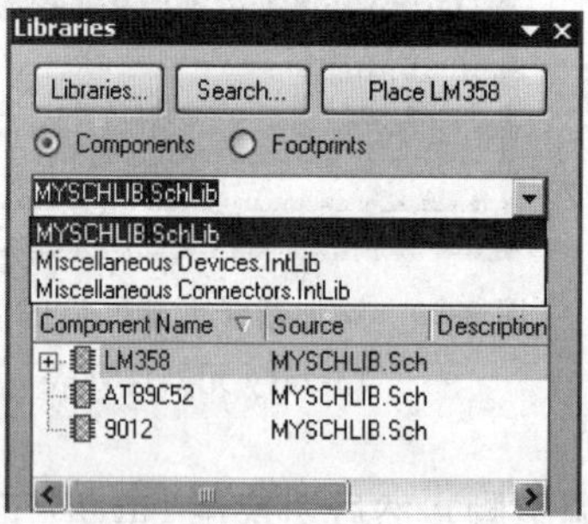

图 3-41 Libraries 面板

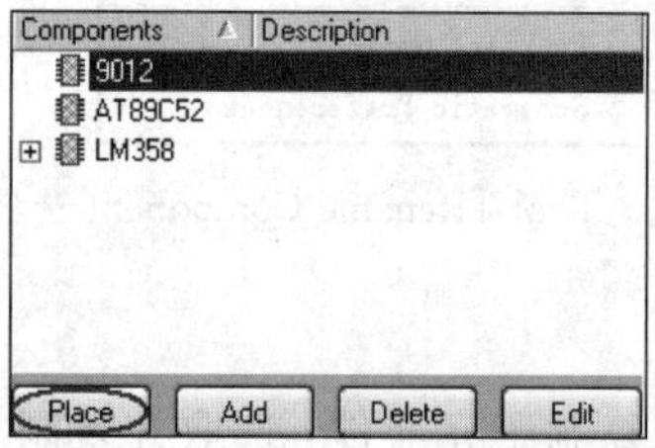

图 3-42 Components 区域

方法三:直接双击元器件列表中的元器件,它会被放置到当前打开的原理图中。

如果原理图与原理图元器件库不在同一个工程文件中,应先通过加载元器件库的方法,将原理图元器件库加载到 Libraries 中,或者将该元器件复制到当前工程下的原理图元器件库文件中。

3.4.2 打开原有的元器件库

在制作元器件时,有时发现要制作的元器件和系统库里自带的元器件相似。如果复制出来再修改,会事半功倍。

3.5　原理图元器件编辑环境

原理图元器件与原理图绘制的工作窗口相似，但在工作区中心有一个坐标轴将工作区划分为 4 个象限。一般在第 4 象限内绘制元器件。

3.5.1　SCH Library 管理面板

SCH Library 管理面板由 4 个区域组成，如图 3-6 所示。

1. Components(元器件)区域

主要功能是管理当前打开的原理图元器件库中的所有元器件，包括放置、添加、删除及编辑元器件。当打开一个元器件库时，元器件列表中列出本元器件库内所有元器件的名称。

(1) 空白编辑框：用于筛选元器件。在该编辑框中输入元器件名的起始字符，下面的元器件列表中将只显示以这些字符开头的元器件。

(2) Place 按钮：将所选元器件放置到原理图中。

(3) Add 按钮：在元器件库中添加元器件。

(4) Delete 按钮：从元器件库中删除所选元器件。

(5) Edit 按钮：编辑所选元器件的属性。

2. Aliases(别名)区域

主要功能是管理元器件列表中选中元器件的别名。

3. Pins(引脚)区域

主要功能是管理元器件列表中选中元器件的引脚信息，包括添加、删除及编辑引脚。当选中一个元器件时，引脚列表列出所选元器件的引脚名称及状态。

4. Model(模型)区域

主要功能是管理元器件列表中选中元器件的一些模型信息，包括添加、删除及编辑元器件的模型。当选中一个元器件时，模型列表列出所选元器件的模型及状态，如 PCB 封装、信号完整性或仿真模式等。

3.5.2　Sch Lib Drawing 工具栏

执行菜单命令 View|Toolbars|Sch Lib Drawing，打开 Sch Lib Drawing 工具栏，如图 3-10 所示。表 3-1 列出了之前项目中未介绍的按钮功能。这些绘制功能也可通过执行菜单命令 Place 得到，如图 3-43 所示。

表 3-1 Sch Lib Drawing 工具栏功能

图标	功 能	图标	功 能
	绘制贝塞尔曲线		绘制圆或椭圆
T	放置文本		放置图片
	绘制圆角矩形		阵列式粘贴图片

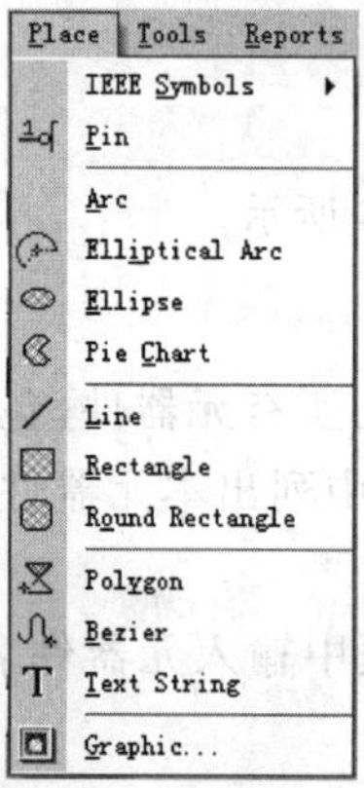

图 3-43 Place 菜单

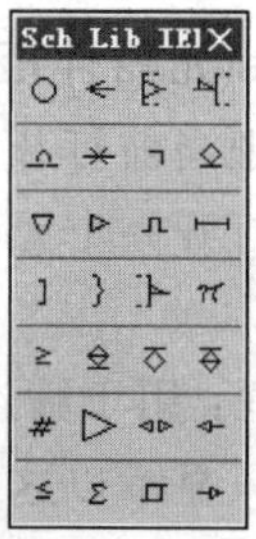

图 3-44 Sch Lib IEEE 工具栏

3.5.3 IEEE 符号工具栏

执行菜单命令 View|Toolbars|Sch Lib IEEE，打开 Sch Lib IEEE 工具栏，如图 3-44 所示。工具栏中各按钮的功能说明如表 3-2 所示。

表 3-2 IEEE 工具栏功能

图标	功 能	图标	功 能
	放置低态触发符号		放置低态触发输出符号
	放置左向符号		放置Ⅱ符号
	放置上升沿触发时钟脉冲		放置大于等于号
	放置低态触发输入符号		放置具有上拉电阻的集电极开路符号
	放置模拟信号输入符号		放置发射极开路符号
	放置无逻辑性连接符号		放置具有下拉电阻的发射极开路符号
	放置具有延时的输出符号	#	放置数字信号输入符号
	放置集电极开路符号		放置反相器符号
	放置高阻抗状态符号		放置双向 I/O 信号

续表

图标	功　能	图标	功　能
▷	放置高输出电流符号	⊲	放置数据左移符号
⎍	放置脉冲符号	≤	放置小于等于号
⊢⊣	放置延时符号	Σ	放置 ∑ 符号
]	放置多条 I/O 线组合符号	⊓	放置施密特触发器输入特性符号
}	放置二进制组合符号	⊳	放置数据右移符号

习题

1. 创建一个原理图元器件库，并绘制发光二极管符号，命名为 LED，如图 3-45 所示。添加封装 DSO-F2/D6.1，隐藏引脚号与引脚名，引脚属性如图 3-46 所示。

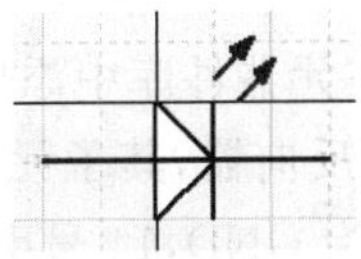

图 3-45　发光二极管原理图符号

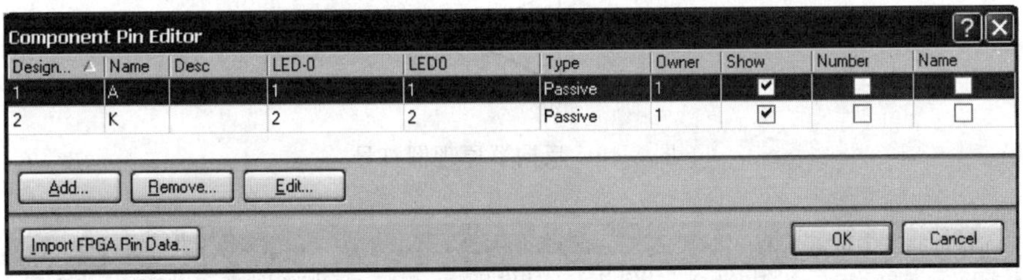

图 3-46　发光二极管引脚属性

2. 在元器件库中添加新元器件，并绘制如图 3-47 所示的 JK 触发器，命名为 CFQ。添加封装 DIP-14，并设置引脚属性。其中，4 号引脚为 GND，11 号引脚为 VCC，均隐藏。引脚属性如图 3-48 所示。

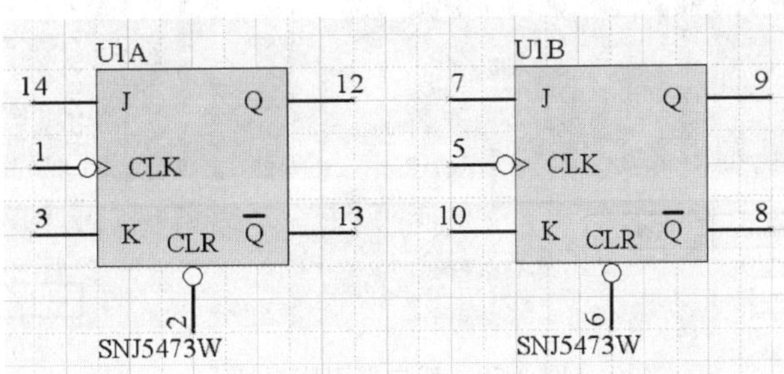

图 3-47　触发器原理图符号

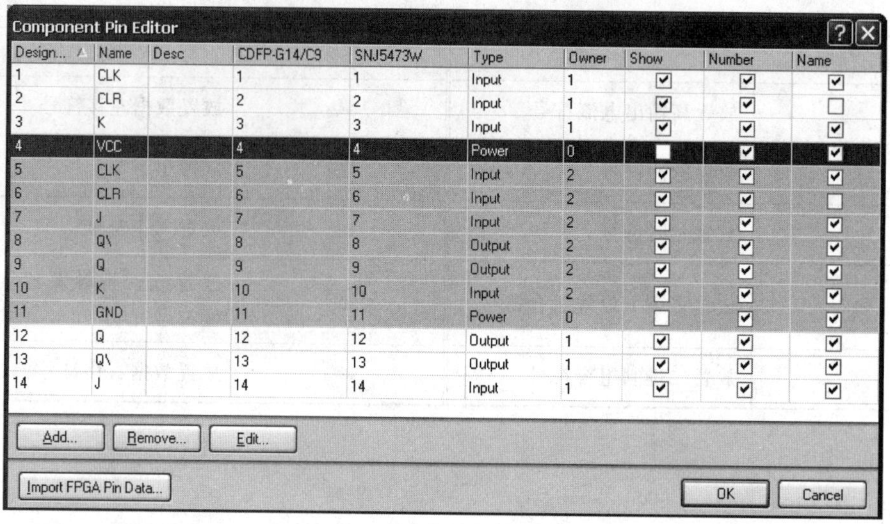

Component Pin Editor

Design...	Name	Desc	CDFP-G14/C9	SNJ5473W	Type	Owner	Show	Number	Name
1	CLK		1	1	Input	1	✓	✓	✓
2	CLR		2	2	Input	1	✓	✓	
3	K		3	3	Input	1	✓	✓	✓
4	VCC		4	4	Power	0		✓	✓
5	CLK		5	5	Input	2	✓	✓	✓
6	CLR		6	6	Input	2	✓	✓	
7	J		7	7	Input	2	✓	✓	✓
8	Q\		8	8	Output	2	✓	✓	✓
9	Q		9	9	Output	2	✓	✓	✓
10	K		10	10	Input	2	✓	✓	✓
11	GND		11	11	Power	0		✓	✓
12	Q		12	12	Output	1	✓	✓	✓
13	Q\		13	13	Output	1	✓	✓	✓
14	J		14	14	Input	1	✓	✓	✓

Add... Remove... Edit... Import FPGA Pin Data... OK Cancel

图 3-48 触发器引脚属性

3. 在元器件库中添加新元器件,并绘制多子元器件 74LS04。该元器件具有 6 个功能相同的反向器,其子元器件如图 3-49 所示。添加封装 DIP-14,设置引脚属性。其中,7 号引脚为 GND,14 号引脚为 VCC,均隐藏。引脚属性如图 3-50 所示。

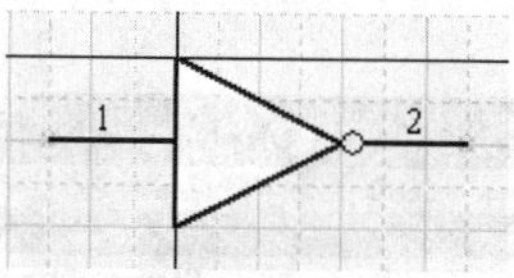

图 3-49 反向器原理图符号

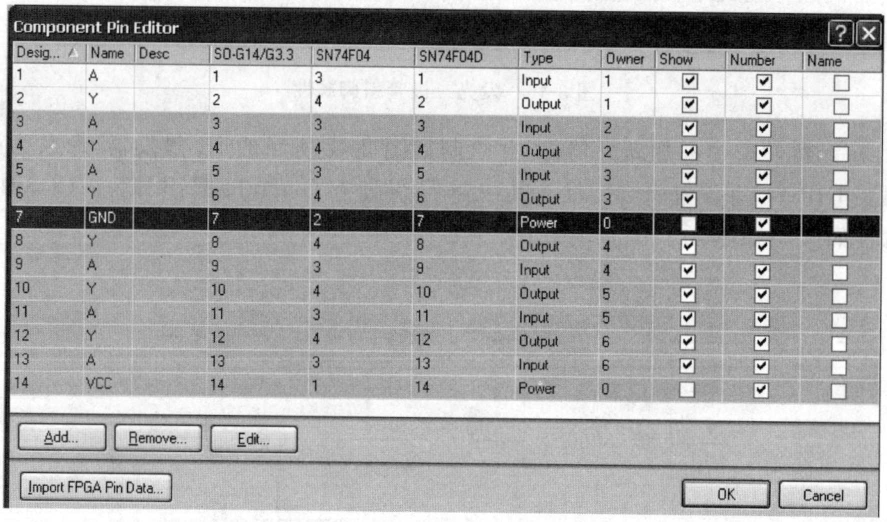

Component Pin Editor

Desig...	Name	Desc	SO-G14/G3.3	SN74F04	SN74F04D	Type	Owner	Show	Number	Name
1	A		1	3	1	Input	1	✓	✓	
2	Y		2	4	2	Output	1	✓	✓	
3	A		3	3	3	Input	2	✓	✓	
4	Y		4	4	4	Output	2	✓	✓	
5	A		5	3	5	Input	3	✓	✓	
6	Y		6	4	6	Output	3	✓	✓	
7	GND		7	2	7	Power	0		✓	
8	Y		8	4	8	Output	4	✓	✓	
9	A		9	3	9	Input	4	✓	✓	
10	Y		10	4	10	Output	5	✓	✓	
11	A		11	3	11	Input	5	✓	✓	
12	Y		12	4	12	Output	6	✓	✓	
13	A		13	3	13	Input	6	✓	✓	
14	VCC		14	1	14	Power	0		✓	

Add... Remove... Edit... Import FPGA Pin Data... OK Cancel

图 3-50 反向器引脚属性

CHAPTER 4 第4章

印制电路板设计

前面详细介绍了电路原理图的设计，而设计印制电路板，即设计 PCB 才是电路设计者的真正目的。PCB 是英文 Printed Circuit Board 的缩写，译为印制电路板，简称电路板或 PCB 板。随着电子技术不断发展，PCB 设计具有越来越重要的地位。一个电路的实现必须依赖于其载体，电子产品设计的载体就是 PCB 板。电路的设计功能能否有效地实现，是由 PCB 的设计与制造决定的。在 PCB 设计的过程中，必须遵循一定的设计规则和技巧，以便有效地提高 PCB 信号的质量，实现设计的功能。在本章介绍 PCB 设计之前，为使学生初步了解 PCB 的设计，首先介绍 PCB 设计的基本概念及基本知识，如电路板、单面板、双面板，多层板、铜膜走线、元器件封装等，然后介绍印制电路板的设计方法和步骤，最后介绍印制电路板的制作方法。为了便于理解，本章结合 5 个项目，详细讲解印制电路板的不同设计方法和流程。通过完成这几项任务，使学生掌握电路板设计的完整过程。

4.1 电路板入门知识

4.1.1 印制电路板的基本概念

印制电路板是用印制的方法制成导电线路和元器件封装，它的主要功能是实现电子元器件的固定安装以及引脚之间的电气连接，从而实现电器的各种特定功能。制作正确、可靠、美观的印制电路板是 PCB 设计的最终目的。印制电路板是电子元器件装载的基板，其生产涉及电子、机械、化工等领域。印制电路板要提供元器件安装所需要的封装，要有实现元器件引脚电气连接的导线，要保证电路设计要求的电气特性，以及为元器件装配、维修提供识别字符和图形，所以它的结构较复杂，制作工序较烦琐。了解印制电路板的相关概念是成功制作电路板的前提和基础。下面详细介绍印制电路板的几个基本知识点。

1. 印制电路板的结构与分类

为了实现元器件的安装和引脚连接，必须在电路板上按元器件引脚的距离和大小钻孔，还必须在钻孔周围留出焊接引脚的焊盘。为了实现元器件引脚的电气连接，在有电气连接引脚的焊盘之间必须敷盖一层导电能力较强的铜膜走线；同时，为了防止铜膜走线在长期的恶劣环境中使用而氧化，减少焊接、调试时短路的可能性，在铜膜走线上涂抹一层绿色阻焊漆,以及表示元器件安装位置的元器件标号。

习惯上,根据导电层数不同,印制电路板分为单面板(Single Layer)、双面板(Double Layer)、多层板(Multi-Layer)等。

(1) 单面板:单面板单面敷铜,即只有一个信号层,因此只能利用它敷了铜的一面设计电路铜膜走线和焊接元器件。由于单面板的材料便宜,工艺简单,加工时间较短,制作成本最低,因而很多小电器的电路板都采用单面板。单面板的结构如图4-1所示。

单面板上敷铜的一面主要包括固定、连接元器件引脚的焊盘和实现元器件引脚互连的铜膜走线,该面称为焊锡面;没有敷铜的一面只印上没有电气特性的元器件型号和参数等,主要用于安装、调试和维修元器件,又称为"元器件面"。

由于单面走线只能在一面上进行,因此其设计比双面板或多层板困难得多。

(2) 双面板:双面板包括顶层(Top Layer)和底层(Bottom Layer)。顶层一般为元器件面,底层一般为焊锡面。双面板的上、下两面都可以敷铜,都可以布线焊接;中间为一层绝缘层,用于隔离布线层,是最常用的一种电路板。人们还制作了金属化过孔来解决不同层面导线的连通问题。与单面板相比,双面板极大地提高了电路板的元器件密度和布线密度。双面板的结构如图4-2所示。

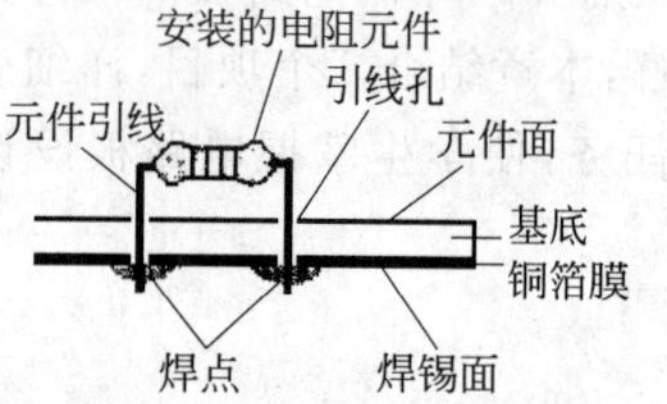

图4-1 单面板的结构

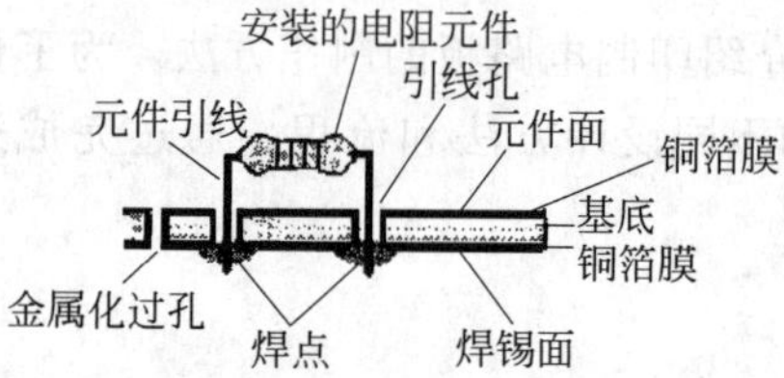

图4-2 双面板的结构

双面板的电路一般比单面板复杂,制作成本稍高,但布线比较容易,是制作电路板比较理想的选择。随着工艺成熟,技术进步,双面板的制作成本大幅度下降。

(3) 多层板:由于电子线路的元器件密集安装,且有抗干扰和布线等特殊要求,一些较新的电子产品中所用的电路板不仅上、下两面可供走线,在电路板的中间还设有能被特殊加工的夹层铜箔。如果在双面板的顶层和底层之间加上别的工作层(中间层、内部电源或接地层等),即构成了多层板。多层板结构复杂,它由电气导电层和绝缘材料层交替黏合而成,成本较高,导电层数目一般为4、6、8等,且中间层(即内电层)一般连接元器件引脚数目最多的电源和接地网络,层间的电气连接同样利用层间的金属化过孔实现。在多层板中,可充分利用电路板多层层叠结构解决高频电路布线时的电磁干扰、屏蔽问题;同时,由于内电层解决了电源和地网络的大量连线,使布线层面的连线急剧减少。因此,电路板可靠性高,面积小,在电脑主板、内存条、优盘、MP3等产品中广泛使用。这些层加工相对较困难,并且大多用于设置走线较为简单的电源布线层,因此中间层常用大面积填充的办法来布线。多层板的结构如图4-3所示。

多层板的电路比双面板复杂,制作成本最高。随着电子技术高速发展,电子产品越来越精密,电路板越来越复杂,多层电路板的应用越来越广泛。

初学者可能会以为:电路板的板层越多越复杂,单面板设计简单。其实不然,对于一

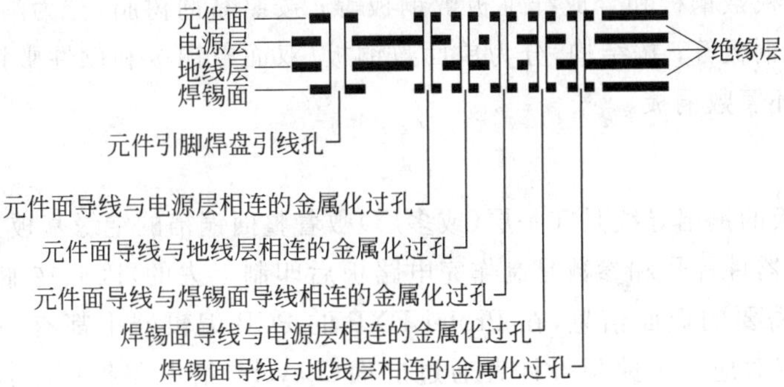

图 4-3　多层板的结构

张复杂的电路图，单面板只能在一面布线，布线时无法交叉穿越，电路的布通率往往都不高。双面板可以在正、反两面布线，一面不通时，可通过过孔转换到另一面布线。只要给定足够的面积，双面板一般情况下有较高的布通率，能够满足电路的要求。多层板由于在板层中间加入了单独的电源层和地线层，电路的布通率进一步提高，而且抗干扰能力随之提高。一般的电路系统设计用双面板和四层板即可满足需要；在较高级电路设计中，或者有特殊需要，比如对抗高频干扰要求很高的情况，才使用六层及六层以上的多层板。

多层板制作时是一层一层压合的，所以层数越多，设计或制作过程都将更复杂，设计时间与成本都大大提高。多层板的中间层（MidLayer）和内层（Internal Plane）是不相同的两个概念。中间层是用于布线的中间板层，该层均布的是铜膜走线；而内层主要用于做电源层或者地线层，由大块的铜膜构成，其剖面图如图 4-4 所示。

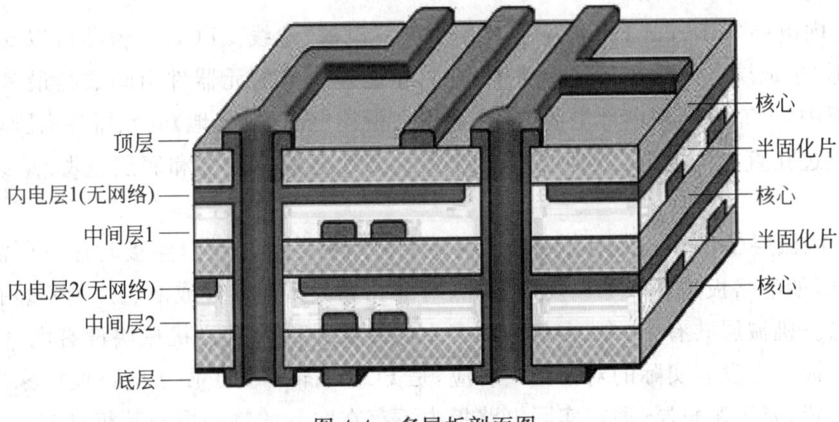

图 4-4　多层板剖面图

图 4-4 所示的多层板共有 6 层设计，最上面为顶层（Top Layer），最下面为底层（Bottom Layer）；中间 4 层中有两层内层，即 Internal Plane1 和 Internal Plane2，用于电源层；两层中间层为 MidLayer1 和 MidLayer2，用于布铜膜走线。

2. 电路板的材料

敷以金属箔的绝缘板称为敷箔板。其中，敷以铜箔制成的敷箔板称为敷铜板，它是用腐蚀铜箔法制作印制电路板的主要材料。敷铜板的种类很多，按照基板材料，分为纸基板敷铜板、玻璃布板敷铜板和合成纤维板敷铜板等；按照黏剂树脂，分为酚醛敷铜板、环氧敷铜板、聚酯敷铜板等；按结构，分为单面敷铜板、双面敷铜板和软性敷铜板等。现在用得比较多的是环氧敷铜板。

3. 层

印制电路板的铜箔导线是在一层(或多层)敷着整面铜箔的绝缘基板上通过化学反应腐蚀出来的，元器件标号和参数是制作完电路板后印制上去的，因此在加工、印制实际电路板过程中所需要的板面信息，在 Protel DXP 的 PCB 编辑器中都有一个独立的层面(Layers)与之相对应。电路板设计者通过层面(Layers)给电路板厂家提供制作该板所需的印制参数，因此理解层面对于设计印制电路板至关重要，只有充分理解各个板层的物理作用及其和 Protel DXP 中层面的对应关系，才能更好地利用 PCB 编辑器设计电路板。

(1) 顶层(Top Layer)：信号层，一般为元器件面，主要用在双面板、多层板中制作顶层铜箔导线。在实际电路板中又称为元器件面。元器件引脚安插在本层面焊孔中，焊接在底面焊盘上。由于在双面板、多层板顶层可以布线，因此为了安装和维修方便，表面贴装元器件尽可能安装于顶层。

(2) 底层(Bottom Layer)：信号层，一般为焊接面，主要用于制作底层铜箔导线。它是单面板唯一的布线层，也是双面板和多面板的主要布线层。注意，单面板只使用底层，即使电路中有表面贴装元器件，也只能安装于底层。

(3) 中间信号层(Mid1～Mid14)：在一般电路板中较少采用，一般只有在5层以上较为复杂的电路板中才采用。

(4) 内电层(Internal Plane)：主要用于放置电源/地线。PCB 编辑器可以支持16个内部电源/接地层。因为在各种电路中，电源和地线所接的元器件引脚数是最多的，所以在多层板中，可充分利用内部电源/接地层将大量接电源(或接地)的元器件引脚通过元器件焊盘或过孔直接与电源(或地线)相连，从而极大地减少顶层和底层电源/地线的连线长度。

(5) 机械层(Mechanical Layer1)：主要为电路板厂家制作电路板时提供所需的加工尺寸信息，如电路板边框尺寸以及固定孔、对准孔和大型元器件或散热片的安装孔等尺寸标注信息。机械层共有16个，在打印和产生底片文件时可选。机械层没有电气特性，在实际电路板中也没有实际的对象与其对应，是 PCB 编辑器为了便于电路板厂家规划尺寸制板而设置，属于逻辑层(即在实际电路板中不存在实际的物理层与其相对应)。

(6) 阻焊层(Solder Mask)：通常的 PCB 板包括顶层、底层和中间层，层与层之间是绝缘层。它的材料要求耐热性和绝缘性好。在 PCB 板布上铜膜走线后，还要在顶层和底层上印制一层阻焊层。它是一种特殊的化学物质，通常为绿色。该层不粘焊锡，从而避免相邻导线波峰焊接时短路，还可防止电路板在恶劣的环境中长期使用时氧化腐蚀。阻焊层将铜膜走线敷盖住，防止铜膜过快地在空气中氧化，但是需要在焊点处留出位置，并不敷盖焊点。对于双面板或者多层板和信号层相对应出现，也分为顶面阻焊层(Top Solder Mask)和底面阻焊层(Bottom Solder Mask)两层。

(7) 焊锡膏层(Paste Mask Layer)：贴片元器件的安装方式比传统的穿插式元器件的安装方式复杂很多。该安装方式必须包括以下几个过程：刮锡膏—贴片—回流焊。在第一步“刮锡膏”时，需要一块掩膜板，其上有许多和贴片元器件焊盘相对应的方形小孔。将掩膜板放在对应的贴片元器件封装焊盘上，将锡膏通过掩膜板方形小孔均匀涂覆在对应的焊盘上，与掩膜板相对应的就是焊锡膏层。

(8) 丝印层(Silkscreen Overlay)：在电路板制作的最后阶段，在印制电路板的上、下两个表面需要印上必要的标志图案和文字代号等，例如元器件标号和标称值，元器件轮廓形状，以及厂家标志、版次和生产日期等，这就称为丝印层。多层板的丝印层分顶面丝印层(Top Overlay)和底面丝印层(Bottom Overlay)两种，一般使用 Top Overlay。只有在维修率较高的电路板或底层装配有贴片元器件的电路板中，才使用 Bottom Overlay，以便维修人员查看电路(如电视机、显示器电路板等)。丝印层便于将来对电路进行焊接和查错，方便对电路板进行安装和维修等。不少初学者在设计丝印层的有关内容时，只注意文字符号放置得整齐美观，忽略了实际制出的 PCB 效果。在他们设计的印制板上，字符不是被元器件挡住了，就是侵入了助焊层而被抹除，还有把元器件标号打在相邻元器件上，这些设计都将给装配和维修带来极大的不便。正确的丝印层字符布置原则是：不出歧义，见缝插针，美观大方。

(9) 禁止布线层(Keep out Layer)：主要用于定义电路板的边框，或定义电路板中不能有铜箔导线穿越的区域。禁止布线层在实际电路板中也没有实际的层面对象与其对应，属于 PCB 编辑器的逻辑层。它起规范信号层布线的目的，即对于在该层中绘制的对象(如导线)，信号层的铜箔导线无法穿越，所以信号层的铜箔导线被限制在禁止布线层导线所围的区域内。

(10) 其他层(Other)：在 Protel DXP PCB 编辑器中，为了便于制作者编辑、绘图，还有一些实际物理意义不强的辅助层面，如复合层(Multi Layer)，一般用于显示焊盘和过孔。

4. 过孔

过孔的作用是连接不同层的导线，在各层需要连通的导线的交汇处钻一个公共孔。过孔内侧一般由焊锡连通，用于插入元器件的引脚。过孔分为 3 种：①从顶层直接通到底层的过孔，称为穿透式过孔(Through hole Vias)；②只从顶层通到某一层里层，并没有穿透所有层，或者从里层穿透出来的到底层的过孔，称为盲过孔(Blind Vias)；③只在内部两个里层之间相互连接，没有穿透底层或顶层的过孔，称为隐藏式过孔(Buried Vias)。过孔的形状一般为圆形。过孔有两个尺寸，即通孔直径(Hole Size)和过孔直径(Diameter)，如图 4-5 所示。通孔和过孔之间的孔壁，用于连接不同层的导线。设计电路的过孔有以下原则。

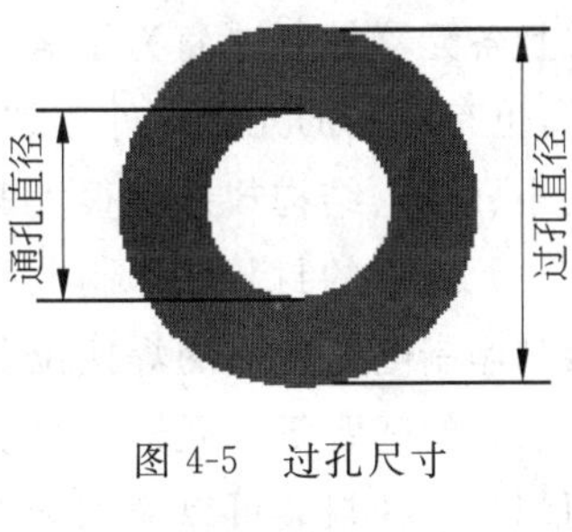

图 4-5 过孔尺寸

(1) 尽量少用过孔。一旦选用了过孔，必须处理好它与周边实体的间隙，特别是容易被忽视的中间各层与过孔不相连的线与过孔的间隙。

(2) 需要的载流量越大,所需的过孔尺寸越大,如电源层和地层比其他层连接所用的过孔要大。

5. 焊盘

PCB 中最关键的组成部分是和元器件引脚一一对应的焊盘。焊盘的作用是将元器件引脚焊接固定在印制电路板上,完成电气连接,因此其各参数直接关系到焊点的质量和电路板的可靠性。选择元器件的焊盘类型时,要综合考虑该元器件的形状、大小、布置形式、振动和受热情况、受力方向等因素。

焊盘的形状有圆形(Round)、矩形(Rectangle)、正八边形(Octagonal)、椭圆等,用户可以自己编辑。图 4-6 所示为各种形状的焊盘。

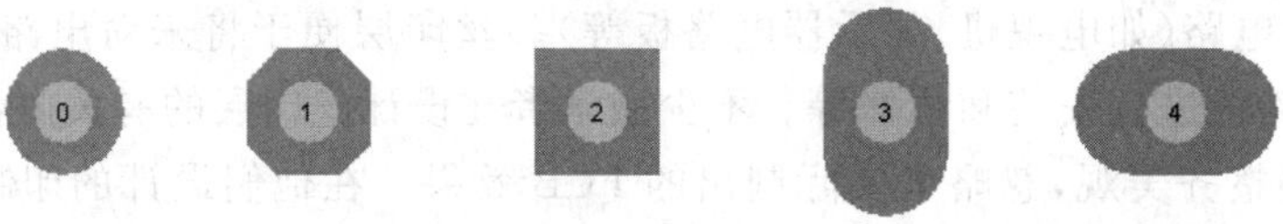

图 4-6 各种形状的焊盘

焊盘的种类有普通焊盘、定位用焊盘和特殊焊盘。特殊焊盘需要单独设计。自行设计焊盘时,需要考虑遵循以下原则。

(1) 形状上长短不一致时,要考虑边线宽度与焊盘定边长的大小差异不能过大。

(2) 需要在元器件引脚之间走线时,选用长短不对称的焊盘往往事半功倍。

(3) 各元器件焊盘孔的大小要按元器件引脚粗细分别编辑确定,原则是孔的尺寸(即 Diameter)比引脚直径(即 Hole Size)大 0.2~0.4mm。

定位孔是用于印制电路板制板制作时的加工基准。根据定位精确度要求的不同,有不同的定位方法。印制电路板上的定位孔可采用印制电路板定位用焊盘来代替。根据定位螺丝的大小、粗细来确定孔径。

6. 元器件的封装

元器件是实现电气功能的基本单元,它们的结构和外形各异。为了实现电气功能,它们必须通过引脚相互连接;为了确保连接的正确性,各引脚都按一定的标准规定引脚号;并且各元器件制造商为了满足各公司在体积、功率等方面的要求,即使同一类型的元器件,也有不同的元器件外形和引脚排列,即元器件外形结构。如图 4-7 所示,同为数码管,大小、外形、结构却差别很大。

元器件的封装是印制电路设计中很重要的概念。元器件的封装就是将实际元器件焊接到印制电路板时的焊接位置与焊接形状,包括实际元器件的外形尺寸、所占空间位置、各引脚的间距等。元器件封装是一个空间的概念,不同的元器件可以有相同的封装形式,而同样一种封装可以应用于不同的元器件。因此,在制作电路板时,不仅要知道元器件的名称,还要知道该元器件的封装形式。封装可以在设计电路原理图的时候指定,也可以在印制电路板的设计过程中指定。

1）元器件封装的分类

普通的元器件封装有通孔式和表面粘贴式两大类，其区别主要体现在焊盘上。

通孔式封装的元器件必须把相应的针脚插入焊盘过孔，再进行焊接。因此，所选用的焊盘必须为穿透式过孔。设计时，焊盘板层的属性要设置成 Multi-Layer，如图 4-8 和图 4-9 所示。

图 4-7　不同大小、外形、结构的数码管

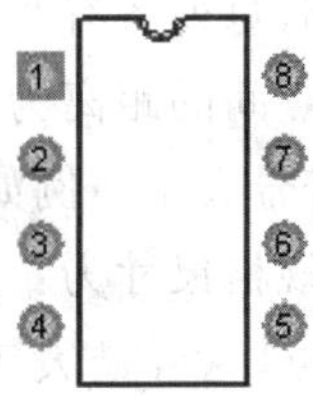

图 4-8　通孔式封装

表面粘贴式封装（Surface Mount，SMT）的元器件的引脚焊点不只用于表面板层，也可用于表层或者底层，焊点没有穿孔。设计的焊盘属性必须为单一层面，一般应设置成 Top Layer，且为方形，可设置通孔直径为 0，如图 4-10 和图 4-11 所示。

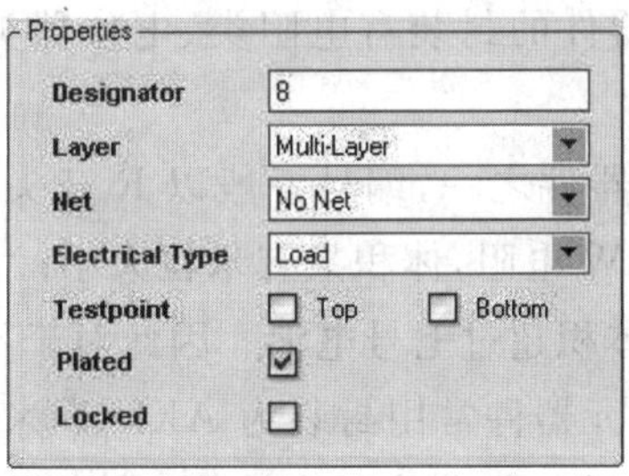

图 4-9　通孔式封装元器件焊盘属性设置

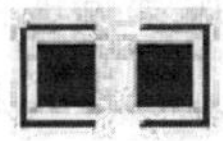

图 4-10　表面粘贴式元器件的封装

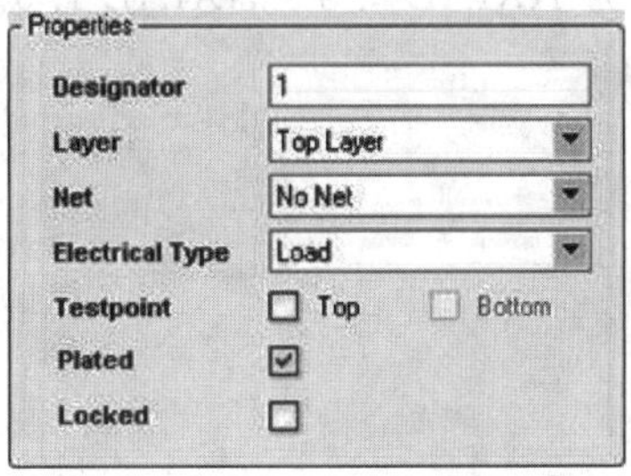

图 4-11　表面粘贴式封装焊盘属性设置

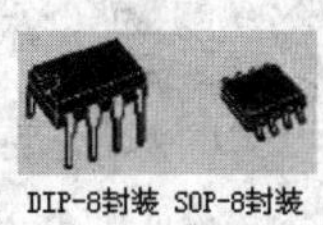

图 4-12　NE555 两种不同的实物封装形式

对于同一种类型的元器件，因在不同的产品中应用，会做成不同的封装形式。例如，有 8 个引脚的时基电路 NE555 的封装形式有两种，一种是双列直插封装 DIP-8，这是通孔

式封装；另一种是小型 SMD 封装 SOP-8,这是表面粘贴式封装。图 4-12 所示为 NE555 两种不同的实物封装形式。

同一种封装也可以用于不同的元器件。例如,DIP-14 的封装适合于集成芯片 74HC138,也适合集成芯片 74HC164。

2）封装的命名

Protel DXP 提供了大量常用元器件的封装供设计印制电路板时使用。为方便使用,封装的命名有一定的规律,一般为"元器件类型"+"焊点距离"(焊点数)+ "元器件外形尺寸"的形式。以双列直插封装为例,DIP-8 表示元器件的外形为双列直插式,两列平行分布 8 个引脚,每列各有 4 个引脚。以电阻封装为例,AXIAL-0.4 表示元器件外形为轴向式,两个焊点间的距离为 0.4inch(即 400mil)。矩形表面安装元器件的尺寸规格由 4 个数字和一些符号表示。例如,公制系列 2012C 的意义是：对应的是英制系列 0805 的矩形贴片电容,其规格尺寸为：长 L=2.0mm(0.8in),宽 W=1.25mm(0.05in)；参数特性是：额定功率为 1/10W,最大工作电压为 150V。Protel DXP 提供两种度量单位,一种是 Imperial(英制单位),在印制板中常用的是 inch(英寸)和 mil(千分之一英寸),其转换关系是 1inch=1000mil；另一种单位是 Metric(公制单位),常用的有 cm(厘米)和 mm(毫米)。两种度量单位的转换关系为 1inch=25.4mm,1mm≈40mil。系统默认使用英制度量单位。

3）常见元器件的封装

(1) 常用分立元器件的封装：常用分立元器件的封装有电阻类、电位器类、电容类、二极管类、晶体管类、晶体振荡器类等。

① 电阻类：电阻是各电路中使用最多的元器件之一,编号一般以 R 开头,根据功率不同,体积差别很大,如图 4-13 所示,小的如 1/8W 电阻,体积只有米粒大小；大的功率电阻,如某些电器电源部分的限流或取样电阻,其体积超过七号电池。因此对于不同体积的电阻,应根据实际大小选择合适的封装。电阻类元器件常用封装为 AXIAL-××,前面的字母部分用于表示封装的类别,是轴状的意思；后一部分为数字,一般代表焊盘间距,单位为英寸。因此,封装 AXIAL-0.4 表示该封装为电阻,焊盘间距 0.4 英寸(=400mil=10.16mm=1.016cm)。根据体积不同,电阻封装为 AXIAL-0.3～AXIAL-1.0。电阻为轴对称式元器件封装,如图 4-14 所示。

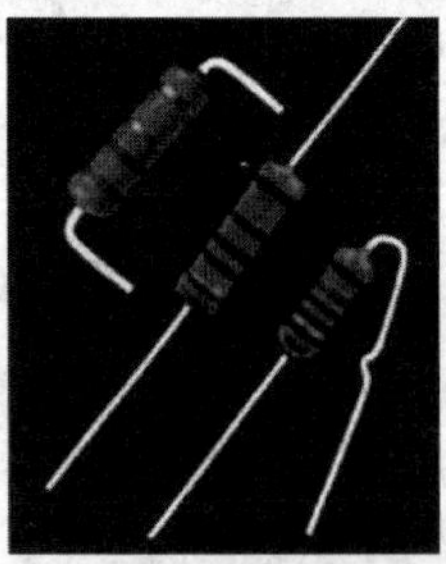

图 4-13 电阻类元器件的实物图

图 4-14 电阻类元器件封装

② 电位器：电位器实际是可调电阻，在电阻参数需要调节的电器中广泛采用。根据材料和精度不同，电位器在体积、外形上差别很大，如图 4-15 所示。在原理图库中，电位器的常用名称是 RPOT1 和 RPOT2，常用的封装为 VR 系列，VR2～VR5，如图 4-16 所示。这里后缀的数字只是表示外形不同，没有实际尺寸的含义。其中，VR5 一般为精密电位器封装。

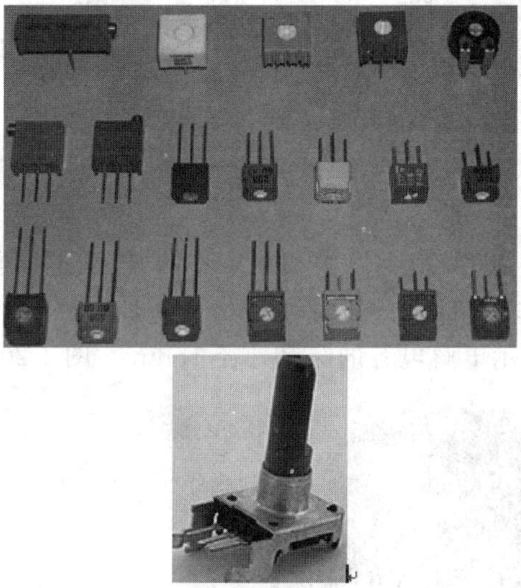

图 4-15　电位器的实物图

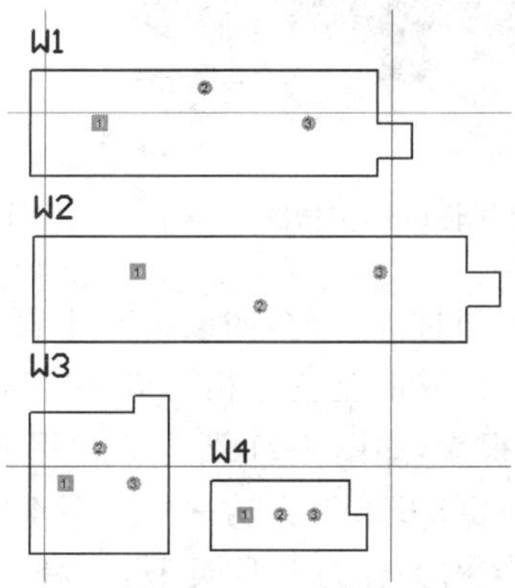

图 4-16　电位器的封装

③ 电容类：电容类分为有极性电容和无极性电容。

无极性电容原理图库元器件名称为 CAP。根据容量不同，其体积、外形差别较大，如图 4-17 所示。无极性电容的封装也由 2 个部分组成：前面的字母部分为 RAD；后一部分为数字，和电阻一样代表焊盘间距。根据体积不同，无极性电容封装为 RAD-0.1～RAD-0.4，如图 4-18 所示。

图 4-17 无极性电容实物图

图 4-18 无极性电容的封装

有极性电容(如电解电容)由于容量和耐压不同,体积差别很大,如图 4-19 所示。电解电容的引脚封装也由 2 个部分组成,字母部分为 RB,如 RB7.6-15,数字 7.6 表示焊盘间距 7.6mm,数字 15 表示电解电容的圆筒外径 15mm。图 4-20 所示为电解电容的封装。

图 4-19 有极性电容实物图

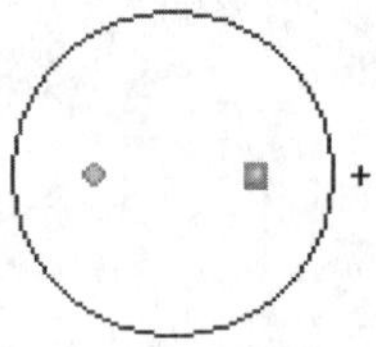

图 4-20 有极性电容封装

④ 二极管类:二极管是有极性元器件,封装外形上画有短线的一端代表负端,和实物二极管外壳上表示负端的白色或银色色环相对应。二极管编号一般以 D 开头。根据功率不同,其体积和外形差别很大,如图 4-21 所示。常用的二极管类元器件的封装有两种,即 DIODE0.4(小功率)和 DIODE0.7(大功率),如图 4-22 所示。

⑤ 晶体管类:三极管在结构上分为两种类型,一种为 PNP 型,另一种为 NPN 型,在原理图库元器件中常用名称为“PNP”“PNP1”或“NPN”“NPN1”,标号一般以“Q”或“T”开头,根据功率不同,其体积和外形差别较大。图 4-23 所示为塑封外壳三极管。Miscellaneous Devices PCB. PcbLib 集成库中提供 BCY-W3 等。常见的晶体管封装如图 4-24 所示。

⑥ 晶体振荡器类:晶体振荡器一般用于单片机等含振荡时钟的电路中,在原理图中名称为 XTAL,其外形有圆柱形和长方形两种,如图 4-25 所示。依据外形不同,常用的封装可选用 BCY-W2/D 系列或 BCY-W2/E 系列,如图 4-26 所示。在 Protel DXP 的 PCB 封装库目录下,有一个专用的晶体振荡器封装库,名为 Crystal Oscillator. PcbLib。

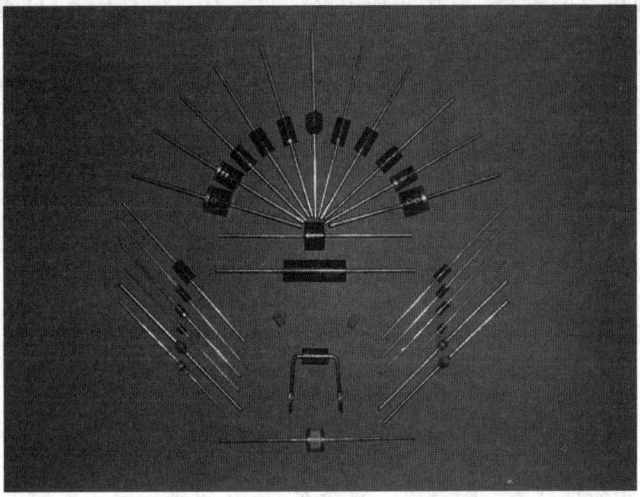

图 4-21　二极管类元器件实物图

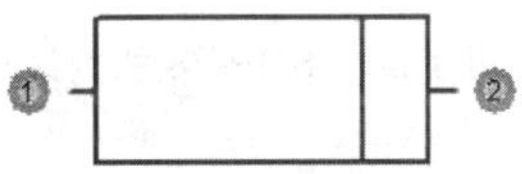

图 4-22　二极管类元器件封装

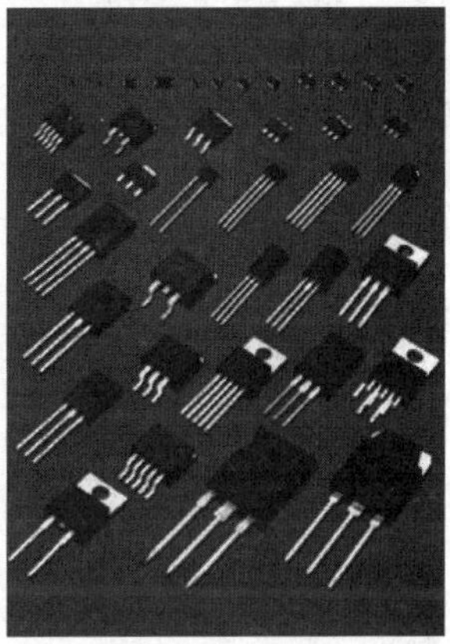

图 4-23　晶体管的实物图

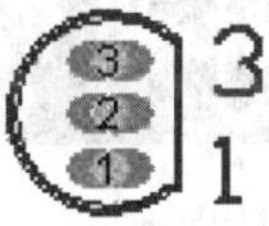

图 4-24　晶体管的封装

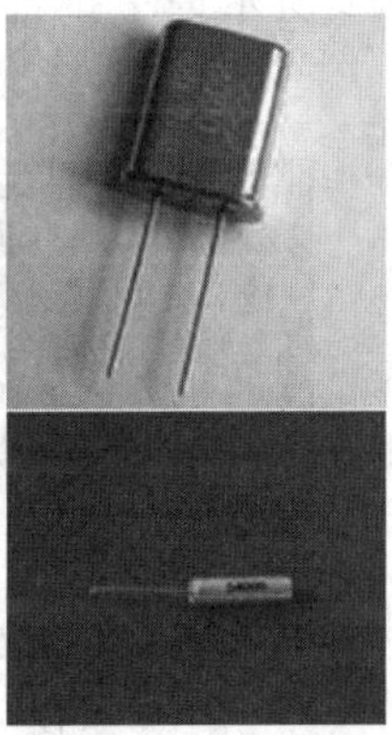

图 4-25　晶体振荡器的实物图

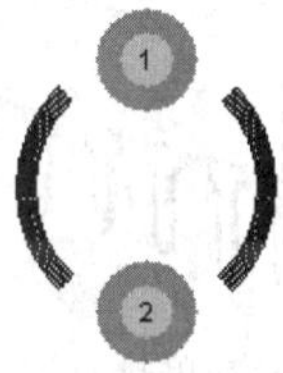

图 4-26　晶体振荡器的封装

(2) 常用集成电路的封装：常用集成电路的封装有双列直插式(Dual Inline Package)、表面贴装元器件和单排直插元器件。

① 双列直插式封装：就是常说的 DIP 封装。Protel DXP 将常用的封装集成在 Dual-In-Line Package．PcbLib 集成库中。图 4-27 和图 4-28 所示为 DIP-14 的实物图及其封装形式。

图 4-27 DIP-14 的实物图

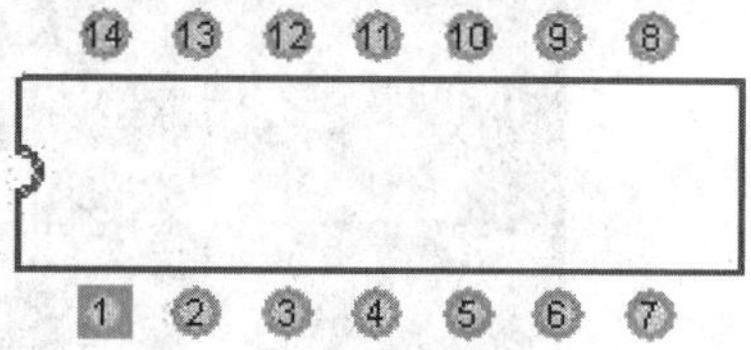

图 4-28 DIP-14 的封装

② 表面贴装元器件封装：随着电子技术发展，人们对于电子设备的便捷性和智能化要求越来越高，导致电路板的复杂程度越来越高，面积却越来越小。因此，电路板的元器件密度不断提高，促使芯片设计者不断改进元器件的封装技术，缩小元器件的体积，于是产生了表面贴装元器件(Surface Mounted Devices，SMD)。图 4-29 和图 4-30 所示为 SOP-28 的实物图及其封装形式。

图 4-29 SOP-28 的实物图

图 4-30 SOP-28 的封装

③ 单排直插元器件：单排直插元器件用于不同电路板之间电信号连接的单排插座、单排集成块等。在原理图库元器件中，单排插座的常用名称为 Header 系列，其常用的封装采用 HDR 系列。图 4-31 和图 4-32 所示为单排直插元器件的实物封装形式和 HDR 1X9H 的封装形式。

图 4-31 单排直插元器件的实物图

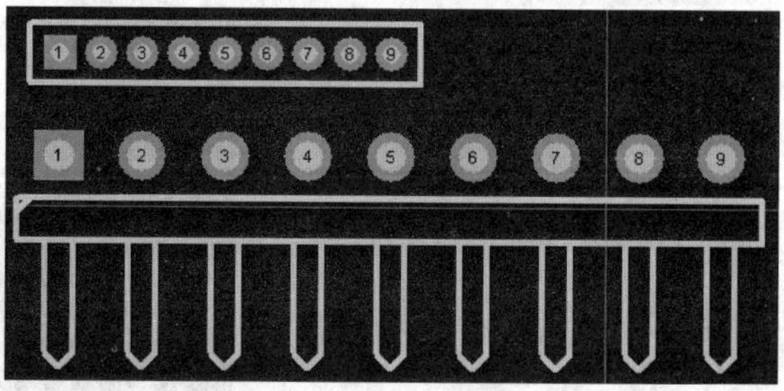

图 4-32 HDR 1X9H 的封装

7. 铜膜走线和预拉线

制作电路板时用铜膜制成铜膜走线(Track),简称导线,用于连接焊点和铜膜走线。印制电路板设计都是围绕如何布置导线进行的。铜膜走线是物理上实际相连的导线,有别于印制板布线过程中预拉线(又称为飞线)的概念。预拉线是在导入网络表后,系统生成的用来指导布线的一种连线。它表示两点在电气上的相连关系,但没有实际连接。

8. 铺铜

对于抗干扰要求比较高的电路板,常常需要在 PCB 上铺铜。铺铜可以有效地实现屏蔽电路板信号的作用,提高电路板信号的抗电磁干扰能力。通常,铺铜有两种方式:一种是实心填充方式;另一种是网状填充方式,如图 4-33 所示。在实际应用中,实心式填充比网状更好,建议使用实心式填充方式。

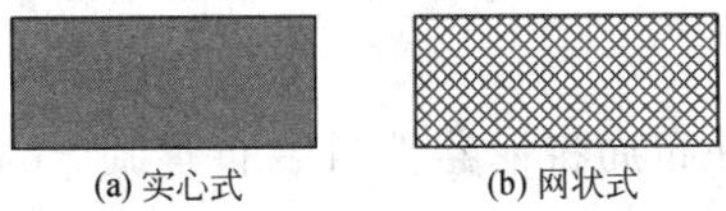

图 4-33　铺铜的实心填充方式和网状填充方式

4.1.2　PCB 设计过程和规范

前面提到,利用 Protel DXP 设计电路板的最终目的是设计出正确、可靠、美观的 PCB 电路板。在具体设计 PCB 板之前,有必要了解利用 Protel DXP 设计 PCB 板的一般工作流程,以便在设计、制作过程中做到目的明确、提高效率、少走弯路。

PCB 设计就是将设计好的电路在一块印制板上实现。一块 PCB 板上不但包含所有必需的电路,还应该具有合适的元器件选择,以及元器件的信号速度、材料、温度范围、电源电压范围和制造公差等信息。一块设计好的 PCB 必须能够生产制造出来,所以 PCB 的设计除了满足功能要求外,还要满足制造工艺要求以及装配要求。为了有效地实现设计目标,设计人员需要遵循一定的设计过程和规范,如图 4-34 所示。

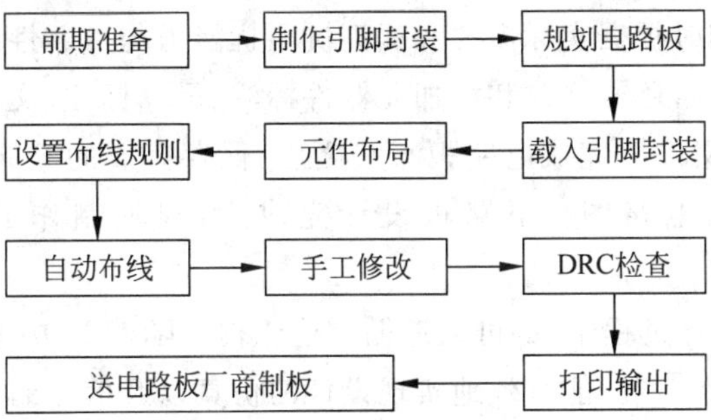

图 4-34　PCB 板设计流程图

(1) 设计原理图。在实际制作 PCB 板之前,必须做好各方面的准备工作。例如,确保原理图绘制正确;根据实际元器件,为各原理图元器件输入合适的引脚封装。对于较特殊的元器件,如果在 PCB 封装库中找不到合适的封装,必须设计、制作、调用自制的 PCB 元器件封装。绘制好原理图后,自动布线时生成网络表。

(2) 确定 PCB 的尺寸和结构。绘制好原理图后,就可以规划 PCB 了。根据电器外壳尺寸或设计要求,规划电路板的形状和尺寸。在规划 PCB 板尺寸时,有些电路中要考虑元器件的定位尺寸,如电位器、各种插孔与电路板边框的距离,安装孔的尺寸和定位等。PCB 板的大小和层数也有关系,增加板层可以更容易实现复杂电路的布线,减小 PCB 板的尺寸;但是增加板层会增加板的成本。因此,设计人员要折中考虑,根据电路板元器件密度高低和布线复杂程度确定电路板的种类。电路板尺寸应尽量符合国家标准。如果 PCB 板的信号要求比较高,而且线路复杂,可以使用多层板;如果线路不复杂,可以使用双面板。具体设计时,应该综合考虑双面板、多层板的尺寸和制造成本。

(3) 元器件布局。元器件布局将元器件封装布置到 PCB 板上。在确定 PCB 板的尺寸和结构之后,就可以将元器件封装布置到 PCB 板上。若选择自动布线,加载网络表即可加载所有的元器件封装。在载入元器件封装和网络时可能碰到各种错误,此时应根据各个错误提示,回到原理图中修改,再重新载入元器件引脚封装和网络,直到错误排除。在放置元器件封装时,应尽可能将具有相互关系的元器件靠近;数字电路和模拟电路应该分放在不同的区域;对于发热的元器件,应该进行散热处理;敏感信号应该避免产生干扰或被干扰,比如时钟信号,引线要尽可能短,要靠近其连接的芯片。

(4) 布线。采用加载网络表的方式导入元器件封装,可以使用自动布线,有时采用手工布线。通常的做法是先对重要信号布线,再为特殊元器件布线,然后是普通元器件布线,最后对电源和地走线。

(5) 设计规则检查和调整 PCB。完成布线之后,需要对布线后的 PCB 进行设计规则检查,看布线是否符合定义的设计规则的电气要求。根据检查结果调整 PCB 走线。

(6) 完成 PCB 的优化工作。一般情况下,在自动布线过程中系统侧重导线的布通率,导致自动布线结果必然存在导线弯曲过多、过长等不符合电气特性要求的部分导线,此时必须手工修改,同时根据实际需要和提高抗干扰能力与可靠性的要求,给电路板添加覆铜、安装孔、补泪滴等,还要修改和添加元器件标注、尺寸标注、文字标注等。

(7) 保存及输出文件。完成电路板布线之后,保存完成的 PCB 文件。然后,利用打印机或绘图仪等输出电路图。电路板设计完成后,根据制作的数量送电路板厂商制板。

在通常的 PCB 设计过程中,都可以遵循上述流程。随着 EDA 软件快速发展,虚拟的设计环境在软件平台上实现,能有效地实现设计的仿真以及信号的虚拟分析,有助于设计的成功实现以及产品的快速开发,降低了产品开发成本。

4.2　Protel DXP 的 PCB 设计环境

4.2.1　案例 4-1：新建 PCB 文件

进入 Protel DXP 主窗口后，新建工程项目，然后执行菜单命令 File|New|PCB，系统自动产生一个 PCB 文件。默认文件名为 PCB1. PcbDoc，并进入 PCB 设计环境。PCB 编辑环境与 Windows 资源管理器的风格类似，如图 4-35 所示。

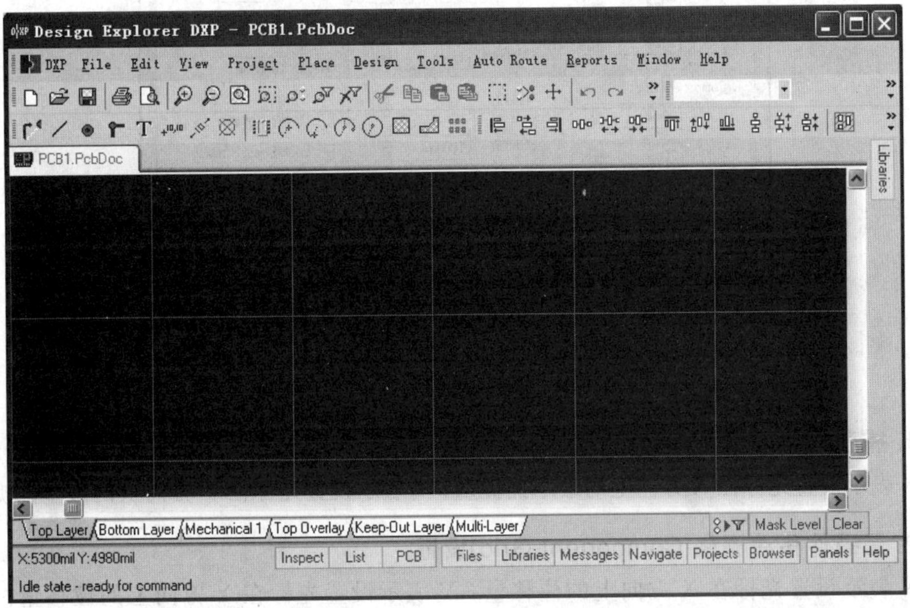

图 4-35　PCB 设计环境

1. 主菜单

PCB 编辑器的主菜单与原理图编辑器的主菜单基本相似，操作方法也类似，不同的是提供了许多用于 PCB 编辑操作的功能选项。在绘制电路原理图时，主要完成元器件的连接与属性编辑；进行 PCB 设计时，主要是操作、编辑元器件的封装、焊盘、过孔、导线等。

2. 工具栏

PCB 编辑器主要有 PCB 标准工具栏、布线工具栏和实用工具栏等。其中，实用工具栏包括实用工具、调准工具、查找工具、放置工具、放置 ROOM 工具及网格工具 6 种。PCB 编辑器以图示的方式列出常用工具。这些常用工具都可以从主菜单栏中的下拉菜单里找到相应的命令。执行菜单命令 View|Toolbars，然后执行相关的命令，可以打开或关闭相应的工具栏。

4.2.2 PCB 电路板工作环境设置

执行菜单命令 Design|Board Options，弹出如图 4-36 所示的 Board Options 选择对话框，设置捕获栅格、元器件移动栅格、电气栅格、可视栅格、图纸及单位制等。

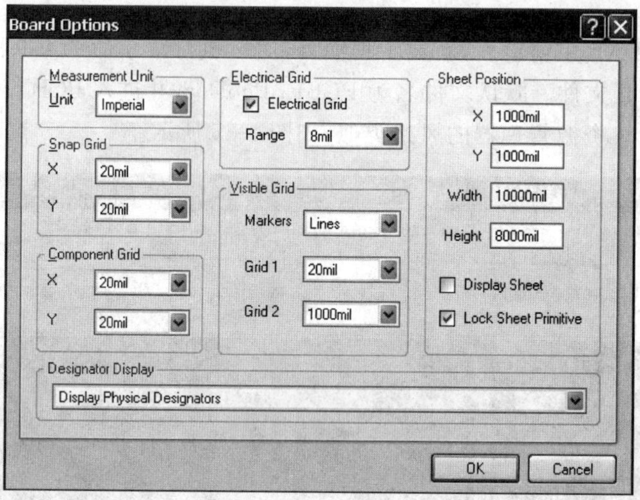

图 4-36 PCB 板设置对话框

1. 捕获栅格(Snap Grid)设置

X 表示设置光标在 X 方向上的最小捕捉量；Y 表示设置光标在 Y 方向上的最小捕捉量。

2. 元器件移动栅格(Component Grid)设置

X 表示设置光标在 X 方向上的位移量；Y 表示设置光标在 Y 方向上的位移量。

3. 电气栅格(Electrical Grid)设置

必须选中“电气网格”复选框，然后设置电气栅格间距。

4. 可视栅格(Visible Grid)设置

可设置栅格的样式，有点状(Dots)和线状(Lines)两种。其中，Grid 1 一般设置的尺寸比较小，只有工作区放大到一定程度时才会显示；Grid 2 一般设置的尺寸比较大。系统默认只显示 Grid 2 的栅格，故进入 PCB 编辑器时看到的是 Grid 2 的栅格。

4.3 案例 4-2：两级放大器电路 PCB 设计——全手工绘制双面电路板

手工绘制电路板十分耗时，但是掌握手工绘制电路板的本领非常必要，它是绘制电路板的基础。无论多么好的电路板设计软件，都需要手工布线对 PCB 板进行干预。全手工绘制电路板需要掌握各种对象的放置、编辑和各种菜单命令的使用方法。本节通过设计一个两级放大电路，介绍手工绘制双面 PCB 板的流程。涉及的主要知识点有 PCB 板规划、元器件布局、手动布线、放置工具栏等。

4.3.1　项目设计任务

图 4-37 所示为两级放大电路。下面以此为例，讲解全手工绘制双面 PCB 板的方法。

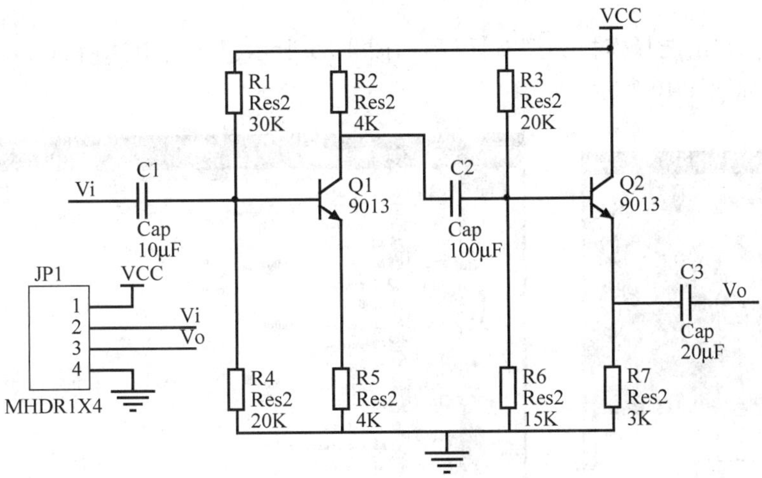

图 4-37　两级放大电路

两级放大电路的 PCB 设计要求如下所述。

(1) 使用双面电路板。

(2) 电路板的板框尺寸为 1500mil×1200mil，并进行标注。

(3) 电源和地线的铜膜走线线宽为 30mil，一般布线的宽度为 10mil。

(4) 人工放置元器件封装，并排列整齐。

(5) 人工连接铜膜走线，尽量不使用过孔。布线时，考虑顶层走水平线，底层走垂直线。

4.3.2　手工布线绘制电路板的步骤

全手工绘制电路板一般遵循以下步骤。

(1) 启动 Protel DXP，新建项目，绘制原理图。

(2) 建立新的电路板文件。

(3) 在禁止布线层(Keep out Layer)定义电路板的板框尺寸。

(4) 将元器件封装一个一个地放置到电路板图上，并排列整齐。

(5) 用布线工具绘制导线。对于双面板，需要在绘制导线过程中切换电路板层。

(6) 保存并输出打印。

4.3.3 使用 PCB 模板创建手工布线的 PCB 文件

Protel DXP 提供了 PCB 设计模板,图形化的操作使得创建 PCB 非常简单。它提供了很多工业标准板的尺寸规格,用户也可以自定义设置。这种方法适合于创建手工布线印制板,其操作步骤如下所述。

(1) 单击 Files(文件)工作面板中 New from template 选项下的 PCB Templates,如图 4-38 所示。

(2) 系统弹出选择模板类型对话框,如图 4-39 所示。本例中选用 A0. pcbdoc 模板。新建的模板如图 4-40 所示。

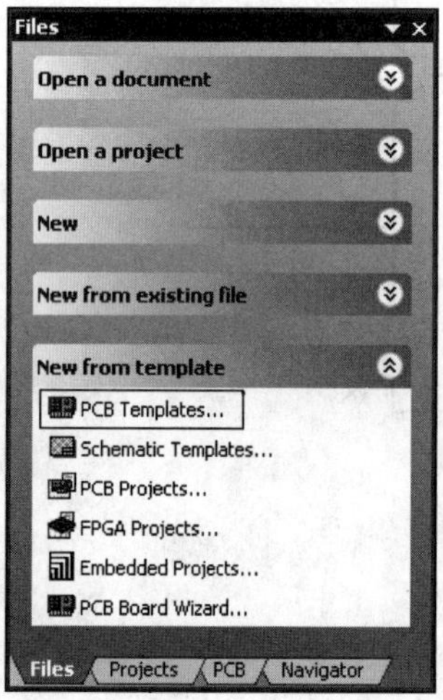

图 4-38 文件工作面板

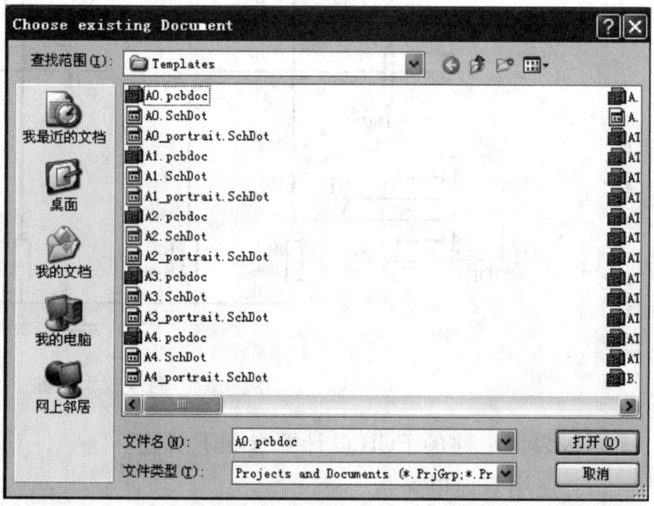

图 4-39 选择模板类型对话框

图 4-40 新建的模板

(3) 执行菜单命令 View|Fit Board,显示整个 PCB 板区域。执行菜单命令 Design|Board Shape|Redefine Board Shape,自定义 PCB 板的形状及大小,如图 4-41 所示。

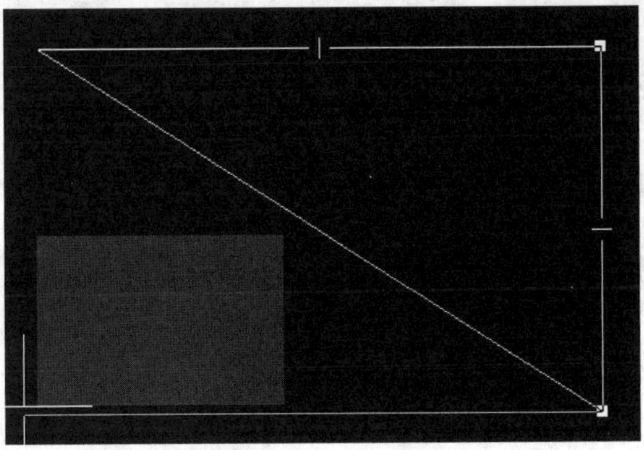

图 4-41　自定义 PCB 板的形状及大小

4.3.4　设置电路板板框尺寸

规划电路板有两种方法：一种方法是采用 PCB 板向导规划。此方法快捷，易于操作，较为常用。另一种方法是在新建 PCB 文件之后，在机械层手工绘制电路板边框，在禁止布线层手工绘制布线区，并标注尺寸。该方法比较复杂，但灵活性较大，可以绘制较特殊的电路板。本电路板采用第二种方法规划。

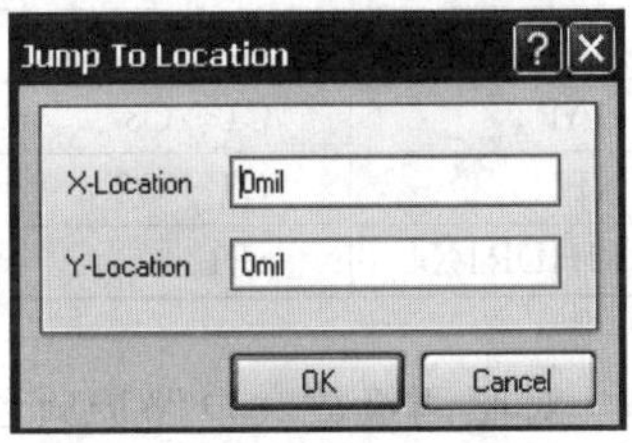

图 4-42　跳转位置对话框

在打开的 PCB 文件中，选择 Keep out Layer（禁止布线层），并执行菜单命令 Edit | Origin | Set，或者单击布线工具栏的图标，再在 PCB 编辑区任意地方单击一下，确定 PCB 板框的相对原点。可利用坐标关系绘制 PCB 电路板板框。执行菜单命令 Place | Line 之后，按住 J＋L 键，系统弹出 Jump To Location 对话框，如图 4-42 所示。依次输入第一个坐标点（0，0）、第二个坐标点（1500，0）、第三个坐标点（1500，1200）和第四个坐标点（0，1200），最后回到原点（0，0），绘制出一个 1500mil ×1200mil 的板框，如图 2-43 所示。单击绘图工具栏的图标，可以标注板框。绘制并已标注的板框如图 2-44 所示。在 Keep out Layer 绘制的框的大小即为电路板的大小，是电路板的电气外形；在 Mechanical Layer 中定义的是电路板的机械外形尺寸。

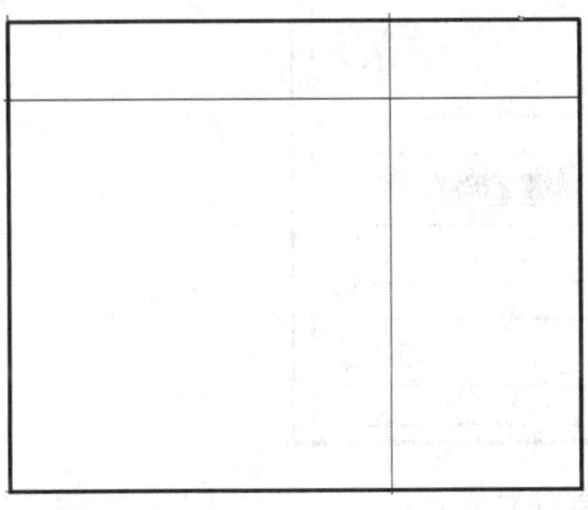

图 4-43　Keep out Layer 绘制的板框

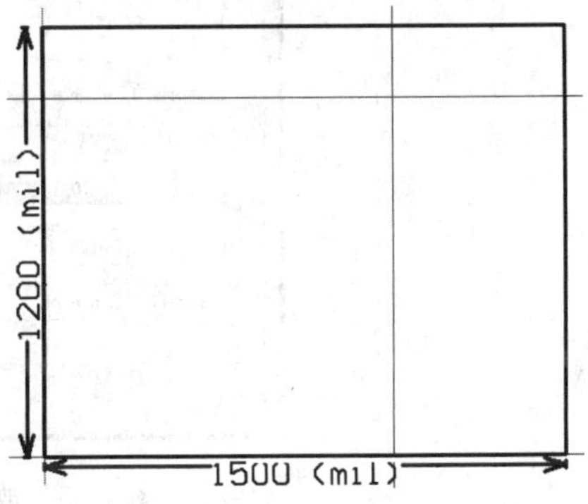

图 4-44　标注板框

4.3.5 绘制 PCB

确定元器件封装虽然是在原理图绘制过程中完成，但对于 PCB 板的制作至关重要。PCB 板中载入的 PCB 元器件就是根据原理图中确定的引脚封装，从封装库中调出而形成的，因此原理图元器件、原理图元器件的连接关系和 PCB 的引脚封装、PCB 板铜箔走线是一一对应的，只是两者的表达方式和侧重点不同。原理图采用“原理图符号”和清晰明了的连线来表达电路的工作原理和信号处理过程，重点表达电路的结构、功能，便于电路讲解和分析。而 PCB 板通过“引脚封装”和实际铜箔导线实现原理图的具体功能，重点在于元器件的安装、焊接、调试等。所以，在由原理图绘制逐步转入 PCB 板设计时，必须以原理图为依据，结合原理图综合考虑 PCB 元器件的布局和布线。

1. 放置元器件封装

设置好板框尺寸后，把元器件封装直接放置在 PCB 板上。两级放大电路的元器件参数如表 4-1 所示。

表 4-1　两级放大电路的元器件参数表

元器件名称	标号	封装	元器件所在库	说明
RES	R1～R7	AXIAL0.4	Miscellaneous Devices. IntLib	电阻
CAP	C1～C3	RAD0.1	Miscellaneous Devices. IntLib	电容
NPN	Q1～Q2	BCY-W3/D4.7	Miscellaneous Devices. IntLib	三极管
MHDR1X4	JP1	HDR1X4	Miscellaneous Connectors. IntLib	接插件

对照两级放大电路原理图，单击 Libraries 面板，选择 Miscellaneous Devices. IntLib 元器件库，可以在库面板中直接选取电阻元器件；也可以选中 Footprints 选项，然后选取电阻封装 AXIAL0.4，电容封装 RAD0.1。放置到 PCB 编辑区时，弹出如图 4-45 所示对话框。

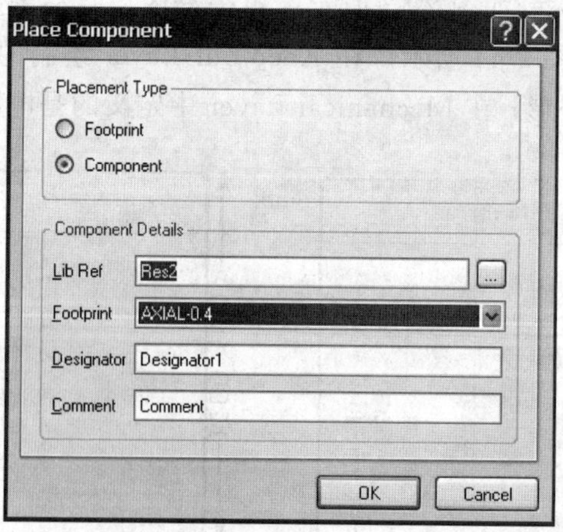

图 4-45　放置元器件对话框

单击 OK 按钮，继续放置元器件封装；单击 Cancel 按钮，退出放置元器件封装。所有元器件封装放置完成后，保存文档，进入下一步设计。

2. 元器件布局

依照图 4-46 对元器件进行布局。元器件排列整齐，接插件 JP1 置于 PCB 板左上侧。

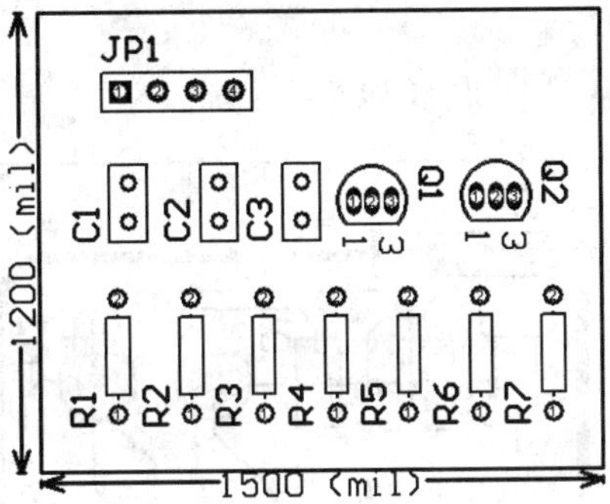

图 4-46　元器件布局

3. 手动布线

手动布线需要使用 Place|Line 菜单命令，或者使用 Place 工具栏上的按钮。

首先单击 Place 工具栏上的按钮，光标变成“十”字形。将光标放置到铜膜走线的起点，然后单击，拉出一根线。若需要拐弯，单击一次。结束画线时，单击一次，再右击一次。若在走线过程中单击空格键，可以改变走线方式。

在绘制铜膜走线时，如果需要拐弯，单击确定铜膜走线的拐弯位置，同时按 Shift＋Space 键选择铜膜走线的拐弯模式。DXP 提供 5 种拐弯模式，分别是：直线 45°、弧线 45°、直线 90°、弧线 90°、任意斜线，如图 4-47 所示。具体采用何种走线方式，用户可以根据实际需要决定。通常建议采用直线 45°的走线方式。

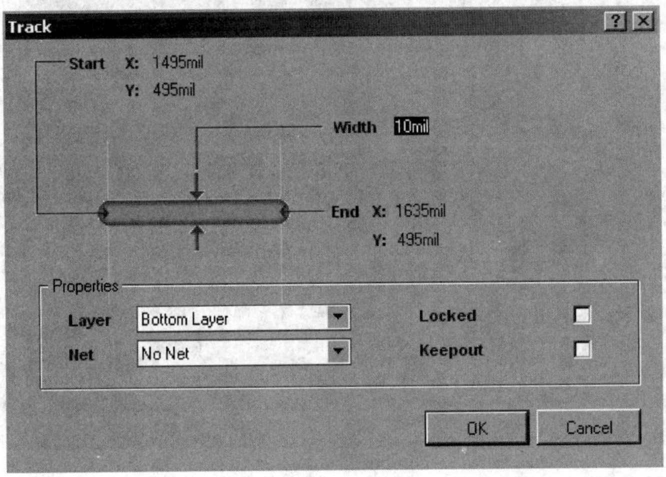

图 4-47　导线设置

布线的时候,可以通过小键盘上的"+"、"-"和"*"符号切换板层。按"+""-",在当前所有板层中依次切换;按"*",仅在信号层中切换。更换板层后,需要手动放置过孔。对照原理图,直到把所有的元器件引脚都连接上为止。这项工作需要细心,并反复检查。

双击电源线和接地线,弹出对话框,在其中的 Width 选项框中输入 30mil,加粗电源线和接地线。

完成手工布线的 PCB 图如图 4-48 所示。

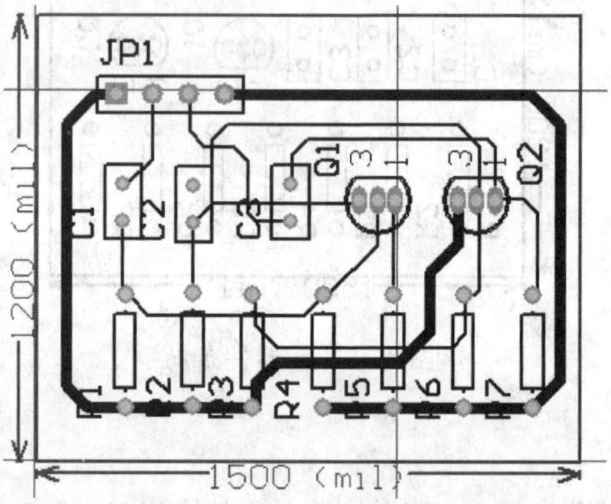

图 4-48 完成手工布线的 PCB 图

4. 3D 效果图

执行菜单命令 View|Board in 3D,弹出 3D 效果图,如图 4-49 所示。可以通过 3D 效果图观察元器件封装是否正确,元器件之间的安装是否会有干扰、是否合理等。

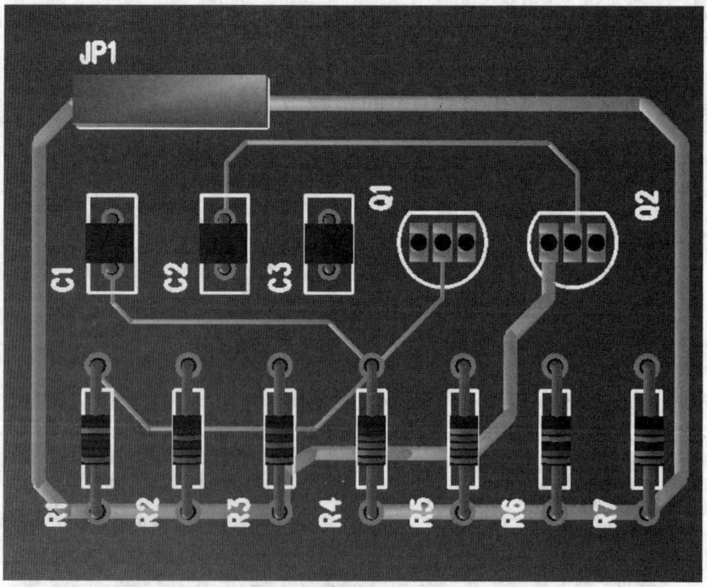

图 4-49 3D 效果图

4.3.6　电路板设计中的放置工具栏

在 PCB 设计过程中，需要在电路板上添加导线、焊盘、过孔、元器件封装等，通过 Protel DXP 的 Placement(布线)工具栏或相应的菜单指令来完成。执行菜单命令 View|Tool bars|Placement，打开或关闭布线工具栏 Placement，如图 4-50 所示。放置工具栏是手动布线中使用最频繁的工具栏，它提供的工具主要用于绘制 PCB 中的各种图素。使用该工具栏，除了单击图标外，还有相应的菜单命令和快捷键方式。下面介绍工具栏中各项的功能。

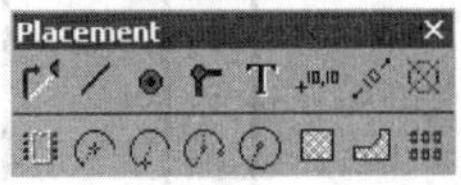

图 4-50　布线工具栏

1. 放置铜膜走线

铜膜走线是 PCB 设计中最常用的图素，它是印制电路板上的实际导线。铜膜走线具有实际的电气连接意义，也具有网络标识，其属性由设计规则决定。绘制导线有 Interactively Route Connections(交互布线)和 Line 两种。如果是根据电路原理图生成的网络表来自动布线的电路板，一般选用 Interactively Route Connections；在手动布线时，两者皆可。下面介绍手动布线时绘制铜膜走线的方法。

方法一：利用菜单命令。执行菜单命令 Place|Interactive Routing(或 Line)，即执行绘制铜膜走线。

方法二：利用放置工具栏命令。单击放置工具栏的图标，系统即执行绘制铜膜走线命令。

方法三：利用快捷键。按 P+T 键，系统即执行绘制铜膜走线命令。

启动绘制铜膜走线命令后，光标变成“十”字状。将光标移到需要绘制铜膜走线的位置后，单击确定铜膜走线的起点，并拖动鼠标形成一条导线；然后，将光标移动到铜膜走线的另一个端点上单击，即完成铜膜走线的绘制，如图 4-51 所示。右击或按 Esc 键退出。这时，系统仍处于绘制铜膜走线的状态，再次单击，开始绘制新的铜膜走线；右击或按 Esc 键，退出绘制铜膜走线命令状态。

铜膜走线绘制完成之后，如果要修改铜膜走线，单击要修改的部分，其上出现方块点，如图 4-52 所示，分别为起点、拐弯点、终点。将光标移到方块点上，光标形状变为双箭头。单击任一个起点或终点，即可拉长或缩短铜膜走线；单击拐弯点，可改变其形状。

在绘制铜膜走线时，如果需要拐弯，单击确定铜膜走线的拐弯位置，同时按 Shift+Space 键来切换选择铜膜走线的拐弯模式。DXP 提供 5 种拐弯模式，分别是直线 45°、弧线 45°、直线 90°、弧线 90°、任意斜线，如图 4-53 所示。具体采用什么走线方式，根据实际需要确定。通常建议使用直线 45°走线方式。

如果 PCB 中使用的铜膜走线宽度并非是默认的 10mil，在设计过程中需要设置铜膜走线的宽度。双击要修改的铜膜走线，弹出如图 4-54 所示属性对话框，设置铜膜走线的线宽(Width)、铜膜走线的起点(Start)和终点(End)坐标、铜膜走线所在的层(Layer)以及铜膜走线所属的网络(Net)等参数。

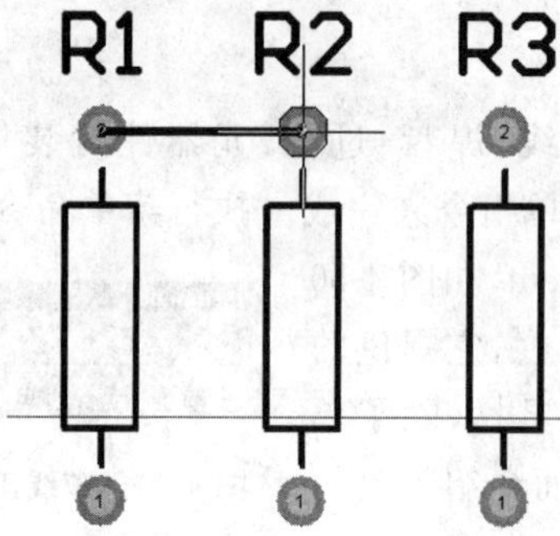

图 4-51 绘制铜膜走线

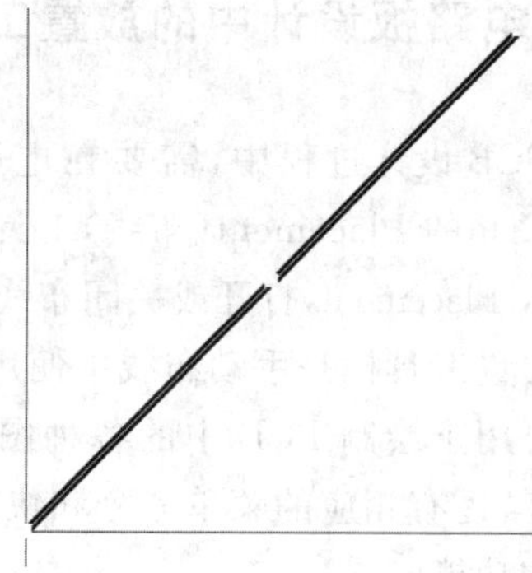

图 4-52 编辑铜膜走线

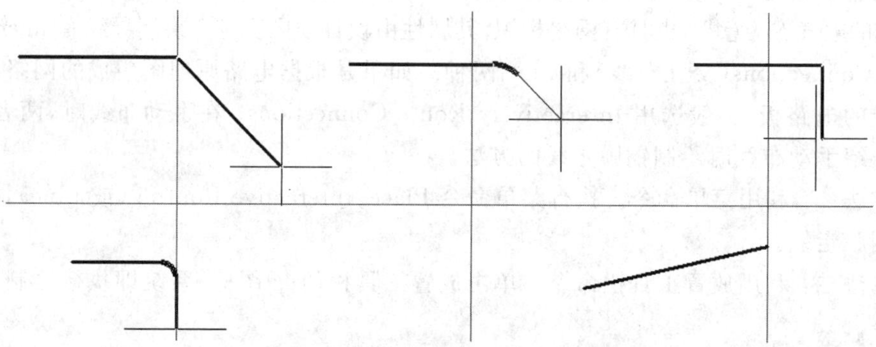

图 4-53 铜膜走线的 5 种拐弯模式

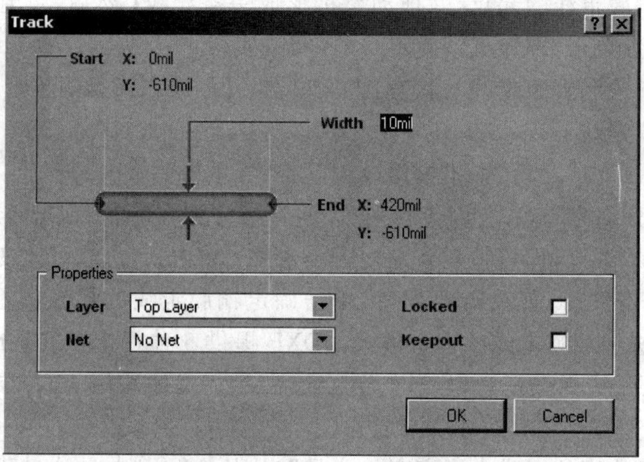

图 4-54 铜膜走线属性对话框

选择手动布线时,用户也可以在绘制铜膜走线的过程中按 Tab 键,将弹出如图 4-55 所示设置交互布线的属性对话框,根据需设置当前绘制的 Trace Width(铜膜走线线宽)、

Via Hole Size（过孔孔径大小）、Via Diameter（过孔直径大小）、Layer（铜膜走线的层）。可以直接在 Trace Width 项中输入所需要的线宽，在 Layer 的下拉列表选项中选择导线所在的板层。在 Design Rule Constraints（设计规则）选项区域中说明了设计规则对导线宽度和过孔类型的设置。单击属性对话框左下角的 Menu 按钮，弹出如图 4-56 所示 Menu 菜单。通过选择不同的子菜单，设置导线宽度和过孔类型的设计规则。

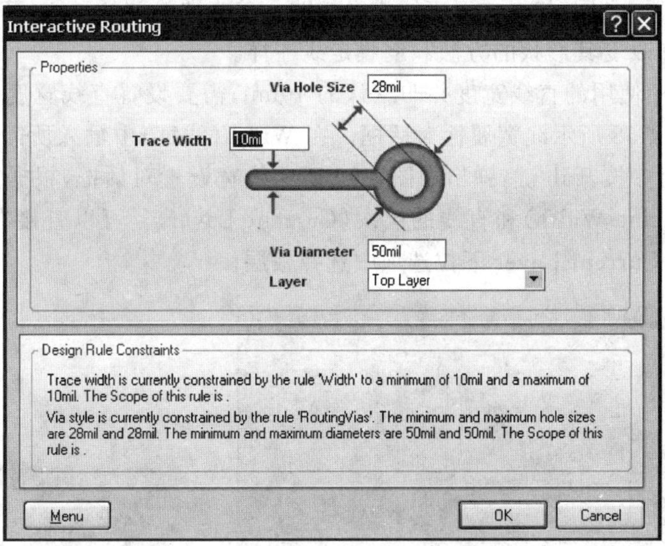

图 4-55　设置交互布线的属性对话框

在设定铜膜走线线宽和过孔尺寸时，参数值必须符合设计规则的要求。如果设定值违反了设计规则，则设定值无效，弹出如图 4-57 所示对话框，提醒用户该设定值不符合设计规则，需要修改或重新设置设计规划的参数值。

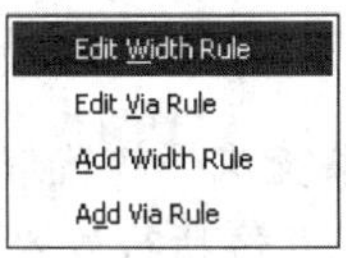

图 4-56　Menu 菜单

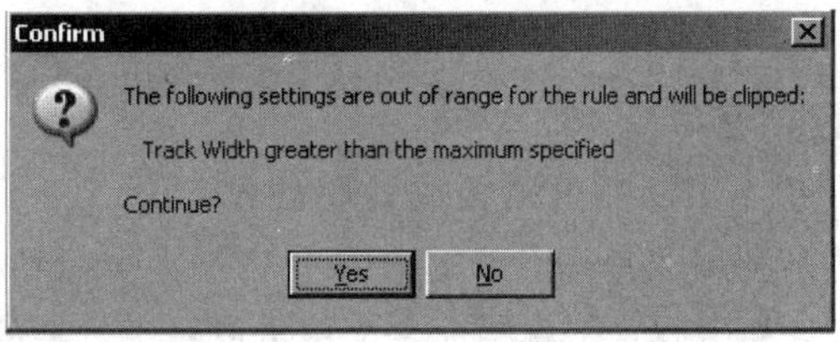

图 4-57　参数设置无效提示对话框

2. 放置直线命令

在 PCB 设计中，常用直线来绘制印制电路板的外形、元器件的轮廓和禁止布线层的边界等。直线也有实际的电气连接意义，但不具备网络标识，而且其属性不由设计规则决定。虽然直线和铜膜走线一样具有电气连接意义，但是建议在绘制导线时尽量采用铜膜走线，这样设计的印制电路板便于检查和修改。下面介绍绘制直线的方法。

方法一：利用菜单命令。选择菜单中的 Place|Line 命令，系统执行绘制直线命令。

方法二：利用放置工具栏命令。单击放置工具栏的 ⁄ 图标，系统执行绘制直线命令。

方法三：使用快捷键。按 P+L 键，系统执行绘制直线命令。

启动绘制直线命令后，光标变成“十”字状。将光标移动到需要绘制直线的位置后，单击确定直线的起点，然后将光标移动到直线的另一个端点上单击。完成直线的绘制后，右击或按 Esc 键退出。这时，系统仍处于绘制直线的状态，再次单击，开始绘制新的直线；右击或按 Esc 键，退出绘制直线命令状态。

直线绘制完成之后，如果要对直线进行修改。单击要修改的直线，其上出现 3 个方块点，拉长、缩短和改变其形状的方法和铜膜走线一样。

如果 PCB 中使用的直线宽度并非默认的 10mil，需要设置直线宽度。双击要修改的直线，弹出如图 4-58 所示线宽属性对话框。在 Width(线宽)中输入所需宽度；也可以在绘制直线的过程中按 Tab 键，弹出如图 4-59 所示线宽设置对话框，根据需要设置当前绘制的直线线宽(Line Width)和直线的层次(Current Layer)。可以直接在 Line Width 项中输入线宽，在 Current Layer 下拉选项中选择板层。

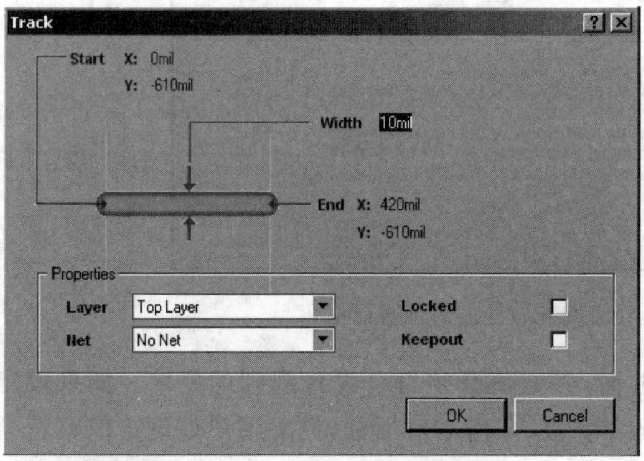

图 4-58 线宽属性对话框

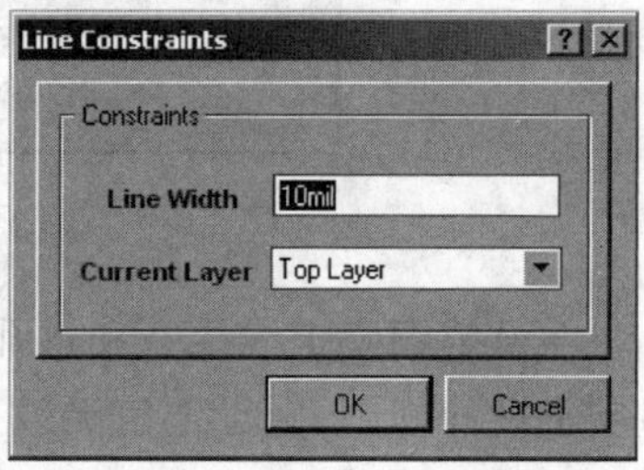

图 4-59 线宽设置对话框

3. 放置焊盘命令

下面介绍手工绘制电路板放置焊盘的方法。

方法一：利用菜单命令。选择菜单中的 Place|Pad 命令，系统执行放置焊盘命令。

方法二：利用放置工具栏命令。单击放置工具栏的 ◉ 图标，系统执行放置焊盘命令。

方法三：使用快捷键。按 P+P 键(按两次 P 键)，系统执行放置焊盘命令。

启动放置焊盘命令后，光标变成“十”字状，并带有一个焊盘。将光标移动到需要放置焊盘的位置，单击放置焊盘。这时，系统仍处于放置焊盘的状态，再次单击放置新的焊盘；右击或按 Esc 键，退出放置焊盘命令状态，如图 4-60 所示。

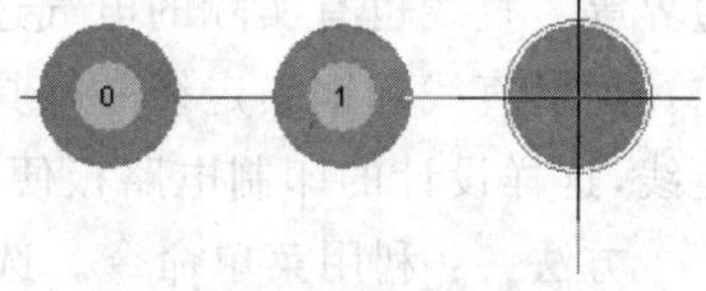

图 4-60 放置焊盘

若要修改放置焊盘的属性，在放置焊盘的过程中按 Tab 键，弹出属性对话框，如图 4-61 所示，设置焊盘的孔径大小(Hole Size)、旋转角度(Rotation)、位置坐标(Location)、焊盘标号(Designator)、电路板层(Layer)、网络标号(Net)、电气类型(Electrical Type)、测试点(Testpoint)、镀锡(Plated)、锁定(Locked)、焊盘的尺寸与形状(Size and Shape)、锡膏防护和阻焊尺寸等属性。设置时，注意参数应符合实际生产需要以及设计规则的要求，否则在进行 DRC 检查时会出错。

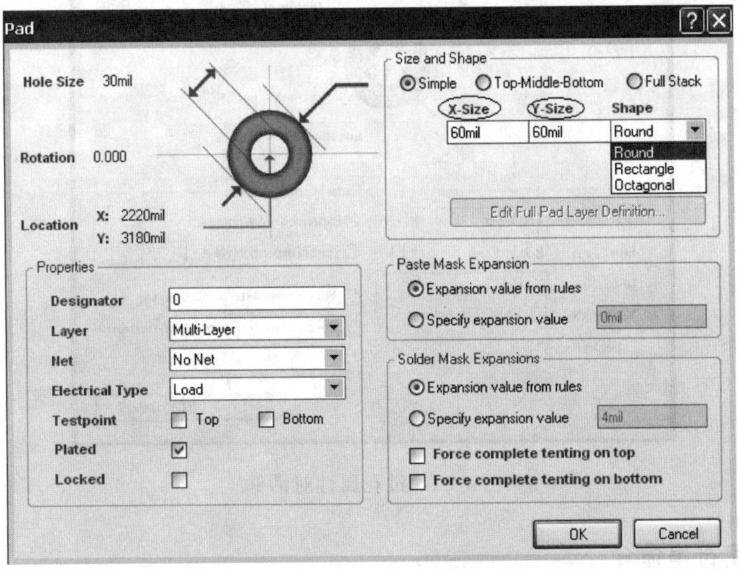

图 4-61　焊盘属性对话框

在实际的印制电路板设计过程中，元器件的焊盘都封装在一起，一般不需要放置单独的焊盘来做元器件的封装，只需直接从 PCB 库中查找并放置元器件。放置焊盘的命令一般只是用来做电路板的定位孔；或者，在创建新的元器件封装库时，用来做元器件引脚。

4. 放置过孔命令

下面介绍手工绘制电路板放置过孔的方法。

方法一：利用菜单命令。选择菜单中的 Place|Via 命令，系统执行放置过孔命令。

方法二：利用放置工具栏命令。单击放置工具栏的图标，系统执行放置过孔命令。

方法三：使用快捷键。按 P+V 键，系统执行放置过孔命令。

启动放置过孔命令后，光标变成“十”字状，并带有一个过孔。将光标移动到需要放置过孔的位置，单击放置过孔。这时，系统仍处于放置过孔的状态，再次单击放置新的过孔；右击或按 Esc 键，退出放置过孔命令状态。

在手动布线的过程中，按小键盘上的“+”或“-”键，可以在不同板层之间快速切换。在顶层和底层切换时，系统自动在布线切换的端点处放置过孔。在自动布线的过程中，放置过孔的工作都在执行布线命令的过程中由系统自动完成。

如果要对放置的过孔进行属性设置，在放置过孔的过程中按 Tab 键，弹出属性对话框，如图 4-62 所示；也可以双击放置好的过孔，同样弹出如图 4-62 所示属性对话框，设置过孔的外孔径(Diameter)、外孔径(Hole Size)、位置坐标(Location)、起始工作层面(Start Layer)、结束工作层面(End Layer)、网络标号(Net)、测试点(Testpoint)、锁定(Locked)和阻焊尺寸(Solder Mask Expansions)等参数。

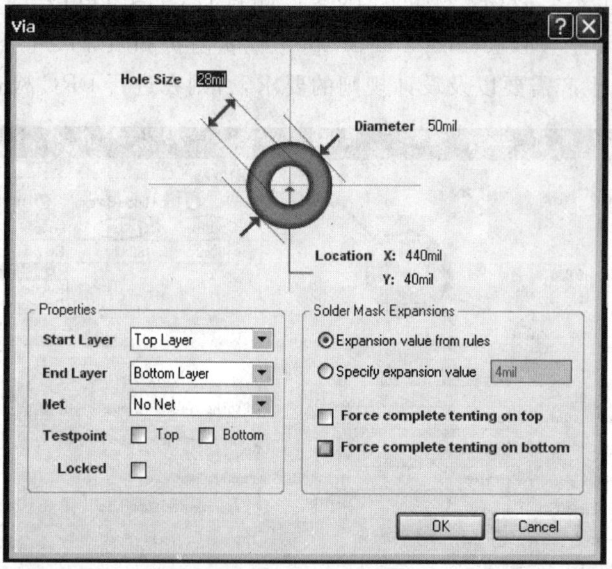

图 4-62 过孔属性对话框

5. 放置字符串命令

下面介绍放置字符串的方法。

方法一：利用菜单命令。选择菜单中的 Place|String 命令，系统执行放置字符串命令。

方法二：利用放置工具栏命令。单击放置工具栏的 T 图标，系统执行放置字符串命令。

方法三：使用快捷键。按 P+S 键，系统执行放置字符串命令。

启动放置字符串命令后，光标变成“十”字状，并带有一个字符串，默认为 String。将光标移动到需要放置字符串的位置，单击放置字符串。这时，系统仍处于放置字符串的状态，再次单击放置新的字符串；右击或按 Esc 键，退出放置字符串命令状态。

如果要对放置的字符串进行属性设置，在放置字符串的过程中按 Tab 键，弹出属性对话框，如图 4-63 所示；也可以双击放置好的字符串，同样弹出如图 4-63 所示属性对话框，设置字符串的文本(Text)、高度(Height)、宽度(Width)、所在工作层面(Layer)、字体(Font)、旋转角度(Rotation)、位置坐标(Location)、锁定(Locked)和镜像翻转(Mirror)等属性。字符串的文本内容既可以从下拉列表中选择，也可以由用户直接输入。通常，字符串放在 Top overLayer(顶面丝印层)，这时的字符串不具有任何电气连接意义。如果字符串放在其他信号层，会因为字符串的铜膜而造成电路板短路或其他问题。放置字符串的角度可根据需要随意设置，也可以在放置时用快捷键 X、Y 和 Space 调整角度。有时，根据制板的需要，将字符串放置在印制电路板的反面，即电路板的 Bottom overLayer(底面丝印层)上。为了符合视觉习惯，常将字符串的 Mirror 选项选中。

实际制板中，如果印制板密度太高，需要缩小文字尺寸，可以修改字符串的高度(Height)和宽度(Width)。此时应参照 PCB 生产厂商的制板工艺条件来操作，文字以能看清为标准。

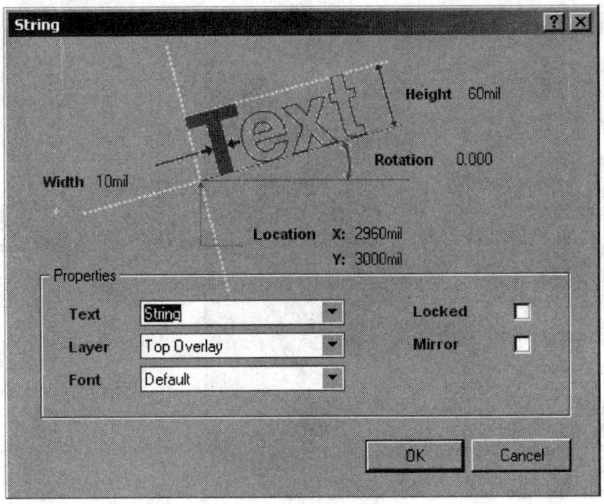

图 4-63　字符串属性对话框

6. 放置位置坐标命令

下面介绍放置位置坐标的方法。

方法一：利用菜单命令。选择菜单中的 Place|Cooridinate 命令，系统执行放置位置坐标命令。

方法二：利用放置工具栏命令。单击放置工具栏的图标，系统执行放置位置坐标命令。

方法三：使用快捷键。按 P+O 键，系统执行放置位置坐标命令。

启动放置坐标位置命令后，光标变成“十”字状，并带有一个坐标位置。将光标移动到需要放置坐标位置的位置，单击放置坐标位置。这时，系统仍处于放置坐标位置的状态，再次单击，可以放置新的坐标位置；右击或按 Esc 键，退出放置坐标位置命令状态。

如果要对放置的坐标位置进行属性设置，在放置坐标位置的过程中按 Tab 键，弹出属性对话框，如图 4-64 所示；也可以双击放置好的坐标位置，同样弹出如图 4-64 所示属性对话框，设置坐标位置的宽度(Line Width)、尺寸(Size)、文本宽度(Text Width)、文本高度(Text Height)、工作层面(Layer)、字体(Font)、锁定(Locked)、单位显示风格(Unit Style)和放置坐标位置(Location)等属性。坐标位置的文本内容是系统自动生成的，不能由用户输入。即使手动移动了坐标位置，坐标的文本内容也会随之改变。DXP 不支持坐标位置的角度变换。坐标位置可以显示单位，单位的标注有 3 种风格，分别为 None(无单位显示)、Normal(正常单位显示)和 Brackets(带括号单位显示)。DXP 提供 2 种单位：英制的(mil)和公制的(mm)，用快捷键 Q 切换。系统自动使用当前的度量单位作为单位来显示。通常，坐标位置只在绘图时使用，不印制到电路板上。

7. 放置尺寸标注命令

下面介绍手工绘制电路板的放置尺寸标注的方法。

方法一：利用菜单命令。选择菜单中的 Place|Dimension 命令，系统执行放置尺寸标注命令。Dimension 下有很多子菜单，如图 4-65 所示。

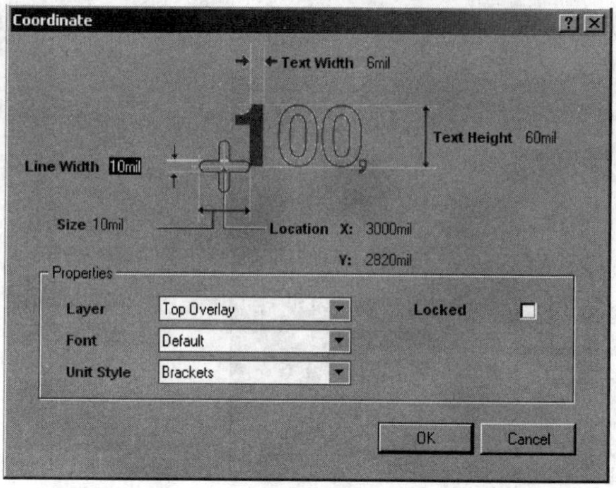

图 4-64 坐标位置属性对话框

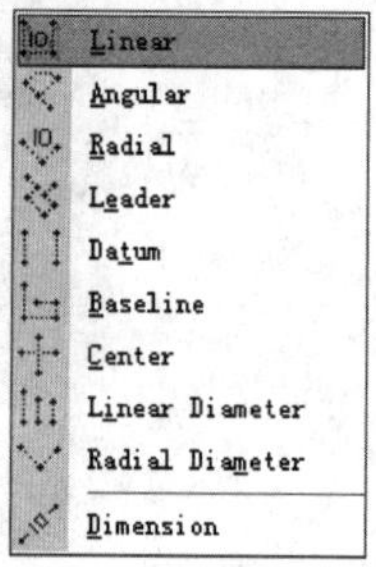

图 4-65 Dimension 下的子菜单

方法二：利用放置工具栏命令。单击放置工具栏的图标，系统执行放置尺寸标注命令。

方法三：使用快捷键。按 P+D 键，系统执行放置尺寸标注命令。

启动放置尺寸标注命令后，光标变成“十”字状，并带有一个尺寸标注。将光标移动到需要放置尺寸标注的位置，单击放置尺寸标注。这时，系统仍处于放置尺寸标注的状态，再次单击，放置新的尺寸标注；右击或按 Esc 键，退出放置尺寸标注命令状态。

如果要对放置的尺寸标注进行属性设置，在放置尺寸标注的过程中按 Tab 键，弹出属性对话框，如图 4-66 所示；也可以双击放置好的尺寸标注，同样弹出如图 4-66 所示属性对话框，设置尺寸标注的字体宽度(Text Width)、文本高度(Text Height)、标注的尺寸线宽度(Line Width)、尺寸线高度(Line Height)、标注的尺寸线起始点(Start)和终点(End)、所处工作层面(Layer)、字体(Font)等属性。通常，尺寸标注只在绘图时使用，不印制到电路板上。

在特定条件下，可以根据需要在板子上修改标注的文字。例如，标注 25mm 时，系统显示 25.019mm，这是由于公英制的转换关系，使得系统不可能显示一个整数。如要显示整数，通过修改 Start X 和 End X 的值来得到整数值。

8. 自定义坐标相对原点

下面介绍在 PCB 中自定义坐标相对原点的方法。

方法一：利用菜单命令。选择菜单中的 Edit|Origin|Set 命令，系统执行自定义坐标相对原点命令。

方法二：利用放置工具栏命令。单击放置工具栏的图标，系统执行自定义坐标相对原点命令。

方法三：使用快捷键。按 E+O+S 键，系统执行自定义坐标相对原点命令。

在印制电路板编辑系统中，Protel DXP 自动提供绝对坐标系，其原点就是绝对原点，在整个 PCB 编辑系统的最左下角。可以根据需要设置另外一个称为当前坐标系的坐标

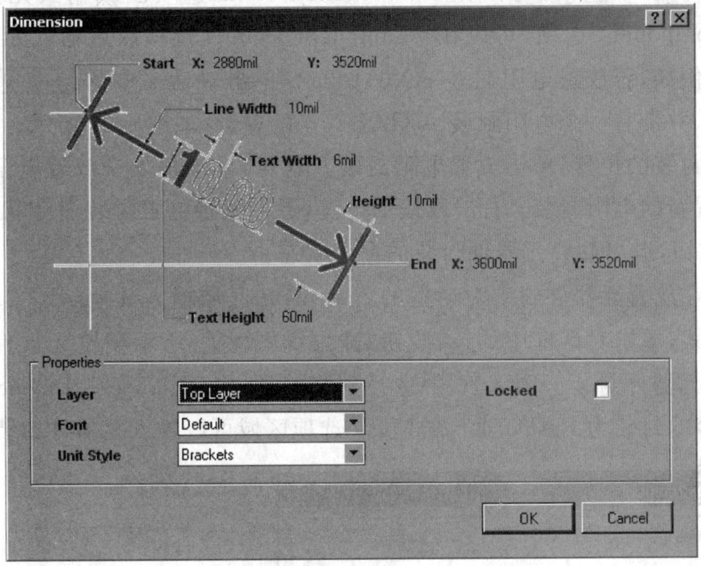

图 4-66　尺寸标注属性对话框

系，其原点为当前原点，也称为相对原点，可以设置在 PCB 编辑系统的任意位置。执行放置坐标原点命令后，光标变为“十”字形状。把光标移到 PCB 编辑区域中的适当位置后，单击即确定 PCB 文件的当前坐标原点。如果需要撤销刚才放置的原点，执行菜单命令 Edit|Origin|Reset，即可撤销当前坐标原点，使 PCB 文件恢复到绝对原点。

9. 放置元器件封装命令

下面介绍手工绘制电路板放置元器件封装的方法。

方法一：利用菜单命令。选择菜单中的 Place|Component 命令，系统执行放置元器件封装命令。

方法二：利用放置工具栏命令。单击放置工具栏的图标，系统执行放置元器件封装命令。

方法三：使用快捷键。按 P+C 键，系统执行放置元器件封装命令。

方法四：打开 Libraries 面板，直接在面板上选择 Components（元器件）或 Footprints（封装），如图 4-67 所示。在库面板选中 Miscellaneous Devices.IntLib 元器件库，再选择电阻封装 AXIAL-0.4，然后双击电阻封装 AXIAL-0.4 图标或单击 Place AXIAL-0.4 按钮，都可以执行放置元器件的命令。

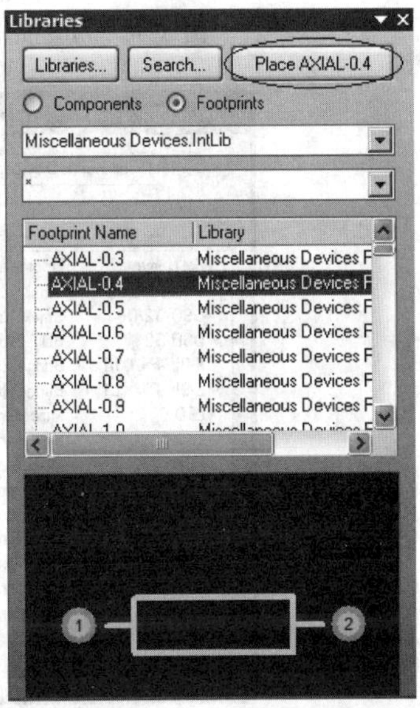

图 4-67　放置元器件封装库面板

执行放置元器件封装命令后，弹出如图 4-68 所示对话框。在该对话框中，可以在 Placement Type 选项区域中选择 Footprint（封装）或 Component（元器件）选项。若选择 Footprint 选项,可以在 Component Details 选项区域输入元器件的封装形式;若选择 Component 选项,可以在 Component Details 选项区域输入元器件所在集成库中的名字。例如,若放置电阻封装 AXIAL-0.4,单击对话框中的 OK 按钮后,光标变成“十”字状,并带有一个电阻封装 AXIAL-0.4 的虚影,如图 4-69 所示。将光标移动到需要放置电阻封装的位置,单击放置电阻封装。这时,系统仍处于放置电阻封装的状态,再次单击,放置新的电阻封装;右击或按 Esc 键,退出放置电阻封装命令状态。单击对话框的 Cancel 按钮,退出放置元器件封装的命令状态。

用户可以在放置元器件封装对话框的 Footprint 区域输入其他封装。如果不知道元器件的封装形式,单击对话框中的 ... 按钮,弹出如图 4-70 所示浏览元器件封装对话框,从中直接选择元器件封装。图 4-70 中选择预览的是 Miscellaneous Devices. IntLib 元器件库,库中电容的封装为 RAD0.1。在 Mask 选项区域可以输入元器件封装的关键字,以

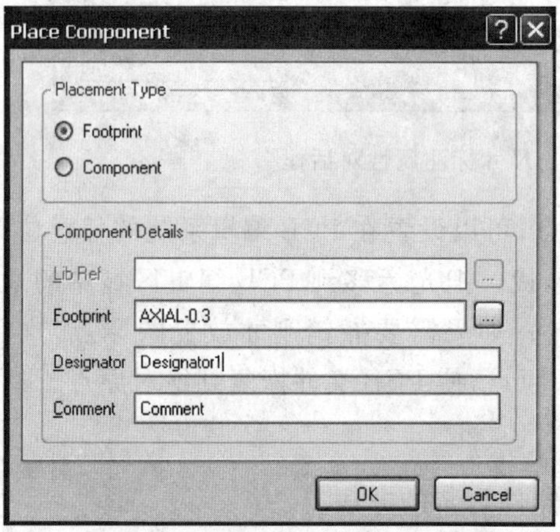

图 4-68 放置元器件封装对话框

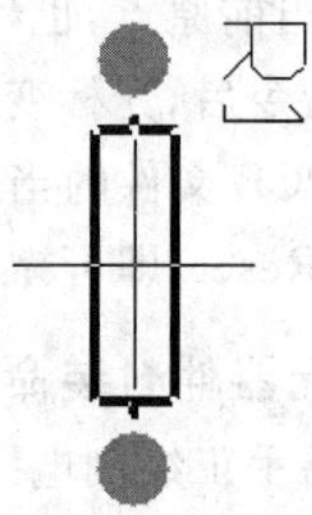

图 4-69 放置电阻封装

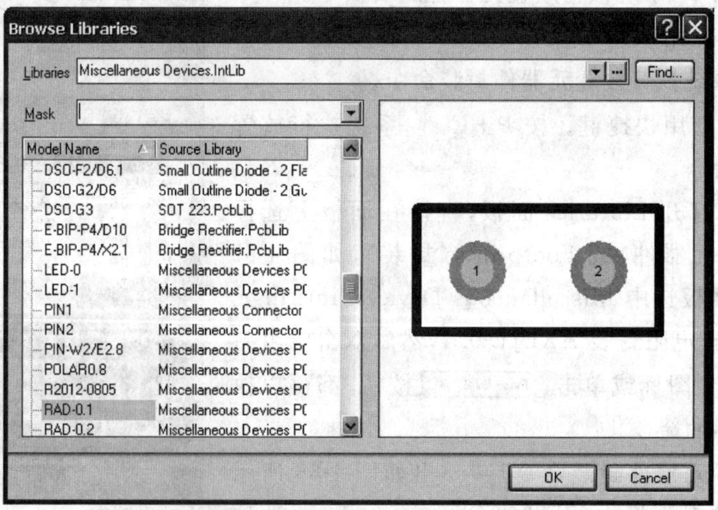

图 4-70 浏览元器件封装对话框

便缩小查找范围。找到封装后，单击 OK 按钮结束。如果用户需要的元器件不在该常用库中，单击 Libraries 的下拉列表寻找需要的库；如果下拉列表也没有这个库，单击 Libraries 中的 ... 按钮加载元器件封装库。单击 ... 按钮后，弹出如图 4-71 所示添加或删除元器件封装库对话框。单击 Add Library... 按钮，添加元器件封装库；单击 Remove 按钮，删除元器件封装库；单击 Close 按钮，关闭对话框。

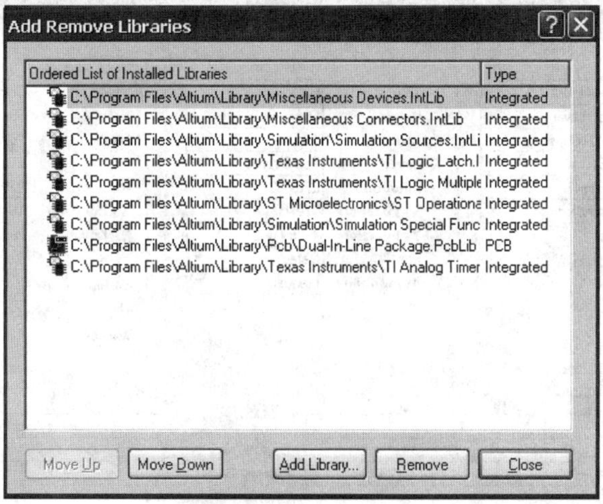

图 4-71　添加或删除元器件封装库

用户如果对元器件封装的名字有所了解，单击如图 4-70 所示浏览元器件封装对话框的 Find... 按钮，弹出如图 4-72 所示查找元器件对话框。在 Name 栏中输入元器件封装的关键字，不确定的字符用通配符 * 代替，其用法和元器件查找相似。

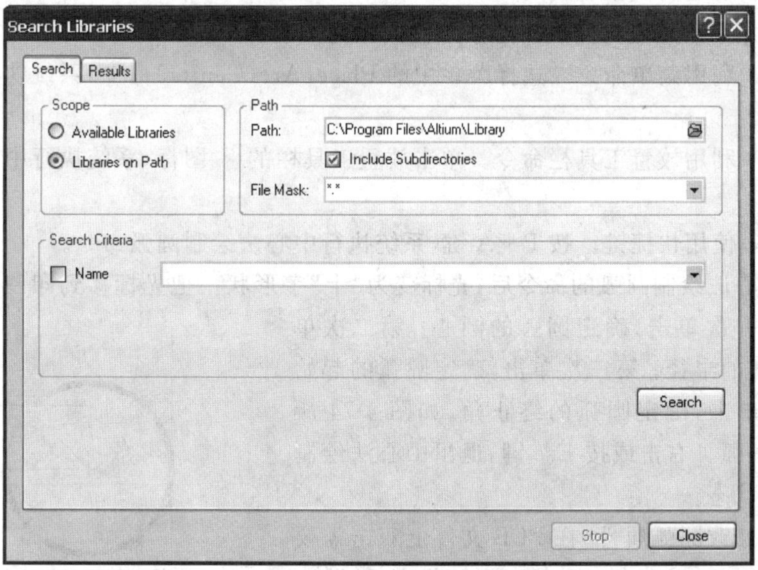

图 4-72　查找元器件封装

元器件封装放置时需注意两个方面：一是元器件封装放置的电路板层面；二是不能随意修改元器件封装的名字。如果需要修改元器件封装的属性，在印制电路板上双击该元器件封装，或者在放置命令状态下按 Tab 键，弹出如图 4-73 所示设置元器件封装属性对话框，设置封装的有关参数，包括元器件的属性、元器件序号、封装形式、元器件原理图信息等。

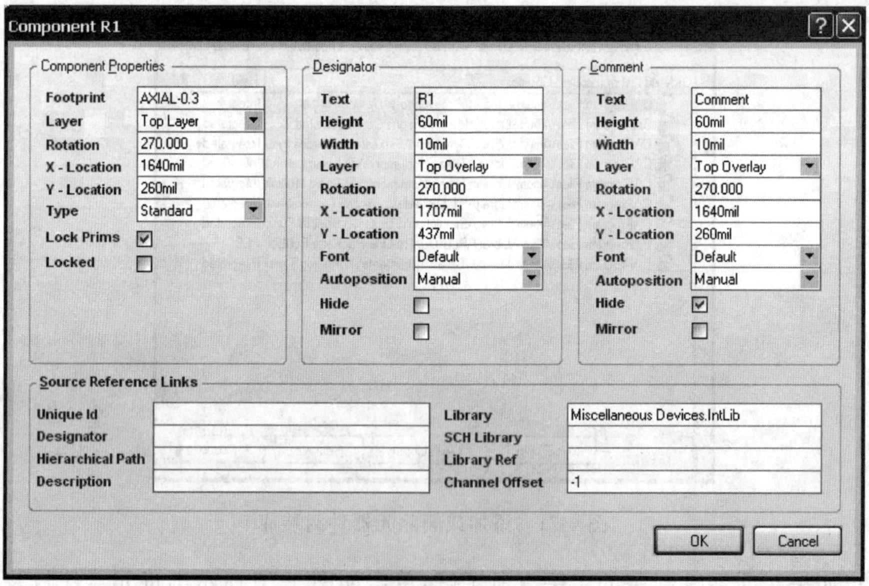

图 4-73 设置元器件封状的属性

10. 中心法绘制圆弧命令

下面介绍手工绘制电路板中心法绘制圆弧的方法。

方法一：利用菜单命令。选择菜单中的 Place|Arc(Center)命令，系统执行中心法绘制圆弧命令。

方法二：利用放置工具栏命令。单击放置工具栏的图标，系统执行中心法绘制圆弧命令。

方法三：使用快捷键。按 P+A 键，系统执行中心法绘制圆弧命令。

执行中心法绘制圆弧的命令后，光标变为“十”字形状。把光标移到印制电路板的适当位置。第一次单击，确定圆弧的圆心；第二次单击，确定圆弧的半径；第三次单击，确定圆弧的起始角；第四次单击，确定圆弧的终止角，如图 4-74 所示，绘制出圆弧。右击或按 Esc 键，退出中心法绘制圆弧的命令状态。

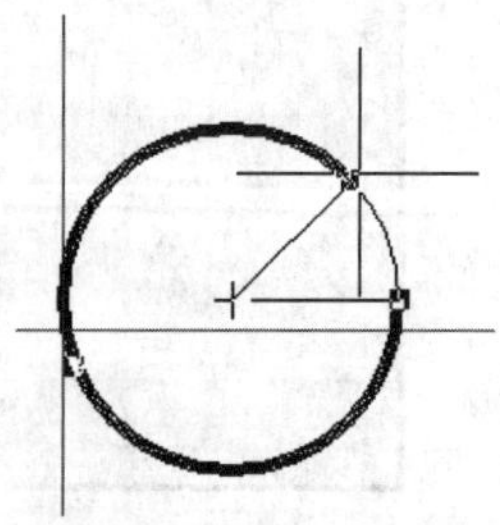

图 4-74 中心法绘制圆弧的命令状态

若需要修改圆弧属性，在 PCB 文件上双击需要设置属性的圆弧，或者在命令状态下按 Tab 键，弹出如图 4-75 所示设置圆弧属性对话框 Arc，设置圆弧

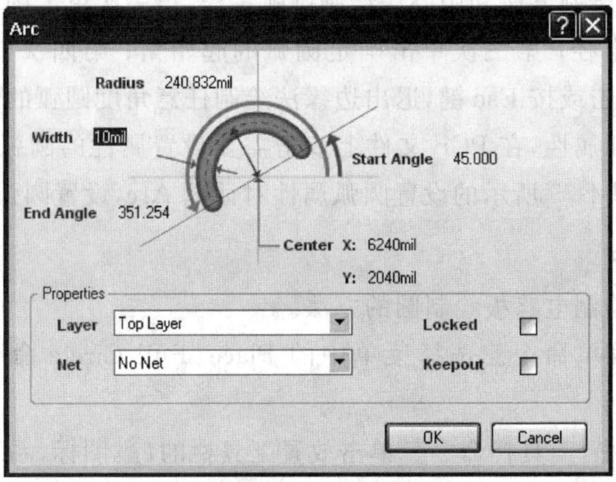

图 4-75　设置圆弧属性对话框

的有关参数，包括圆弧的宽度(Width)、圆弧的半径(Radius)、设置圆弧的起始角(Start Angle)、圆弧的终止角(End Angle)、圆弧圆心在 PCB 图上的坐标(Center X/Y)、圆弧在 PCB 板中的工作层面(Layer)、欲放置的圆弧所在的网络(Net)、圆弧锁定复选框(Locked)和圆弧禁止布线区域复选框(Keepout)等属性。

11. 边缘法绘制 90°圆弧命令

下面介绍手工绘制电路板边缘法绘制 90°圆弧的方法。

方法一：利用菜单命令。选择菜单中的 Place|Arc(Edge)命令，系统执行边缘法绘制圆弧命令。

方法二：利用放置工具栏命令。单击放置工具栏的图标，系统执行边缘法绘制 90°圆弧命令。

方法三：使用快捷键。按 P+E 键，系统执行边缘法绘制圆弧命令。

执行边缘法绘制 90°圆弧的命令后，光标变为“十”字形状。把光标移到印制电路板的适当位置。第一次单击确定圆弧的起点；第二次单击确定圆弧的终点，即可绘制出 90°圆弧；右击或按 Esc 键，退出边缘法绘制圆弧的命令状态。若需要修改圆弧属性，在 PCB 文件上双击需要设置属性的圆弧，或者在命令状态下按 Tab 键，弹出设置圆弧属性对话框 Arc，设置圆弧的有关参数。

12. 边缘法绘制任意角度圆弧命令

下面介绍手工绘制电路板边缘法绘制任意角度圆弧的方法。

方法一：利用菜单命令。选择菜单中的 Place|Arc(Any Angle)命令，系统执行边缘法绘制圆弧命令。

方法二：利用放置工具栏命令。单击放置工具栏的图标，系统执行边缘法绘制 90°圆弧命令。

方法三：使用快捷键。按 P+N 键，系统执行边缘法绘制圆弧命令。

执行边缘法绘制任意角度圆弧的命令后，光标变为“十”字形状。把光标移到印制电路板的适当位置,其绘制方法和中心法绘制圆弧一样,第一次单击确定圆弧的圆心;第二次单击确定圆弧的半径;第三次单击确定圆弧的起始角;第四次单击确定圆弧的终止角,绘制出圆弧。右击或按 Esc 键,退出边缘法绘制任意角度圆弧的命令状态。

若需要修改圆弧属性,在 PCB 文件上双击需要设置属性的圆弧,或者在命令状态下按 Tab 键,弹出如图 4-75 所示的设置圆弧属性对话框 Arc,设置圆弧的有关参数。

13. 绘制圆命令

下面介绍手工绘制电路板绘制圆的方法。

方法一:利用菜单命令。选择菜单中的 Place | Full Circle 命令,系统执行绘制圆命令。

方法二:利用放置工具栏命令。单击放置工具栏的图标,系统执行绘制圆命令。

方法三:使用快捷键。按 P+U 键,系统执行绘制圆命令。

执行绘制圆的命令后,光标变为"十"字形状。把光标移到印制电路板的适当位置,第一次单击确定圆的圆心;第二次单击确定圆的半径,绘制出圆。右击或按 Esc 键,退出绘制圆的命令状态。若需要修改圆的属性,在 PCB 文件上双击需要设置属性的圆,或者在命令状态下按 Tab 键,弹出如图 4-75 所示设置圆属性对话框 Arc,设置圆的有关参数。

14. 放置矩形填充命令

矩形填充在印制电路板中因为能够大面积地接地或布置电源,所以其主要作用是提高印制电路板的可靠性、抗干扰能力和通过大电流的能力。Protel DXP 提供了两种填充方式:矩形填充和多边形填充。下面介绍放置矩形填充的方法。

方法一:利用菜单命令。选择菜单中的 Place | Fill 命令,系统执行放置矩形填充命令。

方法二:利用放置工具栏命令。单击放置工具栏的图标,系统执行放置矩形填充命令。

方法三:使用快捷键。按 P+F 键,系统执行放置矩形填充命令。

执行放置矩形填充的命令后,光标变为"十"字形状。把光标移到印制电路板的适当位置,第一次单击确定矩形的顶点;第二次单击确定矩形的对角顶点,绘制出矩形,如图 4-76 所示。右击或按 Esc 键,退出绘制矩形的命令状态。

若需要修改矩形的属性,在 PCB 文件上双击需要设置属性的矩形,或者在命令状态下按 Tab 键,弹出如图 4-77 所示的设置矩形属性对话框 Fill,设置矩形的有关参数,包括矩形填充区域的两个顶点(Corner)、旋转角度(Rotation)、所处工作层面(Layer)、网络(Net)、锁定(Looked)和禁止布线范围(Keepout)等属性。

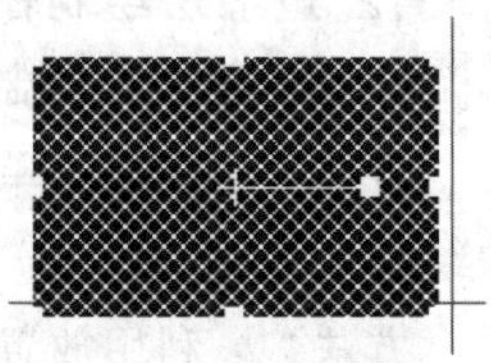

图 4-76 放置矩形填充

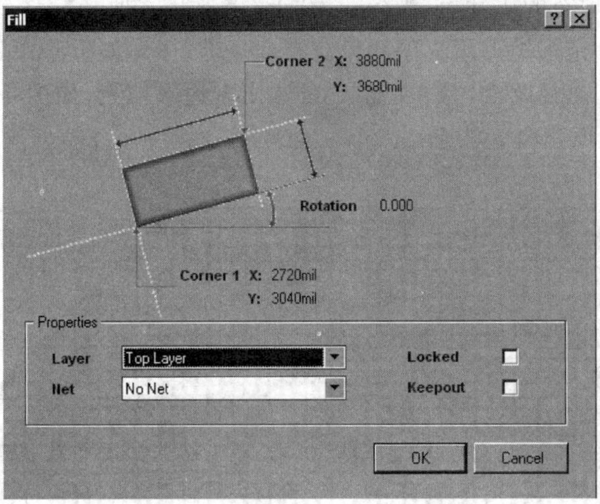

图 4-77　矩形填充属性设置对话框

15. 放置多边形填充命令

下面介绍手工绘制电路板放置多边形填充的方法。

方法一：利用菜单命令。选择菜单中的 Place|Polygon Plane 命令，系统执行放置多边形填充命令。

方法二：利用放置工具栏命令。单击放置工具栏的图标，系统执行放置多边形填充命令。

方法三：使用快捷键。按 P+G 键，系统执行放置多边形填充命令。

执行放置多边形填充的命令后，弹出如图 4-78 所示对话框，设置填充区域的有关属性。

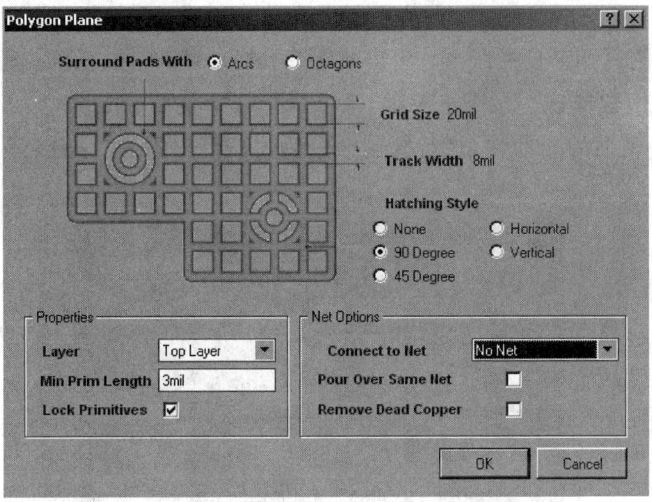

图 4-78　多边形填充的属性设置对话框

设置好多边形填充的属性后,光标变为"十"字形状。把光标移到印制电路板的适当位置,第一次单击确定多边形填充的一个起点;移动光标,在选定的多边形填充的其他顶点处单击,直到在起点处闭合,就在当前层绘制出多边形填充,如图 4-79 所示。右击或按 Esc 键,退出多边形填充命令状态。

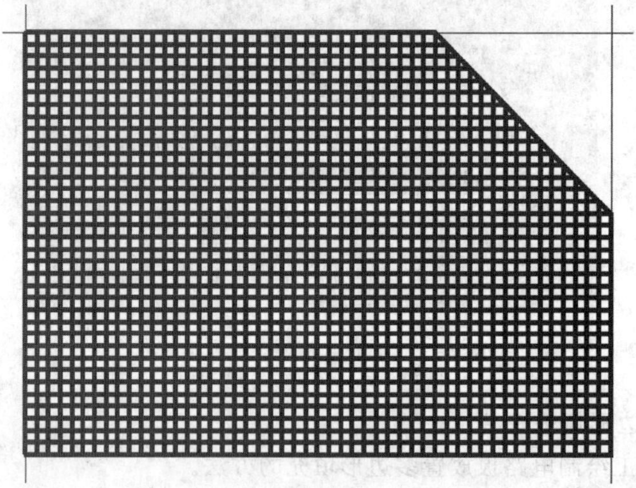

图 4-79 放置多边形填充

从图 4-77 可以看出,多边形填充和矩形填充不同。在填充的区域内,多边形填充不是全部填满,而是以网格的方式填充。

16. 阵列粘贴

下面介绍阵列粘贴的方法。

方法一:利用菜单命令。选择菜单中的 Edit|Paste Array 命令,系统执行阵列粘贴命令。

方法二:利用放置工具栏命令。单击放置工具栏的图标,系统执行阵列粘贴命令。

方法三:使用快捷键。按 E+A 键,系统执行阵列粘贴命令。

选中要阵列粘贴的元器件,执行复制命令后,执行阵列粘贴命令,弹出如图 4-80 所示对话框。

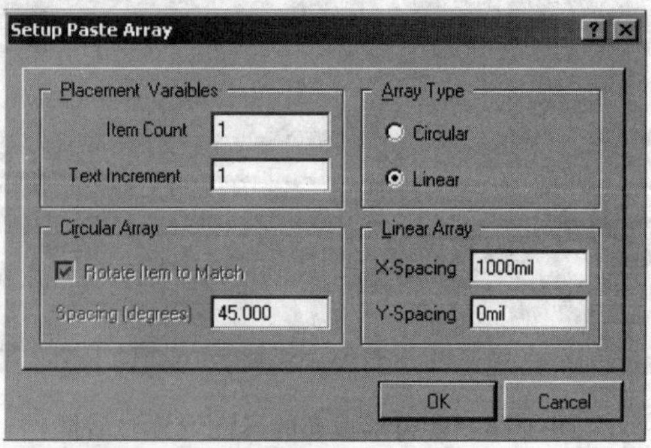

图 4-80 阵列粘贴对话框

4.4　案例 4-3：振荡器电路 PCB 设计——全手工绘制单面电路板

4.4.1　项目设计任务

图 4-81 所示为振荡器电路。下面以此为例，讲解全手工绘制单面 PCB 板的方法。

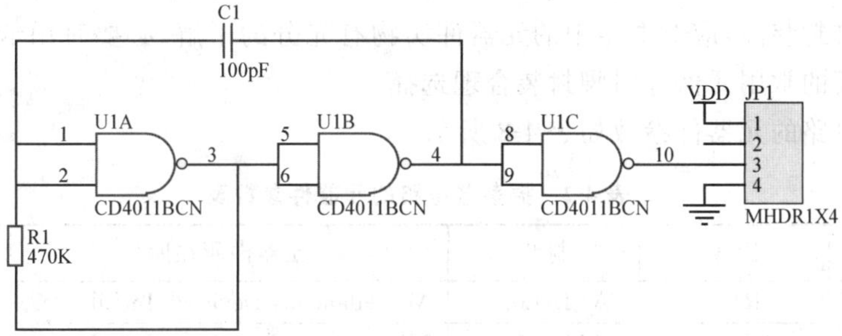

图 4-81　振荡器电路

振荡器电路 PCB 设计要求如下所述。

(1) 使用单面电路板。

(2) 电路板的外层板框尺寸为 25mm×25mm，内层边框各边距离外层 1mm，且标注外边框。

(3) 电源和地线的铜膜走线线宽 30mil，一般布线的宽度 10mil。

(4) 人工放置元器件封装，并排列整齐。

(5) 人工连接铜膜走线。

(6) 在内层边框 Keep Out Layer 内，放 3 个焊盘作为板子定位孔。定位孔采用 3mm 孔径。

4.4.2　绘制电路板双层板框

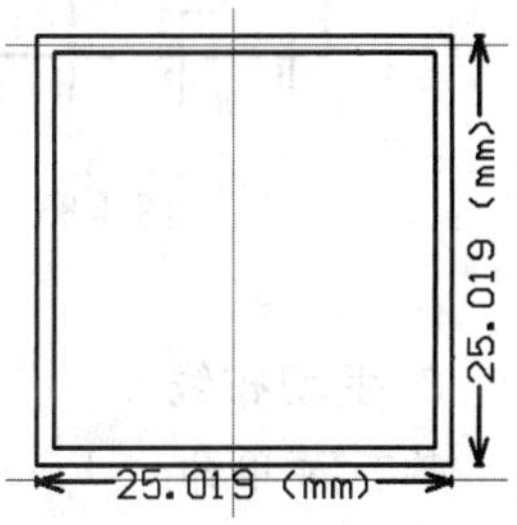

图 4-82　电路板双层板框

在 PCB 编辑器中，系统默认使用英制度量单位 mil；按 Q 键，切换到公制单位 mm。在 PCB 编辑器中选择 Mechanical 1（机械层 1），根据图 4-82 所示的电路板双层板框，依次输入第一个坐标点(0,0)、第二个坐标点(25,0)、第三个坐标点(25,25)、第四个坐标点(0,25)，最后回到原点(0,0)，绘制出一个 25mm×25mm 的外层板框。单击绘图工具栏的 图标，对板框标注。在 PCB 编辑器中选择 Keep Out Layer（禁止布线层），绘制内层边框，依次输入第一个坐标点(1,1)、第二个坐标点(24,1)、第三个坐标点(24,24)、第四个坐标点(1,24),最后回到最初点(1,1)。

4.4.3 绘制 PCB

1. 放置元器件封装

设置好板框尺寸后,把元器件封装直接放置在 PCB 板上。

在确定元器件引脚封装时,不能采取死记硬套的方法。有些初学者死记硬套元器件封装,遇到电阻时,不管体积和功率大小,都盲目地采用 AXIAL-0.4;看到电解电容,不管大小,都采用 RB7.6-15,势必导致制作的 PCB 板无法满足实际元器件的装配需要。因此在确定引脚封装前,应对电路中的元器件实物有充分的了解,必要时用卡尺实际测量,结合本章介绍的常用元器件引脚封装合理选择。

振荡器电路的元器件参数如表 4-2 所示。

表 4-2 振荡器电路的元器件参数表

元器件名称	标号	封装	元器件所在库	说明
RES	R1	AXIAL0.4	Miscellaneous Devices. IntLib	电阻
CAP	C1	RAD0.1	Miscellaneous Devices. IntLib	电容
CD4011BCN	U1	DIP-14	FSC Logic Gate. IntLib.	四与非门
MHDR1X4	JP1	MHDR1X4	Miscellaneous Connectors. IntLib	接插件

CD4011BCN 是一个多子元器件,如图 4-83 所示,由 4 个与非门、电源和地组成。所有元器件封装放置完成后保存文档,进入下一步设计。

2. 元器件布局

依照图 4-84 对元器件进行布局。元器件排列整齐,接插件 JP1 置于 PCB 板右上侧。

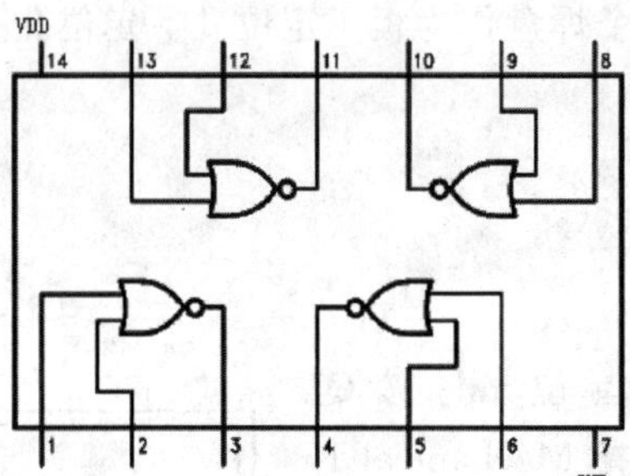

图 4-83 CD4011BCN

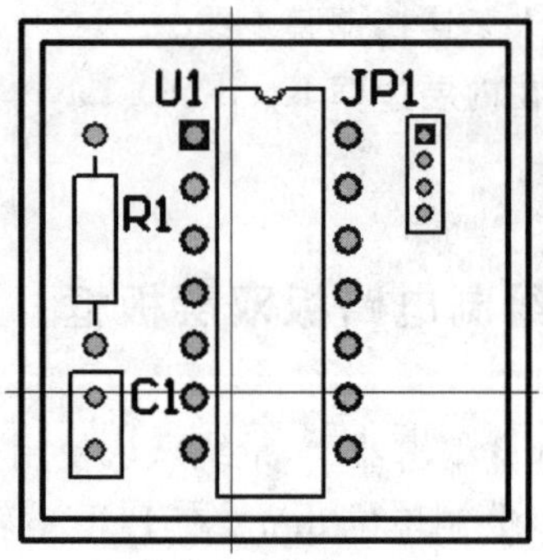

图 4-84 元器件布局

3. 手动布线

执行菜单命令 Place|Line 对布局的元器件布线,所有走线都在 Top Layer(顶层)。放置导线时,不必切换板层。一般导线宽度 10mil,电源和地线的铜膜走线线宽 30mil。双击电源和地线,把电源和地线线宽改为 30mil。完成布线的 PCB 如图 4-85 所示。

4.4.4 优化 PCB

1. 放置定位孔

在内层边框 Keep Out Layer 内放 3 个焊盘作为板子定位孔。定位孔采用 3mm 孔径。执行菜单命令 Place|Pad 放置定位孔，外径大小设置成圆形，X-Size 和 Y-Size 都设置为 3mm，Hole-Size 设置为 3mm。放置好定位孔的单面 PCB 板如图 4-86 所示。

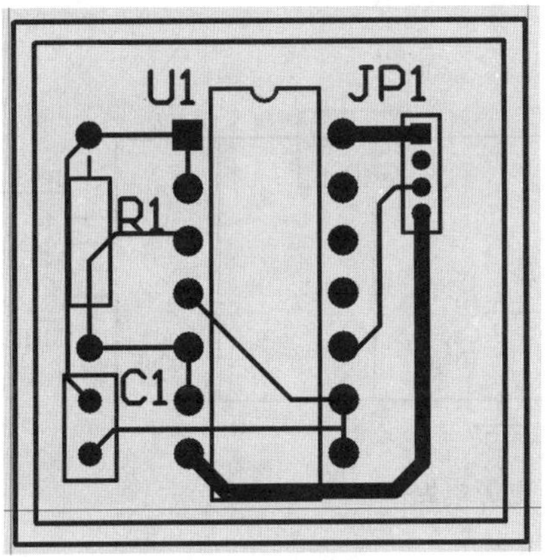

图 4-85　手动布线的单面 PCB 板

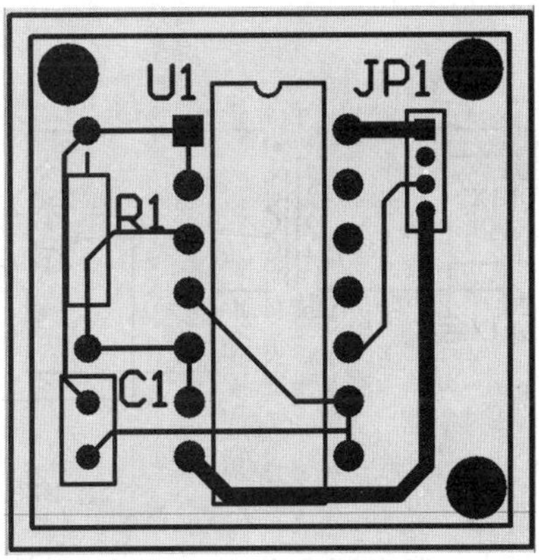

图 4-86　放置好定位孔的单面 PCB

2. 3D 效果图

执行 View|Board in 3D 命令，弹出 3D 效果图，如图 4-87 所示。用户可以通过 3D 效果图观察元器件封装是否正确，元器件之间的安装是否会有干扰，是否合理等。

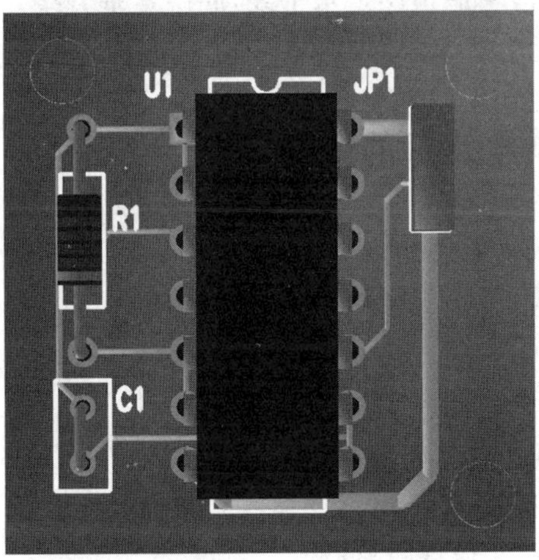

图 4-87　3D 效果图

4.5 案例 4-4：三端稳压电源电路 PCB 设计——自动布线绘制双面电路板

4.5.1 项目设计任务

图 4-88 所示为三端稳压电源电路。下面以此为例，讲解自动布线绘制双面 PCB 板的方法。

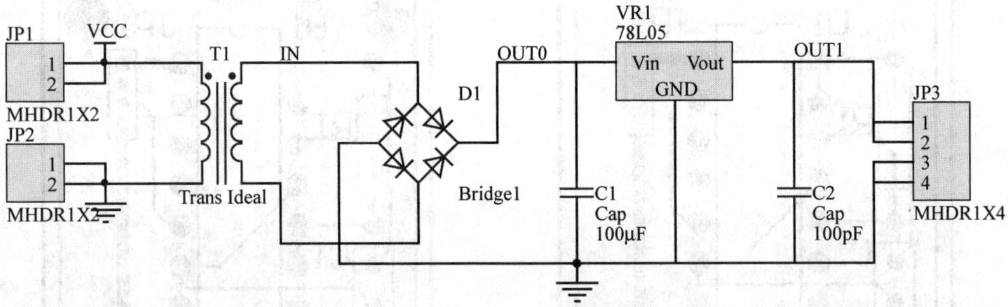

图 4-88 三端稳压电源电路

三端稳压电源电路 PCB 设计要求如下所述。

(1) 绘制双面电路板。

(2) 电路板的板框尺寸为 3250mil×2250mil。

(3) 电源和地线的铜膜走线线宽 30mil，一般布线宽度 10mil。

(4) 人工放置元器件封装，并排列整齐。

(5) 自动布线，连接铜膜走线。电源和地线的铜膜走线线宽 30mil，一般布线宽度 10mil。尽量不使用过孔。布线时，考虑顶层走水平线，底层走垂直线。

(6) 在板子右下位置选择元器件封装。作为电源的退耦电容，接在电源端和接地端。

4.5.2 自动布线绘制电路板的步骤

自动布线绘制电路板一般遵循以下步骤。

(1) 启动 Protel DXP，新建工程项目文件并保存。

(2) 绘制原理图。

(3) 生成网络表文件。

(4) 建立新的电路板文件并保存。没有保存过的 PCB 文件不能自动布线。

(5) 在禁止布线层(Keep Out Layer)定义电路板的板框尺寸。

(6) 导入网络表，放置元器件封装。

(7) 元器件布局。

(8) 设置设计规则。

(9) 自动布线。

4.5.3 绘制电路原理图

使用 Protel DXP 电路设计软件设计印制电路板，首先新建一个工程项目（这一点有别于手工布线），其方法和设计原理图一样，不再叙述。其次，新建一个原理图，并在此完成绘制。三端稳压电源电路的元器件参数表如表 4-3 所示。

表 4-3　振荡器电路的元器件参数表

元器件名称	标号	封装	元器件所在库	说明
CAP	C1、C2	RAD0. 3	Miscellaneous Devices. IntLib	电容
Trans Ideal	T1	TRF-4	Miscellaneous Devices. IntLib	变压器
Bridge 1	D1	E-BIP-P4/D10	Miscellaneous Devices. IntLib	整流桥
Volt Reg	VR1	SFM-T3/X1. 6V	Miscellaneous Devices. IntLib	三端稳压电源
MHDR1X2	JP1、JP2	MHDR1X2	MiscellaneousConnectors. IntLib	接插件
MHDR1X4	JP3	MHDR1X4	MiscellaneousConnectors. IntLib	接插件

在电路中，三端稳压块型号为 CW7805，为塑封外壳的中功率管，外形和引脚如图 4-89 所示，编辑器默认的封装为 SIP-G3/Y2，是表面贴装形式。不符合实际使用要求的直插式三端稳压块，必须根据情况选择合适的封装。查看集成库 Miscellaneous Devices. IntLib，三端稳压块 VR1 的默认封装是 SIP-G3/Y3，如图 4-90 所示。由默认封装可知，虽然该封装的焊盘序号与原理图符号的引脚序号以及实际三端稳压块 7805 的引脚排列相吻合，但该封装是表面粘贴式，不符合实际元器件 CW7805 的外形。浏览集成库 Miscellaneous Devices. IntLib 的封装形式，可以看到 SFM-T3 系列的封装比较符合三端稳压块 VR1 的要求，综合考虑后，选定封装 SFM-T3/X1. 6V，如图 4-91 所示。这是因为该封装为穿插式，焊盘序号与原理图符号的引脚序号以及实际元器件的引脚作用和序号完全一致，且焊盘间距和实际元器件的引脚间距相符。

图 4-89　CW7805

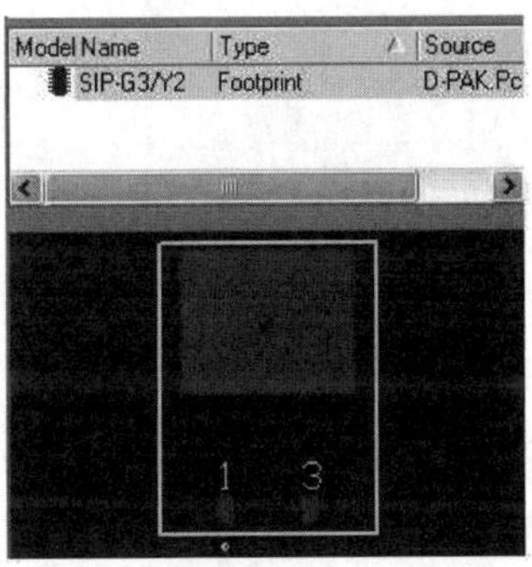

图 4-90　表面粘贴式封装 SIP-G3/Y3

图 4-91　通孔式封装 SFM-T3/X1. 6V

按照表 4-3 放置好元器件并设置封装后,完成原理图绘制,即可执行下一步操作。

4.5.4 生成网络表文件

在 Protel 的前期版本(如 Protel 98)中,网络表是原理图和 PCB 板之间的联系纽带。正是通过网络表,PCB 编辑器才能从封装库中调入和原理图元器件相对应的 PCB 元器件引脚封装,才知道各封装焊盘之间的连接关系(该连接关系称为网络)。在 Protel DXP 中,不一定要通过载入网络表才能调入 PCB 元器件封装和网络,但可以通过网络表查看各元器件编号、参数是否正确,封装是否合适,元器件之间的网络连接关系是否正确等。执行菜单命令 Design|Netlist For Protel,系统将建立网络表文件三端稳压电路. NET。

4.5.5 新建 PCB 文件并规划电路板

执行菜单命令 File|New|PCB 新建一个空白的 PCB 文件,并保存文档。用户必须根据元器件的多少、大小,以及电路板的外壳限制等因素确定电路板的尺寸大小。除特殊要求外,电路板尺寸应尽量满足国家标准 GB 9316—1988 的规定。在本例中,电路板元器件不多,为了讲解、演示方便,采用较大的电路板尺寸:3250mil×2250mil。PCB 默认的网格间距和捕获间距为 20mil,本例要求 3250mil。如果依照默认设置,绘制出来的板框要么是 3240mil,要么是 3260mil,不够精确。执行菜单命令 Design|Board|Options,弹出如图 4-92 所示对话框,在 Snap Grid 中修改 X、Y 的值为 10mil,这样绘制出来的 PCB 板框就很精确,并符合要求。规划好了的电路板如图 4-93 所示。

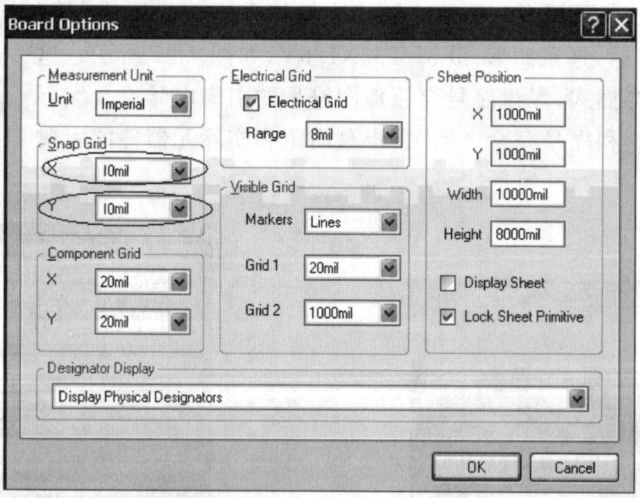

图 4-92 PCB 板框设置对话框

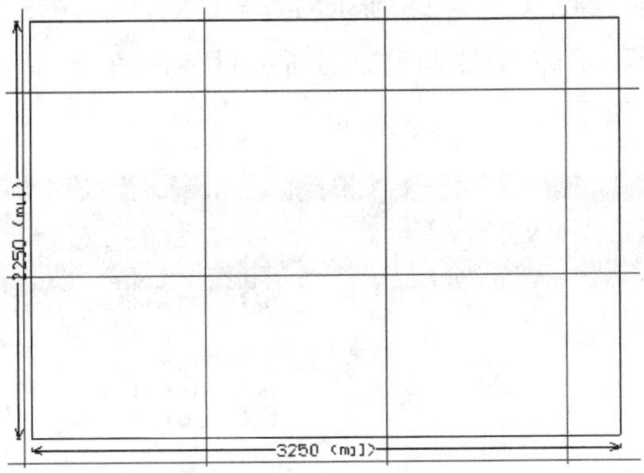

图 4-93　规划好的电路板

4.5.6　导入网络表

Protel DXP 实现了真正的双向同步设计，元器件封装和网络信息可通过在原理图编辑器中更新 PCB 文件来实现，也可通过在 PCB 编辑器中导入原理图的变化来实现。下面介绍第二种方法，即在 PCB 编辑器中利用系统生成的网络表来更新元器件的封装和网络。

执行菜单命令 Design|Import Change From，系统将执行网络表和元器件封装的导入命令，弹出如图 4-94 所示对话框。

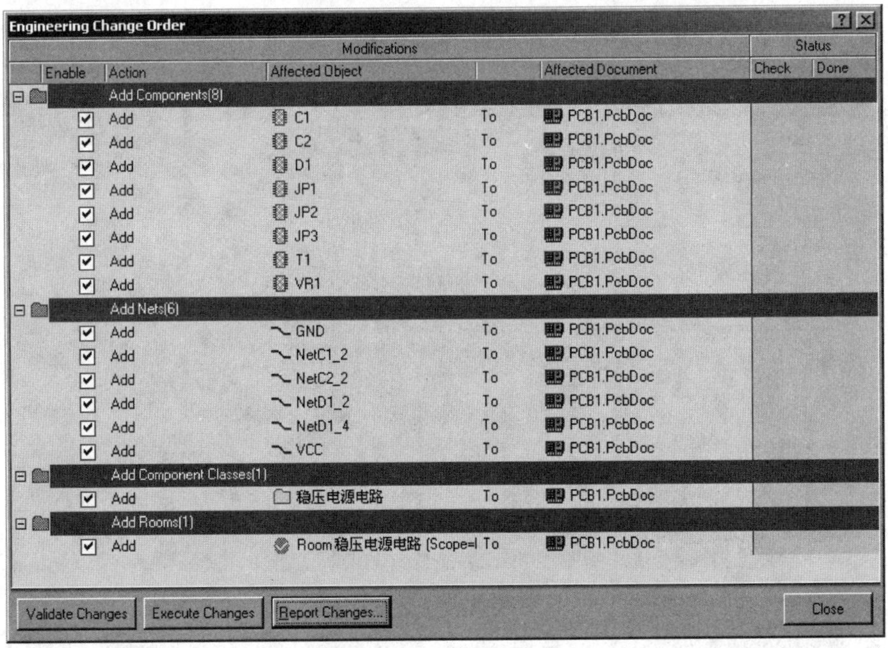

图 4-94　网络表和元器件封装的导入命令

单击 Validate Changes 按钮，弹出如图 4-95 所示检查封装对话框，确定元器件是否有效装入。其中，符号表示封装不正确，需要调整。当所有封装正确后，单击 Execute Changes 按钮，导入元器件封装，如图 4-96 所示。

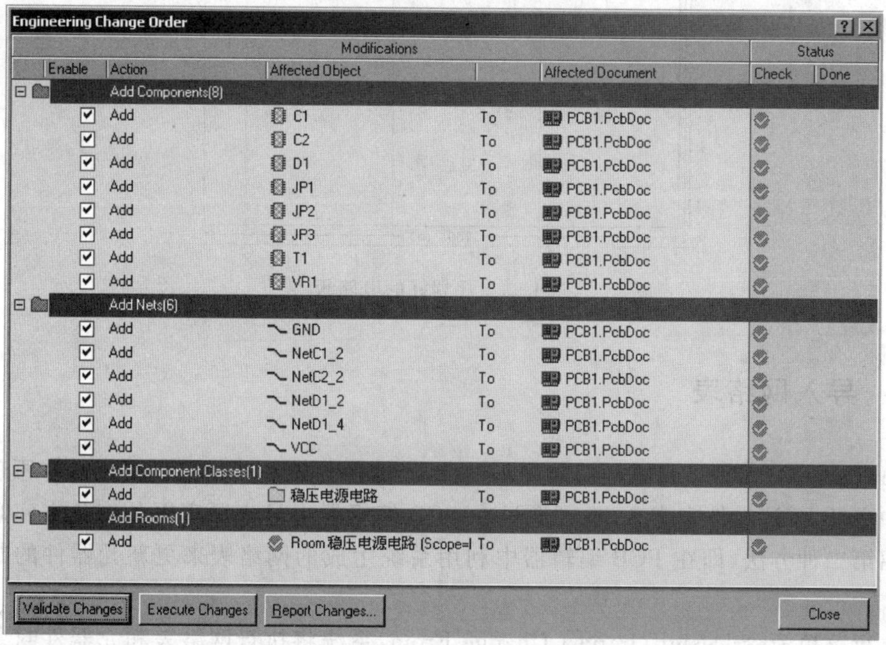

图 4-95 检查封装对话框

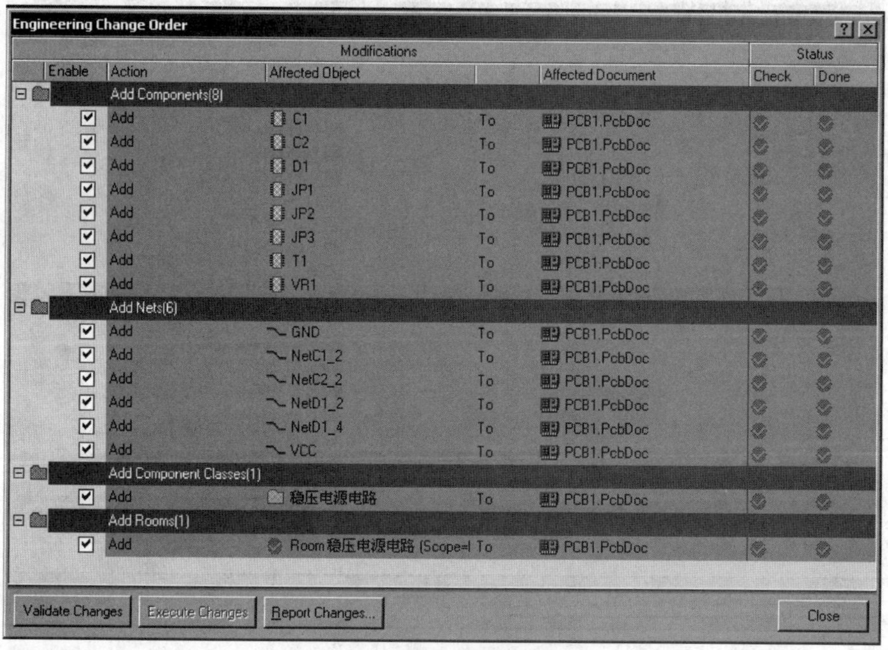

图 4-96 导入封装完成

单击 Close 按钮，系统完成元器件封装导入工作。单击 Report Changes... 按钮，弹出报表文件，如图 4-97 所示，可用 Excel 输出或打印。

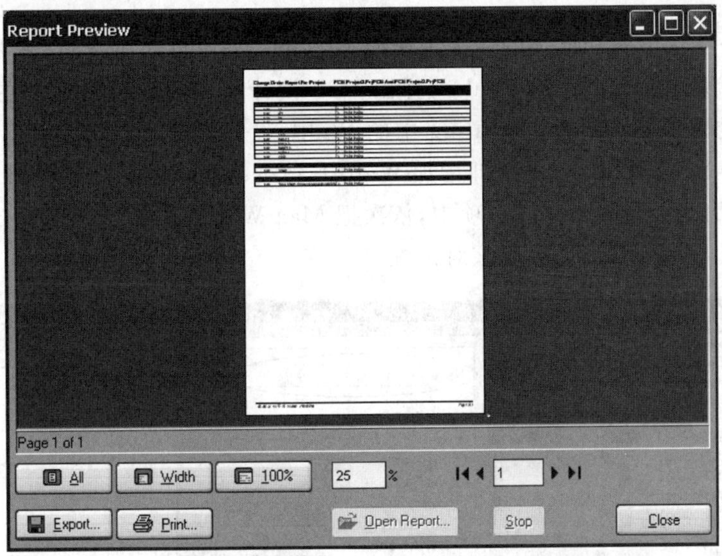

图 4-97　网络表和元器件封装的导入报表

在 PCB 编辑器中，系统导入 PCB 板，布局元器件。把所有元器件移到绘制好的板框内，并删除 ROOM 后，如图 4-98 所示。当 PCB 违反设计规则时，系统呈现绿色高亮，提醒用户注意。移动元器件，使之不重叠，可以把绿色高亮度消除。每个焊盘上都有网络标志，并由预拉线把相同网络的焊盘连接起来。

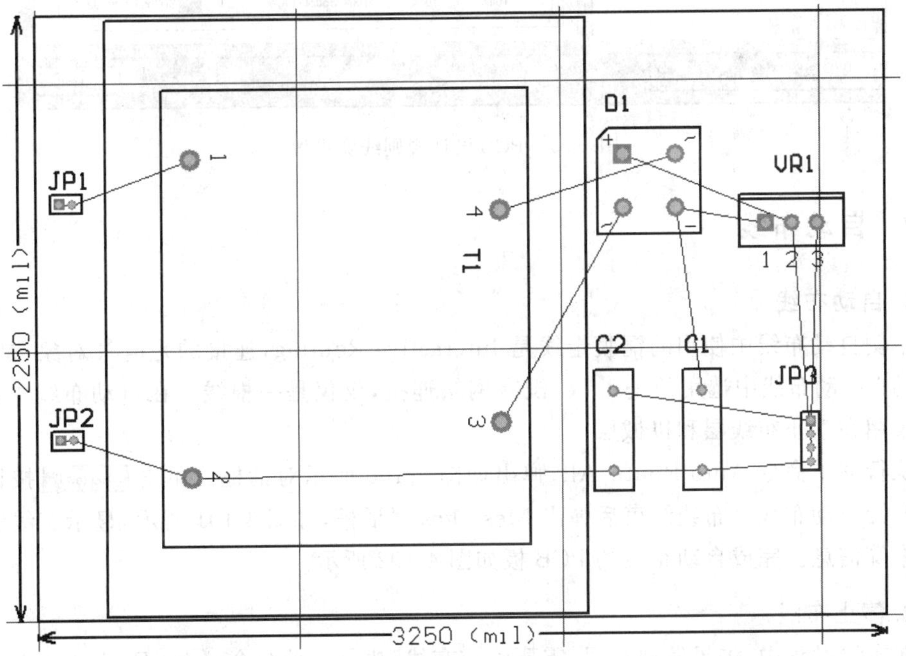

图 4-98　元器件布局

4.5.7 设置设计规则

项目任务要求电源和地线的铜膜走线线宽 30mil,采用自动布线时,需要在设计规则里设置。执行菜单命令 Design|Rules,弹出 PCB 设计规则约束对话框。在图 4-99 所示对话框左边的目录树中,找到 Routing 中的 Width 设置。然后右击 Width,弹出列表命令;单击选中 New Rule...。系统即增加 Width1,改变 Name 为 VCC;增加 Width2,改变 Name 为 GND。在 Constraints 选项中,依次把 Max Width、Preferred Width、Min Width 设置为 30mil。设置完成后,关闭该对话框。

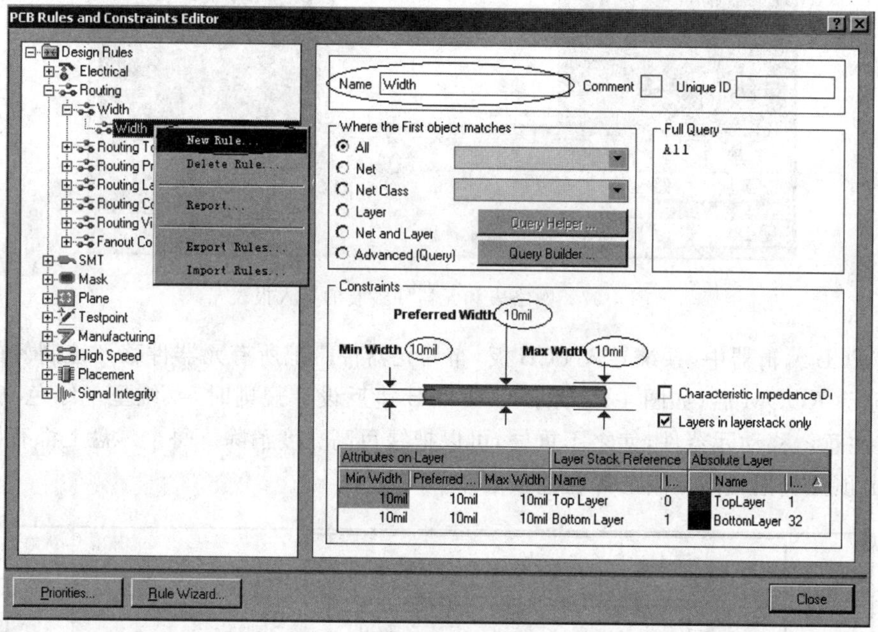

图 4-99 PCB 设计规则线宽设置

4.5.8 自动布线

1. 自动布线

本例自动布线中使用的铜膜走线是 Interactive Routing,连接的是电气对象,是具有网络的;手动布线中选用的是 Line,没有网络连接,仅仅是一根线。在自动布线中,Line 一般仅用在禁止布线层和机械层。

执行菜单命令 Auto Route|All,弹出如图 4-100 所示对话框。单击 Route All 按钮,系统将开始自动布线。布线结束后弹出 Messages 对话框,如图 4-101 所示,显示布线结果、布通率等信息。完成自动布线的 PCB 板如图 4-102 所示。

2. 停止布线

在布线过程中,如果发现错误,需要停止布线,执行菜单命令 Auto Route|Stop。

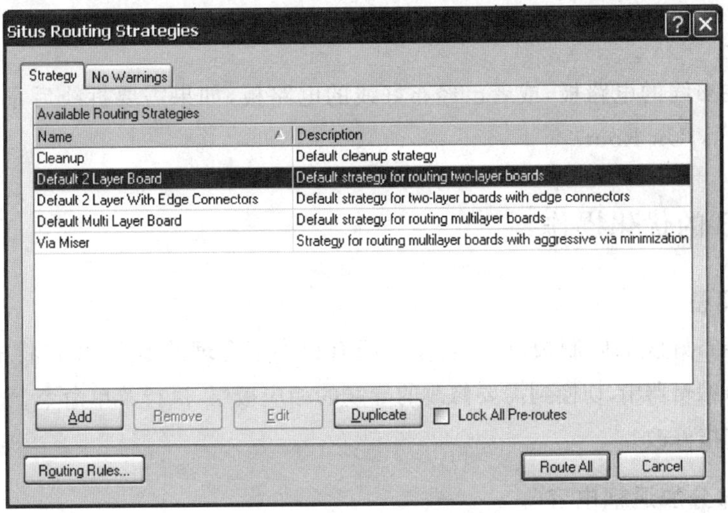

图 4-100　布线状态对话框

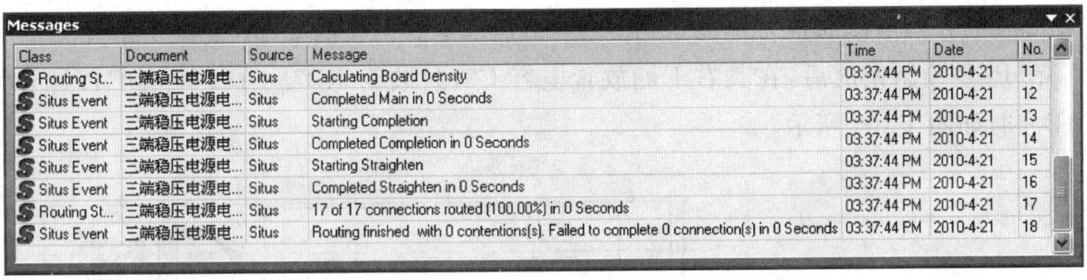

图 4-101　Messages 对话框

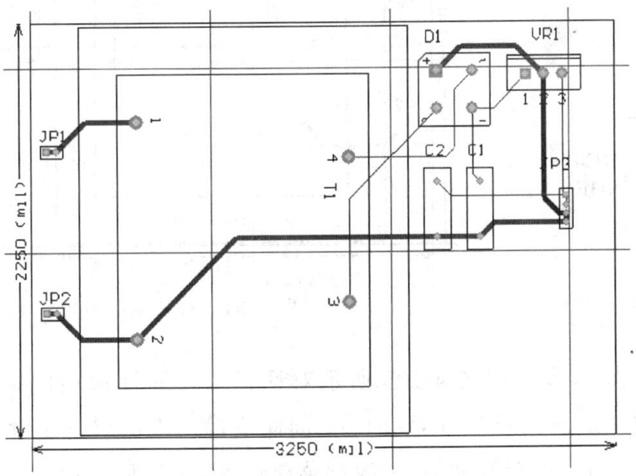

图 4-102　完成自动布线的双面板

3. 拆线

对于正在布线的电路板,或者已经布好线的电路板,如果需要拆线后重新布线,执行菜单命令 Tools|Un Route。

4.5.9 PCB 的优化操作

1. 手动调整

对于已经布好线的印制板,由于自动布线有很多不合理的地方,用户将根据需要手动调整。在 PCB 编辑器中,切换到需要修改的导线的相应板层,执行菜单命令 Place|Interactive Routing,可直接修改。

2. 电源部分加退耦电容

所谓退耦,即防止前、后电路网络电流大小变化时,在供电电路中形成的电流冲动对网络的正常工作产生影响。简而言之,退耦电容能够有效地消除电路网路的寄生耦合。退耦滤波电容的取值通常为 47~200μF。典型退耦电容的接法如图 4-103 所示。

在 PCB 绘制完成后,在其右下侧放置电容 C3,封装为 RB7. 6-15;电容 C4,封装为 RAD0. 3,如图 4-104 所示。

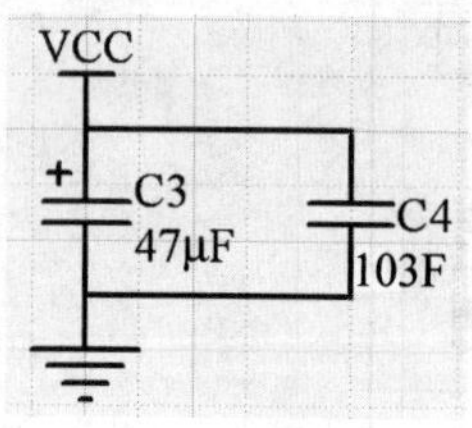

图 4-103 退耦电容的接法

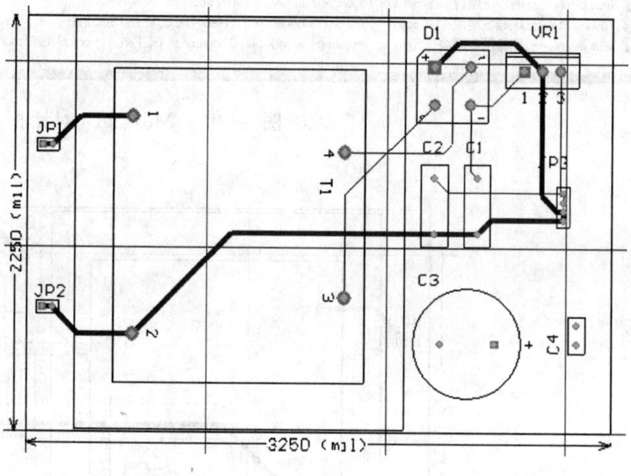

图 4-104 添加退耦电容的 PCB

双击 C3 的引脚 2,弹出如图 4-105 所示对话框。在属性选项网络下拉列表中选择 GND,系统即增加一条预拉线至 GND 网络;同样地,为 C3 的引脚 1 设置 VCC 网络。采用相同的方法设置 C4。设置好网络,再执行菜单命令 Auto Route|Net,然后在 PCB 板选择 GND 网络、VCC 网络自动布线。布线效果如图 4-106 所示。

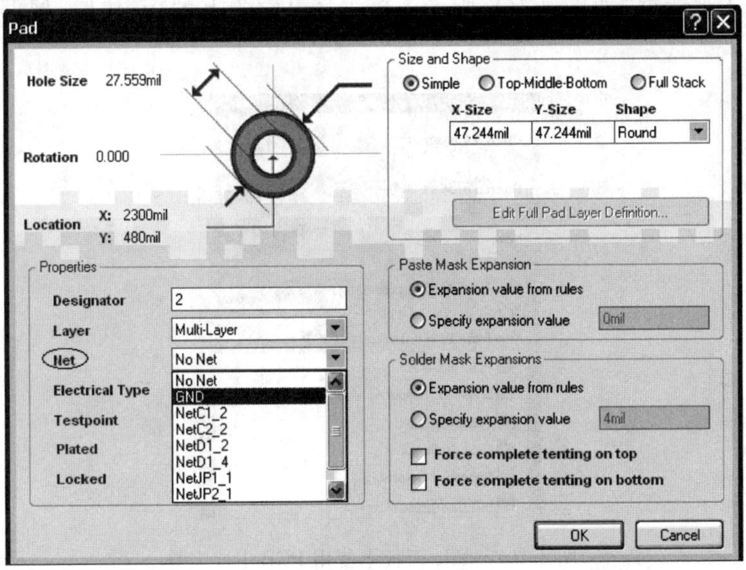

图 4-105 设置退耦电容的网络

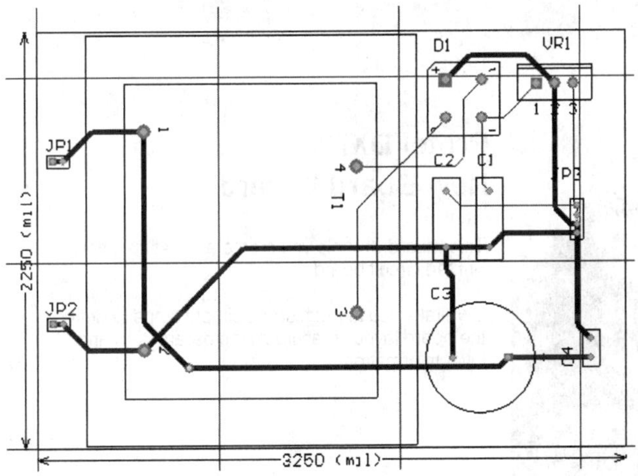

图 4-106 添加退耦电容的 PCB

4.5.10 新建 PCB 文件的其他方法

其实，除了前面介绍的两种新建 PCB 的方法外，DXP 还有另外两种新建 PCB 的方法。

方法一：右击选择 Projects 面板中的任一个文档并选择 New|PCB，也新建一个空白的 PCB 文件。

方法二：使用向导定义电路板。单击工作面板标签 Files，弹出 Files 面板，如图 4-107 所示。选择 New from template|PCB Board Wizard，系统自动启动 PCB 向导，弹出 PCB

Board Wizard 对话框，如图 4-108 所示。单击图 4-107 上的按钮，展开或关闭文档选项。

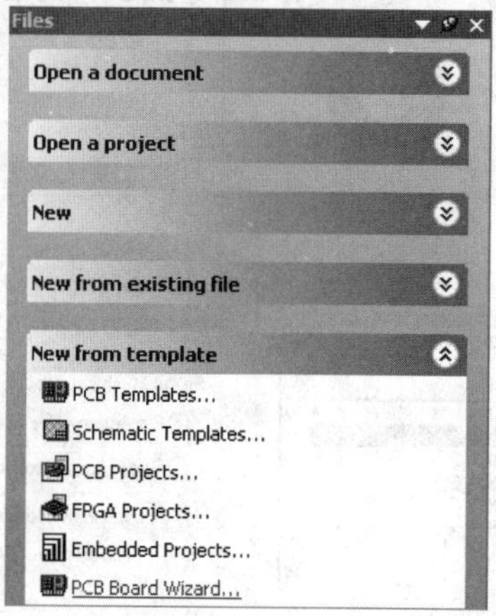

图 4-107　File 面板中使用 PCB 生成向导

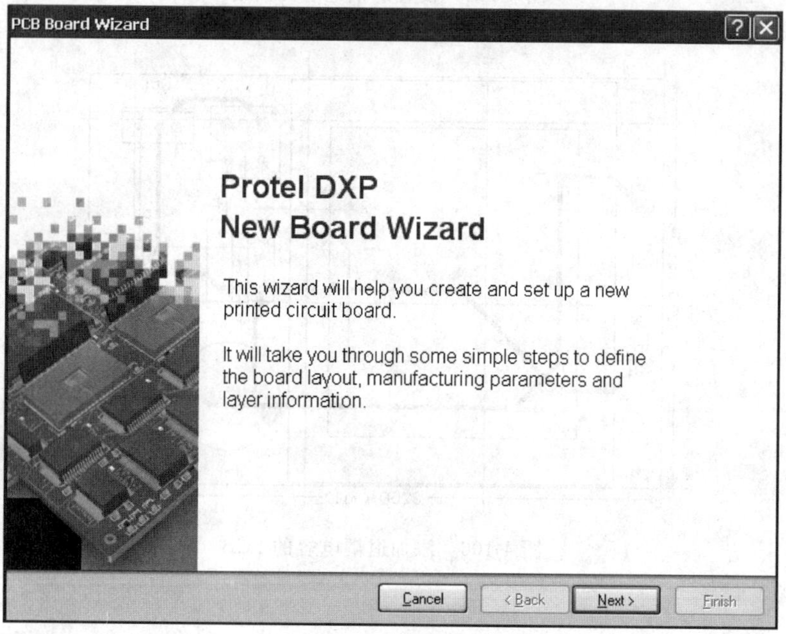

图 4-108　PCB 生成向导对话框

在 PCB Board Wizard 欢迎对话框中单击 Next > 按钮，进入选择 PCB 板尺寸单位对话框，有 Imperial(英制)和 Metric(公制)两种供选择。这里选择 Imperial，如图 4-109 所示。

在 PCB Board Wizard 的 PCB 板尺寸单位对话框中单击 Next > 按钮，进入选择 PCB 板特定板型对话框，可以自定义 PCB 板型尺寸，也可以在原有板型中选择，有 A、A0、A1、A2、A3、A4 等类型。这里选择 Custom(自定义)，如图 4-110 所示。

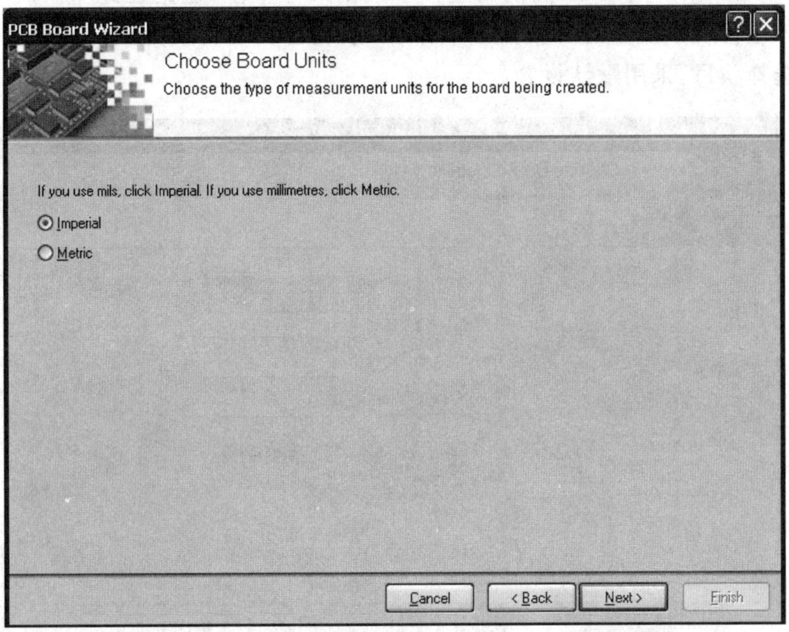

图 4-109　在 PCB 生成向导选择电路板的度量单位

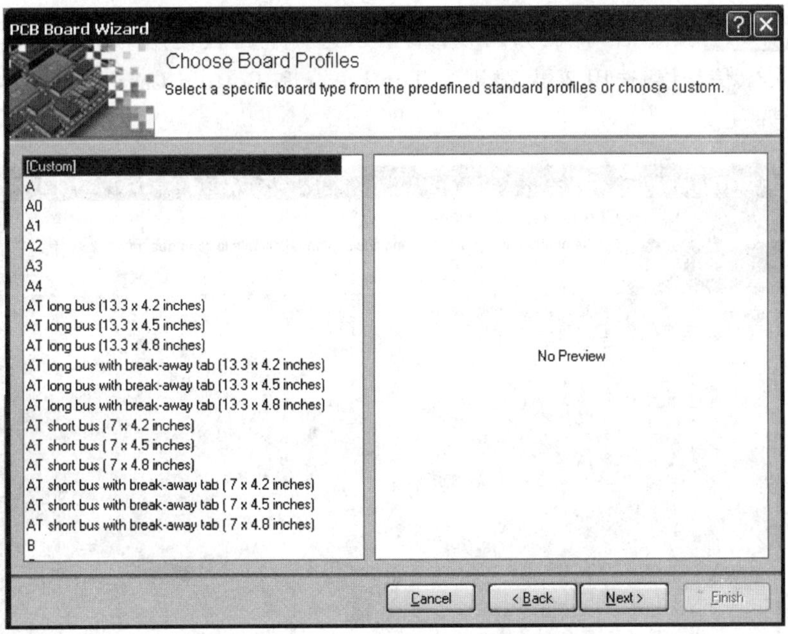

图 4-110　“选择 PCB 特定板型”对话框

单击 Next > 按钮后，弹出如图 4-111 所示 PCB 板详细尺寸定义对话框。在这里，定义板子 Outline Shape(外框形状)，有 Rectangular(矩形)、Circular(圆形)、Custom(自定义，可任意形状)三种类型。选择 Rectangular，矩形 PCB 板的尺寸(Board Size)需要定义

Width(宽)和 Height(高)。虽然前面选择了英制尺寸单位,但是在此输入尺寸时仍可通过明确输入单位的数值来选择使用公制单位,系统会自动转换为当前使用的度量单位。对于其他选择项目,采用默认设置。

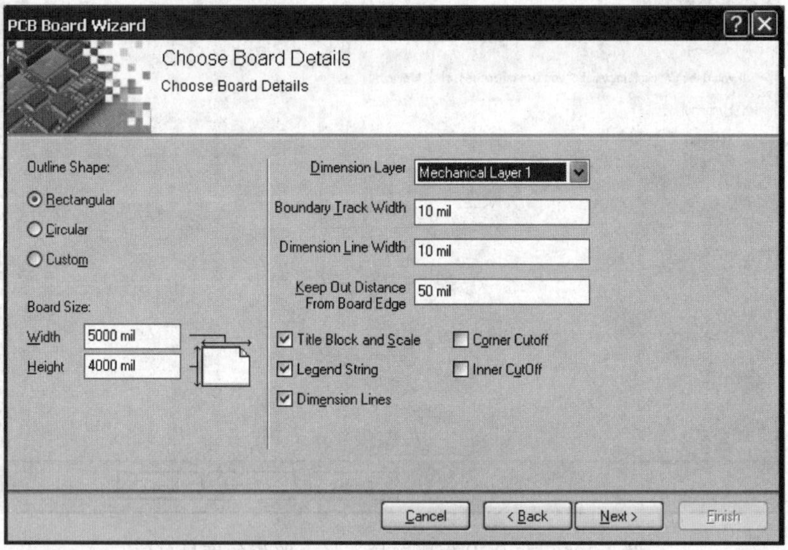

图 4-111 "PCB 详细尺寸"对话框

单击 Next > 按钮后,弹出如图 4-112 所示选择电路板使用的层对话框。在这里,Signal Layers(信号层)选用 2 层,分别为 Top Layer 和 Bottom Layer。因为制作双面板,所以电源层选 0。

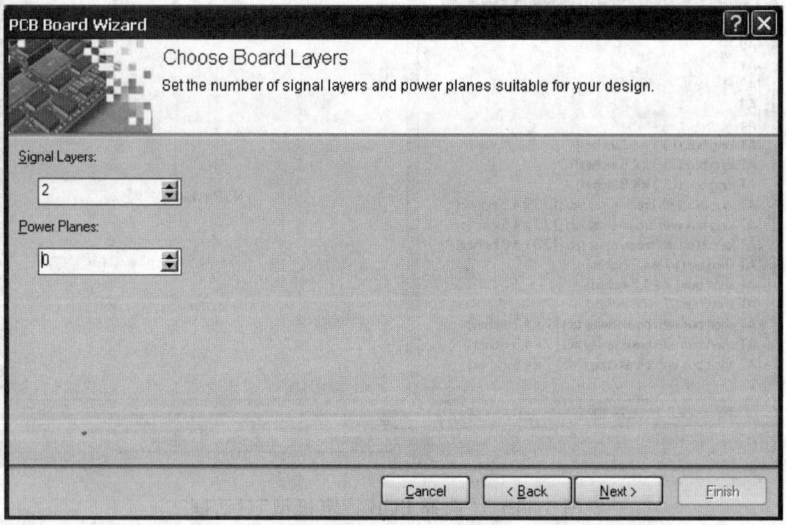

图 4-112 "选择电路板使用的层"对话层

单击 Next > 按钮后,弹出如图 4-113 所示设置过孔类型的对话框。在这里,有 Thruhole Vias only (通孔)和 Blind and Buried Vias only(埋孔)两种选择。可选择通孔类型。

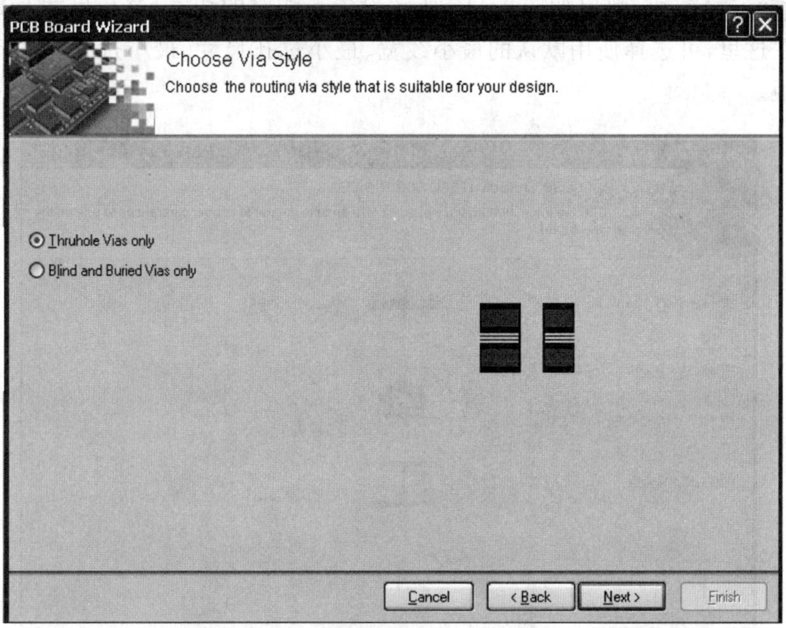

图 4-113　“设置过孔的类型”对话框

单击 Next> 按钮后，弹出如图 4-114 所示设置元器件的封装类型及走线方式的对话框。在这里，有 Surface-mount components(表面粘贴式元器件)和 Through-hole components(通孔式元器件)两种选项。可选择通孔式元器件，两个焊盘间选择只允许走一根线。

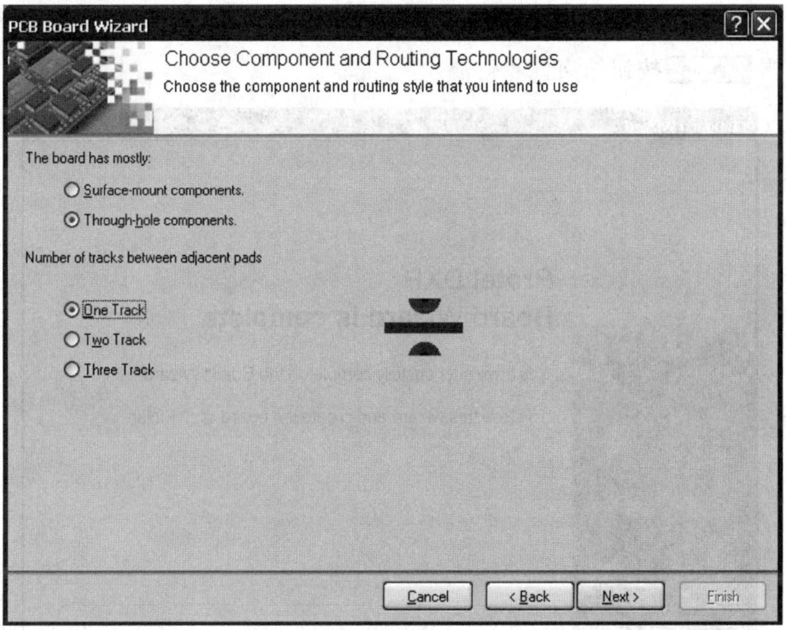

图 4-114　“设置元器件的封装类型及走线方式”对话框

单击 Next > 按钮,弹出如图 4-115 所示设置布线时的线宽、过孔尺寸及最小间距的对话框。在这里,可选择使用默认的最小线宽、最小过孔尺寸、最小过孔孔洞尺寸以及最小安全间距。

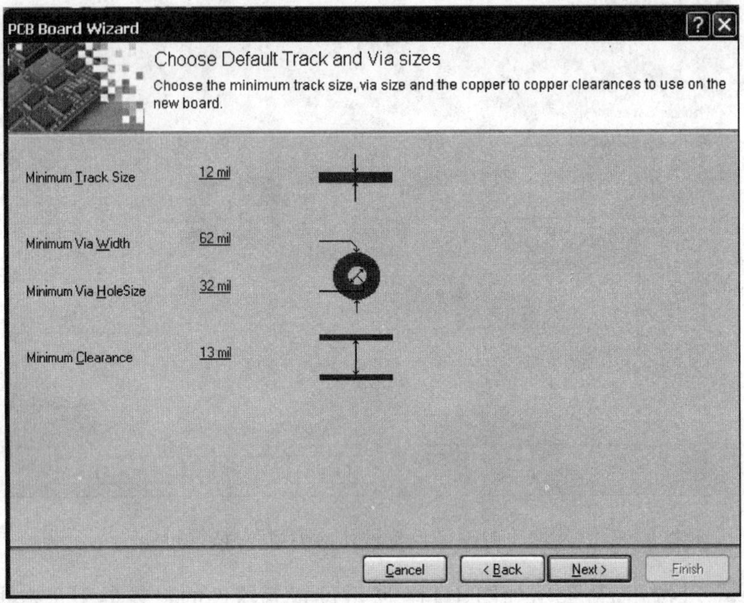

图 4-115 “设置布线时的线宽、过孔尺寸及最小间距”对话框

单击 Next > 按钮,弹出电路板完成对话框,如图 4-116 所示。如果用于对设置的参数不满意,单击 Next > 按钮返回上一个对话框进行修改。确认所有的参数设置都符合要求后,单击 Finish 按钮结束。

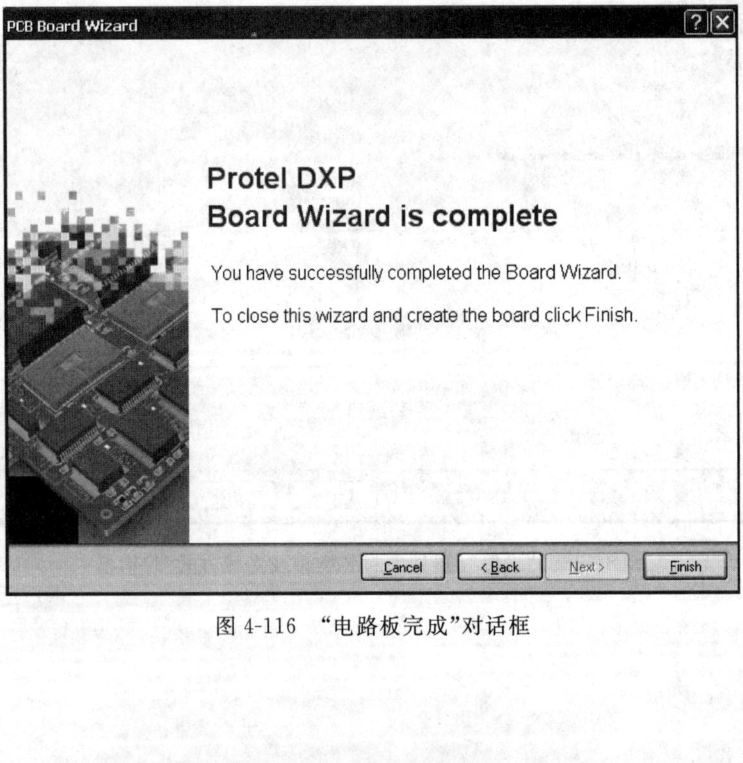

图 4-116 “电路板完成”对话框

这时，系统新建了一个 PCB 电路板文件，并将其自动加入当前工程项目中。通常，新建 PCB 文件名默认为 PCB1. PcbDoc。可以根据需要，执行菜单命令 File|Save 或 File|Save as 更改文件名，并保存文件到指定文件夹。此处，PCB 文件重命名为两级放大电路. PcbDoc，工程项目面板上的文件随之更新，如图 4-117 所示。

图 4-117　更新后的工程项目面板

4.6　案例 4-5：铂电阻测温电路 PCB 设计——自动布线绘制单面电路板

4.6.1　项目设计任务

图 4-118 所示为铂电阻测温电路。下面以此为例，讲解自动布线绘制单面 PCB 板的方法。

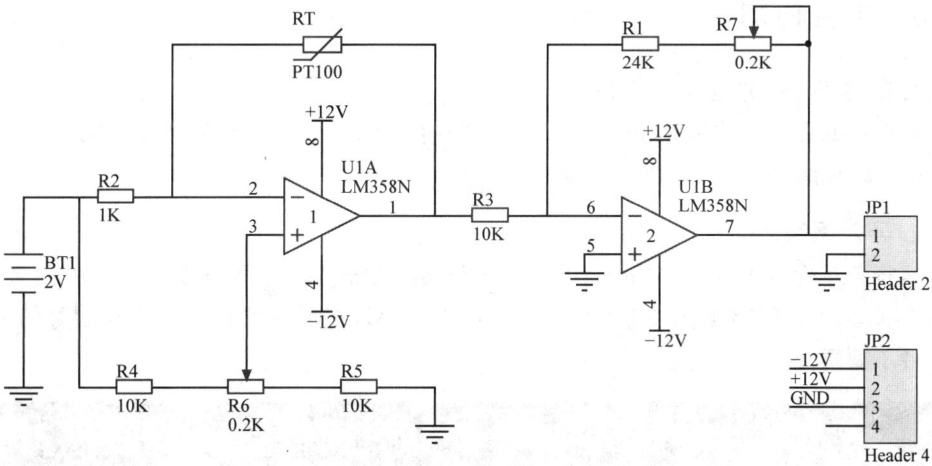

图 4-118　铂电阻测温电路

铂电阻测温电路 PCB 设计要求如下所述。

(1) 绘制单面电路板。

(2) 电路板的板框尺寸为 1600mil×1300mil。

(3) 人工放置元器件封装，并排列整齐。

(4) 自动布线，连接铜膜走线。电源和地线的铜膜走线线宽 20mil，一般布线宽度 10mil。

(5) 对所绘制的 PCB 板的所有焊盘进行补泪滴操作。

4.6.2 绘制电路原理图

首先新建文件夹,并命名保存为铂电阻测温电路。然后,新建一个工程项目,新建原理图文件并保存。铂电阻测温电路的元器件参数表如表 4-4 所示。

表 4-4 铂电阻测温电路的元器件参数表

元器件名称	标号	封装	元器件所在库	说明
Battery	BT1	Bat-2	Miscellaneous Devices. IntLib	电池
RES2	R1~R5	AXIAL0. 4	Miscellaneous Devices. IntLib	电阻
RPOT2	R6~R7	VR5	Miscellaneous Devices. IntLib	电位器
MHDR1X2	JP1	MHDR1X2	Miscellaneous Connectors. IntLib	接插件
MHDR1X4	JP2	MHDR1X4	Miscellaneous Connectors. IntLib	接插件
Res Varistor	RT1	AXIAL0. 3	Miscellaneous Devices. IntLib	铂热电阻
LM358N	U1	DIP-8	NSC Operational Amplifier. Intlib	双运放

铂热电阻 RT1 的默认封装为 R2012-0805,是一个表面粘贴式封装,不符合实际设计需要。这里把它修改为 AXIAL0. 3。如图 4-118 所示绘制原理图后,执行菜单命令 Design|Netlist For Protel,系统将建立网络表文件铂电阻测温电路. NET。

4.6.3 绘制 PCB

1. 新建 PCB,并且绘制板框

执行菜单命令 File|New|PCB,新建一个空白的 PCB 文件,并保存文档。绘制 1600mil×1300mil 大小的板框。

2. 导入网络表

执行菜单命令 Design|Import Change From,系统将执行网络表和元器件封装的导入命令。导入的 PCB 如图 4-119 所示。去除 ROOM,把所有的封装移入绘制好的板框,元器件不要重叠。

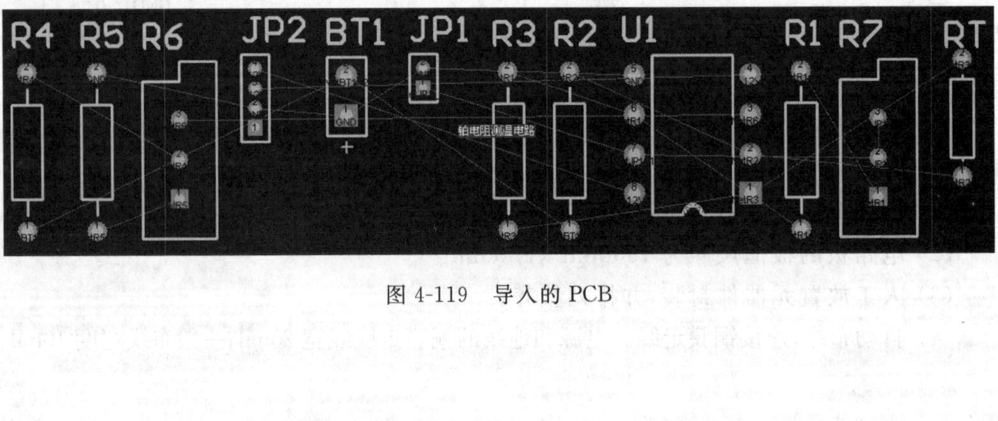

图 4-119 导入的 PCB

3. 设置设计规则

绘制单面电路板，这需要在导入网络表之后，在设计规则里设置。执行菜单命令 Design|Rules，弹出 PCB 设计规则约束对话框。在图 4-99 所示对话框左边的目录树中，单击 Routing Layers 中的 Routing Layers 设置，在对话框右下方的 Constrains 中设置 Top Layer 为 Not Used，设置 Bottom Layer 为 Any，如图 4-120 所示。然后，设置电源线和地线的宽度。本例中有三个电源，分别是＋12V、－12V、GND，尺寸分别设置为 20mil。

4. 自动布线

执行菜单命令 Auto Route|All，系统自动完成布线，如图 4-121 所示。对自动布线的 PCB 进行手动调整。

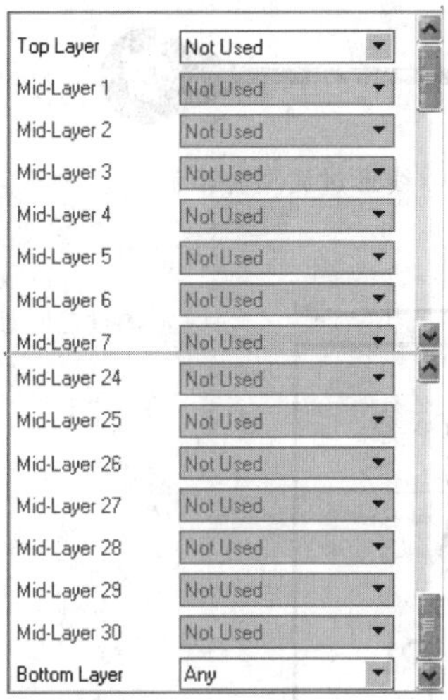

图 4-120 设置层对话框

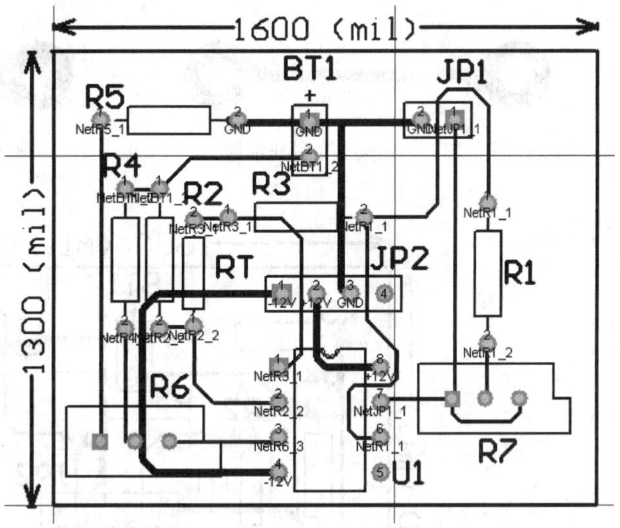

图 4-121 自动布线的单面板

5. 优化操作——焊盘补泪滴

在早期的印制电路板设计中，由于铜膜走线的宽度比较大，走线密度不是特别高，泪滴焊盘的作用不明显。随着电子元器件集成度不断提高和电路密度不断增加，在设计比较复杂的电路时往往需要将走线的线宽设置得非常小，以便在一定面积的印制板上布置更多的走线。随着走线宽度减小，走线与焊盘或过孔相连部分随之减小，在加工以及焊接过程中，这些薄弱环节极易造成断线或焊盘脱落。所以，设计中在焊盘和过孔上添加泪滴。简而言之，补泪滴的作用就是为了增加机械强度。DXP 提供了两种补泪滴的形状，分别是弧形过渡型和线形过渡型。执行菜单命令 Tools|Teardrops，弹出如图 4-122 所示补泪滴对话框。

在图 4-122 所示补泪滴对话框的 General 选项中，对于所有的焊盘、过孔，只选择选中的对象，强制放置弧形过渡型泪滴，生成报告。在该补泪滴对话框中，可以选择补泪滴的形式，执行添加、删除操作，选择需要补泪滴的焊盘及过孔。弧形过渡型补泪滴效果如图 4-123 所示，线形过渡型补泪滴效果如图 4-124 所示。

铂电阻测温电路 PCB 补泪滴效果如图 4-125 所示。

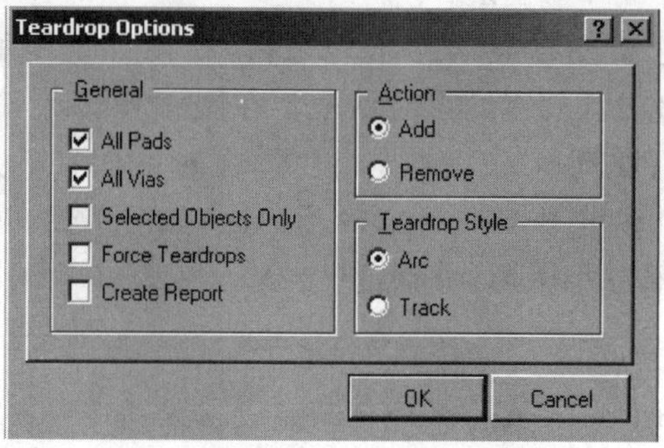

图 4-122 补泪滴对话框

图 4-123 弧形过渡型补泪滴

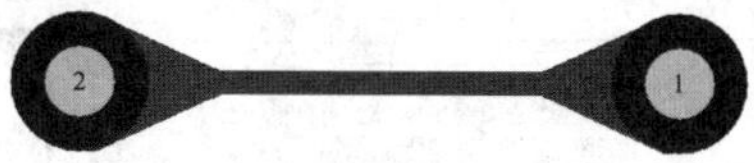

图 4-124 线形过渡型补泪滴

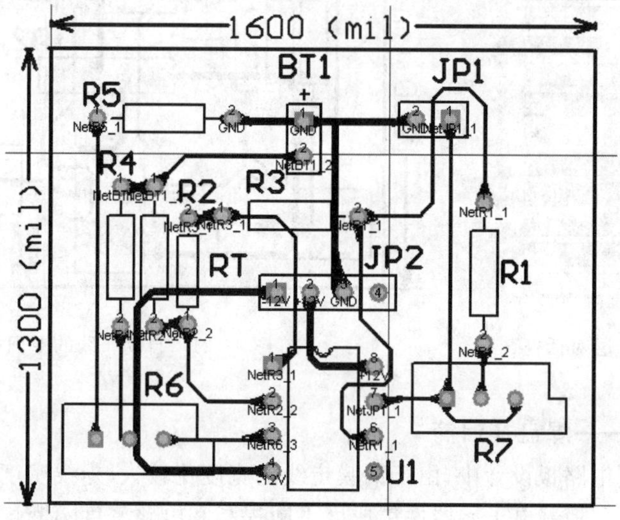

图 4-125 补泪滴效果

4.6.4 设计规则检查(DRC)

自动布线后,需要对 PCB 进行设计规则检查。执行菜单命令 Tools|Design Rules Check,弹出如图 4-126 所示的设计规则检查对话框。本例采用默认设置。

单击 Run Design Rule Check... 按钮,DXP 进行设计规则检查,并生成设计规则检查报告,如图 4-127 所示。

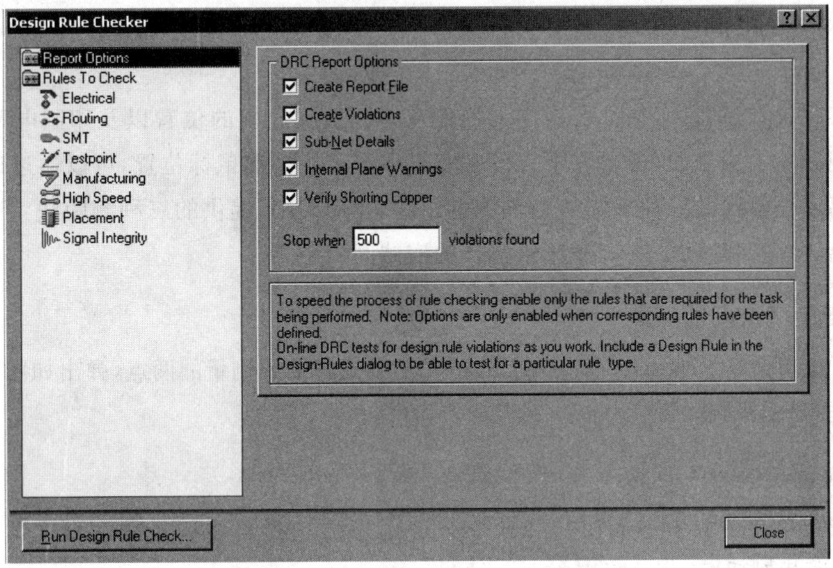

图 4-126　设计规则检查对话框

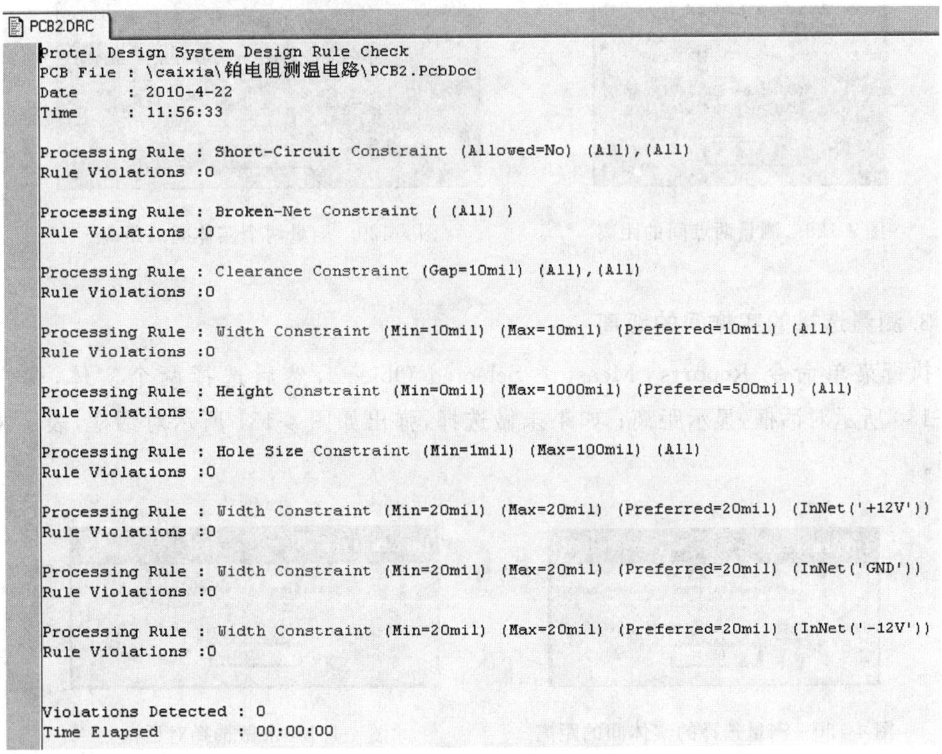

图 4-127　设计规则检查报告

4.6.5 测量距离

在实际设计过程中,往往要考虑元器件在印制板上放置的位置以及印制电路板的相关尺寸问题。一般来说,屏幕左下方的状态栏上显示了当前鼠标位置,可以通过计算两点间的距离来估算尺寸。如果需要精确测量距离,使用 DXP 提供的三种测距法:测量两点间的距离、测量实体间的距离和测量选择的实体间的距离。

1. 测量两点间的距离

执行菜单命令 Reports|Measure Distance,然后选择需要测量的两点,弹出如图 4-128 所示对话框,显示距离。

2. 测量实体间的距离

执行菜单命令 Reports|Measure Primitive,然后选择需要测量的两个实体,弹出如图 4-129 所示对话框,显示距离。

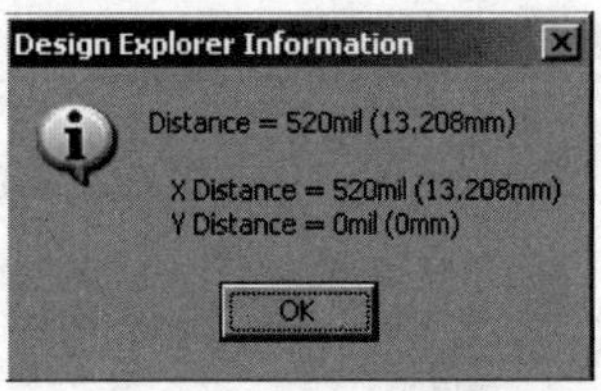

图 4-128 测量两点间的距离

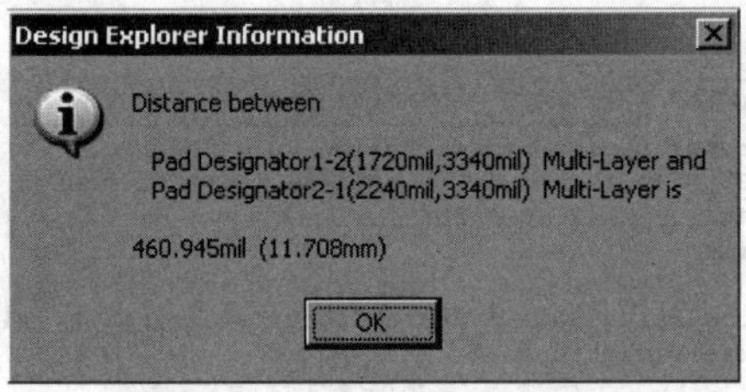

图 4-129 测量两个实体间的距离

3. 测量选择的实体间的距离

执行菜单命令 Reports|Measure Selected Objects,然后选择两个实体,弹出如图 4-130 所示对话框,显示距离;如果未做选择,弹出如图 4-131 所示对话框,表示未做选择。

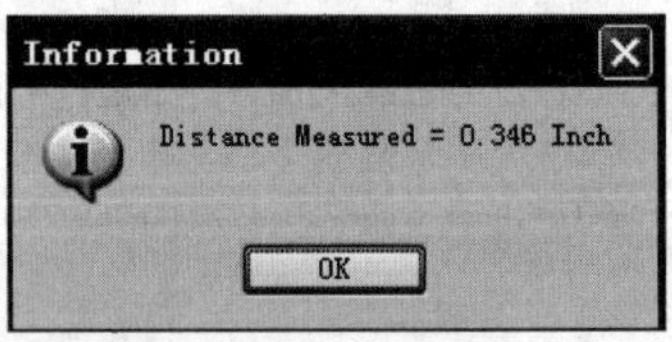

图 4-130 测量选择的实体间的距离

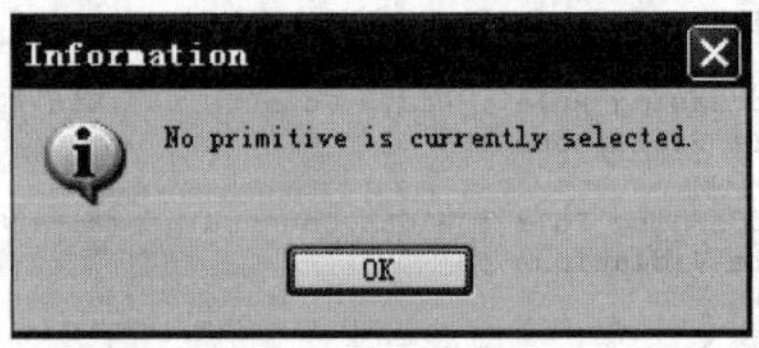

图 4-131 未做选择对话框

习题

1. 图 4-132 所示为时基 555 单稳态多谐振荡电路。请全手工布线，绘制双面板。电路板板框尺寸为 2200mil×2000mil，并进行标注。电源和地线的线宽为 30mil，一般布线的宽度为 10mil。

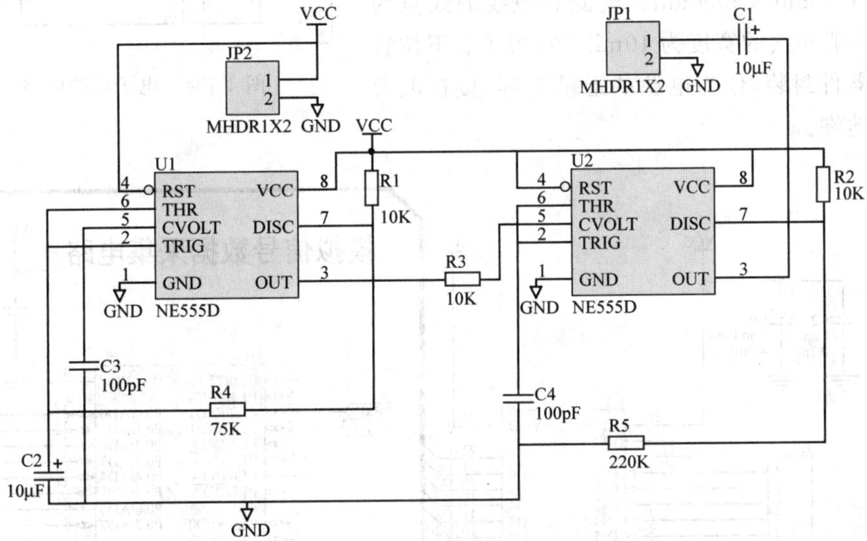

图 4-132　时基 555 单稳态多谐振荡电路

2. 图 4-133 所示为占空比可调电路。请全手工布线，绘制双面板。电路板板框尺寸为 2500mil×2000mil，并进行标注。电源和地线的线宽为 30mil，一般布线的宽度为 10mil。

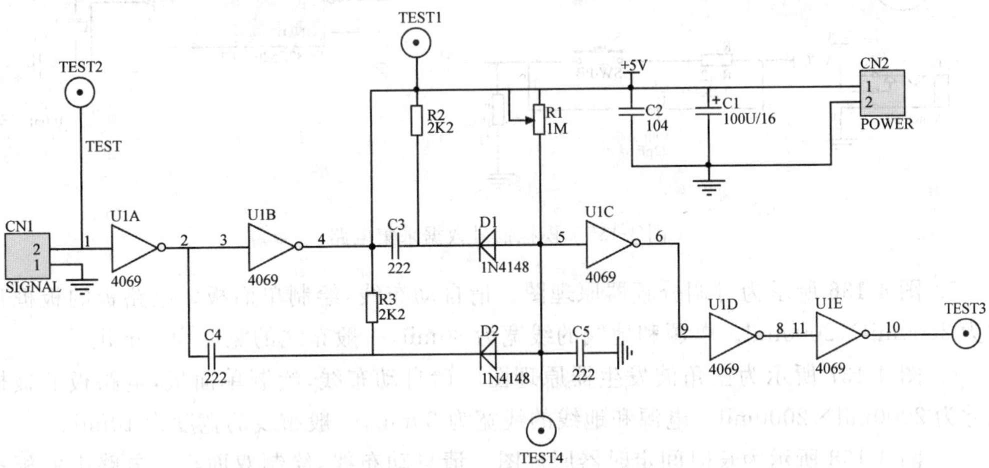

图 4-133　占空比可调电路

3. 图 4-134 所示为电子门铃电路。请全手工布线,绘制单面板。电路板板框尺寸为1500mil×1200mil,电源和地线的线宽为 20mil,一般布线的宽度为 10mil。在边框 Keep Out Layer 内,放 3 个焊盘作为板子定位孔,定位孔采用 3mm 的孔径。

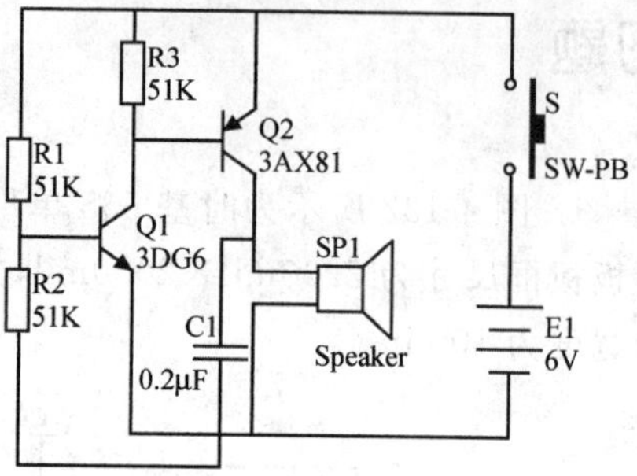

图 4-134 电子门铃电路

4. 图 4-135 所示为模拟信号数据采集电路原理图。请自动布线,绘制双面板。电路板的板框尺寸为 5000mil×5000mil。电源和地线的线宽为 30mil,一般布线的宽度为 10mil。在板子右下位置选择元器件封装,作为电源的退耦电容,接在电源端和接地端。

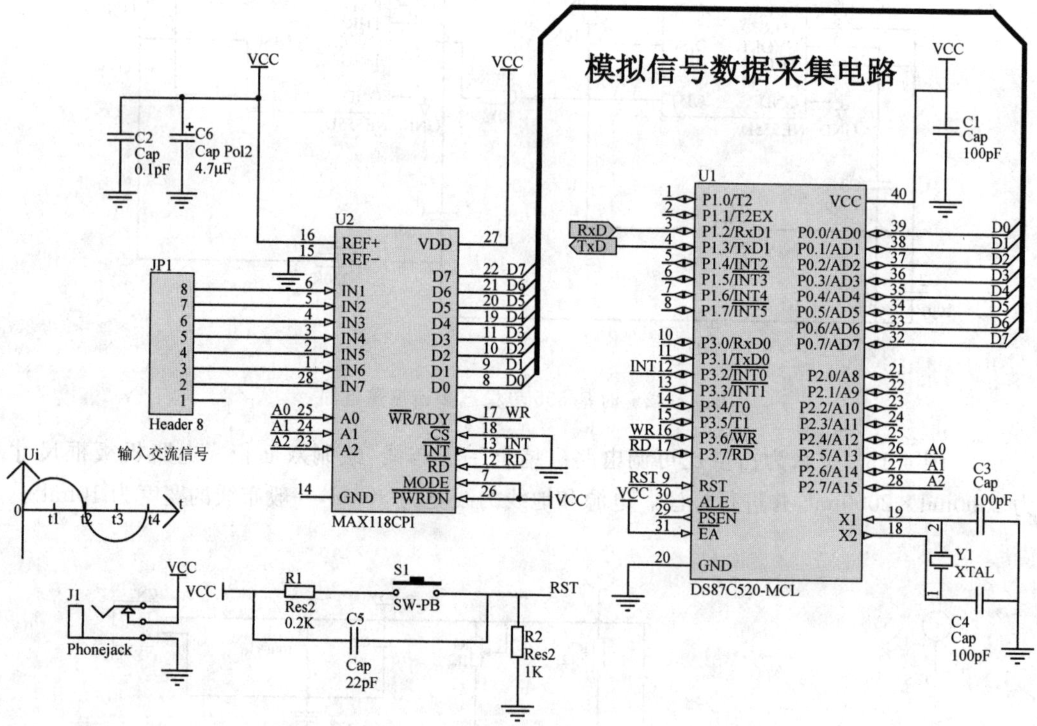

图 4-135 模拟信号数据采集电路

5. 图 4-136 所示为可调分频器原理图。请自动布线,绘制单面板。电路板的板框尺寸为 2000mil×2000mil。电源和地线的线宽为 30mil,一般布线的宽度为 10mil。

6. 图 4-137 所示为三角波发生器原理图。请自动布线,绘制单面板,电路板的板框尺寸为 2000mil×2000mil。电源和地线的线宽为 30mil,一般布线的宽度为 10mil。

7. 图 4-138 所示为长时间定时器原理图。请自动布线,绘制双面板。电路板的板框尺寸为 3000mil×3000mil。电源和地线的线宽为 30mil,一般布线的宽度为 10mil。对所绘制的 PCB 板的所有焊盘进行补泪滴操作。

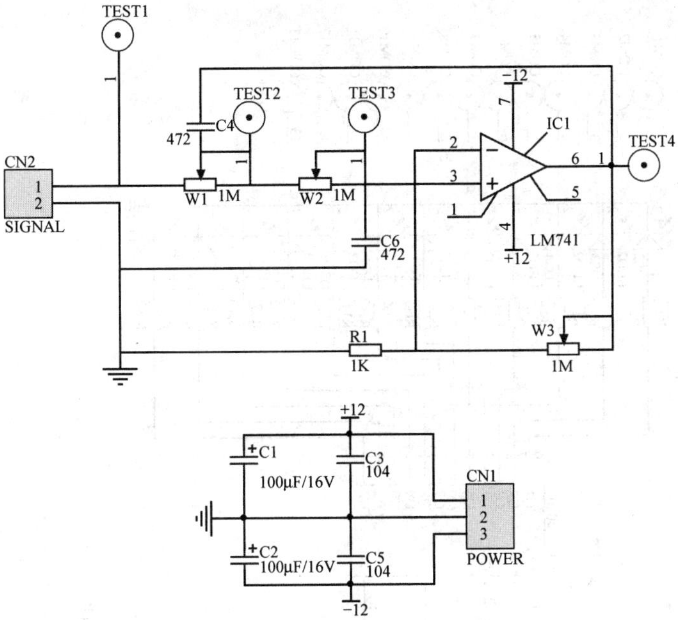

图 4-136　可调分频器原理图

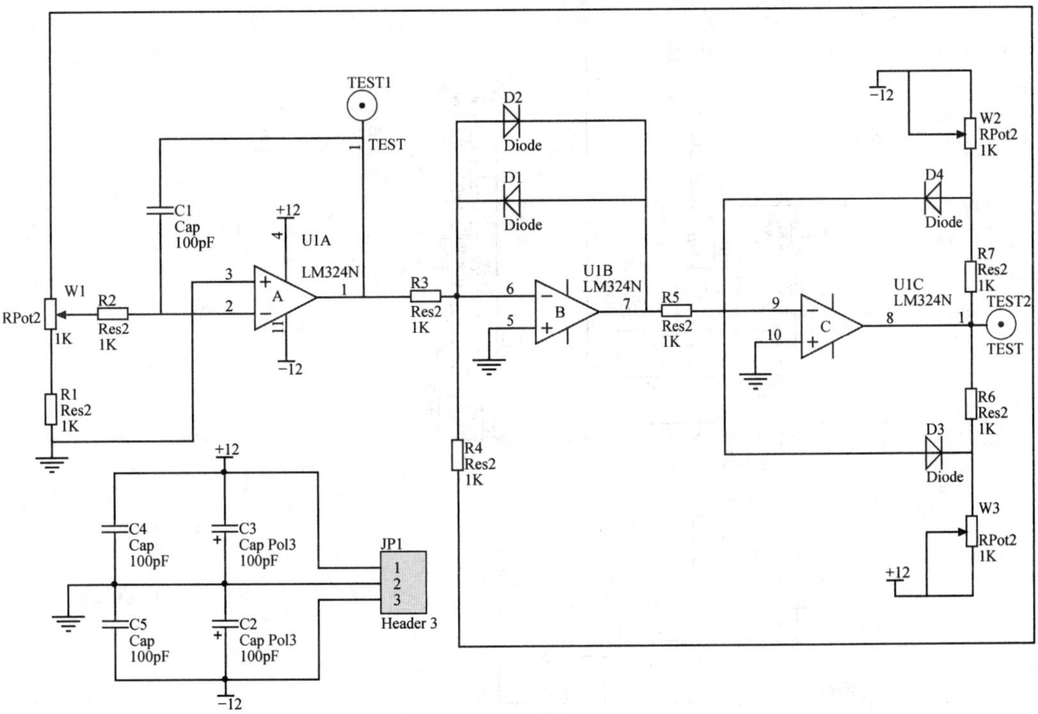

图 4-137　三角波发生器原理图

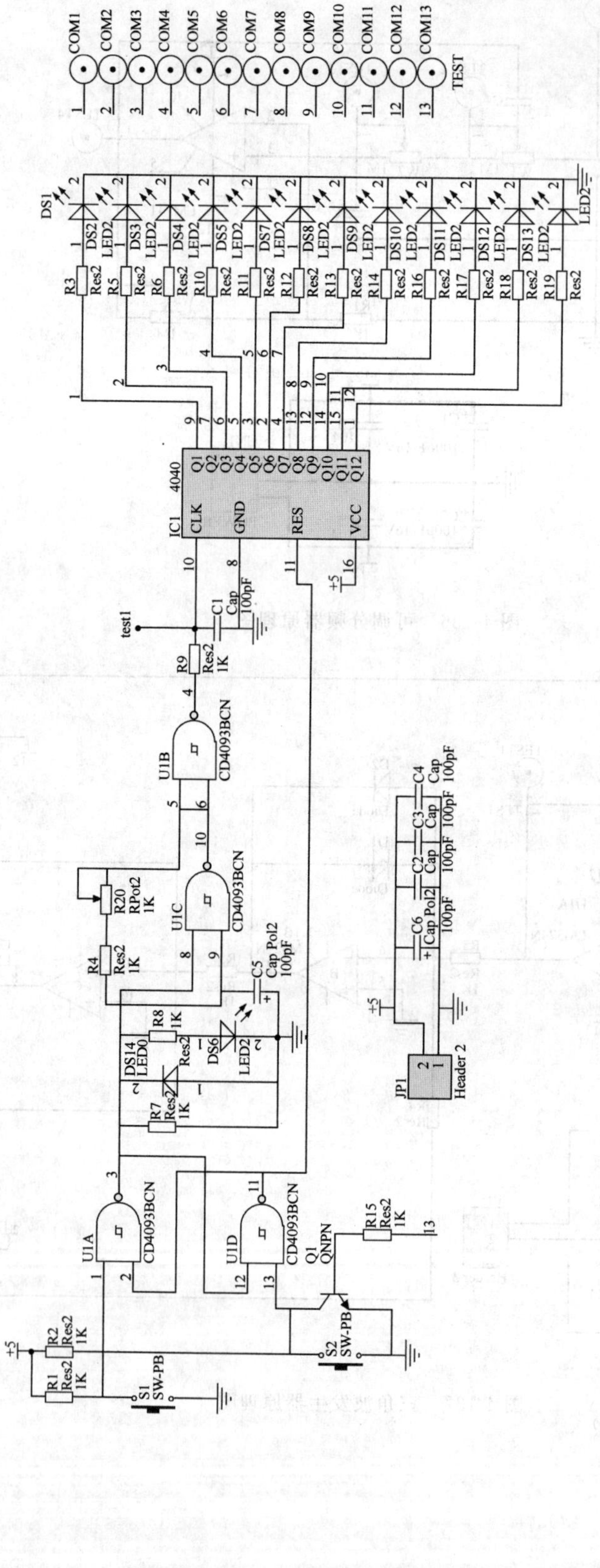

图 4-138 长时间定时器原理图

CHAPTER 5

第5章

元器件封装库的设计

Protel DXP 虽然提供了强大的元器件封装库，但随着电子工业飞速发展，新型元器件层出不穷。即使是同一类型的元器件，不同的生产厂商有不同的封装形式。所以在印制电路板设计过程中难免碰到这样的问题，并不是每个元器件在 Protel DXP 已有的封装库中都能找到合适的封装形成。这时，应根据元器件的实际尺寸制作需要的封装形式，这就是本章将要介绍的内容。

5.1 案例 5-1：发光二极管封装的制作——利用设计向导绘制封装

5.1.1 元器件封装简介

元器件封装是指实际电子元器件或者集成电路的外观尺寸，例如元器件引脚的分布、直径以及引脚之间的距离等，它是使元器件引脚和印制电路板上的焊盘保持一致的重要保证。所以，元器件封装只是元器件的外形和引脚分布结构图。

PCB 设计过程中的元器件和原理图设计过程中的元器件是两个不同的概念。原理图中的元器件只是为了说明元器件的电气性能，其外形尺寸无关紧要。但是 PCB 设计过程中的元器件指的是元器件封装，它代表实际元器件的外形尺寸结构。同一个元器件可能有不同的封装形式，不同的元器件也可能封装形式相同。元器件封装根据焊接形式不同，分为两类，一类是针脚式元器件封装，另一类是贴片式元器件封装。

针脚式元器件封装一般是针对针脚类元器件而言的。具有针脚式元器件封装的元器件在进行焊接时，首先要将元器件的针脚通过焊盘过孔从顶层直通过底层，然后执行焊接操作。贴片式元器件封装一般是针对表面贴片元器件而言的。贴片元器件具有组装密度高、电子产品体积小、重量轻等特点，体积和重量只有传统针脚式元器件的 1/10 左右。在焊接时，要求其焊盘只能分布在电路板的顶层或者底层。

5.1.2 项目设计任务

元器件封装的制作方法有很多种，首先介绍第一种方法：利用设计向导绘制封装。下面以制作发光二极管的封装为例来介绍。实际元器件如图 5-1 所示。

发光二极管插针式封装设计要求：焊盘为圆形，尺寸为 1.2mm，hole 尺寸为 0.7mm，相邻焊盘中心间距 3mm，1 号焊盘标正号。元器件封装外框为圆形，半径为 0.2mm，封装名为 LED。发光二极管插针式封装如图 5-2 所示。

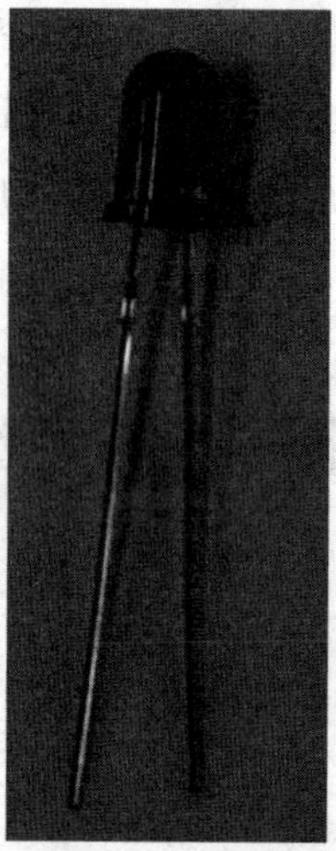

图 5-1 发光二极管实物

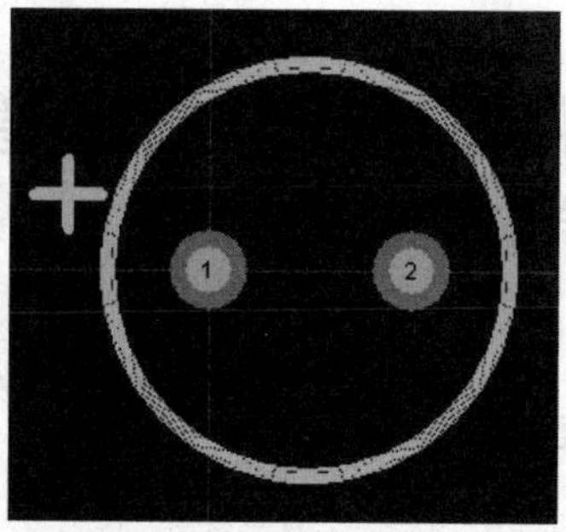

图 5-2 发光二极管插针式封装

5.1.3 创建元器件封装库文件

在创建新的封装之前，应先创建一个新的元器件封装库文件。封装库可以由多个元器件封装组成，这些封装可被单独选取。创建封装库文件的操作步骤如下所述。

(1) 新建：执行菜单命令 File|New|PCB Library(如图 5-3 所示)，或在 Projects 面板上右击，在弹出的快捷菜单中选择 New|PCB Library(如图 5-4 所示)，启动封装库编辑器，自动创建名为 Pcblib1. PcbLib 的封装库文件。其中，. PcbLib 是 Protel DXP 中元器件封装库文件的扩展名。

(2) 保存：执行菜单命令 File|Save 或在快捷菜单中选择 Save，弹出如图 5-5 所示的文件保存对话框，将文件名修改为 MYPCBLIB. PcbLib。系统默认的保存路径与该文件所在工程文件相同。

(3) 打开管理面板：单击选项卡中的 PCB Library 按钮(如图 5-6 所示)，打开如图 5-7 所示的 PCB Library 管理面板。该元器件库中已自动创建名为 PCBCOMPONENT_1 的元器件封装，该面板用于创建、调整和管理封装库。

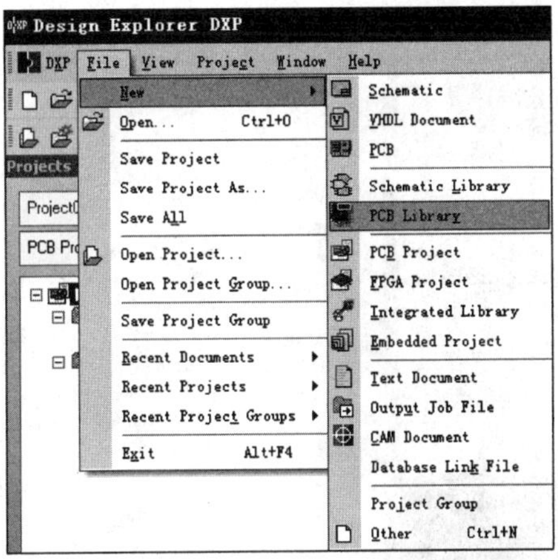

图 5-3 File|New|PCB Library 选项

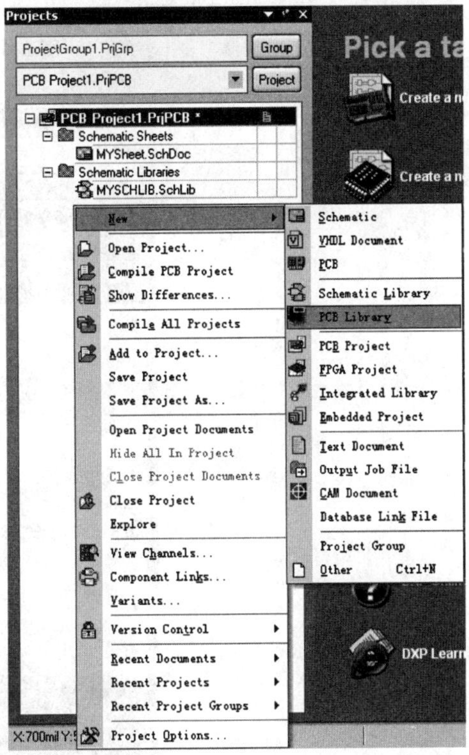

图 5-4 New 快捷菜单

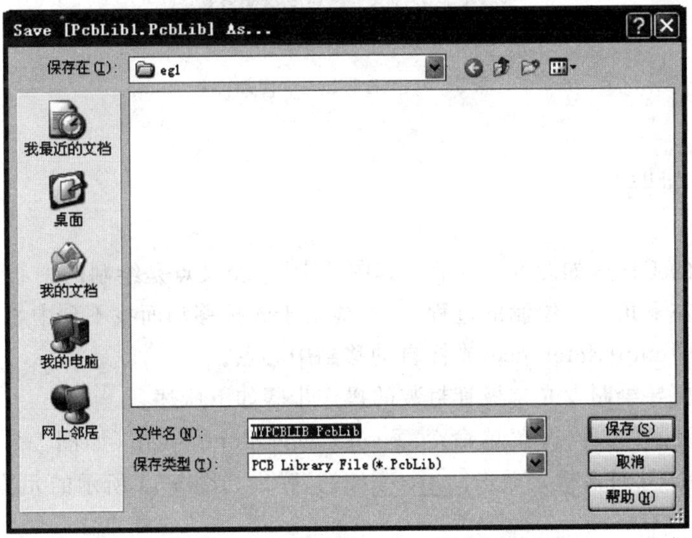

图 5-5 文件保存对话框

图 5-6 选项卡

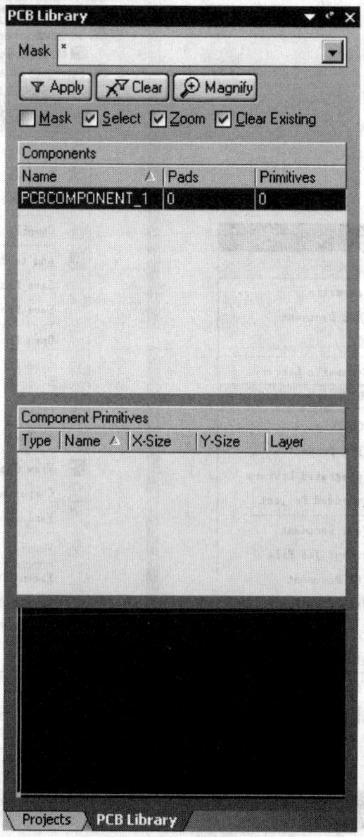

图 5-7 PCB Library 管理面板

5.1.4 绘制封装

绘制封装的工作区如图 5-8 所示。其中,“十”字交叉点是绘制的中心位置,其坐标为(0,0),显示于左下角。在绘制的过程中,可能由于光标移动而找不到中心点。此时,执行菜单命令 Edit|Jump|Reference,光标自动移到中心点。

利用设计向导绘制发光二极管封装的操作步骤如下所述。

(1) 新建元器件:执行菜单命令 Tools|New Component(如图 5-9 所示),弹出如图 5-10 所示的向导对话框。单击 Next > 按钮,弹出如图 5-11 所示的元器件封装类型对话框。

(2) 设置封装类型:在图 5-11 中选择 Capacitors,说明该封装类型为电容式;再设定封装结构尺寸的单位为公制,即选择 Metric(mm);然后,单击 Next > 按钮,弹出如图 5-12 所示的元器件封装类别对话框。

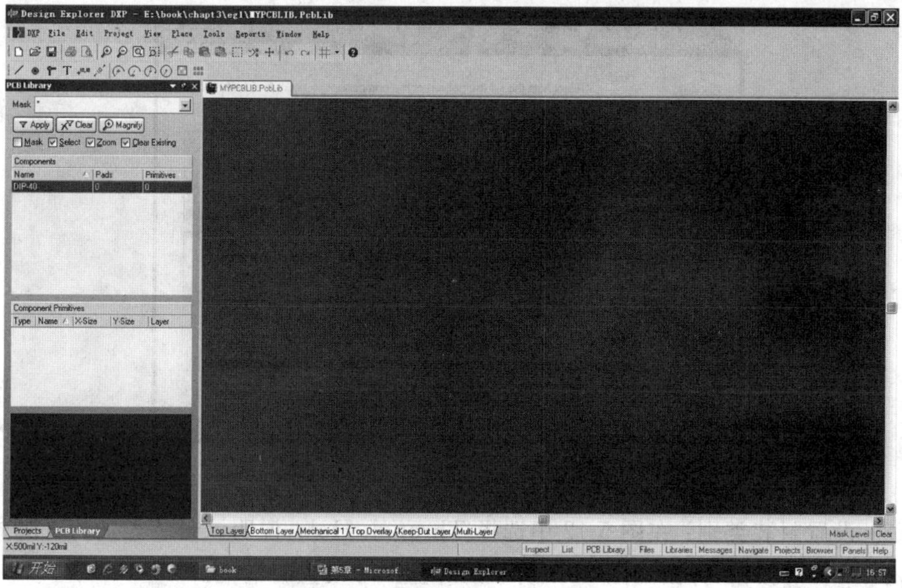

图 5-8　元器件封装库工作区

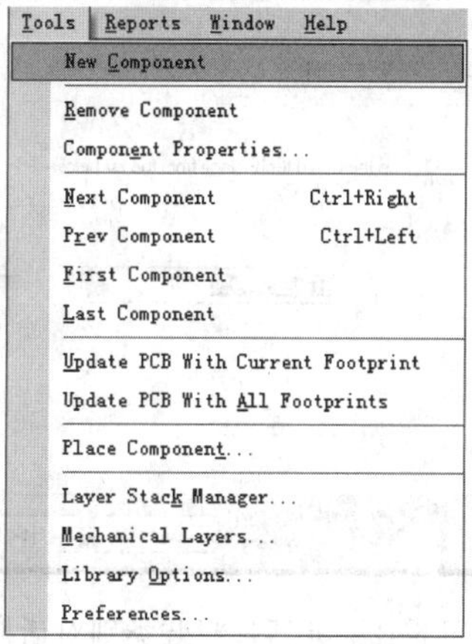

图 5-9　Tools|New Component 选项

图 5-10　元器件封装制作向导的欢迎界面

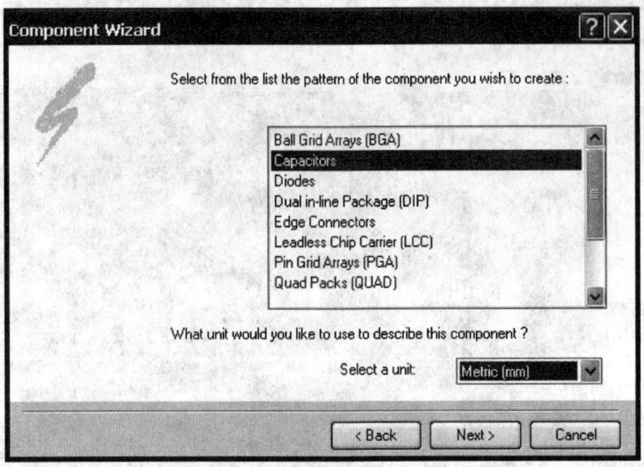

图 5-11 元器件封装类型对话框

(3) 设置封装类别：在图 5-12 中选择 Through Hole，说明该封装类别为针脚式。然后单击 Next > 按钮，弹出如图 5-13 所示的焊盘尺寸设置对话框。

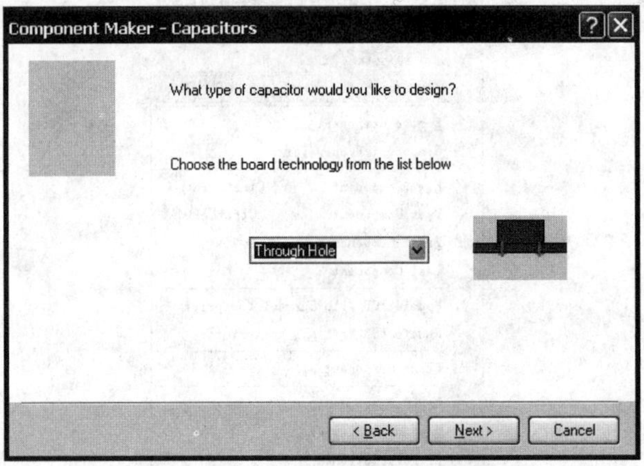

图 5-12 元器件封装类别对话框

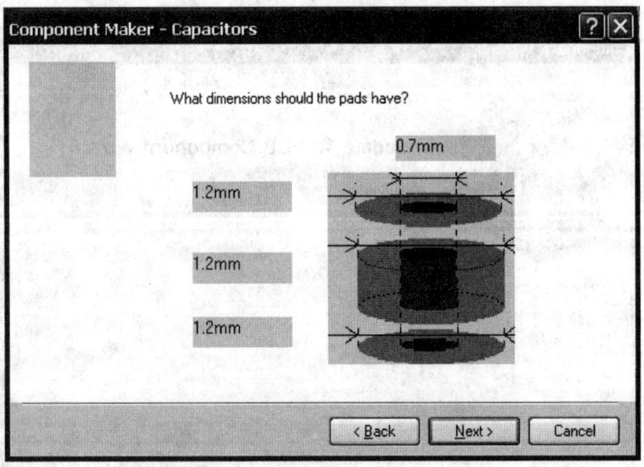

图 5-13 焊盘尺寸设置对话框

(4) 设置焊盘尺寸：在图 5-13 所示对话框中选用默认值，即焊盘过孔的直径为 0.7mm，焊盘的直径为 1.2mm。然后，单击 Next > 按钮，弹出如图 5-14 所示的焊盘间距设置对话框。

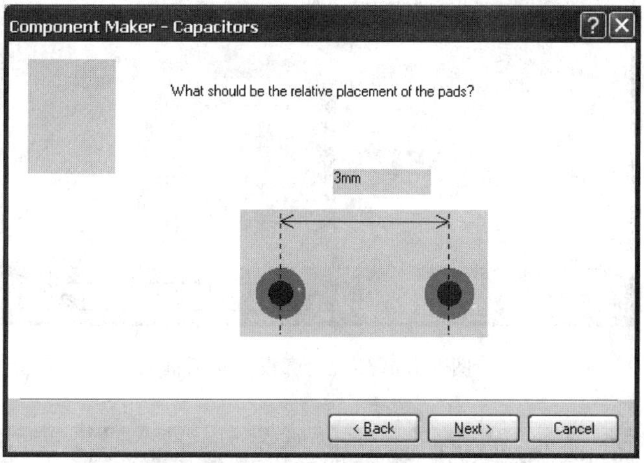

图 5-14　焊盘间距设置对话框

(5) 设置焊盘间距：在图 5-14 所示对话框中将焊盘间距改为 3mm，然后单击 Next > 按钮，弹出如图 5-15 所示的封装外形设置对话框。

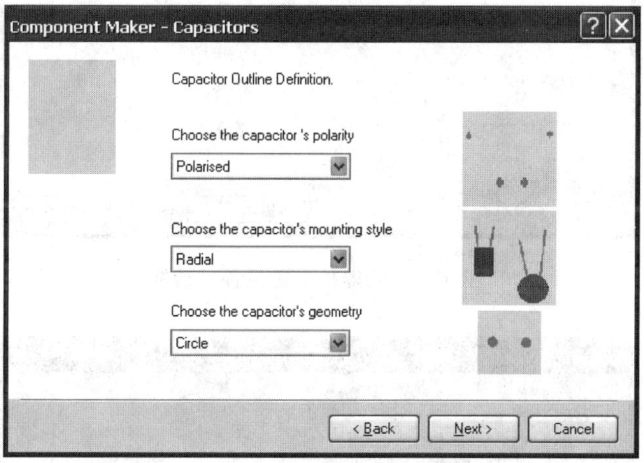

图 5-15　封装外形设置对话框

(6) 设置封装外形：在图 5-15 所示对话框中选择 Polarised，说明该封装是有极性的。设定其外形为径向，即选择 Radial；再设定其轮廓为圆形，即选择 Circle。然后，单击 Next > 按钮，弹出如图 5-16 所示外观轮廓设置对话框。

(7) 设置外观轮廓：在图 5-16 所示对话框中将半径改为 3mm，轮廓线宽度选用默认值。然后单击 Next > 按钮，弹出如图 5-17 所示的元器件名称设置对话框。

(8) 设置元器件名称：在图 5-17 所示对话框中输入 LED，然后单击 Next > 按钮，弹出如图 5-18 所示的对话框。最后，单击 Finish 按钮，完成元器件封装的制作。

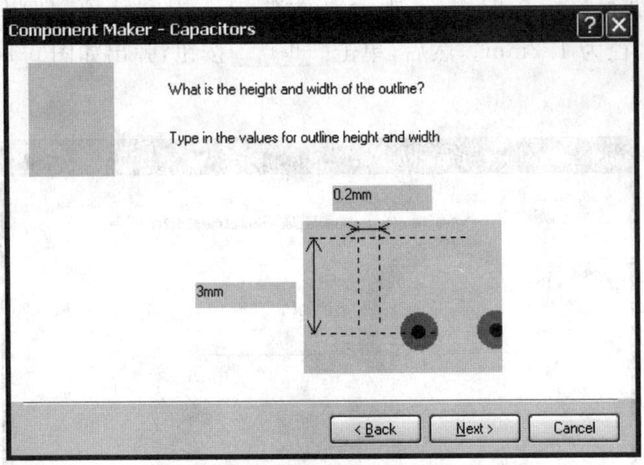

图 5-16 外观轮廓设置对话框

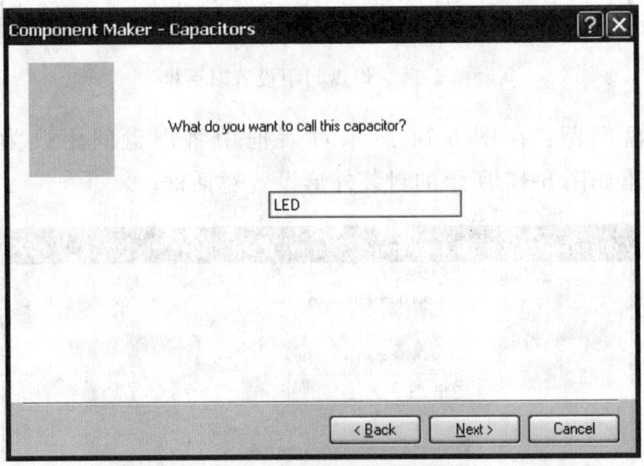

图 5-17 元器件名称设置对话框

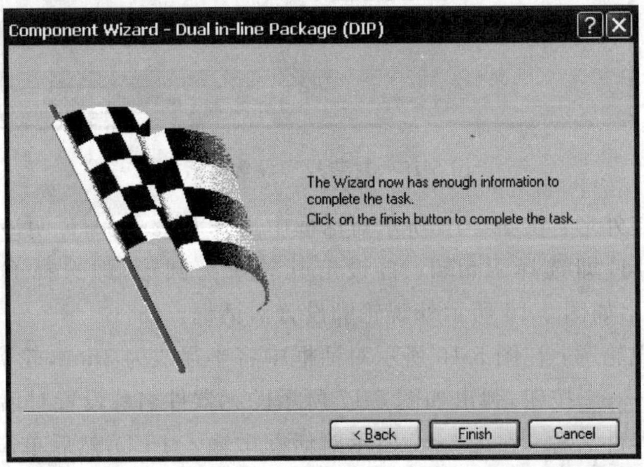

图 5-18 设计完成对话框

适当调整极性符号"＋"的位置。根据原理图可知，元器件符号的 1 号脚为正。这样，发光二极管的封装 LED 制作完成，如图 5-19 所示。也可以在 PCB Library 管理面板中看到该封装相应的属性及预览，如图 5-20 所示。

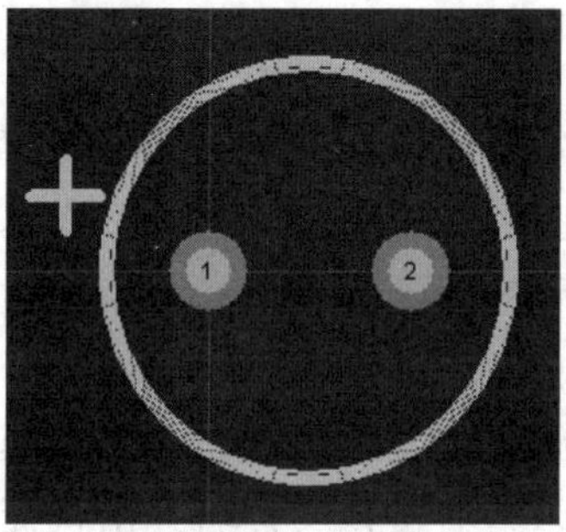

图 5-19　制作完毕的发光二极管封装

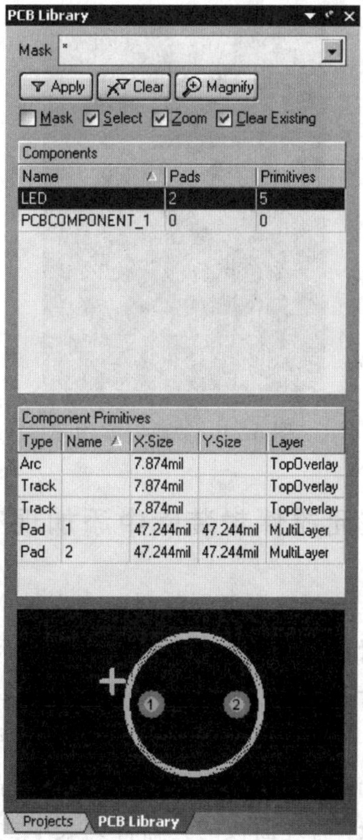

图 5-20　添加封装后的 PCB Library 管理面板

5.2　案例 5-2：数码管封装的制作——修改现有元器件封装绘制封装

5.2.1　项目设计任务

在设计过程中经常碰到这样的情况：所需元器件封装在 Protel DXP 已有封装库中找不到完全合适的，却能找到相似的。此时，可将相似封装稍作修改，不用重新制作。这就是本节将要介绍的制作元器件封装的第二种方法，即利用现有元器件封装绘制封装。下面以制作数码管封装为例来介绍，实际元器件如图 5-21 所示。由于在 Protel DXP 常用库 Miscellaneous Devices. Intlib 中，数码管封装 DIP10 的焊盘号与实际元器件的引脚号不一一对应，所以需要在此基础上修改，得到与实际元器件相符的封装。

数码管插针式封装设计要求：焊盘为圆形，尺寸 1.5mm，hole 尺寸为 0.9mm，左、右焊盘中心间距 100mil，上、下焊盘中心间距 600mil。元器件封装外框尺寸为 0.2 mm，方形，封装名为 LED8SEG。数码管封装形式如图 5-22 所示。

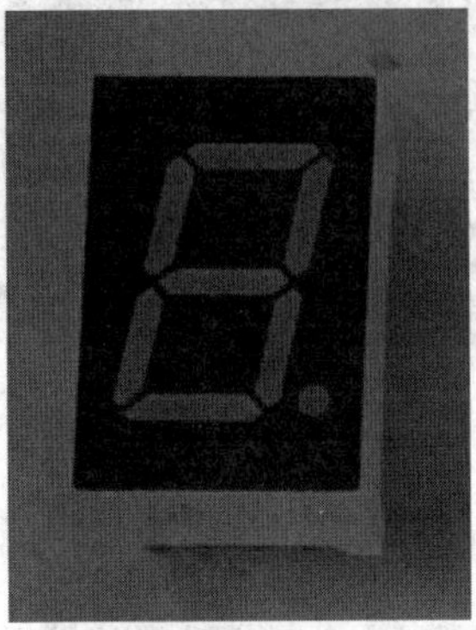

图 5-21　数码管实物

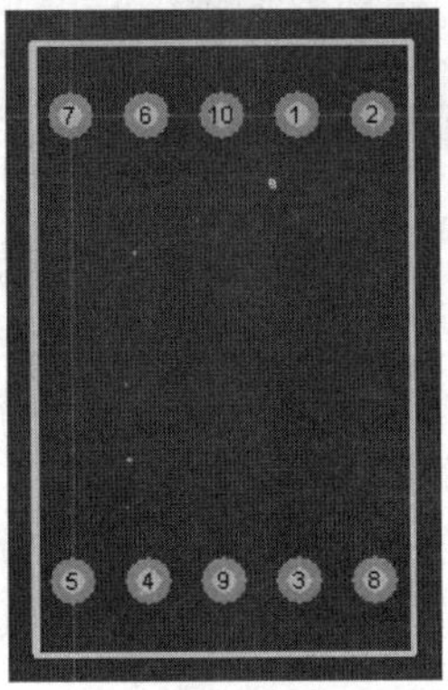

图 5-22　数码管封装形式

5.2.2　在元器件封装库中添加现有封装

在 5.1 节新建了元器件封装库文件 MYPCBLIB.PcbLib，若再新建元器件，都可在已有元器件封装库中添加。DIP10 封装的尺寸大小、间距均满足该数码管的设计要求。现将原数码管封装 DIP10 加载到库中，操作步骤如下所述。

(1) 复制原封装：打开封装 DIP10 所在的封装库文件 Miscellaneous Devices PCB.PcbLib。Protel DXP 中的元器件封装库都存于 Library 目录下的 Pcb 文件夹中。从该库 PCB Library 管理面板的元器件列表中找到封装 DIP10，右击该文件名弹出快捷菜单(如图 5-23(a)所示)，从中选择 Copy，即复制该元器件。

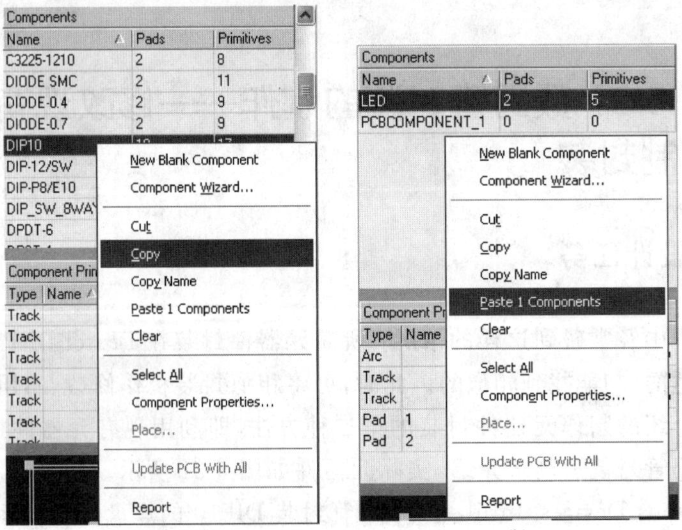

(a)　(b)

图 5-23　右键快捷菜单

(2) 粘贴原封装至封装库：切换回 MYPCBLIB. PcbLib 的 PCB Library 管理面板，右击，在弹出的快捷菜单（如图 5-23（b）所示）中选择 Paste 1 Components，即将封装 DIP10 加载到 MYPCBLIB. PcbLib 中，如图 5-24 所示。双击该文件名，即可在工作区中显示 DIP10 封装，如图 5-25 所示。

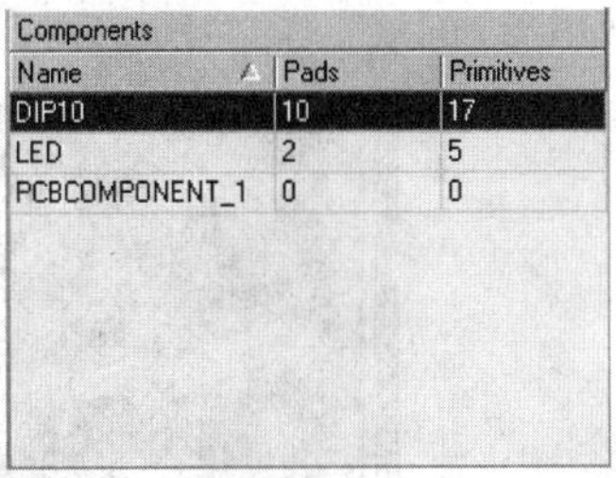

图 5-24 添加新元器件后的 PCB Library 管理面板

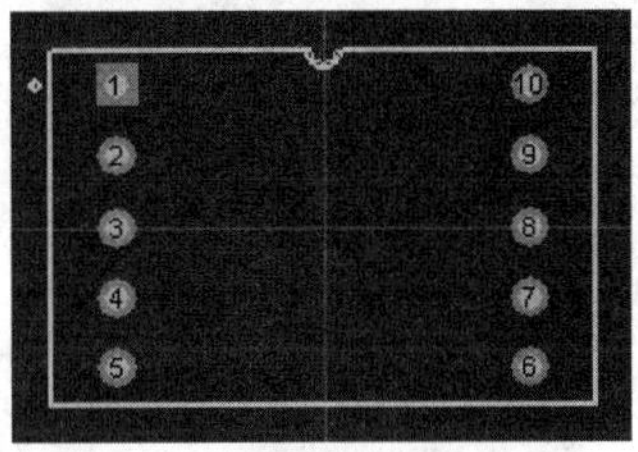

图 5-25 封装 DIP10 示意图

5.2.3 修改封装

绘制元器件封装的工具主要来自于 Pcb Lib Placement 工具栏（如图 5-26 所示），其具体操作步骤如下所述。

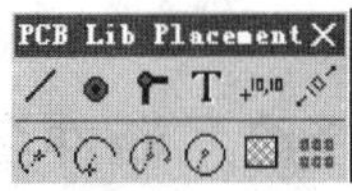

图 5-26 Pcb Lib Placement 工具栏

(1) 修改焊盘号：将封装旋转 90°，然后按照数码管原理图符号与封装的引脚对应关系修改焊盘号，从上到下、从左到右的顺序依次为 7、6、10、1、2；5、4、9、3、8。直接双击焊盘号，打开焊盘属性对话框（如图 5-27 所示），设置 Properties 区域中的 Designator 为 7，并依次修改其余 9 个。选择其中方形的焊盘，双击打开其属性框，然后将 Size and Shape 区域中的 Shape（形状）改为 Round。

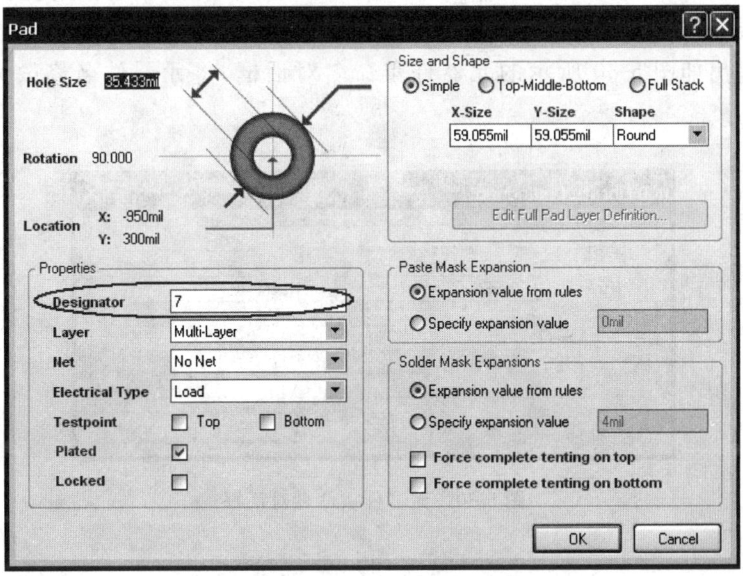

图 5-27 焊盘属性对话框

(2) 修改边框线：边框线是元器件外观的体现。为了完善数码管封装，先删除有缺口的那段边框线，然后单击工作区下方工作层选项卡中的 Top Overlay（如图 5-28 所示），将设计工作层切换到丝印层。从 Pcb Lib Placement 工具栏选取直线绘制按钮 ，重新绘制这段边框线。

这样，数码管封装制作完成，如图 5-29 所示。

图 5-28 工作层选项卡

图 5-29 制作完毕的数码管封装

5.2.4 修改元器件名称

5.2.1 小节中由于是复制的元器件，所以数码管的封装名称为 DIP10。为了容易辨识，所以需要更名。同样，在元器件封装中新建封装时，系统一般以默认的 PCBCOMPONENT_1、PCBCOMPONENT_2 等命名元器件，但随着封装库中元器件增加，仅仅以系统默认的元器件名称不容易分辨其对应的具体封装形式，所以规范命名极为重要，其操作步骤为：双击或右击原文件名 DIP10，弹出如图 5-23 所示的快捷菜单。选择 Component Properties，弹出如图 5-30 所示的元器件重命名对话框，将元器件名修改为 LED8SEG 即可。

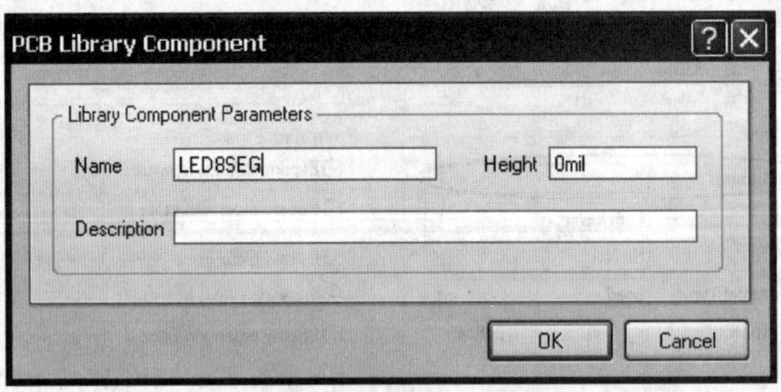

图 5-30 元器件重命名对话框

5.3　案例 5-3：按键封装的制作——手工绘制封装

5.3.1　项目设计任务

在设计过程中，有时候所需的元器件封装在 Protel DXP 已有封装库中找不到合适的形式。此时，应根据元器件的实际尺寸制作需要的封装形式。这就是本节将要介绍的制作元器件封装的第三种方法，即手工绘制封装。下面以制作按键封装为例来介绍。实际元器件如图 5-31 所示。

需要注意的是，在制作元器件封装的过程中，元器件引脚焊盘的尺寸、形状及其间距非常重要，否则制作的封装将无法使用。因此，在焊盘属性设置对话框的各个属性设置栏中应该输入非常精确的数值。关于元器件的具体参数，设计人员可参考厂商提供的说明文件，或者精确测量元器件尺寸。

按键插针式封装设计要求：焊盘为圆形，尺寸为 2.7mm，hole 尺寸为 1.2mm，左、右焊盘中心间距 12mm，上、下焊盘中心间距 5mm。元器件封装外框尺寸为 0.254mm，方形，封装名为 KEY。按键封装示意如图 5-32 所示。

图 5-31　按键实物

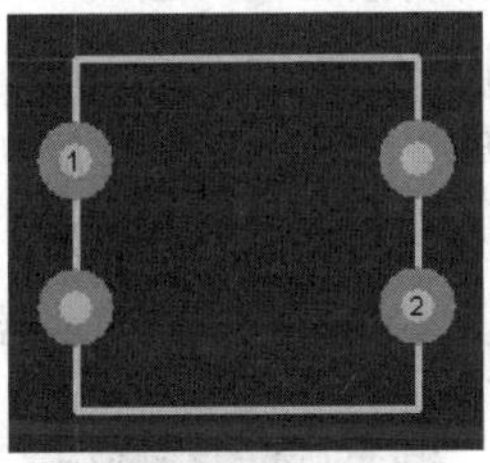

图 5-32　按键封装示意图

5.3.2　在元器件封装库中添加新元器件

之前新建元器件封装库文件 MYPCBLIB. PcbLib 时，自动创建了名为 PCBCOMPONENT_1 的封装。可双击该文件名进入工作区，或直接在该库中新建元器件。在封装库中添加新元器件有以下两种方法。

方法一：执行菜单命令 Tools|New Component，弹出如图 5-10 所示的向导对话框。单击 Cancel 按钮，退出向导，即不采用向导绘制封装。

方法二：右击 PCB Library 管理面板 Components 区域，弹出快捷菜单，从中选择 New Blank Component(如图 5-33 所示)。

此时，PCB Library 管理面板的元器件列表中添加了名为 PCBCOMPONENT_1 的元器件。

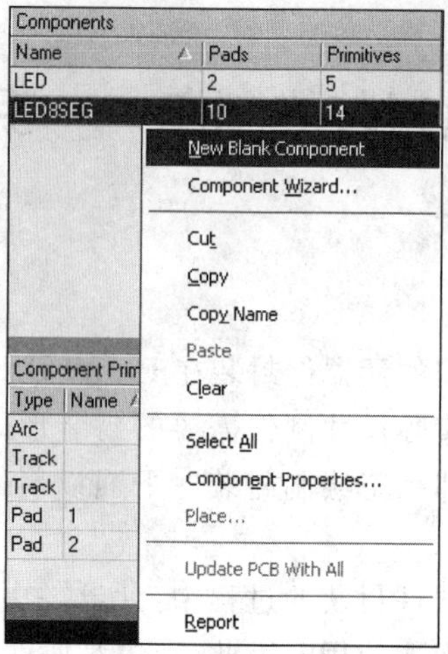

图 5-33 右键快捷菜单

5.3.3 绘制封装

依然从工作区的基准点开始绘制,其操作步骤如下所述。

(1) 绘制边框线:将设计工作层切换到 Top Overlay,然后在 Pcb Lib Placement 工具栏单击直线绘制按钮,绘制一个边长为 12mm 的正方形。按 J+L 快捷键,即跳转指令来定位,如图 5-34 所示。

(2) 放置焊盘:将设计工作层切换到 Top Layer,然后单击“焊盘放置”按钮,在离顶边 3.5mm 的左边框线上放置第一个焊盘。定左顶点的坐标为相对坐标(0,0),再设置焊盘坐标为(0,-3.5)。根据该元器件的对称性,绘制其余 3 个焊盘,如图 5-35 所示。

图 5-34 绘制正方形边框

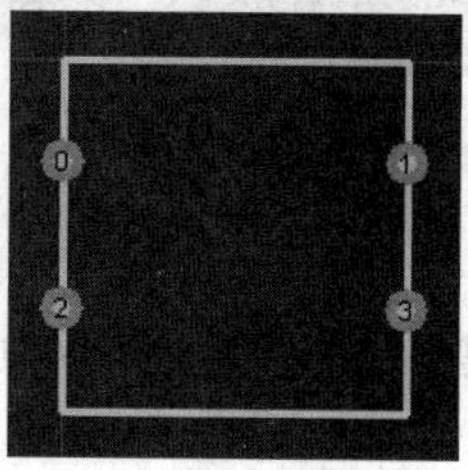

图 5-35 放置焊盘

(3) 修改焊盘尺寸:由于按键的引脚较粗,所以需要修改原有焊盘默认属性,包括焊盘与孔径大小。双击焊盘,打开属性对话框(如图 5-27 所示),将 Hole Size(孔径)改为 1.2mm,将 Size and Shape 区域中的 X-Size(焊盘的横向直径)和 Y-Size(焊盘的纵向直径)分别改为 2.7mm,如图 5-36 所示。

(4) 修改焊盘号:虽然按键有 4 个引脚,但内部是两两连通的,而且其原理图符号只有 2 个引脚,所以只需设置 2 个焊盘号,另外 2 个空缺。

最后将元器件名改为 KEY。这样,按键封装制作完成,如图 5-37 所示。

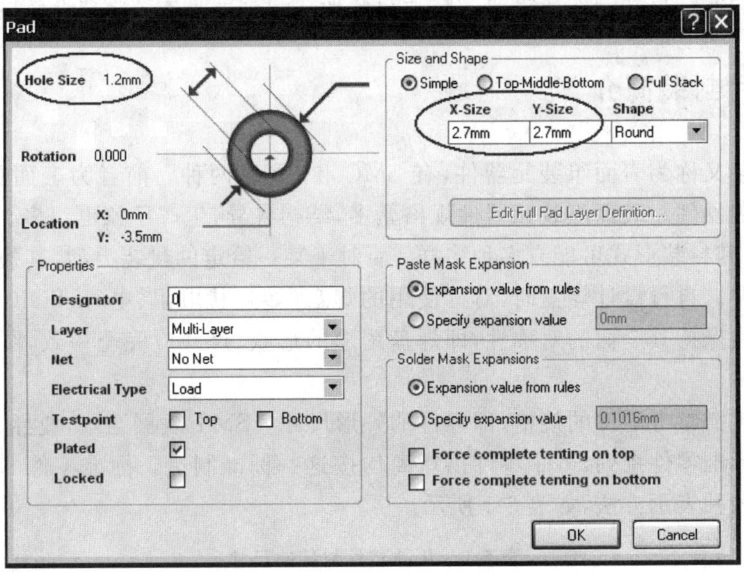

图 5-36　焊盘属性对话框

小技巧

在绘制过程中，勤用快捷键使操作更加简便。其中，Q 键可用来切换度量单位，即在公制(mm)与英制(mil)之间切换。在屏幕左下角可查看单位的变化。G 键可用来调节光标移动单位，包括公制与英制，如图 5-38 所示。例如，在绘制边框线时选择 0.100mm，有助于精确测量尺寸。

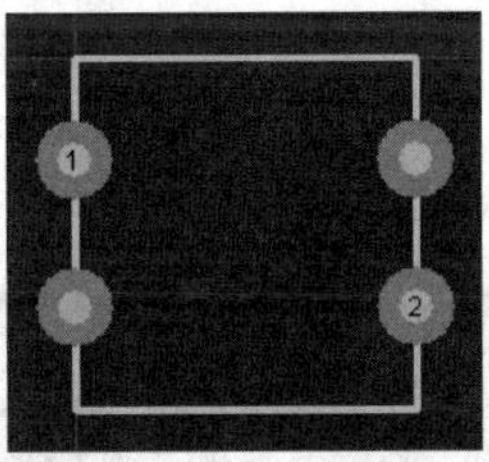

图 5-37　制作完毕的按键封装

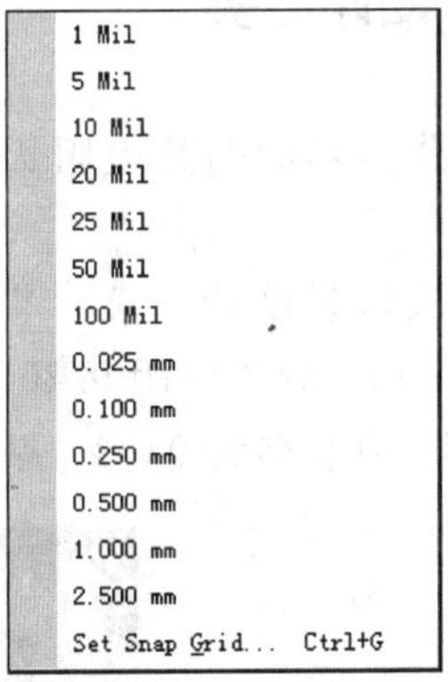

图 5-38　快捷键 G

5.4　案例 5-4：电阻 0402 封装的制作——绘制贴片封装

随着电子产品不断地向小型化发展，电路板的复杂程度越来越高，面积却越来越小，因此电路板的元器件密度不断提高。在这种情况下，设计者经常用到贴片封装。此时，应根据元器件的实际尺寸制作所需要的贴片封装形式。这就是本节将要介绍的内容。

5.4.1 贴片封装简介

贴片封装又称为表面组装元器件,有 SMC 和 SMD 两种。前者为表面贴装元件,后者为表面贴装器件。表面组装元器件规格繁多,结构各异,生产厂家也很多。实现同样功能的元器件,其封装形式可能有多种多样;而对于某一给定的封装类型,其规格尺寸也存在一定的差异。自行设计焊盘时,对称使用的焊盘(如片状电阻、电容、SOIC、QFP 等)在设计时应严格保持其全面的对称性,即焊盘图形的形状、尺寸应完全一致,图形所处的位置应完全对称。

绘制封装需参考零件的规格,即零件的外形尺寸。SMT 发展至今,业界为方便作业,形成了一个标准零件系列,各个零件供货商均按这一标准制造。标准零件的尺寸规格有英制与公制两种表示方法,如表 5-1 所示。

表 5-1 几种贴片封装的尺寸

英制表示法	公制表示法	外形尺寸含义
1206	3216	L:1.2inch(3.2mm); W:0.6inch(1.6mm)
0805	2125	L:0.8inch(2.0mm); W:0.5inch(1.25mm)
0603	1608	L:0.6inch(1.6mm); W:0.3inch(0.8mm)
0402	1005	L:0.4inch(1.0mm); W:0.2inch(0.5mm)

5.4.2 项目设计任务

下面以制作实际的贴片电阻为例,介绍贴片封装的绘制方法。贴片电阻如图 5-39 所示。

电阻贴片式封装设计要求:将焊盘设计成方形,在 TopLayer 层绘制,焊盘尺寸为 0.48mm×0.55mm,焊盘间距 0.40mm,丝印层外框距离焊盘不小于 0.2mm,封装外框尺寸为 5mil,方形,封装名为 0402。贴片电阻 0402 的封装如图 5-40 所示。

图 5-39 贴片电阻示意图

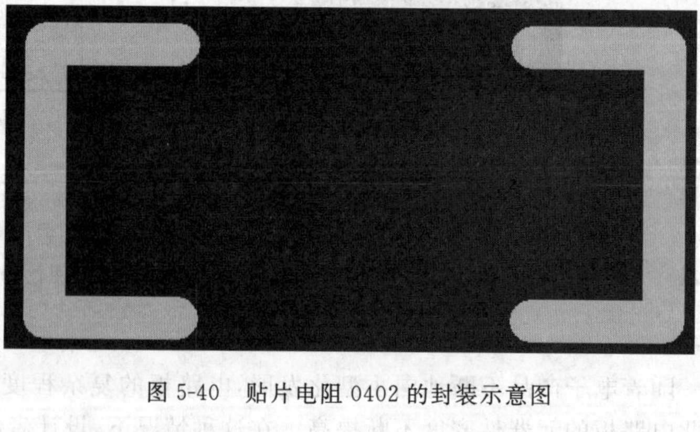

图 5-40 贴片电阻 0402 的封装示意图

5.4.3　在元器件封装库中添加新元器件

执行菜单命令 Tools | New Component，添加新的封装，默认为 PCBCOMPONENT_1。

选择元器件封装库文件 MYPCBLIB. PcbLib，打开 PCB Library 面板，然后右击 PCBCOMPONENT_1，弹出封装的编辑列表，如图 5-41 所示。选择 New Blank Component，弹出如图 5-42 所示的元器件重命名对话框，将元器件重新命名为 0402。

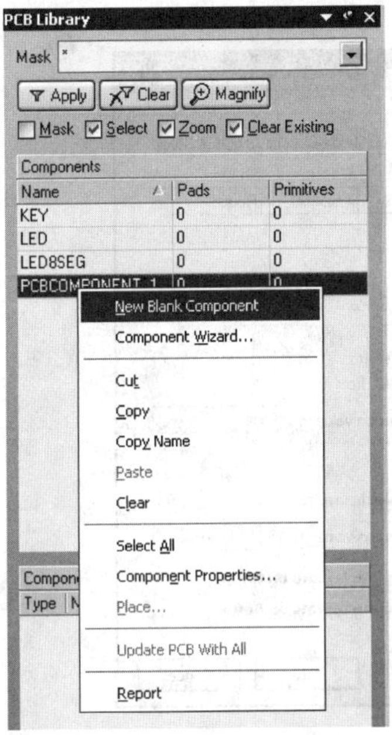

图 5-41　封装的编辑列表

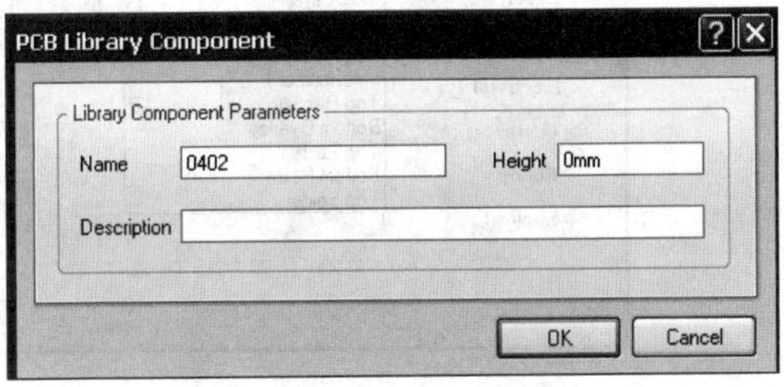

图 5-42　元器件重命名对话框

5.4.4　绘制封装

绘制封装时，应尽量使其集中在图纸原点处，用光标拖动封装时就可以随意控制。按 Q 键进行切换，使绘图在公制环境下操作。贴片电阻封装的操作步骤如下所述。

（1）放置焊盘：单击焊盘放置按钮，然后按快捷键 J+L，弹出如图 5-43 所示对话框，用于把焊盘放置在原点。在坐标(0.88,0)处放置第二个焊盘，如图 5-44 所示。

（2）修改焊盘板层：由于 SMT 焊盘都采用顶层，所以需要修改焊盘默认属性。双击焊盘 0，弹出如图 5-45 所示的焊盘属性对话框。在 Properties 中的 Layer 层次中选择 Top Layer，然后用同样的方法修改焊盘 1 的层，焊盘即变成红色的顶层。

（3）修改焊盘尺寸：根据 0402 封装的实际大小，修改焊盘与孔径大小。双击焊盘，打开属性对话框，然后将 Hole Size(孔径)改为 0mm；将 Size and Shape 区域中的 X-Size(焊盘的横向直径)和 Y-Size(焊盘的纵向直径)分别改为 0.48mm 和 0.55mm；把 Shape(焊盘形状)改为 Rectangle，如图 5-46 所示。

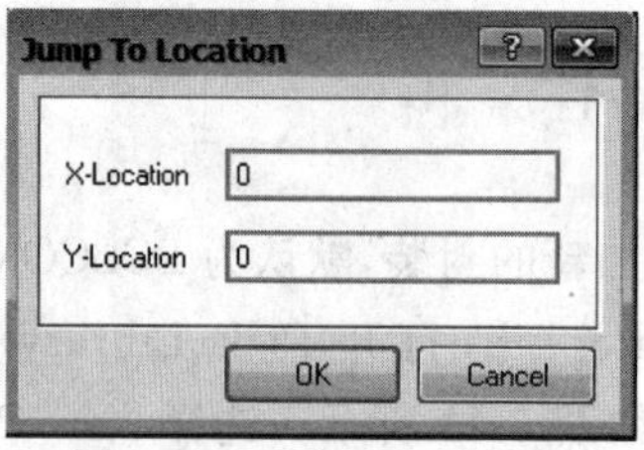

图 5-43　跳转到原点对话框

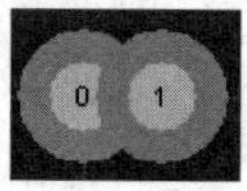

图 5-44　放置焊盘

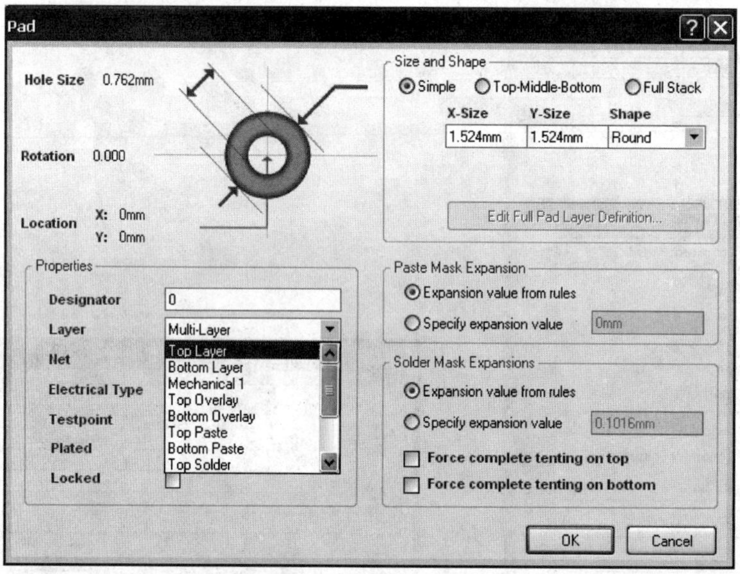

图 5-45　焊盘属性对话框

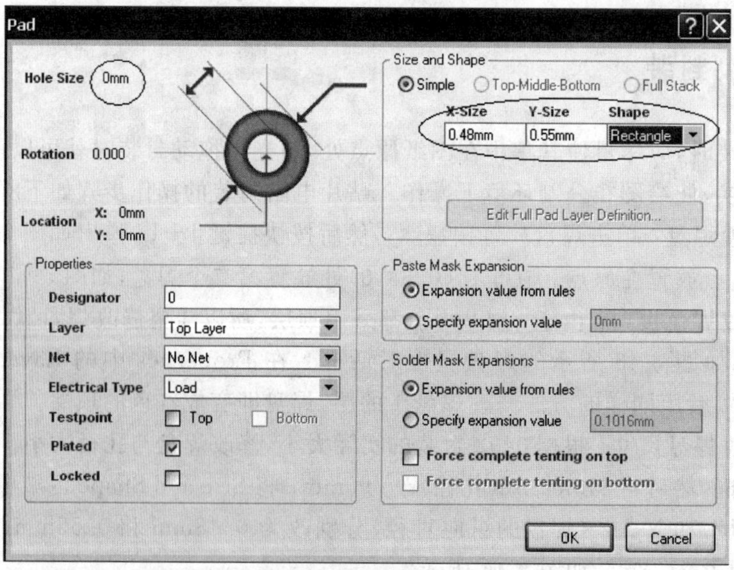

图 5-46　修改焊盘孔径和尺寸

(4) 修改焊盘号：双击焊盘 1，在属性对话框中将其修改为 2；双击焊盘 0，在属性对话框中将其修改为 1，如图 5-47 所示。

(5) 绘制边框线：将设计工作层切换到 Top Overlay，然后在 Pcb Lib Placement 工具栏单击直线绘制按钮 ⁄，在距离焊盘 0.2mm 处绘制长方形外框，如图 5-48 所示。

图 5-47　修改焊盘号

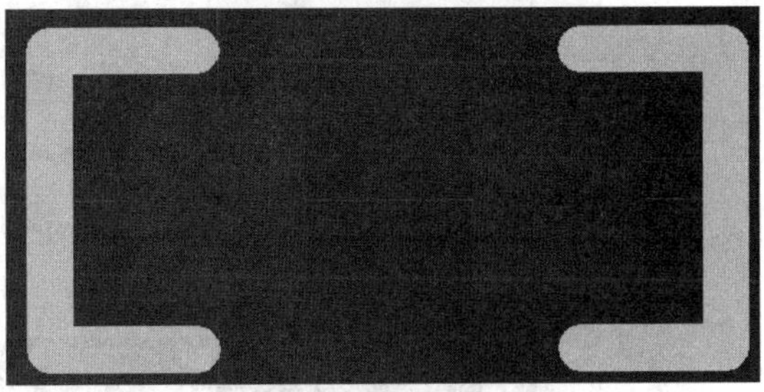

图 5-48　绘制边框线

5.5　元器件封装库的使用

与原理图元器件库不同的是，原理图元器件库一般只在绘制原理图的过程中使用，而元器件封装库的使用场合较多，通常有以下几种。

(1) 绘制原理图时，从集成库中选取的某些元器件默认封装与实际元器件不相符。此时，双击该元器件，打开属性框修改封装。以数码管为例，默认封装为 DIP10，如图 5-49 所示。修改步骤如下：在 PCB Library 区域中选择 Any，然后将 Footprint Model 区域中的 Name 改为之前制作的 LED8SEG，可在属性框中预览，如图 5-50 所示。

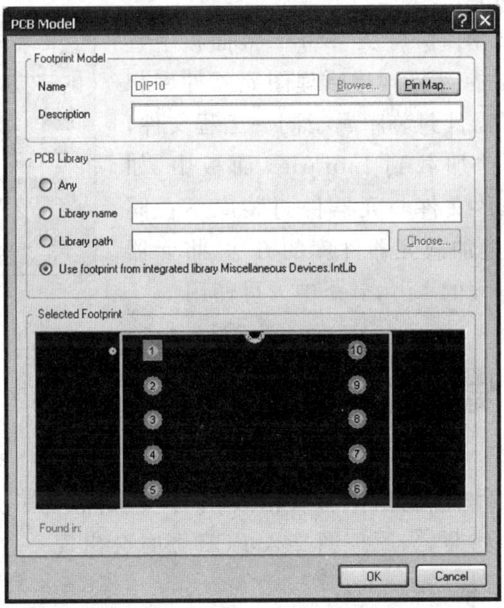

图 5-49　修改前数码管的封装

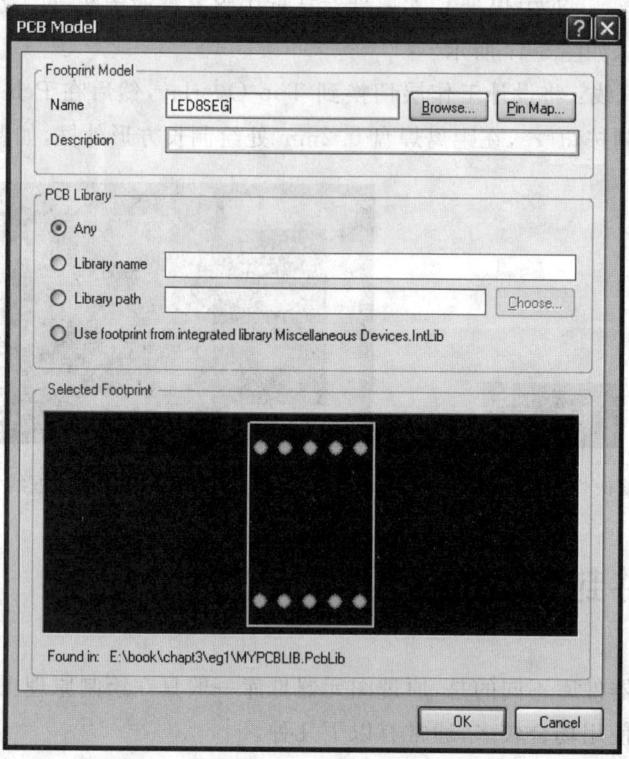

图 5-50 修改后数码管的封装

(2) 制作原理图元器件库时,绘制完一个元器件符号,但在 Protel DXP 元器件封装库中找不到合适的封装形式,可按照元器件的实际尺寸制作封装并保存在元器件封装库中,再加载封装,方法同上。

(3) 直接绘制 PCB 图时,可从 Libraries 面板中直接获取元器件封装库中的封装。与原理图元器件库相似,如果 PCB 文件与元器件封装库属于同一工程文件,元器件封装库会被自动加载到 Libraries 面板中,如图 5-51 所示。如果 PCB 文件与元器件封装库不在同一工程文件中,应先通过加载元器件库的方法,将元器件封装库加载到当前工程的 Libraries 中方可使用。

图 5-51 Libraries 面板

5.6 元器件封装编辑环境

元器件封装与 PCB 绘制的工作窗口相似,十字交叉点(0,0)是绘制的中心位置。如果不是在中心位置绘制封装,当原理图导入 PCB 图时会出现一些难以解决的问题,如元器件封装散落在远处难以寻找。

5.6.1　PCB Library 管理面板

PCB Library 管理面板由两个区域组成，如图 5-7 所示。

1. Components(元器件封装)区域

该区域的主要功能是管理当前打开的元器件封装库中的所有元器件，包括添加、删除、复制及编辑元器件封装。当打开一个元器件封装库时，元器件列表中列出本封装库内所有元器件的名称。

2. Component Primitives(元器件图元)区域

该区域的主要功能是管理当前选中元器件封装的图元，显示构成封装的边框线和焊盘等具体信息，其下方有预览框。

5.6.2　PCB Lib Placement 工具栏

执行菜单命令 View | Toolbars | PCB Lib Placement，打开 PCB Lib Placement 工具栏，如图 5-26 所示。表 5-2 列出了之前项目中未介绍过的按钮功能。这些绘制功能也可通过执行菜单命令 Place 得到，如图 5-52 所示。

表 5-2　PCB Lib Placement 工具栏功能

图标	功　能	图标	功　能
	放置过孔		使用边缘法绘制 90°圆弧
	放置字符串		使用边缘法绘制任何角度圆弧
	放置坐标		绘制圆
	放置尺寸标注		绘制矩形填充
	使用中心法绘制圆弧		阵列粘贴

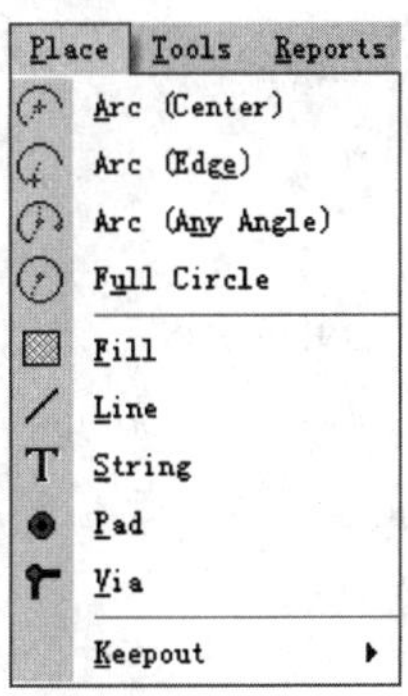

图 5-52　Place 菜单

习题

1. 创建一个元器件封装库,并利用设计向导绘制封装DIP-8,其左、右焊盘距离300mil,上、下焊盘距离100mil,如图5-53所示。

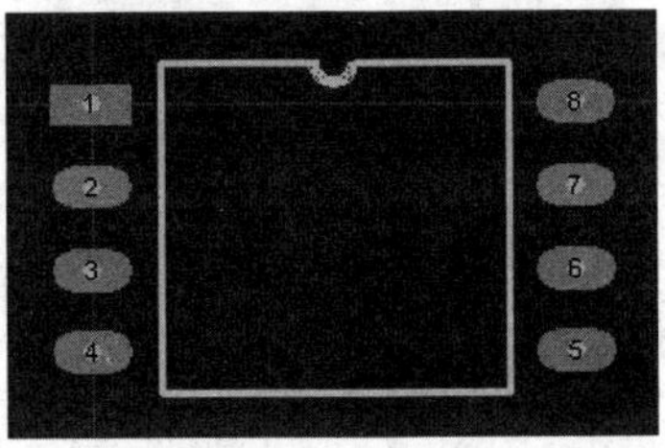

图5-53　封装DIP-8示意图

2. 在封装库中添加新元器件,并任选一个元器件实物,测量其关键尺寸并绘制封装图。

CHAPTER 6 第6章

电子产品综合设计

通过前面的学习，学生对电路板设计应该有了比较初步的认识。电路板设计主要包括原理图设计和 PCB 设计两部分。电路设计的最终目的是设计 PCB。各种类型的原理图元器件设计、元器件封装设计也是为 PCB 设计服务的，PCB 设计是整个设计的最终环节。

为了使学生能够从整体上对软件 Protel DXP 有更深入、更全面的了解，并对电路板设计的整个过程有更清晰的认识，本章将通过综合性实例，将本书介绍的内容结合起来，使学生进一步理解各章节知识在实际项目中的应用。本章通过 5 个电子产品项目，以电路板设计过程为顺序，说明使用 Protel DXP 设计 PCB 的全过程。

6.1 综合设计流程简介

一般而言，设计电路板最基本的过程分为以下三个步骤。

(1) 电路原理图设计：作为绘制电路图的第一道工序，在原理图设计过程中应该保证电路设计明晰且正确，再求整体效果美观，然后保证电路连接的正确性，并正确选择元器件符号与封装。对于有经验的设计者来说，通过初步观察即可得知哪些元器件符号和封装在 Protel DXP 中找不到合适的，此时可先设计这些原理图元器件库或元器件封装库，为后续工作做好准备。当然，也可能在原理图设计过程中才发现，此时应根据实际情况设计各类元器件库。

(2) 生成网络表：若要使设计的原理图转变成可以制作成电路板的 PCB 图，需要网络表的支持。网络表是原理图文件和 PCB 文件之间的一座桥梁，是由原理图设计工具自动生成的、表达元器件电气连接关系的文本文件，一般包含元器件封装、网络列表和属性定义等组成部分。一旦在原理图导入 PCB 图的过程中出现问题，如元器件缺失、无电源信号等，可以通过网络表文件信息查找原因。

(3) 印制电路板设计：这部分工作主要在 PCB 设计环境下完成。在 PCB 编辑环境下，根据从网络表中获得的电气连接以及封装形式，将元器件的引脚用信号线连接起来，就可以完成 PCB 板的布线工作。虽然在 Protel DXP 中可对 PCB 图中的元器件进行自动布局与布线，但效果往往不尽如人意。所以对于简单的电路板来说，由于电路简单，元器件较少，可采用手动布局与布线；而对于复杂的电路板，由于电路复杂，元器件很多，可采用自动布线结合手动调整的方法来操作。

6.2 案例 6-1：晶体振荡器电路设计

6.2.1 项目设计任务

1. 设计任务

完成晶体振荡器的原理图及 PCB 图设计，制作双面板并生成元器件清单。板子大小为 94mm×30mm。晶体振荡器电路如图 6-1 所示。

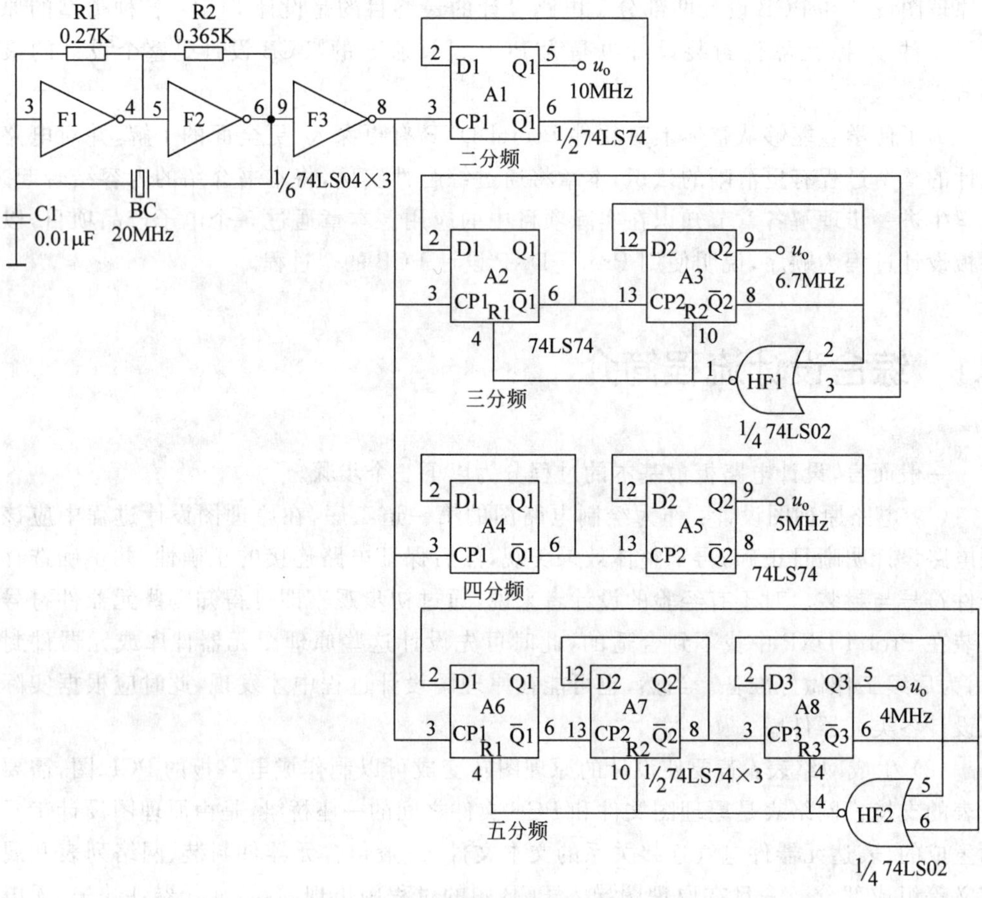

图 6-1 晶体振荡器电路

2. 电路功能

图 6-1 所示是个简单而又价廉的晶体振荡器电路，由两个 74LS04，两个电阻 R1、R2 和一个晶振 TX 组成。R1 和 R2 将两个反相器 F1、F2 偏置在线性范围内，并由晶振 TX 提供反馈回路，仅在晶振 TX 的基频上产生 20MHz 振荡频率，然后由反相器 F3 送至由 74LS74 构成的 D 触发器进行分频。若要进行二分频、四分频、八分频，遵循 2^n 分频规律(n 为级数)。如 $n=1$，则 $2^1=2$(分频)，它将 20MHz 信号频率经 A1 二分频电路后，由 Q1

输出 10MHz 信号。

6.2.2　新建文件

执行菜单命令 File|New|PCB Project，新建一个项目文件。然后执行菜单命令 File|Save Project，将新建的项目文件保存到晶体振荡器文件夹下，并将其命名为晶体振荡器.PrjPCB。

执行菜单命令 File|New|Schematic，新建一个原理图文件。然后执行菜单命令 File|Save，新建的原理图文件将默认保存到晶体振荡器文件夹下，并将其命名为晶体振荡器.SchDoc。

执行菜单命令 File|New|PCB，新建一个 PCB 文件。然后执行菜单命令 File|Save，新建的 PCB 文件将默认保存到晶体振荡器文件夹下，并将其命名为晶体振荡器.PcbDoc。

6.2.3　原理图设计

1. 选取元器件

在 Miscellaneous Devices.IntLib 元器件库中选取电阻、电容元器件等，并对元器件编号，然后设置电阻、电容和晶振值。

需要注意的是，电容 Cap 的默认封装为 RAD-0.3。其中，数字 0.3 表示电容两个引脚之间相距 300mil。事实上，对于一般类似于瓷片电容的小电容，引脚间距只有 100mil，所以需要根据实际情况进行修改，将封装改为 RAD-0.1。修改步骤如下所述。

双击电容 Cap 打开元器件属性对话框修改封装。在 PCB Library 区域中选择 Any，将 Footprint Model 区域中的 Name 改为 RAD-0.1，在属性框中预览，如图 6-2 所示。本书提到的所有类似小电容的封装都改为 RAD-0.1，以后不再重复。

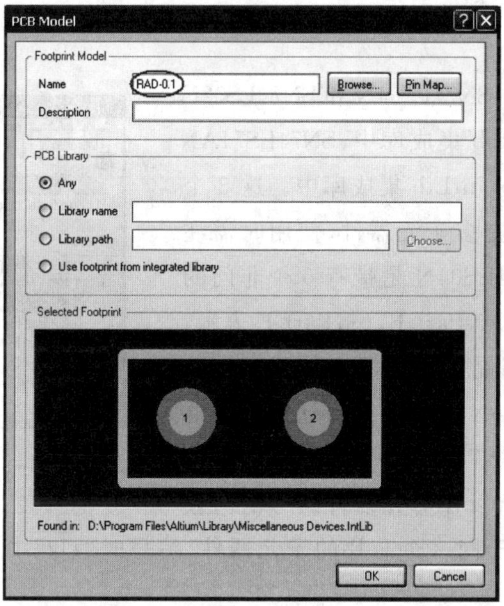

图 6-2　修改电容 Cap 的封装图

若不熟悉 3 个集成芯片所在的元器件库,可通过搜索找到元器件,并加载相应的元器件库。相同功能的元器件可能因为内部结构或生产厂家等不同,在 Protel DXP 中有几个不同名的元器件存于不同的元器件库中,所以可采用模糊查找。例如芯片 74LS04,查找时输入 * 74LS04 * ,符号 * 表示任意长度的任意字符。可搜索到多个芯片,如图 6-3 所示。从中选择所需元器件,选择的同时就加载了该元器件所在的元器件库。

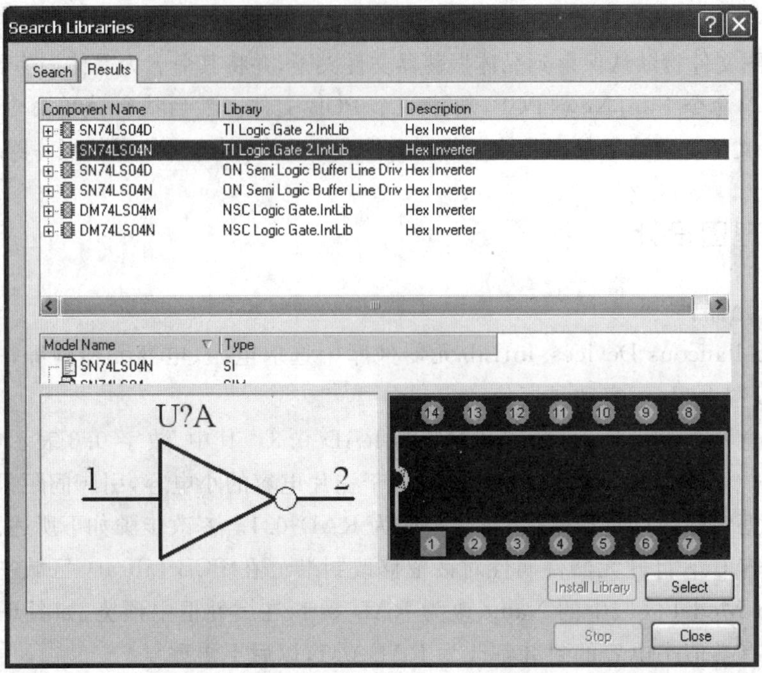

图 6-3 元器件“ * 74LS04 * ”搜索结果

根据搜索结果得知,SN74LS04N 和 SN74LS02N 在 TI Logic Gate 2. IntLib 集成库中,SN74LS74AN 在 4TI Logic Flip-Flop. IntLib 集成库中。这 3 个集成芯片比较特殊,都是多子元器件,使用时需注意。例如,元器件 SN74LS04N 是带有 6 个非门的集成芯片,分别用 Part A,Part B,…,Part F 表示,如图 6-4 所示。电路图晶体振荡器中需要 3 个非门,可从 1 个 SN74LS04N 芯片中选择任意 3 个非门;而不是使用 3 个 SN74LS04N 芯片,每个芯片中只选择 1 个非门。所以在对元器件编号的时候需特别注意,如果是属于同一个芯片的子元器件,编号时“U?”中的“?”必须是相同的数字,如图 6-5 所示。

图 6-4 多子元器件 SN74LS04N 的结构

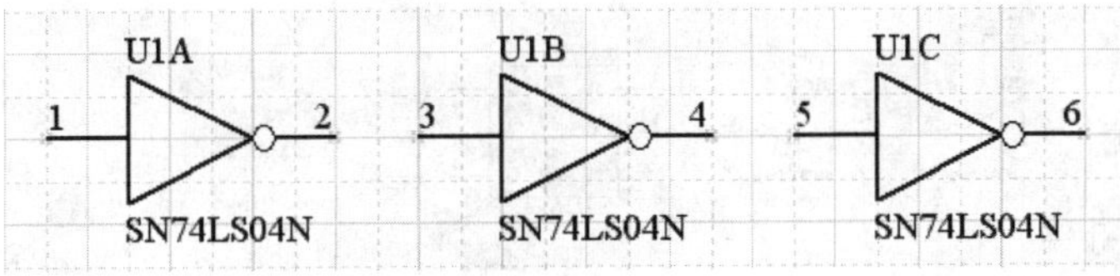

图 6-5 多子元器件 SN74LS04N 编号示意图

元器件 SN74LS74AN 是带有 2 个 D 触发器的集成芯片，每个触发器有 6 个引脚，但电路图中只用到其中的 4 个引脚。为了使原理图简洁、清晰，将未使用的 2 个引脚隐藏。其操作步骤如下所述。

双击 Part A 触发器打开元器件属性对话框，然后单击左下角的 Edit Pins... 按钮，打开元器件引脚编辑器。依次将引脚 1、4 后 Show 状态框中的“√”去掉，如图 6-6 所示。由此看出，该芯片默认隐藏了其电源引脚。

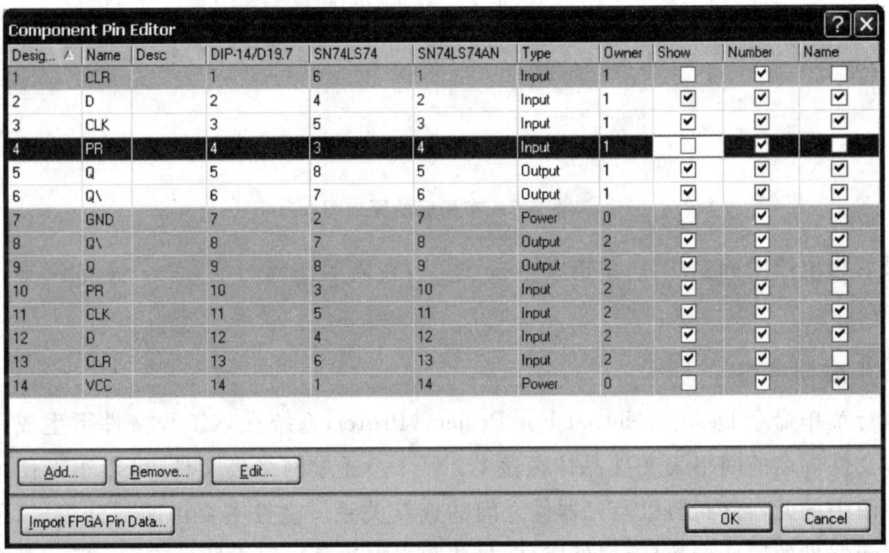

Desig...	Name	Desc	DIP-14/D19.7	SN74LS74	SN74LS74AN	Type	Owner	Show	Number	Name
1	CLR		1	6	1	Input	1		✓	
2	D		2	4	2	Input	1	✓	✓	✓
3	CLK		3	5	3	Input	1	✓	✓	✓
4	PR		4	3	4	Input	1		✓	
5	Q		5	8	5	Output	1	✓	✓	✓
6	Q\		6	7	6	Output	1	✓	✓	✓
7	GND		7	2	7	Power	0		✓	✓
8	Q\		8	7	8	Output	2	✓	✓	✓
9	Q		9	8	9	Output	2	✓	✓	✓
10	PR		10	3	10	Input	2	✓	✓	
11	CLK		11	5	11	Input	2	✓	✓	✓
12	D		12	4	12	Input	2	✓	✓	✓
13	CLR		13	6	13	Input	2	✓	✓	
14	VCC		14	1	14	Power	0		✓	✓

图 6-6 隐藏元器件引脚

选取元器件时，应注意元器件 14 号电源引脚是 VCC 还是 VDD。虽然都是电源引脚，但网络标号不一样，在一张电路图中应该统一。本例中统一电源引脚为 VCC。

2. 元器件布局

布局后的原理图如图 6-7 所示。

3. 连线

单击按钮，执行连线操作。连线后的原理图如图 6-8 所示。

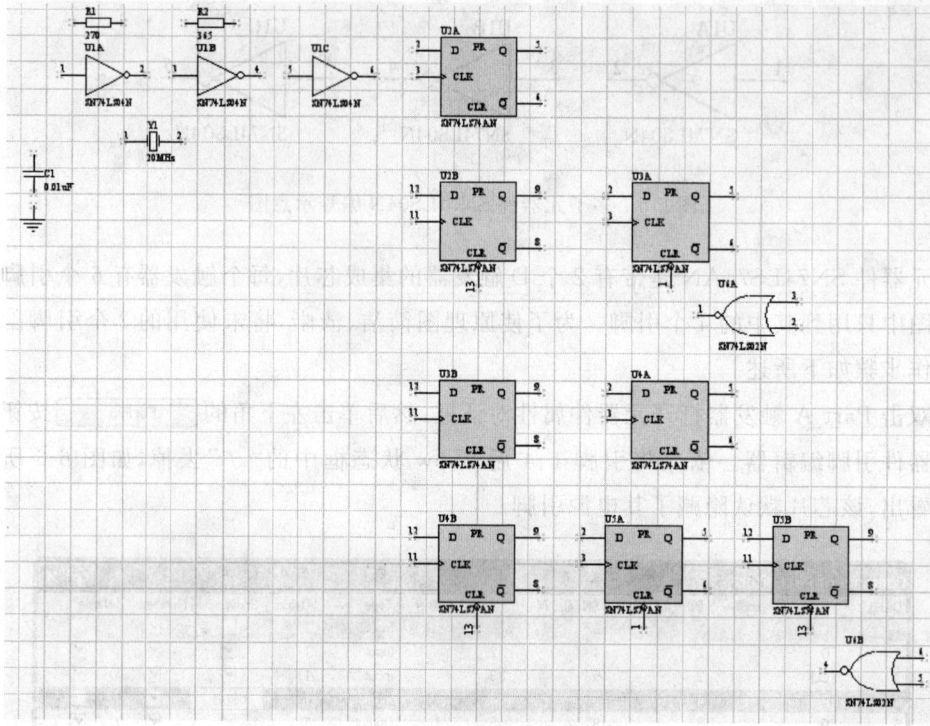

图 6-7 布局后的原理图

最后为电路图标上注释,单击文本按钮 T ,在需要注释的地方一一添加文本,如“二分频”等。

4. 生成网络表

执行菜单命令 Design|Netlist For Project|Protel,系统在该工程文件下生成一个与该工程文件同名的网络表文件晶体振荡器.NET。通过网络表文件,可以很方便地查看该原理图中的元器件封装以及元器件之间的连接关系。文件主要由两部分组成,前一部分描述元器件的属性参数(元器件序号、封装和文本注释),用方括号表示;后一部分描述原理图文件中的电气连接,以圆括号表示。如在图 6-9 中,序号为 C1 的元器件封装为 RAD-0.1,序号为 R1 的元器件封装为 AXIAL-0.4,U1,U2,…,U6 的 14 号引脚都与网络 VCC 相连。

5. 生成元器件清单

执行菜单命令 Reports|Bill of Materials,系统在该工程文件下生成元器件清单。分别选取元器件的 Designator、Value、LibRef、Footprint 属性,并保存成 Excel 文件,如图 6-10 所示。

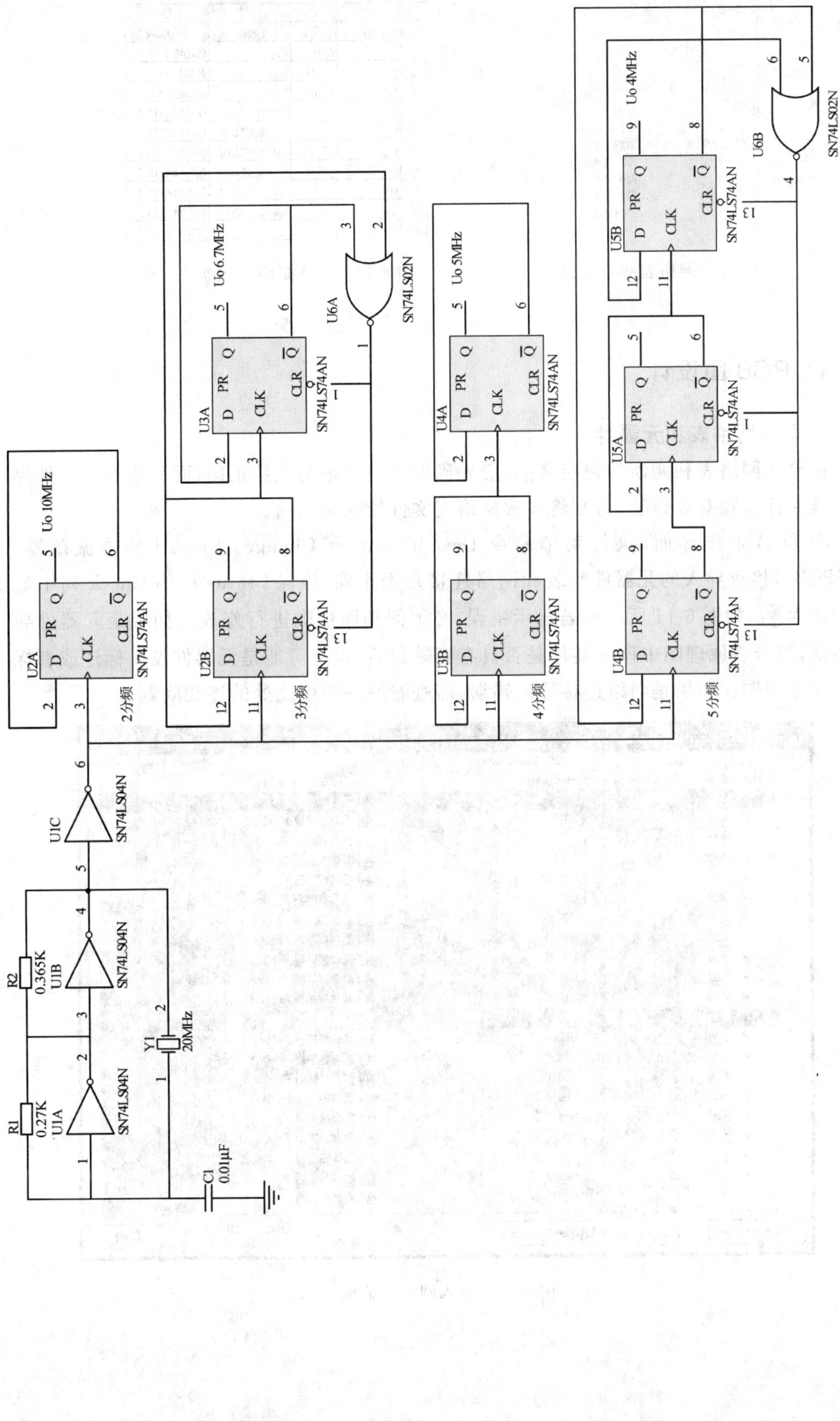
R1
0.27K
U1A
SN74LS04N
R2
0.365K
U1B
SN74LS04N
U1C
SN74LS04N
Y1
20MHz
C1
0.01μF
U2A
SN74LS74AN
Uo 10MHz
2分频
U2B
SN74LS74AN
3分频
U3A
SN74LS74AN
Uo 6.7MHz
U6A
SN74LS02N
U3B
SN74LS74AN
4分频
U4A
SN74LS74AN
Uo 5MHz
U4B
SN74LS74AN
5分频
U5A
SN74LS74AN
U5B
SN74LS74AN
Uo 4MHz
U6B
SN74LS02N

图 6-8　连线后的原理图

```
[              (
C1             VCC
RAD-0.1        U1-14
               U2-14
]              U3-14
[              U4-14
R1             U5-14
AXIAL-0.4      U6-14
               )
]
```

图 6-9　网络表部分信息

	A	B	C	D
1	Designator	Value	LibRef	Footprint
2	C1	0.01uF	Cap	RAD-0.1
3	R1	0.27K	Res2	AXIAL-0.4
4	R2	0.365K	Res2	AXIAL-0.4
5	U1		SN74LS04N	DIP-14/D19.7
6	U2		SN74LS74AN	DIP-14/D19.7
7	U3		SN74LS74AN	DIP-14/D19.7
8	U4		SN74LS74AN	DIP-14/D19.7
9	U5		SN74LS74AN	DIP-14/D19.7
10	U6		SN74LS02N	DIP-14/D19.7
11	Y1		XTAL	BCY-W2/D3.1

图 6-10　晶体振荡器元器件清单

6.2.4　PCB 图设计

1. 导入网络表和元器件

在导入网络表和元器件封装之前，应先确保原理图电路连接正确，而且所有元器件都具有唯一标注和有效封装，否则将导致网络表文件导入时出错。

在 PCB 工作界面，执行菜单命令 Design | Import Changes From [晶体振荡器.PRJPCB]，检查导入的元器件封装和网络连接是否正确，确保 Status 栏的 Check 列中显示全部为，如图 6-11 所示。若显示错误，必须回到原理图进行修改。如果是元器件导入错误，需查看原理图中该元器件是否具有有效封装，也有可能是元器件没有标注或者标注重复等问题。如果是网络连接导入错误，需查看原理图中此处的连线问题。

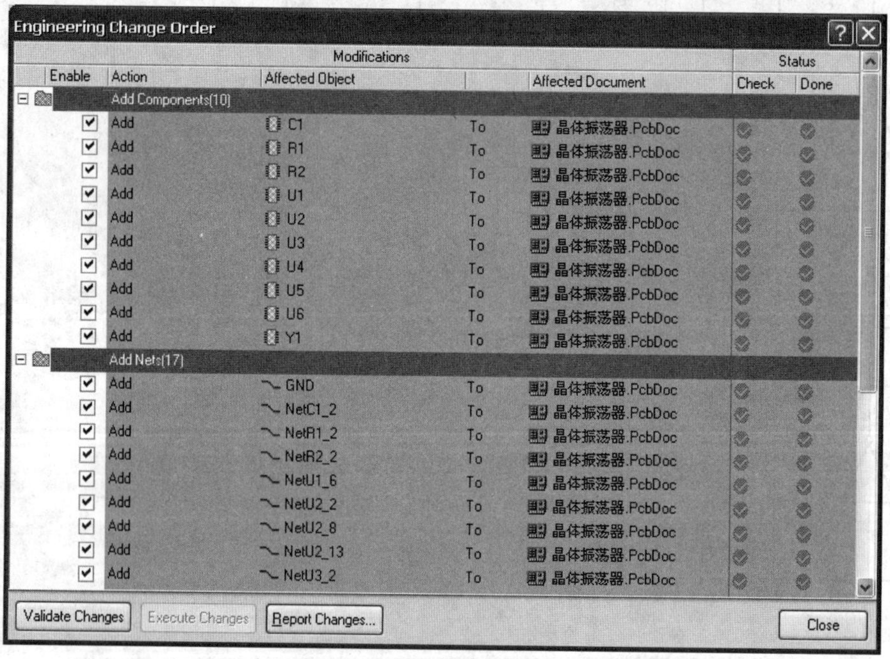

图 6-11　导入网络对话框

2. 元器件布局

此项目板框大小 94mm×30mm，仍然可以用快捷键 J＋L 来对板框定位。将设计工作层切换到 Keep-Out Layer，然后单击直线绘制按钮，在图纸中绘制相应的板框。虽然 Protel DXP 具有自动布局的功能，但是效果往往不尽如人意，尤其当电路图复杂元器件很多时，甚至会造成计算机死机。所以，采用手动布局更为合理，布局应均匀、整齐、紧凑。

参考原理图，尽量将原理上靠近的元器件放在一起，使元器件之间的连线尽可能短。由于电路板中主要以 5 个 DIP-14 的芯片为主，所以尽量使这 5 个芯片的方向一致，即芯片缺口一致，并且排列整齐。此时可利用元器件排列工具栏（如图 6-12 所示）来操作，具体步骤如下所述。

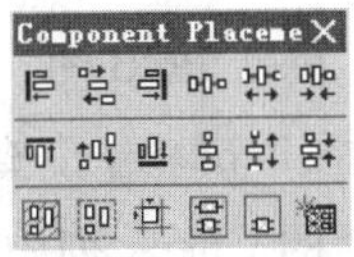

图 6-12　Component Placement 工具栏

同时选中这 5 个元器件，然后单击底对齐按钮，这5 个元器件会与最下部的元器件对齐。然后，单击水平间距相等按钮，5 个元器件中的第一个和最后一个元器件不动，但是元器件之间的水平间距调整为相等。如果觉得水平间距太大或太小，单击减小水平间距按钮或单击增大水平间距按钮进行调整。排列前、后的对比如图 6-13 所示。

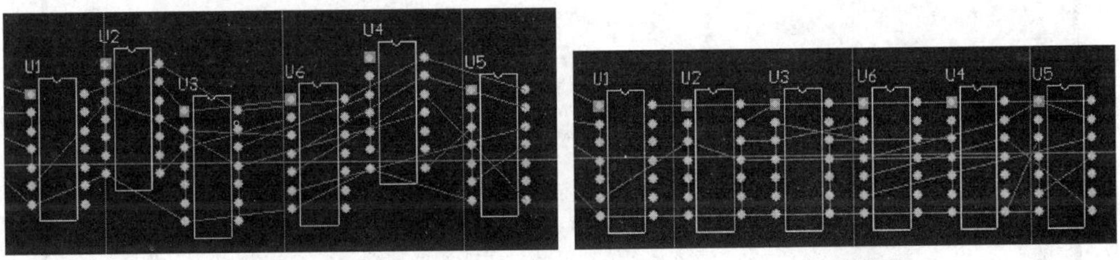

(a) 调整前　　　(b) 调整后

图 6-13　利用水平排列工具调整元器件

布局后的 PCB 图如图 6-14 所示。

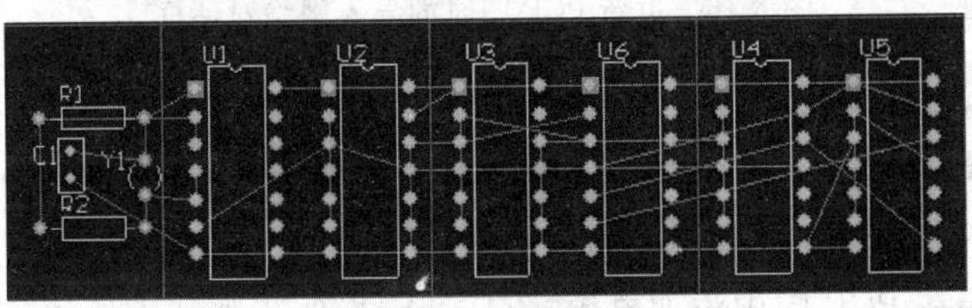

图 6-14　布局后的 PCB 图

因为 PCB 图中没有电源接口，使制作完成的电路板外接电源不便，所以应在电路板上添加一个电源接口。最好的方法是在设计原理图时就考虑到这一点，所以在绘制原理图时增加一个电源接口元器件。但是当 PCB 图中所有元器件布局都完成时，有以下两种方法补救。

方法一：回到原理图，在其中添加电源接口元器件，然后更新 PCB 图，操作步骤如下所述。

(1) 修改电路：打开原理图，从 Miscellaneous Connectors. IntLib 元器件库中选取元器件 Header 2 并放入电路图，用网络标号分别在 1 脚和 2 脚上标识 VCC 和 GND，如图 6-15 所示，然后保存文件。

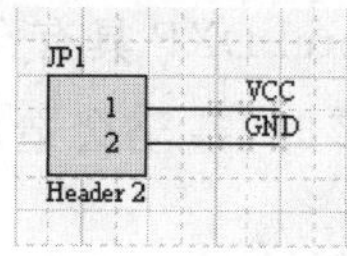

图 6-15 添加的电源接口

(2) 更新 PCB 图：执行菜单命令 Design|Update PCB 晶体振荡器. PcbDoc，检查原理图修改后导入的元器件封装和网络连接是否正确，确保 Status 栏的 Check 列中显示全部为 ，如图 6-16 所示，元器件被添加到 PCB 图中。

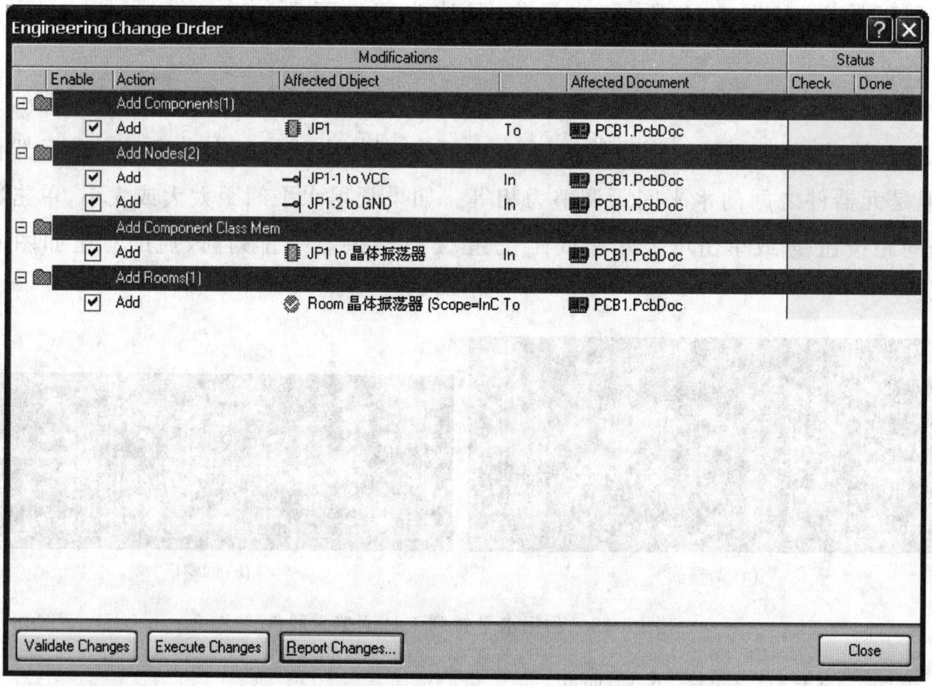

图 6-16 更新 PCB 图时的导入网络对话框

小技巧

如果在设计 PCB 图时，发现原理图有错需要修改，可回到原理图对电路进行修改。修改完毕，更新 PCB 图就可以了。

方法二：直接在 PCB 图中添加电源接口封装，操作步骤如下所述。

(1) 选取元器件：在 PCB 环境下打开 Libraries 面板，在其上方选择 Footprints 选项，如图 6-17 所示。从 Miscellaneous Connectors. IntLib 库中选取 2 针单排插针 HDR1×2，弹出如图 6-18 所示对话框。将标号改为 J1，并将元器件放置在电路板的左下角。

图 6-17　Libraries 面板

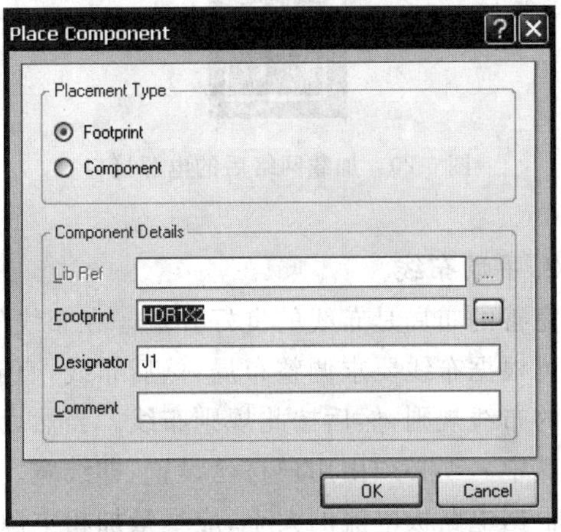

图 6-18　放置元器件封装对话框

(2) 添加网络：双击元器件的 1 号焊盘，打开焊盘属性对话框，从 Net 下拉列表框中选择 VCC(如图 6-19 所示)。此时，该元器件的 1 号引脚被加载了 VCC 网络，并与电路板中的其他 VCC 网络间自动产生飞线。同理，为 2 号引脚加载 GND 网络。加载网络后的元器件如图 6-20 所示。

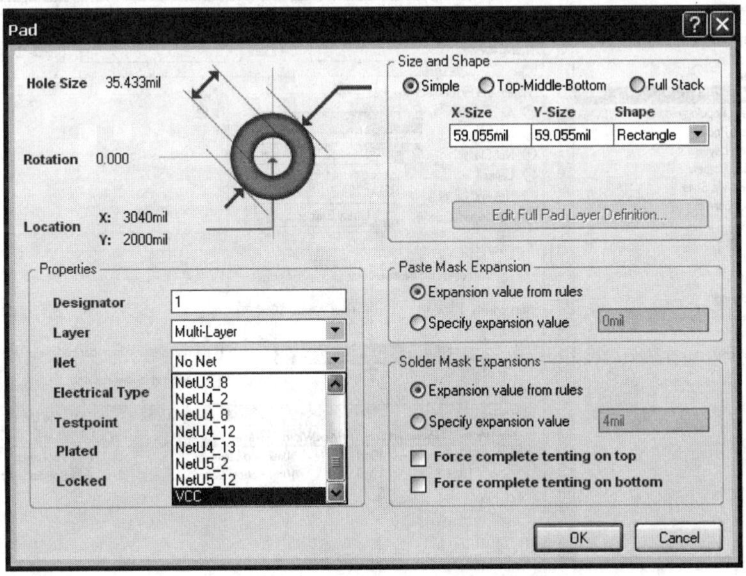

图 6-19　为焊盘添加网络对话框

(3) 添加标识：为了更清楚地表达电源和地，分别在焊盘旁标识 VCC 和 GND。将设计工作层切换到 Top Overlay，然后单击文本按钮 T，并在 1 号脚旁边放置符号 VCC。同理，在 2 号引脚旁放置符号 GND。添加标识后的电源接口如图 6-21 所示。

图 6-20　加载网络后的电源接口

图 6-21　添加标识后的电源接口

3. 手动布线

完善的布局是布线的良好开端。在布线的过程中可能发现之前的布局有不妥之处，此时可根据布线要求调整布局，然后布线，直到布线完成。通常在布线之前，需要设置电路板的布线规则，然后按此规则布线。当然，大部分参数都可采用系统默认的布线规则，但是其中一项必须由用户自己设置，即线宽。

根据电路板电流的大小，应尽量加粗电源线宽度，减少环路电阻，同时使电源线、地线的走向和数据传递的方向一致，有助于增强抗噪声能力。通常，电源线可加粗至 30～40mil，地线加粗至 40～50mil，甚至更粗。修改线宽的步骤如下所述。

执行菜单命令 Design|Rules，打开布线参数设置对话框，然后展开 Routing 中的 Width 选项，如图 6-22 所示。系统默认的线宽只有一种，即 10mil，而且适用于所有网络。右击 Width 选项，弹出快捷菜单(如图 6-23 所示)，从中选择 New Rule，系统将在布线

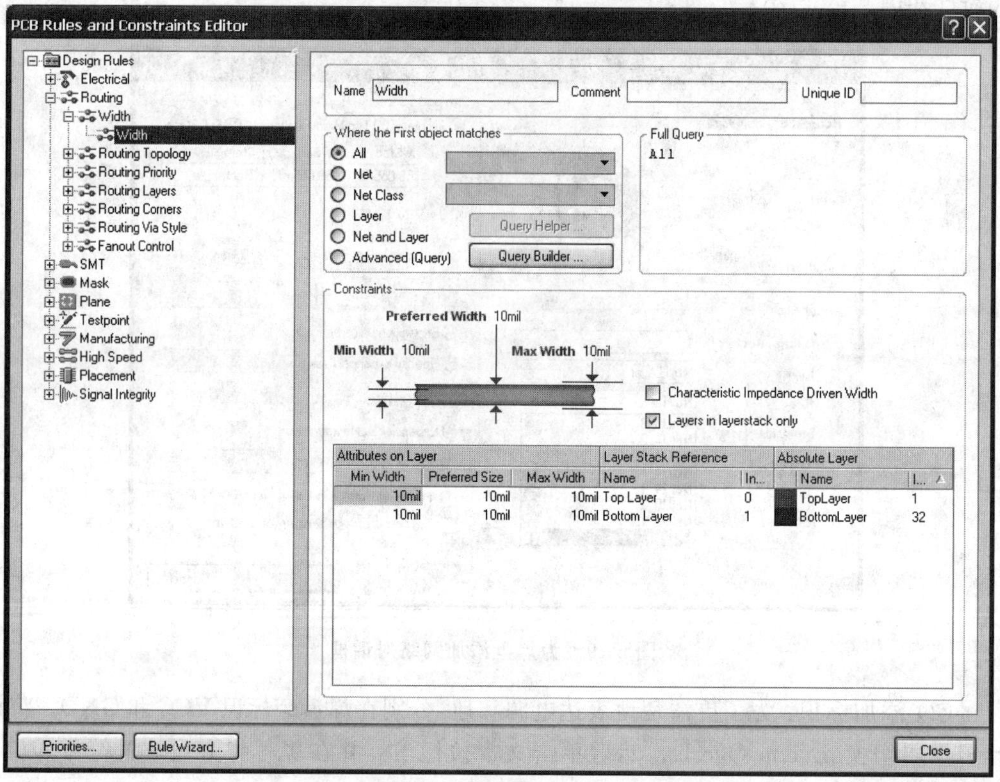

图 6-22　布线宽度设置对话框

宽度选项中添加新的布线宽度子项 Width_1。单击该子项，在其右边的设置栏中将 Name 设置为 VCC。在 Where the First object matches 区域中选择 Net 选项，并在其右边的下拉列表框中选择 VCC，即设置电源线的宽度。在 Constraints 区域中，将 Maximum Width（最大宽度）、Preferred Width（首选宽度）、Min Width（最小宽度）均设置为 30mil，如图 6-24 所示。同理，添加地线宽度项，其线宽为 40mil。

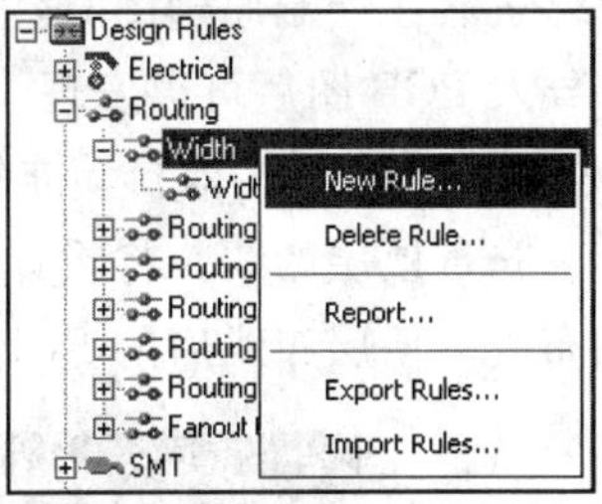

图 6-23　右键快捷菜单

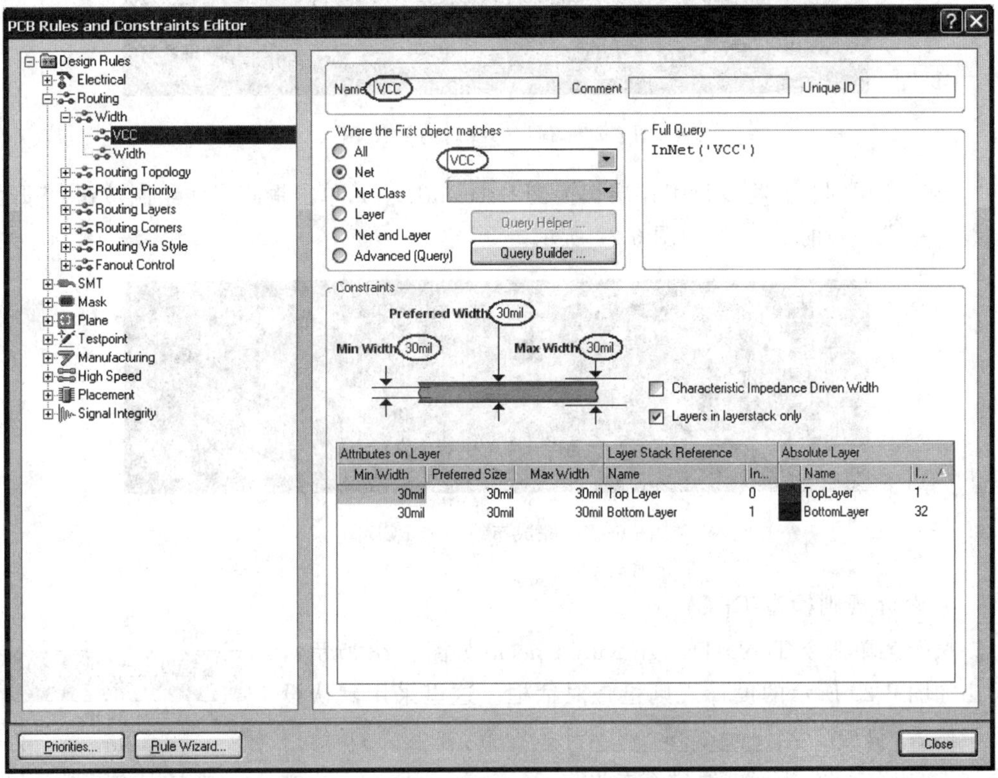

图 6-24　添加电源线宽度选项

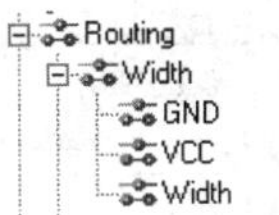

图 6-25　3 种布线宽度规则

这样就有了 3 种布线宽度规则，如图 6-25 所示。另外，在布线过程中，线宽的优先权也是至关重要的，系统默认优先权最低的为 Width_0，那么此处优先权最高的是 Width_2（GND），为 40mil；其次是 Width_1（VCC），为 30mil；最后是 Width_0（信号线），为 10mil。若要修改优先权，展开 Routing Priority 选项进行修改。如果把 Width_0（信号线）的优先权设为最高，另外两个线宽设置就失去了意义，整块电路板中的所有线宽都将是 10mil。

在布线过程中，应该让布线长度尽量短，以减少由于走线过长带来的干扰问题。同时，走线应避免锐角和直角，应采用 45°走线；相邻层信号线尽量呈正交方向。

虽然在绘制原理图时，没有对 5 个芯片的电源(14 脚)和地(7 脚)进行相应的连接，但是导入 PCB 图后可以发现，系统对 5 个芯片的电源和地线进行了自动连线。这是 Protel DXP 的一个功能，即自动连接电源和地线。

先布顶层的线。将设计工作层切换到 Top Layer，然后单击铜膜走线绘制按钮开始布线。顶层布线后的 PCB 图如图 6-26 所示。

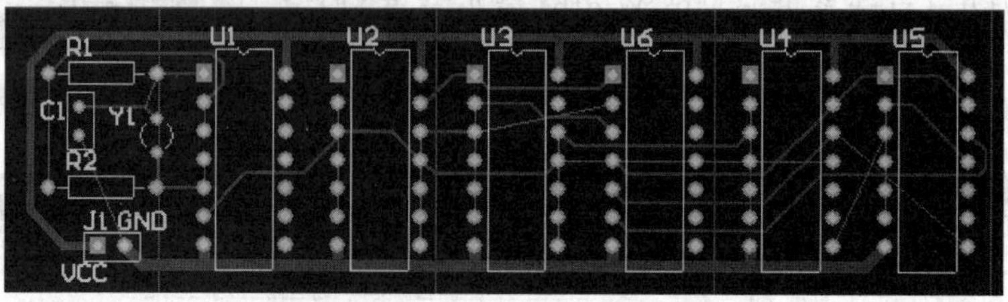

图 6-26　顶层布线后的 PCB 图

再布底层的线。将设计工作层切换到 Bottom Layer，单击铜膜走线绘制按钮开始布线。完成布线的 PCB 图如图 6-27 所示。

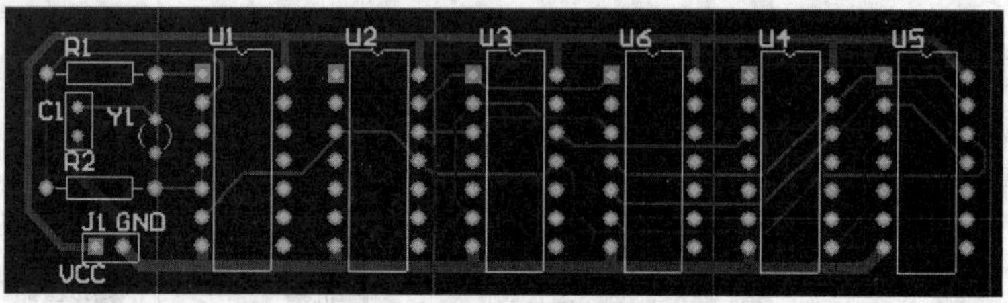

图 6-27　完成布线后的 PCB 图

4. 设计规则检查(DRC)

执行菜单命令 Tools|Design Rule Check(如图 6-28 所示)，弹出如图 6-29 所示的设计规则检查对话框。这里采用默认设置。然后，单击按钮 Run Design Rule Check... 开始检查，并生成 DRC 报告文件，如图 6-30 所示。通过查看报告，Violations Detected 的结果为 0，所以没有违背任何规则。

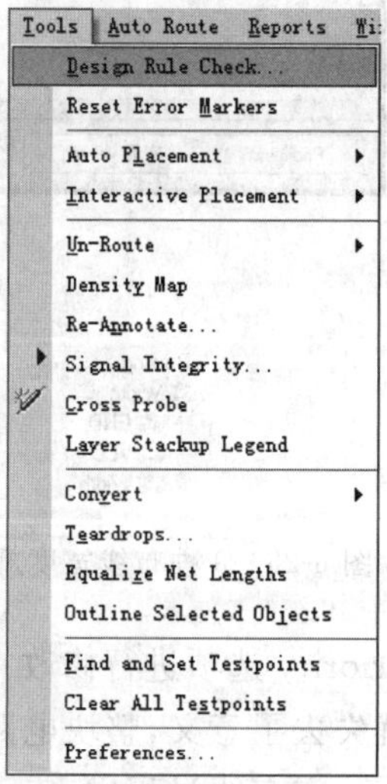

图 6-28　Tools 菜单选项

5. 裁板

最后，根据电路图板框大小绘制边框线并进行裁板，即确定电路板大小。裁板时，执行菜单命令 Design|Board Shape|Redefine Board Shape(如图 6-31 所示)，光标将变为"十"字形。将光标移动至适当的位置，单击确定板边的起点，然后移动光标依次确定各板边，形成一个四边形的电路板。注意，布线区距离电路板边缘应大于 5mm，并在电路板四角安装定位孔。定位孔直径根据实际电路板尺寸确定，一般取 3mm。制作完成的电路板如图 6-32 所示。

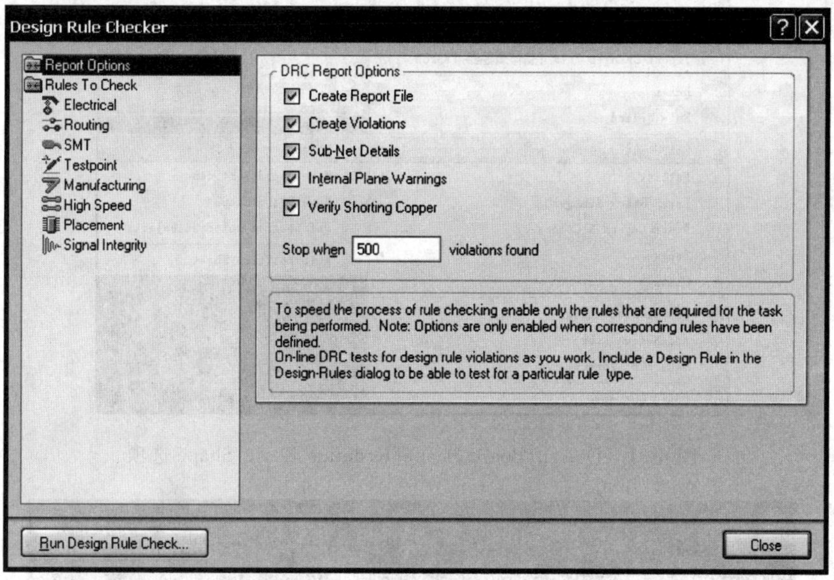

图 6-29　设计规则检查对话框

```
Protel Design System Design Rule Check
PCB File : \book\chapt6\晶体振荡器\晶体振荡器.PcbDoc
Date     : 2009-8-17
Time     : 17:11:37

Processing Rule : Width Constraint (Min=0.762mm) (Max=0.762mm) (Preferred=0.762mm) (InNet('VCC'))
Rule Violations :0

Processing Rule : Short-Circuit Constraint (Allowed=No) (All),(All)
Rule Violations :0

Processing Rule : Broken-Net Constraint ( (All) )
Rule Violations :0

Processing Rule : Clearance Constraint (Gap=0.254mm) (All),(All)
Rule Violations :0

Processing Rule : Width Constraint (Min=0.254mm) (Max=0.254mm) (Preferred=0.254mm) (All)
Rule Violations :0

Processing Rule : Height Constraint (Min=0mm) (Max=25.4mm) (Prefered=12.7mm) (All)
Rule Violations :0

Processing Rule : Hole Size Constraint (Min=0.0254mm) (Max=2.54mm) (All)
Rule Violations :0

Processing Rule : Width Constraint (Min=1.016mm) (Max=1.016mm) (Preferred=1.016mm) (InNet('GND'))
Rule Violations :0


Violations Detected : 0
Time Elapsed        : 00:00:00
```

图 6-30　DRC 报告文件

如果设计要求中严格规定电路板的尺寸大小，应该在元器件布局之前规划电路板尺寸，即绘制边框线，然后在规定区域内对元器件布局与布线。

6. 3D 效果图

执行菜单命令 View|Board in 3D，显示 PCB 板的 3D 图，如图 6-33 所示。

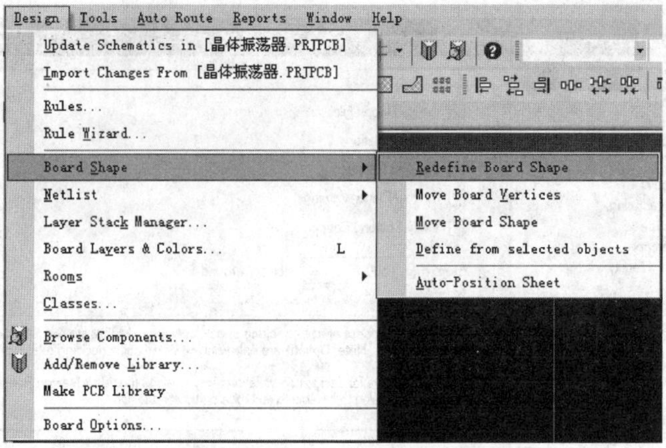

图 6-31 Design|Board Shape|Redefine Board Shape 选项

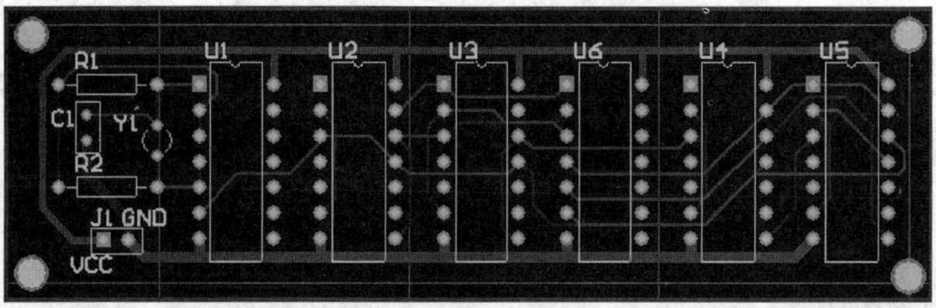

图 6-32 制作完成的电路板

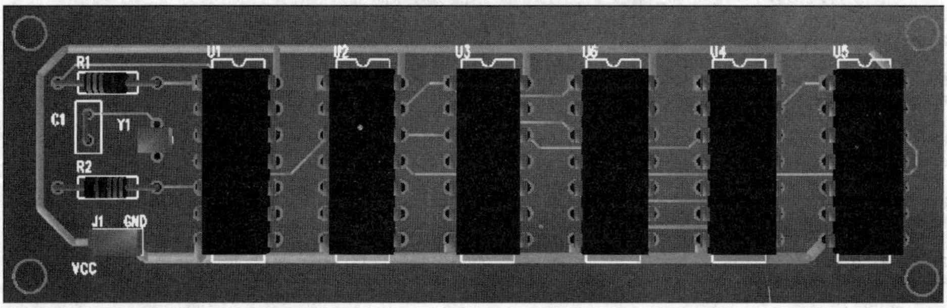

图 6-33 电路板 3D 图

6.3 案例 6-2：光控走马灯电路设计

6.3.1 项目设计任务

1. 设计任务

完成光控走马灯的原理图及 PCB 图设计，制作单面板并生成元器件清单。板子大小为 110mm×60mm。光控走马灯电路图如图 6-34 所示。

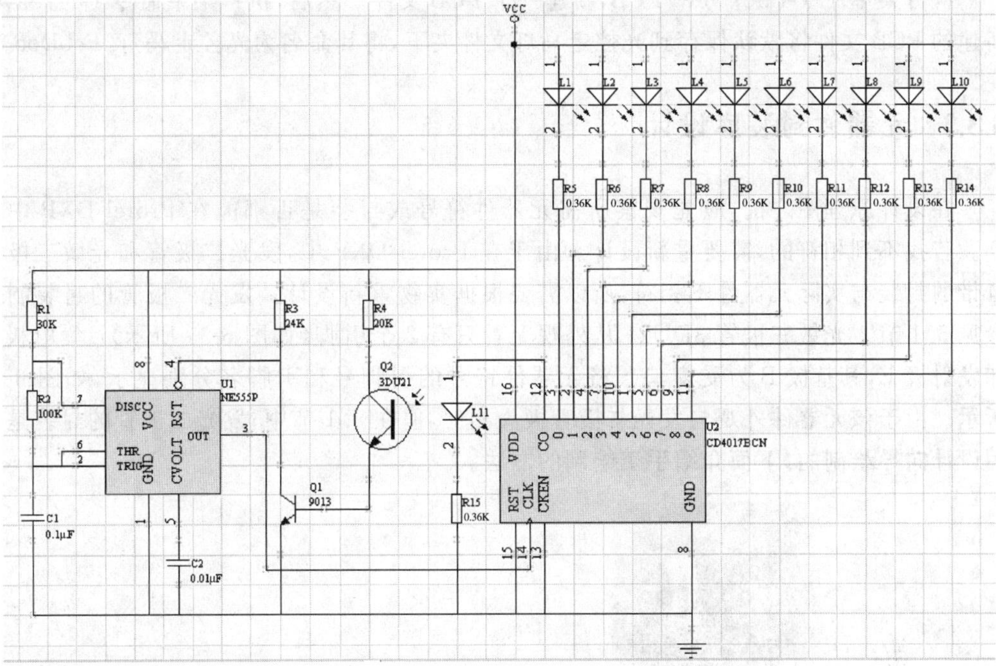

图 6-34　光控走马灯电路图

2. 电路功能

由 555 芯片及其外围电路构成多谐振荡器输出方波信号，通过光电转换电路控制十进制计数器 CD4017 进行计数。在无光照时，走马灯以一定的频率轮流发光；在有光照时，走马灯停止轮流发光。

6.3.2　新建文件

执行菜单命令 File|New|PCB Project，新建一个工程文件。然后，执行菜单命令 File|Save Project，将新建的工程文件保存到光控走马灯文件夹下，并将其命名为光控走马灯. PrjPCB。

执行菜单命令 File|New|Schematic，新建一个原理图文件。然后，执行菜单命令 File|Save，新建的原理图文件将默认保存到光控走马灯文件夹下，将其命名为光控走马灯. SchDoc。

执行菜单命令 File|New|Schematic Library，新建一个原理图元器件库文件。然后，执行菜单命令 File|Save，新建的原理图元器件库文件将默认保存到光控走马灯文件夹下，将其命名为光控走马灯. SchLib。

执行菜单命令 File|New|PCB Library，新建一个元器件封装库文件。然后，执行菜单命令 File|Save，新建的元器件封装库文件将默认保存到光控走马灯文件夹下，将其命名为光控走马灯. PcbLib。

执行菜单命令 File|New|PCB,新建一个 PCB 文件。然后,执行菜单命令 File|Save,新建的 PCB 文件将默认保存到光控走马灯文件夹下,将其命名为光控走马灯. PcbDoc。

6.3.3 元器件封装库设计

在设计原理图之前,应先观察所需元器件符号或封装是否都能在 Protel DXP 中找到。若找不到相符的,需要重新设计。由于在 Protel DXP 中,发光二极管和光敏三极管自带的封装与实际元器件不相符,所以需要根据实物重新设计。发光二极管的封装制作参见 5.1 节。光敏三极管 3DU21 从外观上看只有 2 个引脚(如图 6-35 所示):集电极 C 和发射极 E,其基极 B 为受窗口。将元器件符号的引脚号和引脚名分别显示,如图 6-36 所示。由于该元器件外观与发光二极管极为相似,但在 5.1 节中,发光二极管的封装是利用设计向导绘制的,下面介绍手工绘制的方法。

图 6-35 光敏三极管实物

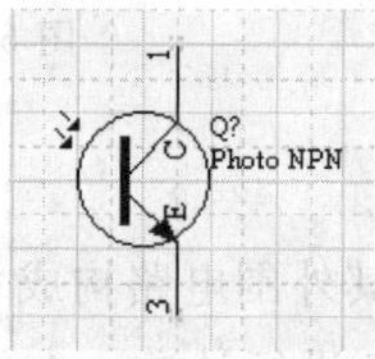

图 6-36 光敏三极管引脚示意图

双击打开工程文件列表中的元器件封装库文件光控走马灯. PcbLib,然后右击 PCB Library 管理面板 Components 区域,弹出快捷菜单,从中选择 New Blank Component,并在该库中新建一个名为 PCBCOMPONENT_1 的元器件。双击该元器件,在弹出的元器件重命名对话框中,将元器件名修改为 SJG。

依然从工作区的基准点开始绘制,操作步骤如下所述。

(1) 绘制轮廓线:将设计工作层切换到 Top Overlay,然后按 Q 键将度量单位切换为公制(mm)。在 Pcb Lib Placement 工具栏中单击圆绘制按钮,绘制一个半径为 5mm 的圆,如图 6-37 所示。

(2) 绘制焊盘:单击焊盘放置按钮,在离中心点 3mm 的 X 轴两端各放置 1 号和 3 号焊盘,焊盘大小取默认值,如图 6-38 所示。为了便于区分光敏三极管的极性,将 1 号焊盘改成方形。制作完成的光敏三极管封装如图 6-39 所示。

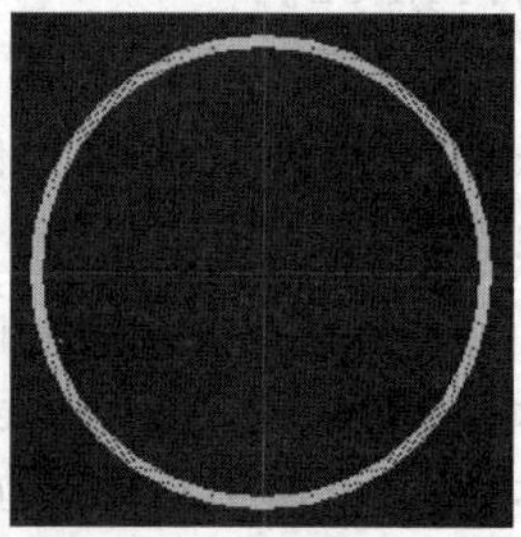

图 6-37 绘制圆形轮廓

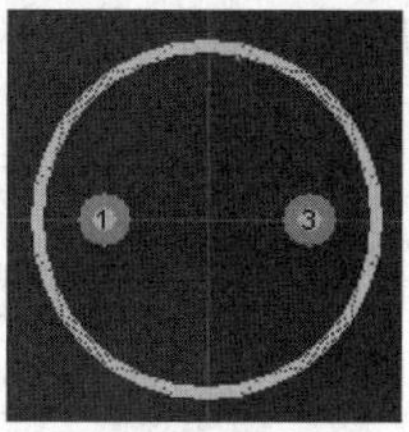

图 6-38　绘制焊盘

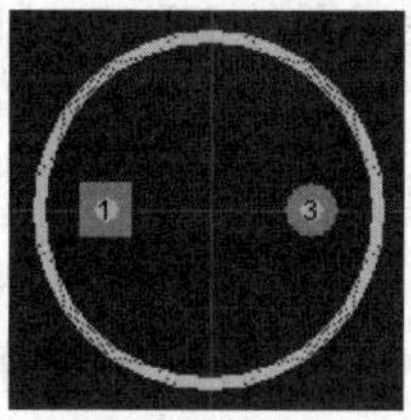

图 6-39　制作完毕的光敏三极管封装

6.3.4 原理图设计

1. 选取元器件

在 Miscellaneous Devices. IntLib 元器件库中选取阻容元器件等，并对元器件编号，然后设置电阻值和电容值。注意，修改电容、发光二极管和光敏三极管的封装分别为 RAD-0.1、LED 和 SJG，其中 LED 封装的绘制方法见 5.1.1 小节。

小技巧

电路图中一共有 11 个发光二极管。从 Miscellaneous Devices. IntLib 元器件库中选取名为 LED2 的发光二极管，使元器件处于悬浮状态，然后按 Tab 键打开元器件属性对话框。设置 Designator 属性为 L1，封装为 LED，如图 6-40 所示。随后将放置的发光二极管依次从 L1 开始自动编号，直到 L11。

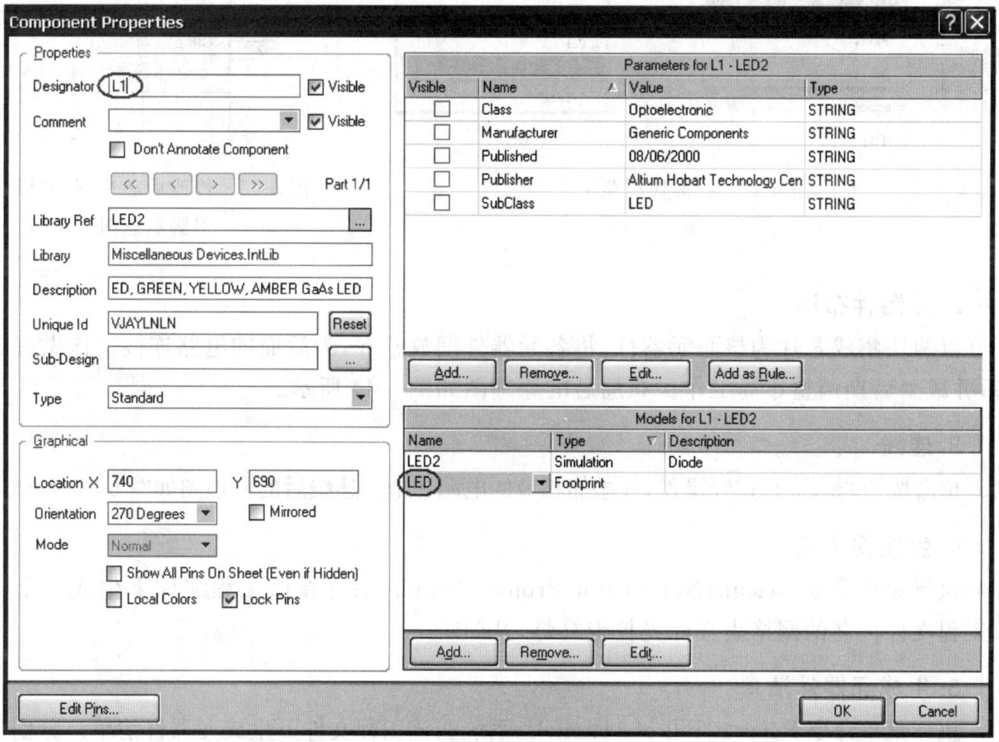

图 6-40　元器件属性对话框

通过搜索,查找元器件 NE555 和 CD4017B,并加载相应的元器件库。根据搜索结果得知,NE555P 在 TI Analog Timer Circuit. IntLib 集成库中,CD4017BCN 在 FSC Logic Counter. IntLib 集成库中。元器件库中 NE555P 的引脚按照引脚号排列(如图 6-41 所示)。为了使绘图简单,并且电路图清晰,可修改元器件引脚的排列顺序,使其按照引脚功能排列,操作步骤如下所述。

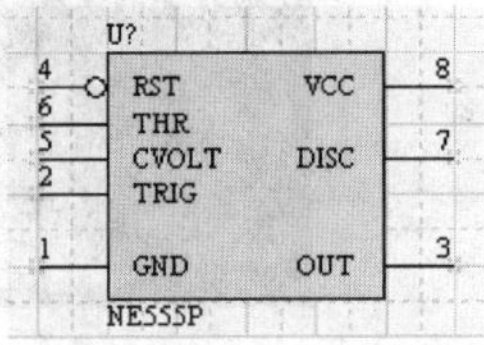

图 6-41 芯片 NE555P 引脚示意图

(1) 复制原元器件:打开 NE555P 所在的集成库文件 TI Analog Timer Circuit. IntLib。该集成库存于 Library 目录下的 Texas Instruments 文件夹中。从该库 SCH Library 管理面板的元器件列表中找到元器件 NE555P,然后右键单击该文件名,弹出快捷菜单。从中选择 Copy(如图 6-42(a)所示),即复制该元器件。

(2) 粘贴原元器件至原理图元器件库:切换回光控走马灯. SchLib 的 SCH Library 管理面板,然后右击,弹出快捷菜单。从中选择 Paste(如图 6-42(b)所示),即将元器件 NE555P 加载到光控走马灯. SchLib 中。

(3) 修改元器件:改变元器件引脚的位置。修改后如图 6-43 所示。

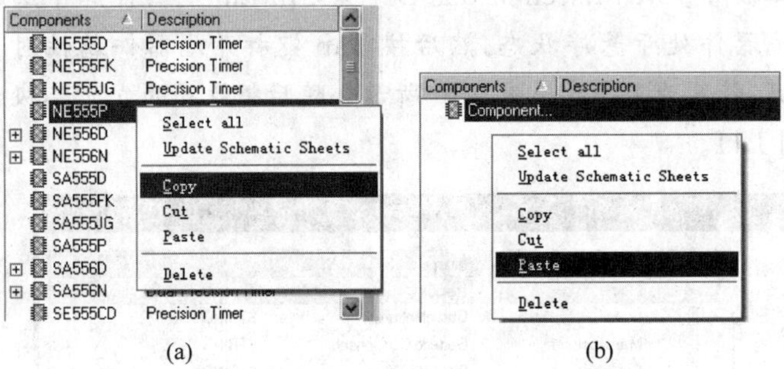

图 6-42 右键快捷菜单

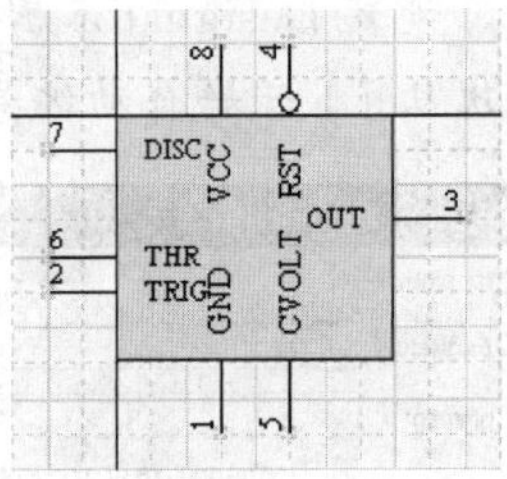

图 6-43 修改后芯片 NE555P 引脚示意图

2. 元器件布局

以两块集成芯片为核心元器件,将各元器件摆放整齐,为后面的电路连接工作做好准备,并减少后期调整布局工作。布局后的原理图如图 6-44 所示。

3. 连线

单击按钮 ,进行连线操作,并添加相应的电源和地。连线后的原理图如图 6-34 所示。

4. 生成网络表

执行菜单命令 Design|Netlist For Project|Protel,系统在该工程文件下生成一个与该工程文件同名的网络表文件光控走马灯. NET。

5. 生成元器件清单

执行菜单命令 Reports|Bill of Materials,系统在该工程文件下生成元器件清单。分别选取元器件的 Designator、Value、LibRef、Footprint 属性,并保存成 Excel 文件,如图 6-45 所示。

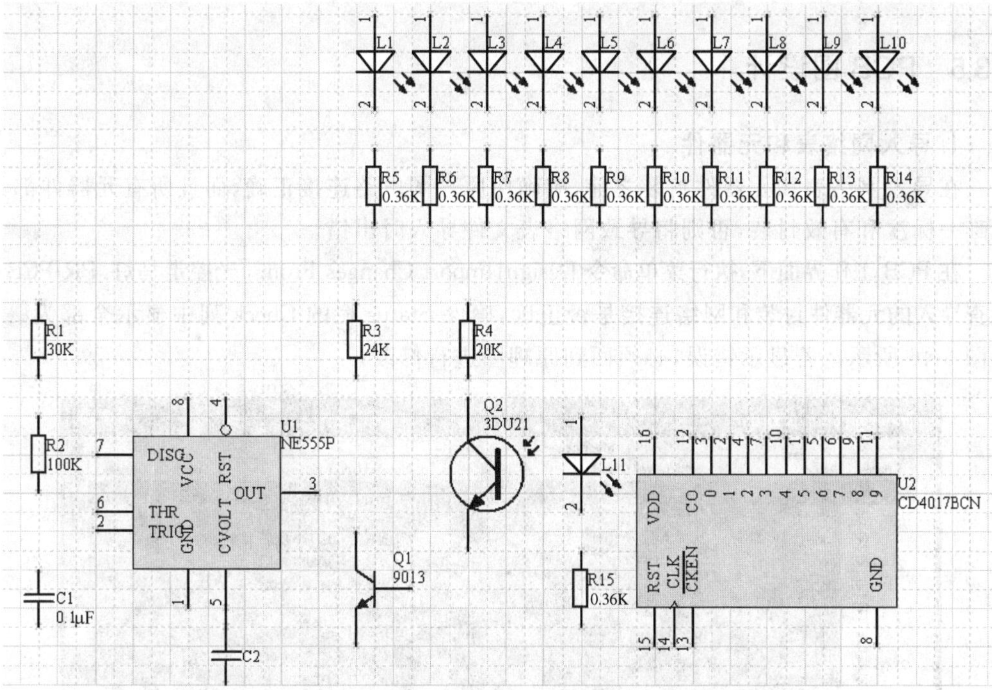

图 6-44　布局后的原理图

	A	B	C	D
1	Designator	Value	LibRef	Footprint
2	C1	0.1uF	Cap	RAD-0.1
3	C2	0.01uF	Cap	RAD-0.1
4	L1		LED2	LED
5	L2		LED2	LED
6	L3		LED2	LED
7	L4		LED2	LED
8	L5		LED2	LED
9	L6		LED2	LED
10	L7		LED2	LED
11	L8		LED2	LED
12	L9		LED2	LED
13	L10		LED2	LED
14	L11		LED2	LED
15	Q1		2N3904	BCY-W3/D4.7
16	Q2		Photo NPN	SJG
17	R1	30K	Res2	AXIAL-0.4
18	R2	100K	Res2	AXIAL-0.4
19	R3	24K	Res2	AXIAL-0.4
20	R4	20K	Res2	AXIAL-0.4
21	R5	0.36K	Res2	AXIAL-0.4
22	R6	0.36K	Res2	AXIAL-0.4
23	R7	0.36K	Res2	AXIAL-0.4
24	R8	0.36K	Res2	AXIAL-0.4
25	R9	0.36K	Res2	AXIAL-0.4
26	R10	0.36K	Res2	AXIAL-0.4
27	R11	0.36K	Res2	AXIAL-0.4
28	R12	0.36K	Res2	AXIAL-0.4
29	R13	0.36K	Res2	AXIAL-0.4
30	R14	0.36K	Res2	AXIAL-0.4
31	R15	0.36K	Res2	AXIAL-0.4
32	U1		NE555P	DIP-8/D11
33	U2		CD4017BCN	DIP-16

图 6-45　光控走马灯元器件清单

6.3.5 PCB 图设计

1. 导入网络表和元器件

在导入网络表和元器件封装之前,应确保原理图电路连接正确,而且所有元器件都具有唯一标注和有效封装,否则将导致网络表文件导入时出错。

在 PCB 工作界面下,执行菜单命令 Design|Import Changes From [光控走马灯. PRJPCB],检查导入的元器件封装和网络连接是否正确,确保 Status 栏的 Check 列中显示全部为 ,如图 6-46 所示。若显示错误,必须回到原理图进行修改。

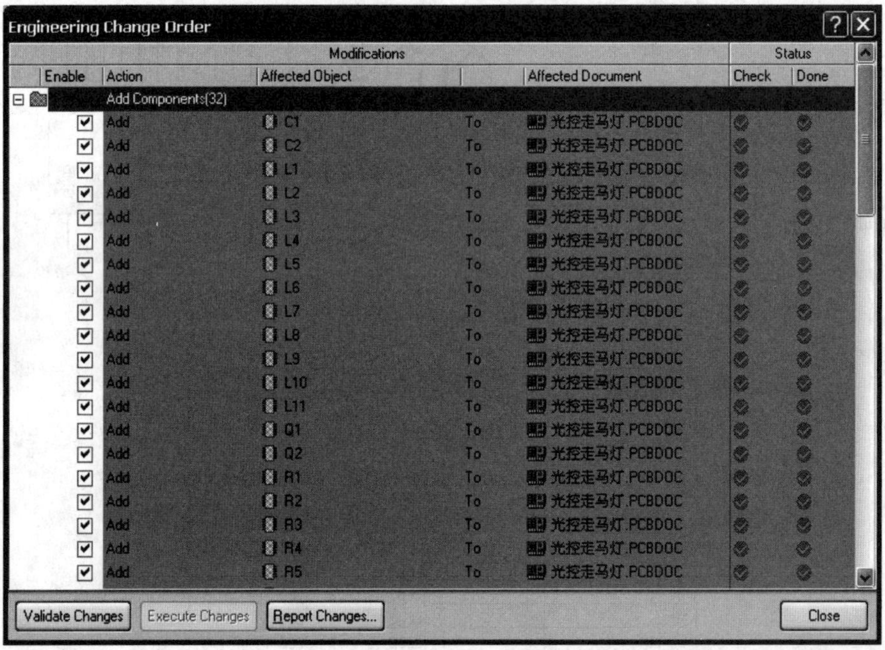

图 6-46 导入网络对话框

2. 元器件布局

此项目板框大小为 110mm×60mm,仍然可以按快捷键 J+L 对板框进行定位。将设计工作层切换到 Keep-Out Layer,然后单击直线绘制按钮 ,在图纸上绘制相应的板框。在 PCB 图中还是以两块集成芯片为核心元器件,同时参考原理图,尽量使原理上靠近的元器件放在一起,使元器件之间的连线尽可能短。发光二极管作为电路的显示部分,应放在整块电路板的上方,并且按照低位到高位的顺序排列,以便在电路板工作时进行观察。

3. 手动布线

在此同样要加粗电源线和地线的宽度。执行菜单命令 Design|Rules,打开布线参数设置对话框,展开 Routing 中的 Width 选项。在右击 Width 选项弹出的快捷菜单中选择 New Rule,系统将在布线宽度选项中添加新的布线宽度子项 Width_1,在其右边的设置

栏中将 Name 设置为 VCC。在 Where the First object matches 区域中选择 Net 选项，并在其右边的下拉列表框中选择 VCC，即设置电源线的宽度。在 Constraints 区域中，将 Maximum Width(最大宽度)、Preferred Width(首选宽度)、Min Width(最小宽度)都设置为 30mil。同理，添加地线宽度项，其线宽为 40mil。

布线后的 PCB 图如图 6-47 所示。

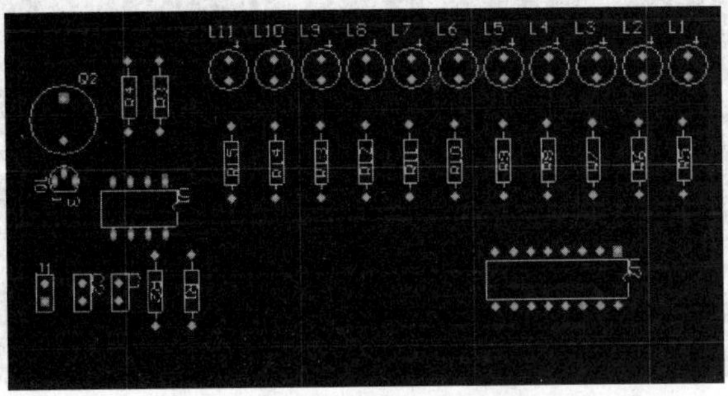

图 6-47　完成布线的 PCB 图

4. 设计规则检查(DRC)

执行菜单命令 Tools | Design Rule Check，采用默认设置，然后单击按钮 Run Design Rule Check... 开始检查，并生成 DRC 报告文件，如图 6-48 所示。通过查看报告，Violations Detected 的结果为 0，没有违背任何规则。

```
Protel Design System Design Rule Check
PCB File : \book\chapt6\光控走马灯\光控走马灯.PCBDOC
Date     : 2009-11-8
Time     : 17:40:17

Processing Rule : Width Constraint (Min=40mil) (Max=40mil) (Preferred=40mil) (InNet('GND'))
Rule Violations :0

Processing Rule : Width Constraint (Min=30mil) (Max=30mil) (Preferred=30mil) (InNet('VCC'))
Rule Violations :0

Processing Rule : Hole Size Constraint (Min=1mil) (Max=100mil) (All)
Rule Violations :0

Processing Rule : Width Constraint (Min=15mil) (Max=15mil) (Preferred=15mil) (All)
Rule Violations :0

Processing Rule : Clearance Constraint (Gap=10mil) (All),(All)
Rule Violations :0

Processing Rule : Broken-Net Constraint ( (All) )
Rule Violations :0

Processing Rule : Short-Circuit Constraint (Allowed=No) (All),(All)
Rule Violations :0


Violations Detected : 0
Time Elapsed        : 00:00:00
```

图 6-48　DRC 报告文件

5. 裁板

最后，根据电路图板框大小绘制边框线并进行裁板，即确定电路板大小。裁板时，执行菜单命令 Design | Board Shape | Redefine Board Shape，光标将变为“十”字形。将光标

移动至适当的位置,单击确定板边的起点。然后移动光标,依次确定各板边,形成一个四边形的电路板。注意,布线区距离电路板边缘应大于 5mm,并在电路板四周安装定位孔。定位孔直径根据实际电路板尺寸确定,一般取 3mm。增加电源接插件 J1,方法如 5.2.4 小节所述。制作完成的电路板如图 6-49 所示。

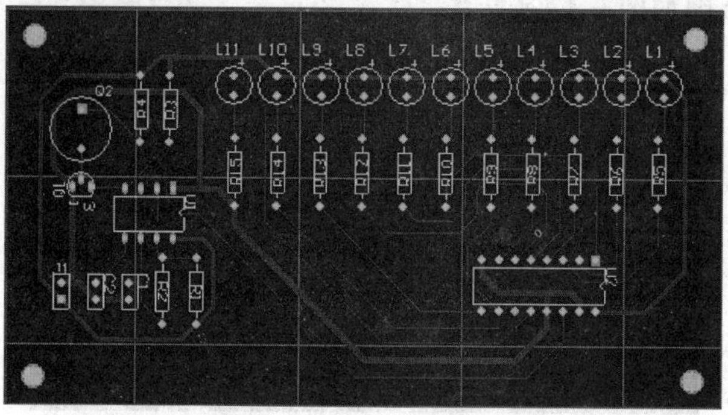

图 6-49 制作完成的电路板

6. 3D 效果图

执行菜单命令 View|Board in 3D,显示 PCB 板的 3D 图,如图 6-50 所示。

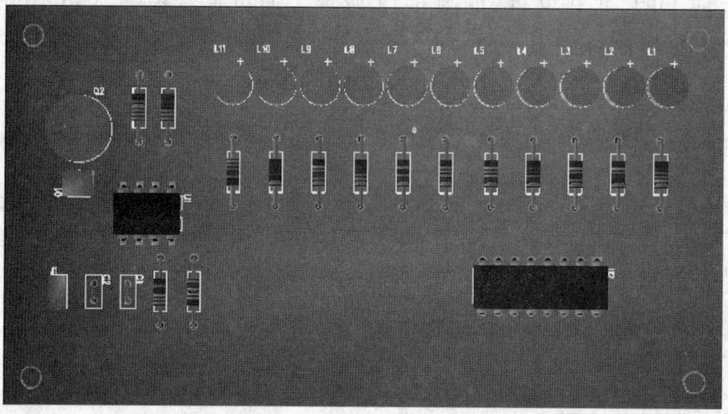

图 6-50 电路板 3D 示意图

6.4 案例 6-3:数字电压表电路设计

6.4.1 项目设计任务

1. 设计任务

完成数字电压表的原理图及 PCB 图设计,制作双面板并生成元器件清单。板子大小为 2400mil×2435mil。数字电压表电路如图 6-51 所示。

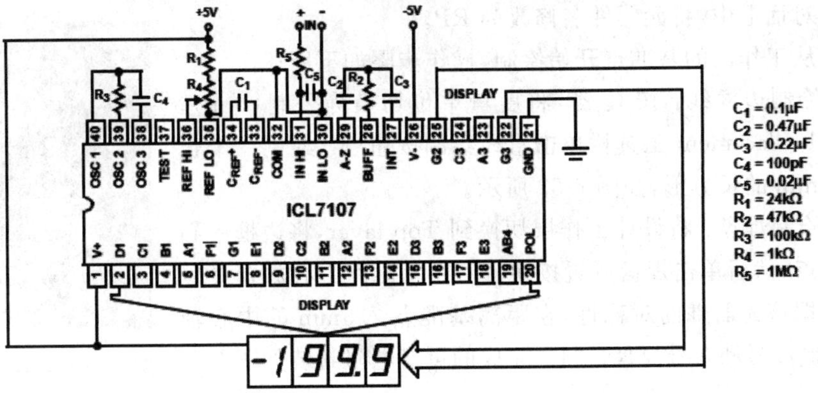

图 6-51　数字电压表电路图

2. 电路功能

ICL7107 是一块应用非常广泛的集成电路。它包含 $3\frac{1}{2}$位数字 A/D 转换器，可直接驱动 LED 数码管，内部设有参考电压、独立模拟开关、逻辑控制、显示驱动、自动调零功能等。数字电压表是该芯片的典型应用电路之一。其中，数字显示用的数码管为共阳极型，分压电阻选用误差较小的金属膜电阻。

6.4.2　新建文件

执行菜单命令 File|New|PCB Project，新建一个项目文件。然后，执行菜单命令 File|Save Project，将新建的项目文件保存到数字电压表文件夹下，将其命名为数字电压表. PrjPCB。

执行菜单命令 File|New|Schematic，新建一个原理图文件。然后，执行菜单命令 File|Save，新建的原理图文件将默认保存到数字电压表文件夹下，将其命名为数字电压表. SchDoc。

执行菜单命令 File|New|PCB Library，新建一个元器件封装库文件。然后，执行菜单命令 File|Save，新建的元器件封装库文件将默认保存到数字电压表文件夹下，将其命名为数字电压表. PcbLib。

执行菜单命令 File|New|PCB，新建一个 PCB 文件。然后，执行菜单命令 File|Save，新建的 PCB 文件将默认保存到数字电压表文件夹下，将其命名为数字电压表. PcbDoc。

6.4.3　元器件封装库设计

由于在 Protel DXP 中，数码管和可变电阻自带的封装与实际元器件不相符，所以需要根据实物进行修改或重新设计。关于数码管封装的制作，具体可见 5.2 节。下面介绍可变电阻封装的制作。实际元器件如图 6-52 所示。

双击打开工程文件列表中的元器件封装库文件数字电压表. PcbLib，然后右击 PCB Library 管理面板 Components 区域，在弹出的快捷菜单中选择 New Blank Component，在该库中新建一个名为 PCBCOMPONENT_1 的元器件。双击该元器件，在弹出的元器件重命名对话框中,将元器件名修改为 RP。

依然从工作区的基准点开始绘制,操作步骤如下所述。

(1) 绘制边框线:按 Q 键,将度量单位切换为公制(mm)。在 Pcb Lib Placement 工具栏单击直线绘制按钮 ⁄ ,绘制一个长 1cm,宽 5mm 的长方形,如图 6-53 所示。

(2) 绘制焊盘:将设计工作层切换到 Top layer,将边框中心移至基准点,然后单击焊盘放置按钮 ◉ ,在元器件中心放置 1 号焊盘。根据该元器件的对称性,在距离基准点 2.5mm 的中心轴上分别绘制 2 号和 3 号焊盘。制作完成的可变电阻封装如图 6-54 所示。

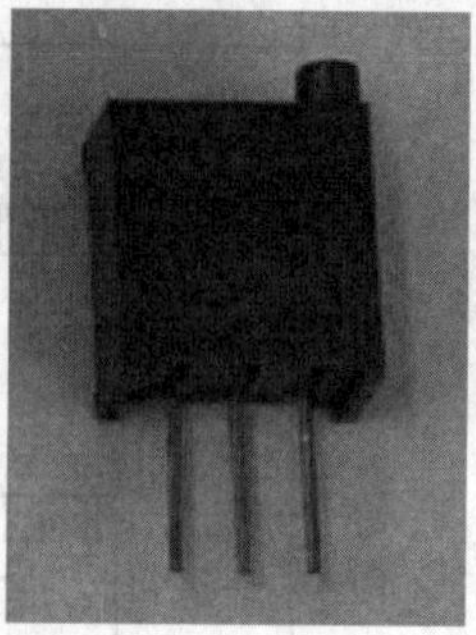

图 6-52 可变电阻实物

图 6-53 绘制长方形边框

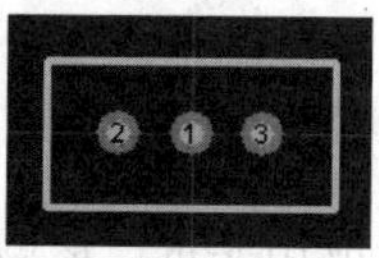

图 6-54 制作完成的可变电阻封装示意图

小技巧

在绘制元器件封装的过程中,有时候可以移动元器件,将某部位重新对齐工作区的基准点,这样有助于计算尺寸,以便放置元器件的其他部件。如本例中第一步在绘制边框线时,边框的左上角与基准点对齐,为了便于计算尺寸后放置焊盘,将绘制完毕的边框中心移至基准点。

6.4.4 原理图设计

1. 选取元器件

在 Miscellaneous Devices. IntLib 元器件库中选取阻容元器件等,并对元器件编号,然后设置电阻和电容值。注意,修改电容、可变电阻和数码管的封装分别为 RAD-0.1、RP 和 LED8SEG。

通过搜索,查找元器件 ICL7107,并加载相应的元器件库。根据搜索结果得知,ICL7107CJL 在 Maxim Converter Analog to Digital. IntLib 集成库中。在元器件库中,该芯片的引脚不是按照引脚号排列,而是按照引脚功能排列,使用时需注意。

2. 元器件布局与连线

以芯片 ICL7107 为核心,将各元器件摆放整齐。由于该芯片的 40 个引脚排列十分紧密,给布线带来了一定麻烦。所以,该芯片与 4 个数码管的连线采用网络标号代替,使电路清晰可辨。

连线后的电路原理图如图 6-55 所示。其中,主芯片模块电路如图 6-56 所示,显示模块电路如图 6-57 所示。

最后,为电路图标上注释。单击文本按钮 T ,在需要注释的地方一一添加文本。

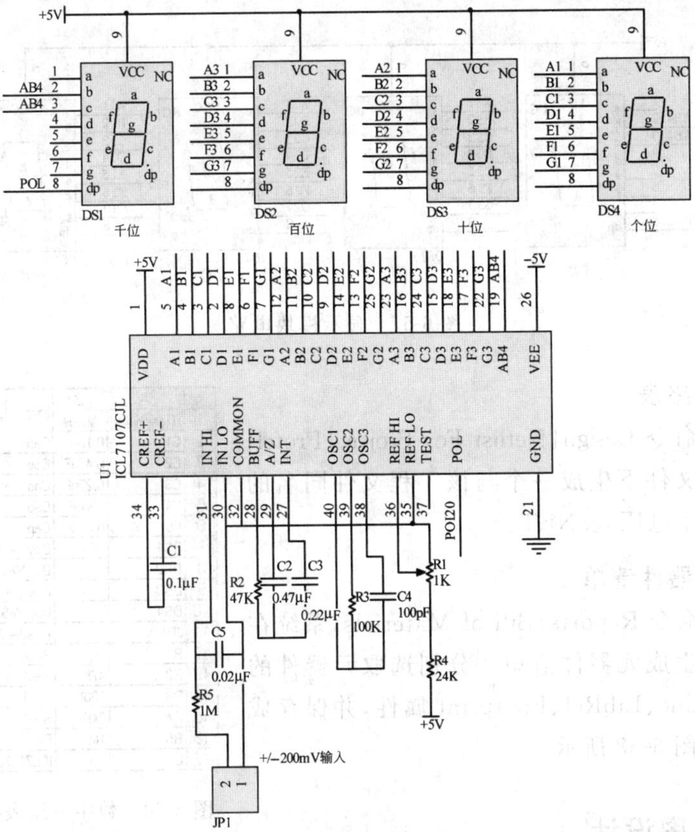

图 6-55　连线后的电路原理图

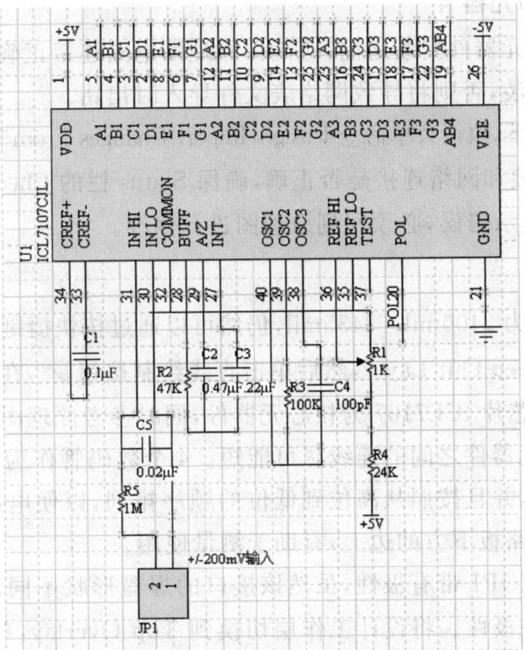

图 6-56　主芯片模块电路

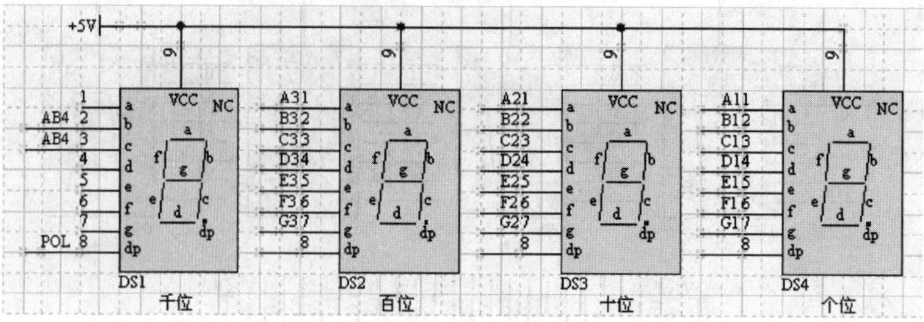

图 6-57　显示模块电路

3. 生成网络表

执行菜单命令 Design|Netlist For Project|Protel，系统在该工程文件下生成一个与该工程文件同名的网络表文件数字电压表.NET。

4. 生成元器件清单

执行菜单命令 Reports|Bill of Materials，系统在该工程文件下生成元器件清单。分别选取元器件的 Designator、Value、LibRef、Footprint 属性，并保存成 Excel 文件，如图 6-58 所示。

	A	B	C	D
1	Designator	Value	LibRef	Footprint
2	C1	0.1uF	Cap	RAD-0.1
3	C2	0.47uF	Cap	RAD-0.1
4	C3	0.22uF	Cap	RAD-0.1
5	C4	100pF	Cap	RAD-0.1
6	C5	0.02uF	Cap	RAD-0.1
7	DS1		Dpy Yellow-CA	LED8SEG
8	DS2		Dpy Yellow-CA	LED8SEG
9	DS3		Dpy Yellow-CA	LED8SEG
10	DS4		Dpy Yellow-CA	LED8SEG
11	JP1		Header 2	HDR1X2
12	R1	1K	RPot1	RP
13	R2	47K	Res1	AXIAL-0.3
14	R3	100K	Res1	AXIAL-0.3
15	R4	24K	Res1	AXIAL-0.3
16	R5	1M	Res1	AXIAL-0.3
17	U1		ICL7107CJL	DIP-40/D53.7

图 6-58　数字电压表的元器件清单

6.4.5　PCB 图设计

1. 导入网络表和元器件

在导入网络表和元器件封装之前，应确保原理图电路连接正确，而且所有元器件都具有唯一标注和有效封装，否则将导致网络表文件导入时出错。

在 PCB 工作界面下，执行菜单命令 Design|Import Changes From [数字电压表.PRJPCB]，检查导入的元器件封装和网络连接是否正确，确保 Status 栏的 Check 列中显示全部为 ，如图 6-59 所示。若显示错误，必须回到原理图进行修改。

2. 元器件布局

此项目板框大小为 2400mil×2435mil，仍然可以通过按快捷键 J+L 来定位板框。将设计工作层切换到 Keep-Out Layer，然后单击直线绘制按钮 ，在图纸绘制相应的板框。在 PCB 图中，还是以芯片 ICL7107 为核心元器件，同时参考原理图，尽量将原理上靠近的元器件放在一起，使元器件之间的连线尽可能短。4 个数码管作为电路的显示部分，应放在整块电路板的上方，并且按照从高位到低位的顺序排列，以便电路板工作时进行观察。测试点应放在靠近电路板下方的边上，有助于测量使用。

另外，因为测试点 JP1 带有极性，虽然该接口的焊盘形状不同以示区别，但为了焊接后方便使用，应该标注极性。将设计工作层切换到 Top Overlay，单击文本按钮 T，然后在方形焊盘旁边标注符号“+”，在圆形焊盘旁边标注符号“−”。

布局后的 PCB 图如图 6-60 所示。

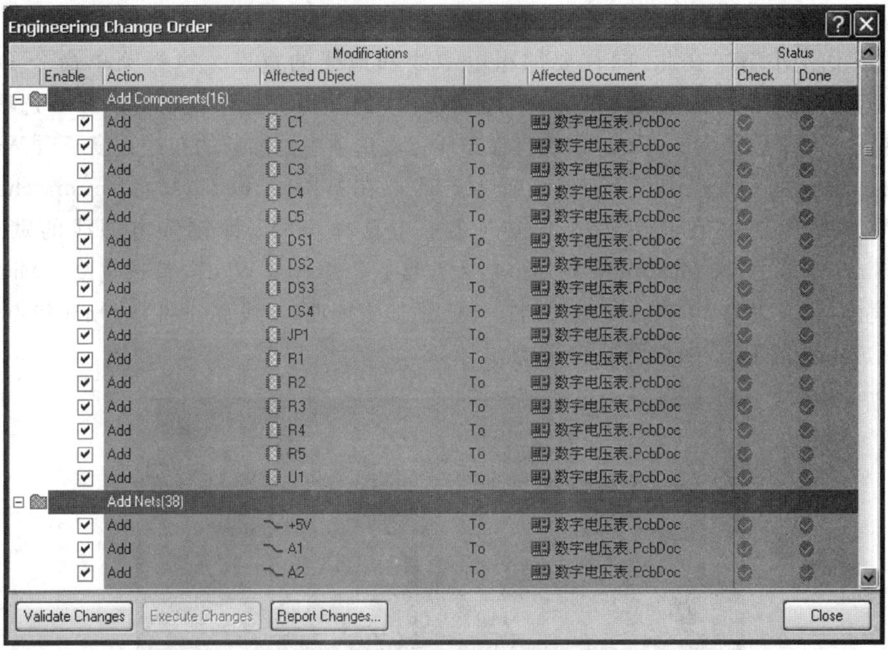

图 6-59　导入网络窗口

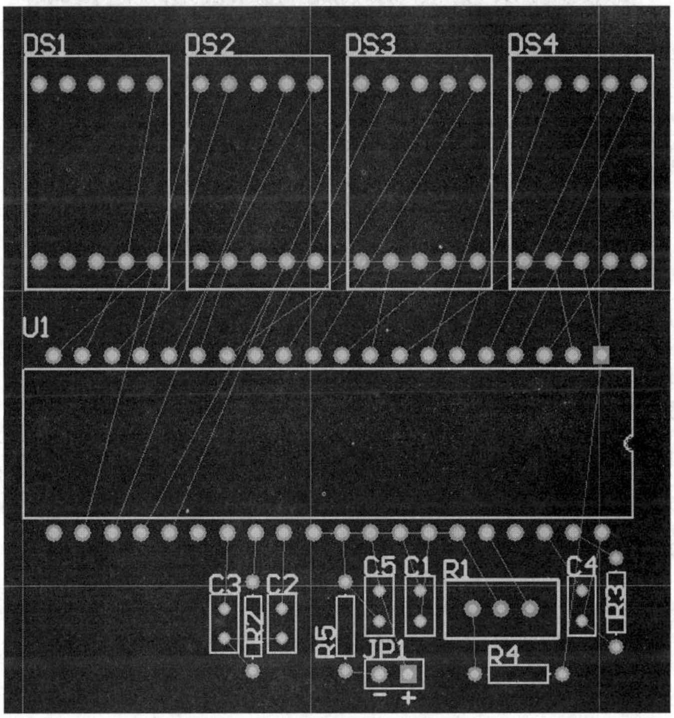

图 6-60　布局后的 PCB 图

3. 手动布线

在板子左下角为电路板上添加一个三头的电源接口，且分别标注－5V、GND、＋5V，方法见 5.2.4 小节。在此，同样要加粗电源线和地线的宽度。执行菜单命令 Design|Rules，打开布线参数设置对话框，展开 Routing 中的 Width 选项。右击 Width 选项，在弹出的快捷菜单中选择 New Rule，系统将在布线宽度选项中添加新的布线宽度子项 Width_1，然后在其右边的设置栏中将 Name 设置为＋5V。在 Where the First object matches 区域中选择 Net 选项，并在其右边的下拉列表框中选择＋5V，即设置电源线的宽度。在 Constraints 区域中，将 Maximum Width(最大宽度)、Preferred Width(首选宽度)、Min Width(最小宽度)都设置为 30mil。同理，添加－5V、地线宽度项，其线宽分别为 30mil 和 40mil。

完成布线的 PCB 图如图 6-61 所示。

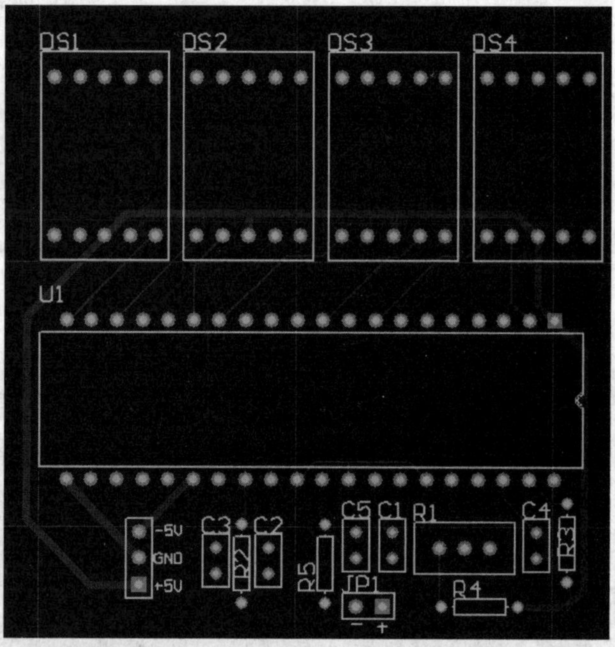

图 6-61 完成布线的 PCB 图

4. 设计规则检查(DRC)

执行菜单命令 Tools|Design Rule Check，采用默认设置，然后单击 Run Design Rule Check... 按钮开始检查，并生成 DRC 报告文件，如图 6-62 所示。通过查看报告，Violations Detected 的结果为 0，没有违背任何规则。

5. 裁板

最后，根据电路图板框大小绘制边框线并进行裁板，即确定电路板大小。裁板时，执行菜单命令 Design|Board Shape|Redefine Board Shape，光标将变为“十”字形。将光标移动至适当的位置，单击确定板边的起点。移动光标，依次确定各板边，形成一个四边形的电路板。注意，布线区距离电路板边缘应大于 5mm，并在电路板四周安装定位孔。定

位孔直径根据实际电路板尺寸确定，一般取 3mm。制作完成的电路板如图 6-63 所示。

```
Protel Design System Design Rule Check
PCB File : \book\chapt6\数字电压表\数字电压表.PcbDoc
Date     : 2009-10-9
Time     : 13:30:05

Processing Rule : Width Constraint (Min=30mil) (Max=30mil) (Preferred=30mil) (InNet('+5V'))
Rule Violations :0

Processing Rule : Short-Circuit Constraint (Allowed=No) (All),(All)
Rule Violations :0

Processing Rule : Broken-Net Constraint ( (All) )
Rule Violations :0

Processing Rule : Clearance Constraint (Gap=10mil) (All),(All)
Rule Violations :0

Processing Rule : Width Constraint (Min=10mil) (Max=10mil) (Preferred=10mil) (All)
Rule Violations :0

Processing Rule : Height Constraint (Min=0mil) (Max=1000mil) (Prefered=500mil) (All)
Rule Violations :0

Processing Rule : Hole Size Constraint (Min=1mil) (Max=100mil) (All)
Rule Violations :0


Violations Detected : 0
Time Elapsed        : 00:00:00
```

图 6-62　DRC 报告文件

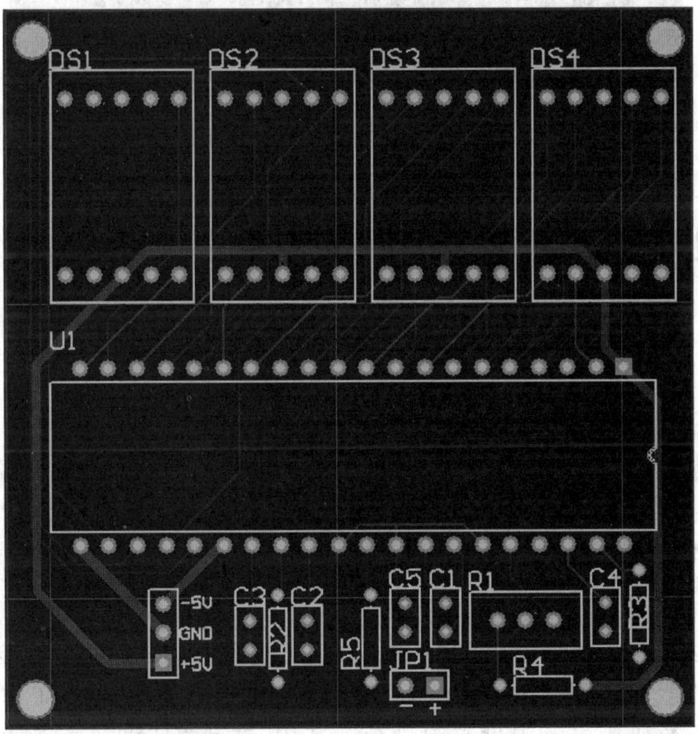

图 6-63　制作完成的电路板

6. 3D 效果图

执行菜单命令 View|Board in 3D,显示 PCB 板的 3D 图,如图 6-64 所示。

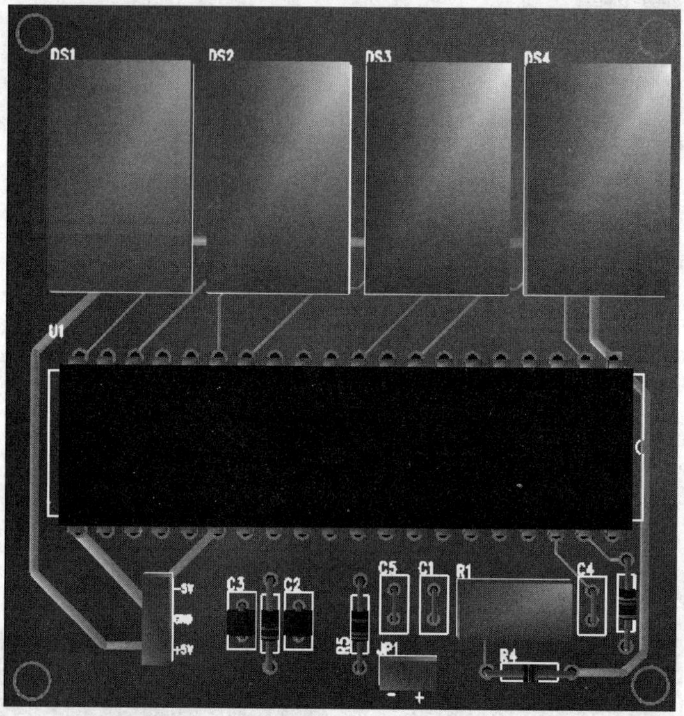

图 6-64 电路板 3D 效果图

6.5 案例 6-4:温、湿度控制仪电路设计

6.5.1 项目设计任务

1. 设计任务

完成温、湿度控制仪的原理图及 PCB 图设计,制作双面板并生成元器件清单。主体控制电路板大小为 100mm×106mm。温、湿度控制仪电路如图 6-65 所示,由温、湿度传感器电路与主体控制电路两个模块组成,并通过单排插针连接。

2. 电路功能

SHT11 是瑞士 Sensirion 公司生产的具有 I^2C 总线接口的单片全校准数字式相对湿度和温度传感器。此控制仪由单片机 AT89C52 启动传感器 SHT11 工作并读取转换结果,然后由 6 位数码管显示温度与湿度值。其中,芯片 74LS373 控制数码管的段码,74LS138 控制数码管的位码,4 个键盘可以修改温度或湿度值,还可以通过串行口与上位机通信。

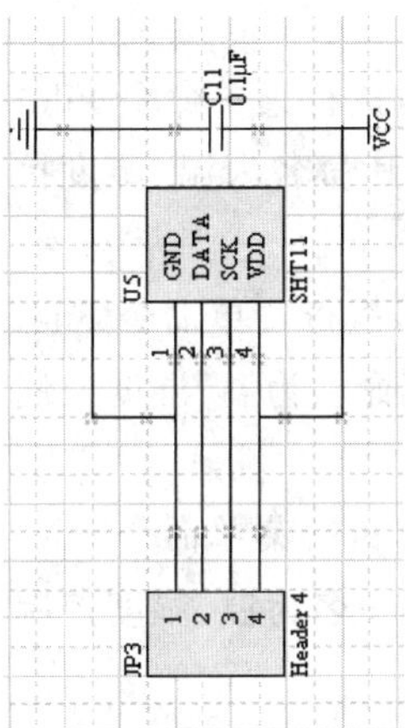

(a) 温、湿度传感器电路

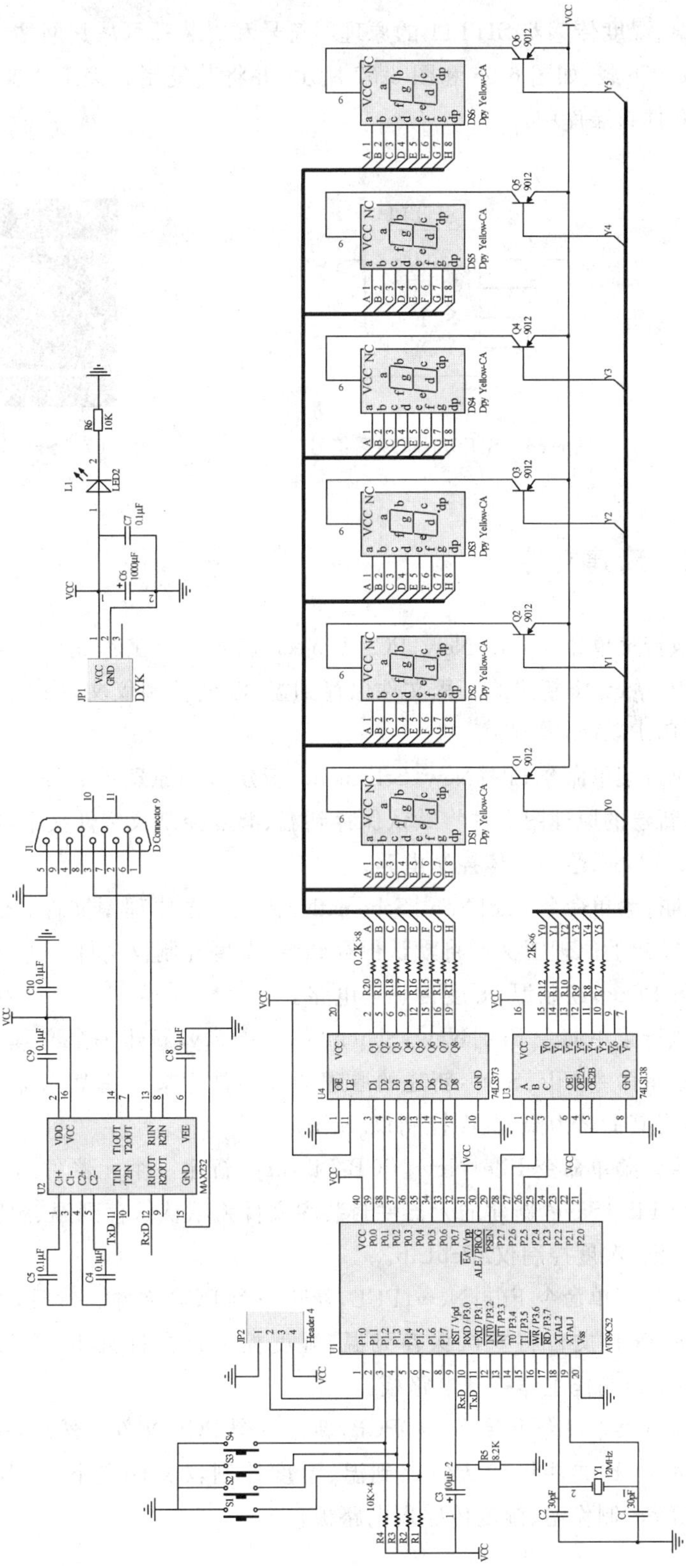

(b) 主体控制电路

图 6-65　温、湿度控制仪电路图

温、湿度传感器 SHT11 的原理图符号和封装都可从其网站(http://www.sensirion.com.cn)下载,如图 6-66 和图 6-67 所示,并将其复制到该工程文件中的原理图元器件库和元器件封装库中。

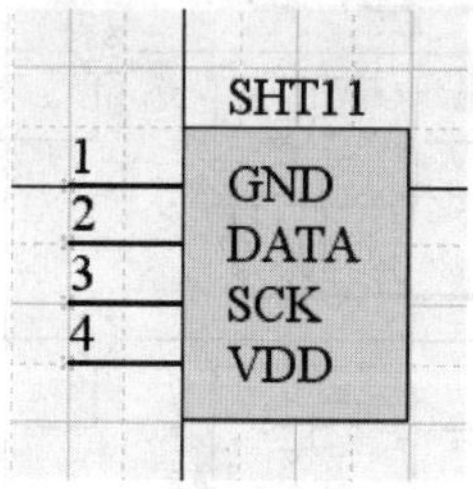

图 6-66 SHT11 原理图符号

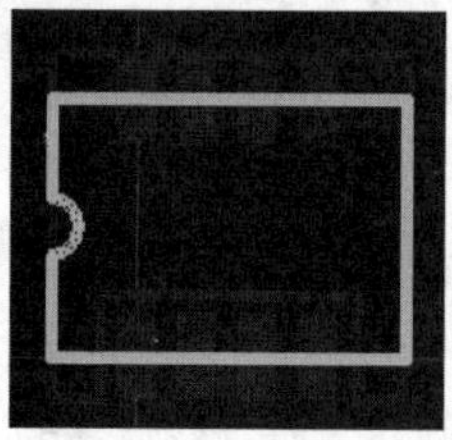

图 6-67 SHT11 封装示意图

6.5.2 新建文件

执行菜单命令 File|New|PCB Project,新建一个工程文件。然后,执行菜单命令 File|Save Project,将新建的工程文件保存到温、湿度控制仪文件夹下,将其命名为温、湿度控制仪.PrjPCB。

执行菜单命令 File|New|Schematic,新建一个原理图文件。然后,执行菜单命令 File|Save,新建的原理图文件将默认保存到温、湿度控制仪文件夹下,将其命名为温、湿度控制仪 1.SchDoc,绘制主体控制电路。

执行菜单命令 File|New|Schematic,新建一个原理图文件。然后,执行菜单命令 File|Save,新建的原理图文件将默认保存到温、湿度控制仪文件夹下,将其命名为温、湿度控制仪 2.SchDoc,绘制温、湿度传感器电路。

执行菜单命令 File|New|Schematic Library,新建一个原理图元器件库文件。然后,执行菜单命令 File|Save,新建的原理图元器件库文件将默认保存到温、湿度控制仪文件夹下,将其命名为温、湿度控制仪.SchLib。

执行菜单命令 File|New|PCB Library,新建一个元器件封装库文件。然后,执行菜单命令 File|Save,新建的元器件封装库文件将默认保存到温、湿度控制仪文件夹下,将其命名为温、湿度控制仪.PcbLib。

执行菜单命令 File|New|PCB,新建一个 PCB 文件。然后,执行菜单命令 File|Save,新建的 PCB 文件将默认保存到温、湿度控制仪文件夹下,将其命名为温、湿度控制仪 1.PcbDoc,制作主体控制电路板。

执行菜单命令 File|New|PCB,新建一个 PCB 文件。然后,执行菜单命令 File|Save,新建的 PCB 文件将默认保存到温、湿度控制仪文件夹下,将其命名为温、湿度控制仪 2.PcbDoc,制作温、湿度传感器电路板。

6.5.3　元器件封装库设计

此项目需要重新设计的元器件封装较多，包括 2 个电解电容、电源口、键盘、数码管、发光二极管和晶振，都需要仔细测量实际元器件来制作。其中，大部分元器件封装设计在前面的章节介绍过，这里主要介绍电解电容、晶振以及电源口封装的制作。

1. 电容封装的制作

电容的实际元器件如图 6-68 所示。双击打开工程文件列表中的元器件封装库文件温、湿度控制仪. PcbLib，然后右击 PCB Library 管理面板 Components 区域，从弹出的快捷菜单中选择 New Blank Component，在该库中新建一个名为 PCBCOMPONENT_1 的元器件。双击该元器件，在弹出的元器件重命名对话框中，将元器件名修改为 CAPS。

依然从工作区的基准点开始绘制，操作步骤如下所述。

(1) 绘制轮廓线：将设计工作层切换到 Top Overlay，然后通过按快捷键 Q，将度量单位切换为公制(mm)。在 Pcb Lib Placement 工具栏单击圆绘制按钮，绘制一个半径为 2mm 的圆，如图 6-69 所示。

图 6-68　电容实物

图 6-69　绘制圆形轮廓

(2) 绘制焊盘：单击焊盘放置按钮，在离中心点 1mm 的 X 轴两端各放置 1 号和 2 号焊盘，如图 6-70 所示。

(3) 添加极性符号：因为该电容是有极性的，根据原理图中的元器件符号，1 号脚为正。将设计工作层切换到 Top Overlay，单击文本按钮 T，在 1 号脚旁边放置符号“+”。制作完成的电容封装如图 6-71 所示。

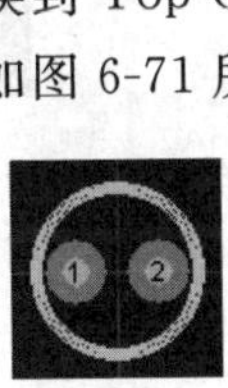

图 6-70　绘制焊盘

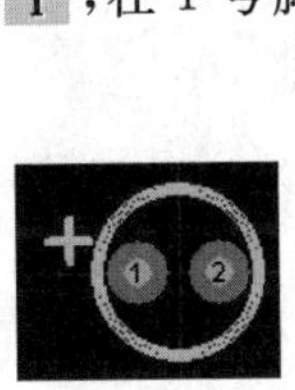

图 6-71　制作完成的电容封装

同理可制作另外一个较大的电容封装，命名为 CAPB，元器件尺寸与 6.3 节所述光敏三极管的相同，只是带有极性。实际元器件如图 6-72(a)所示，其封装尺寸标识如图 6-72(b)所示。

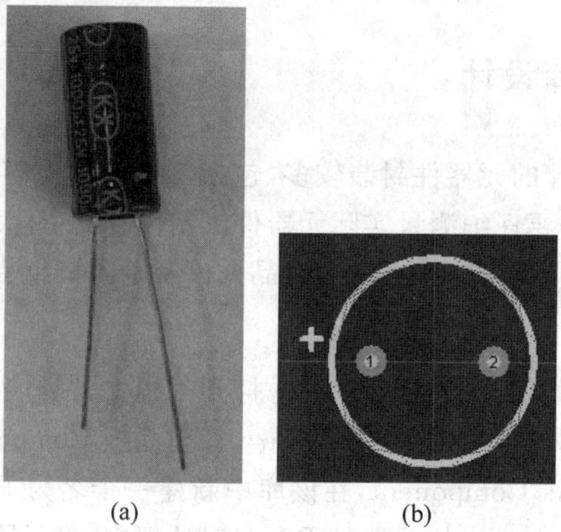

(a) (b)

图 6-72 电容实物及其封装 CAPB 示意图

2. 晶振封装的制作

晶振实物如图 6-73 所示。右击 PCB Library 管理面板 Components 区域,从弹出的快捷菜单中选择 New Blank Component,在该库中新建一个名为 PCBCOMPONENT_1 的元器件。双击该元器件,在弹出的元器件重命名对话框中,将元器件名修改为 XTAL。

依然从工作区的基准点开始绘制,操作步骤如下所述。

(1) 绘制轮廓线:将设计工作层切换到 Top Overlay,然后通过按快捷键 Q,将度量单位切换为公制(mm)。从 Pcb Lib Placement 工具栏选取直线绘制按钮,绘制一个长 4mm,宽 11mm 的长方形,如图 6-74 所示。

(2) 绘制焊盘:将设计工作层切换到 Top Layer,然后选取焊盘放置按钮,在距离顶边 3mm 的中心轴上放置 1 号焊盘。根据该元器件的对称性,绘制 2 号焊盘。制作完成的晶振封装如图 6-75 所示。

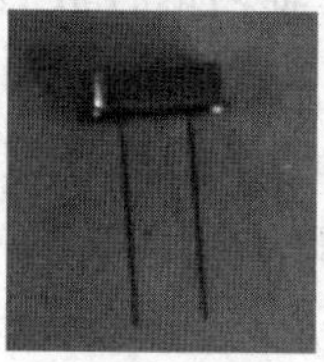

图 6-73 晶振实物

图 6-74 绘制长方形边框

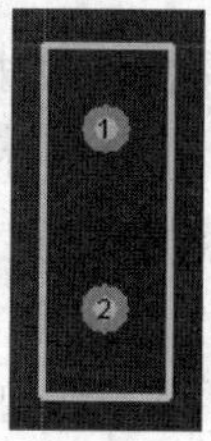

图 6-75 制作完成的晶振封装

3. 电源口封装的制作

电源口实际元器件如图 6-76 所示。在右击 PCB Library 管理面板的 Components 区域弹出的快捷菜单中选择 New Blank Component,在该库中新建一个名为 PCBCOMPONENT_1 的元器件。双击该元器件,在弹出的元器件重命名对话框中,将元器件名修改为 DYK。

依然从工作区的基准点开始绘制,操作步骤如下所述。

(1) 绘制轮廓线:将设计工作层切换到 Top Overlay,然后通过快捷键 Q 键,将度量单位切换为公制(mm)。从 Pcb Lib Placement 工具栏选取直线绘制按钮 ，绘制一个长 9mm，宽 14mm 的长方形，如图 6-77 所示。

图 6-76　元器件电源口示意图

图 6-77　绘制长方形边框

(2) 绘制焊盘：将设计工作层切换到 Top layer，然后选取焊盘放置按钮 ，在距离左下角 4.5mm 的横线上放置 1 号焊盘；在与 1 号焊盘同一纵轴上，距离下边框 6.5mm 的位置放置 2 号焊盘；在距离左下角 3mm 的竖线上放置 3 号焊盘，如图 6-78 所示。

(3) 修改焊盘尺寸：由于电源口的引脚较粗，所以需要修改原有的焊盘默认属性，包括焊盘与孔径大小。双击焊盘，打开属性对话框，将 Hole Size(孔径)改为 2.5mm，将 Size and Shape 区域中的 X-Size(焊盘的横向直径)和 Y-Size(焊盘的纵向直径)分别改为 4.3mm。制作完成的电源口封装如图 6-79 所示。

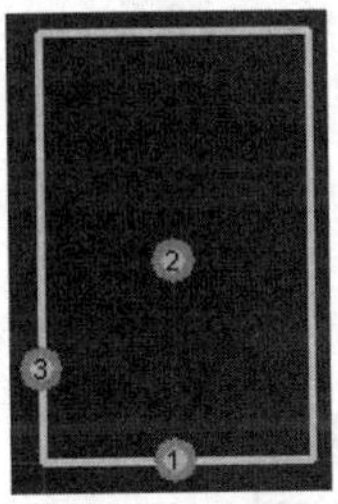

图 6-78　绘制焊盘

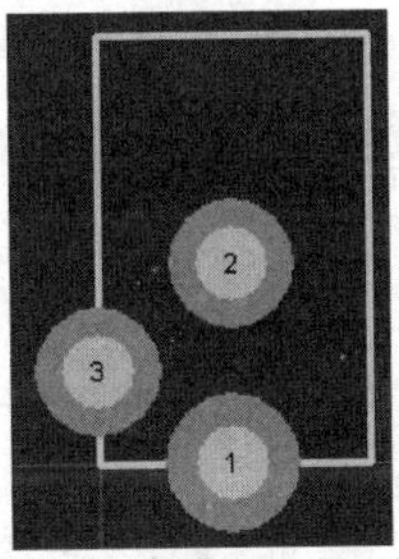

图 6-79　制作完成的电源口封装

小技巧

虽然芯片 AT89C52 的封装 DIP-40 是 Protel DXP 自带的，不需要重新设计，但是最好将该封装从默认库 Dual-In-Line Package. PcbLib 中复制到工程文件下的元器件封装库中；否则，在设计过程中可能碰到这样的问题，对于一次性不能完成的电路设计，明明前一次已经加载了芯片 AT89C52 的封装 DIP-40，而且能在封装预览框中显示，下一次换一台计算机，或者带有硬盘保护卡的计算机重启后恢复原系统配置，虽然芯片 AT89C52 仍显示带有封装 DIP-40，但在封装预览框中没有显示，导致导入 PCB 图时发生错误。这是因为前一次为元器件加载封装 DIP-40 时，也在软件 Protel DXP 中加载了其所在的元器件库，一旦换了计算机或者系统重启，Protel DXP 中没有加载该封装所在的库，将无法预览，也无法将该封装导入 PCB 图。

设计完成的元器件封装库文件温、湿度控制仪. PcbLib 包括 9 个元器件，如图 6-80

所示。

另外,如果在设计 PCB 图时,发现元器件封装库中的元器件需要修改,可回到封装设计环境下进行修改。修改完毕后,打开需要更新的 PCB 图,然后在 PCB Library 管理面板的元器件列表中选择需要更新的元器件名,再在右击该文件名弹出的快捷菜单(如图 6-81 所示)中选择 Update PCB With CAPS,PCB 图中修改后的电容封装 CAPS 将被更新。如果多个元器件封装被修改,选择 Update PCB With All,则 PCB 图中所有修改后的元器件封装都会被更新。

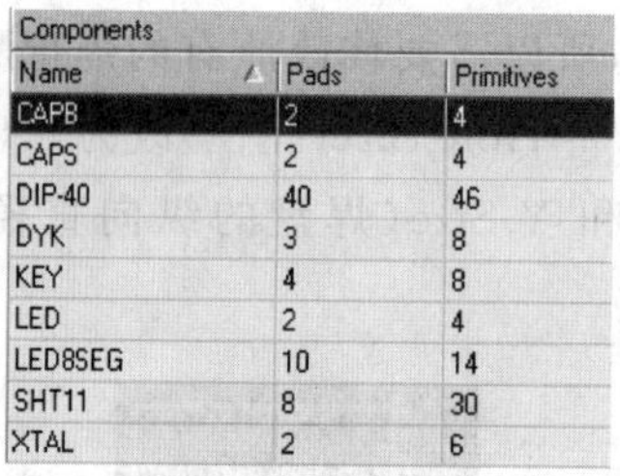
Components

Name	Pads	Primitives
CAPB	2	4
CAPS	2	4
DIP-40	40	46
DYK	3	8
KEY	4	8
LED	2	4
LED8SEG	10	14
SHT11	8	30
XTAL	2	6

图 6-80　设计完成的元器件封装库元器件列表

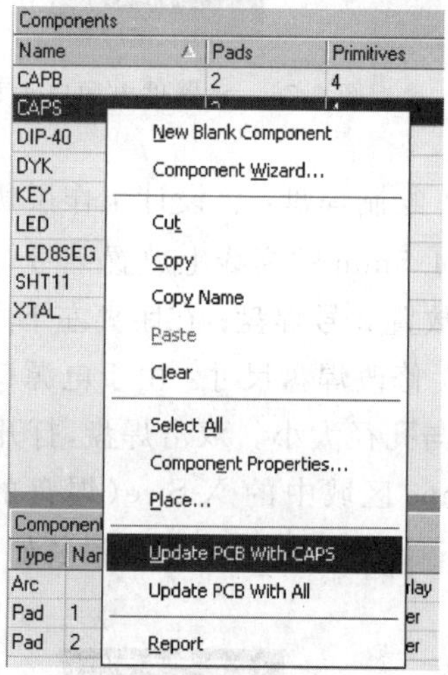

图 6-81　快捷菜单

6.5.4　原理图元器件库设计

因为 Protel DXP 中没有元器件 AT89C52 和电源口的原理图符号,所以需要用户自己设计。关于芯片 AT89C52 的绘制,具体见 3.2 节。下面介绍电源口原理图符号的绘制。因为原理图中的元器件只是为了说明元器件的电气性能,其外形尺寸不是最重要的,所以其主要目的是说明引脚的意义。

双击打开工程文件列表中的原理图元器件库文件温、湿度控制仪. SchLib,然后单击 SCH Library 管理面板 Components 区域中的 Add 按钮,在该库中新建一个名为 Component_1 的元器件,将元器件名修改为 DYK。

依然从工作区的基准点开始绘制,操作步骤如下所述。

(1) 选取矩形绘制按钮,绘制一个正方形。

(2) 选取放置引脚按钮,放置 3 个引脚,并依次命名为电源(VCC)和地(GND);第 3 引脚无意义,只是起固定作用。

(3) 打开元器件属性对话框,设置 Properties 区域中的 Default Designator(默认标号)为 JP?,Comment(注释)为 DYK。绘制完成的电源口原理图符号如图 6-82 所示,然后添加之前设计的元器件封装库文件温、湿度控制仪.PcbLib 中的封装 DYK。

设计完成的原理图元器件库文件温、湿度控制仪.SchLib 包括 3 个元器件，如图 6-83 所示。

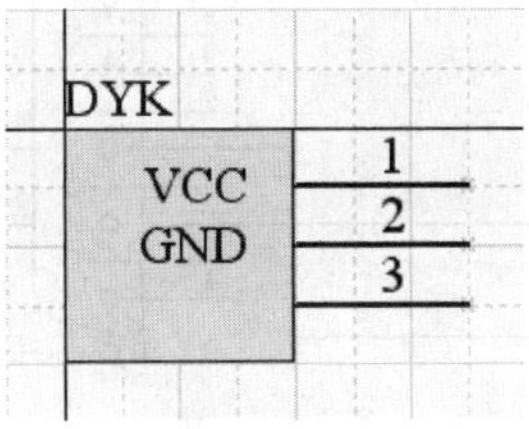

图 6-82　绘制完成的电源口

图 6-83　设计完成的原理图元器件库元器件列表

6.5.5　原理图设计

1. 选取元器件

在 Miscellaneous Devices.IntLib 元器件库中选取阻容元器件等，然后设置电阻、电容和晶振值。在 Miscellaneous Connectors.IntLib 元器件库中选取 4 脚单排插针和 9 针串口。注意，修改电容、晶振、可变电阻、数码管、发光二极管和键盘的封装分别为 RAD-0.1、XTAL、RP、LED8SEG、LED 和 KEY，带极性电容的封装为 CAPS 和 CAPB。在温、湿度控制仪.SchLib 元器件库中选取 AT89C52、电源口 DYK 和 SHT11。

通过搜索，查找元器件 74LS373、74LS138、MAX232，并加载相应的元器件库。根据搜索结果得知，SN74LS373N 在 TI Logic Latch.IntLib 集成库中，SN74LS138N 在 TI Logic Decoder Demux.IntLib 集成库中，MAX232EJE 在 Maxim Communication Transceiver.IntLib 集成库中。

2. 元器件布局与连线

以芯片 AT89C52 为核心，将各元器件摆放整齐。由于数码管较多，所以控制数码管段码与位码的芯片 74LS373 和 74LS138 与数码管的连线均采用总线与总线分支配合网络标号绘制，使电路清晰可辨。

3. 统一标注

执行菜单命令 Tools|Annotate，将原理图中的所有元器件统一标注。

绘制完成的原理图如图 6-65 所示。其中，串口模块电路如图 6-84 所示，主芯片 AT89C52 的最小系统、键盘外围和 SHT11 接口模块电路如图 6-85 所示，显示模块电路如图 6-86 所示，电源接口模块电路如图 6-87 所示，温、湿度传感器模块电路如图 6-88 所示。

4. 生成网络表

分别在两张原理图中执行菜单命令 Design|Netlist For Document|Protel，系统在该工程文件下生成两个与该原理图文件同名的网络表文件温、湿度控制仪 1.NET 和温、湿度控制仪 2.NET。

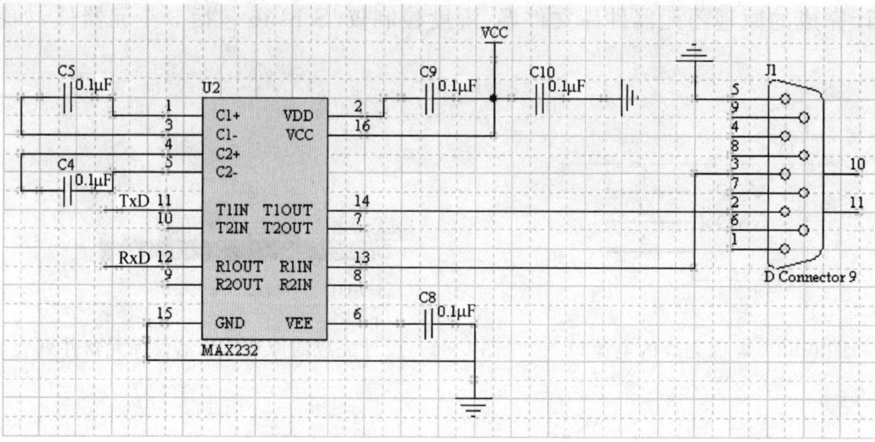

图 6-84 串口模块电路

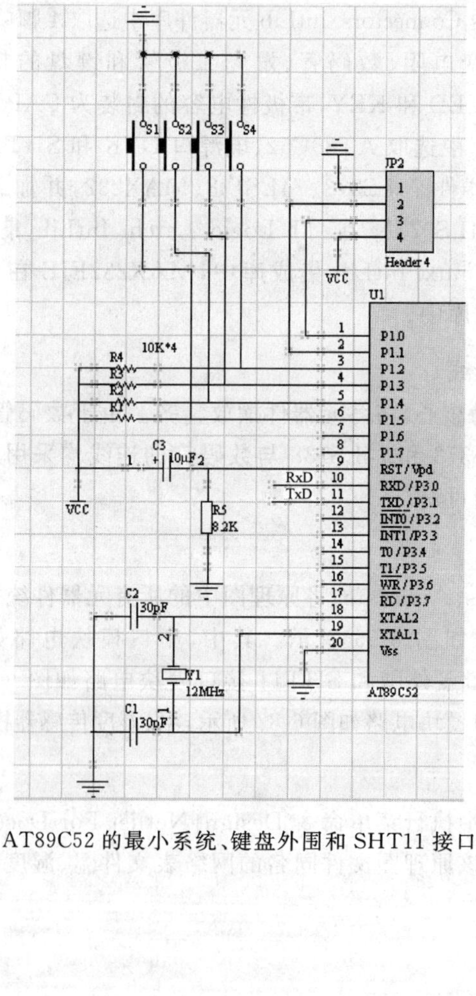

图 6-85 AT89C52 的最小系统、键盘外围和 SHT11 接口模块电路

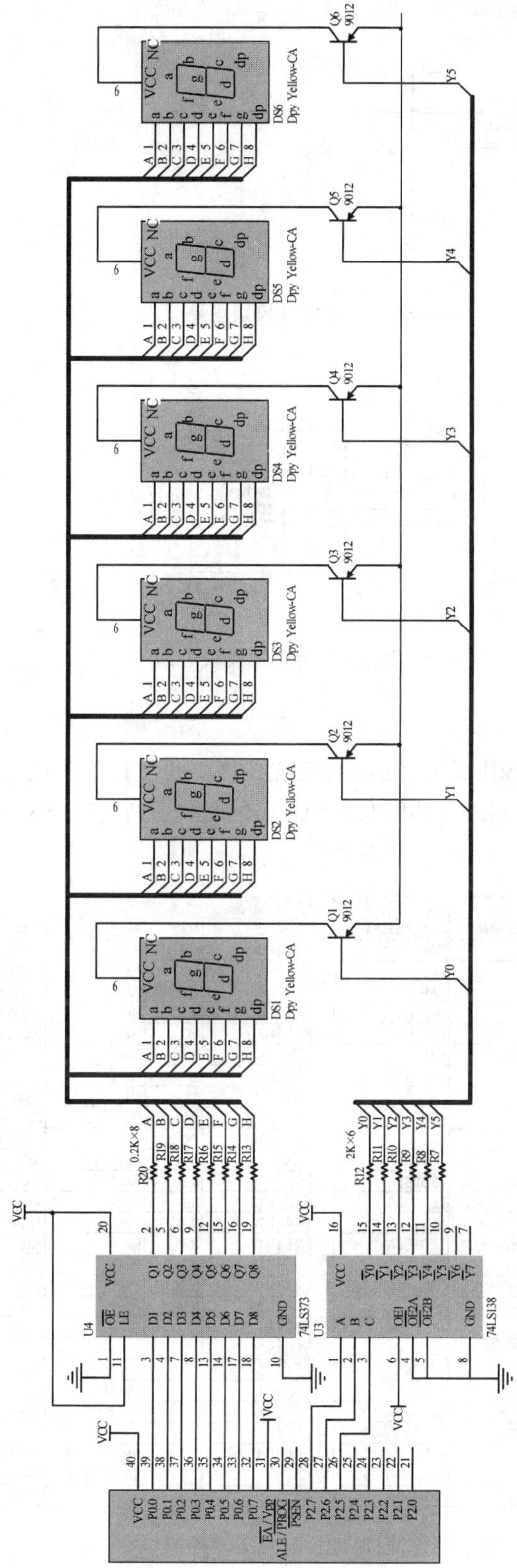
U4
74LS373
U3
74LS138
0.2K×8
2K×6
VCC
GND
Q1 9012
Q2 9012
Q3 9012
Q4 9012
Q5 9012
Q6 9012
DS1 Dpy Yellow-CA
DS2 Dpy Yellow-CA
DS3 Dpy Yellow-CA
DS4 Dpy Yellow-CA
DS5 Dpy Yellow-CA
DS6 Dpy Yellow-CA

图 6-86　显示模块电路

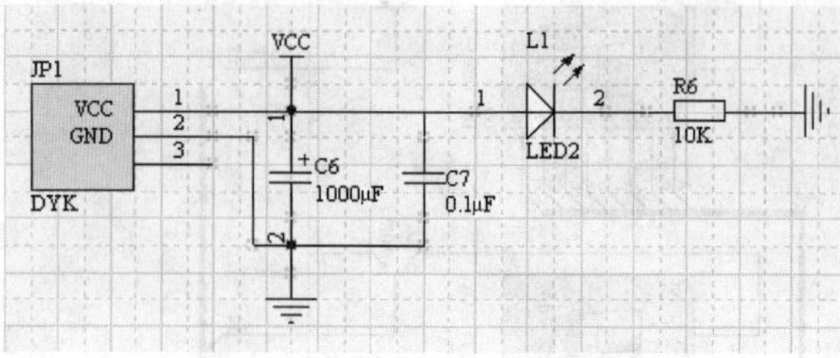

图 6-87　电源接口模块电路

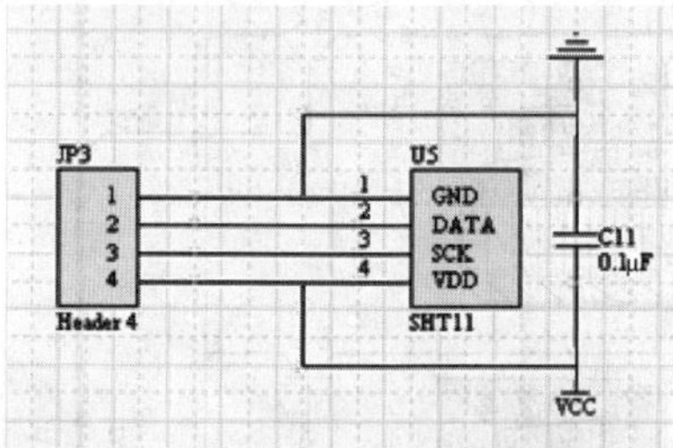

图 6-88　温、湿度传感器模块电路

5. 生成元器件清单

执行菜单命令 Design|Bill of Materials,系统在该工程文件下生成元器件清单。分别选取元器件的 Designator、Value、LibRef、Footprint 属性,并保存成 Excel 文件,如图 6-89 所示。

	A	B	C	D
1	Designator	Value	LibRef	Footprint
2	C1	30pF	Cap	RAD-0.1
3	C2	30pF	Cap	RAD-0.1
4	C3	10uF	Cap Pol1	CAPS
5	C4	0.1uF	Cap	RAD-0.1
6	C5	0.1uF	Cap	RAD-0.1
7	C6	1000uF	Cap Pol1	CAPB
8	C7	0.1uF	Cap	RAD-0.1
9	C8	0.1uF	Cap	RAD-0.1
10	C9	0.1uF	Cap	RAD-0.1
11	C10	0.1uF	Cap	RAD-0.1
12	DS1		Dpy Yellow-CA	LED8SEG
13	DS2		Dpy Yellow-CA	LED8SEG
14	DS3		Dpy Yellow-CA	LED8SEG
15	DS4		Dpy Yellow-CA	LED8SEG
16	DS5		Dpy Yellow-CA	LED8SEG
17	DS6		Dpy Yellow-CA	LED8SEG
18	J1		D Connector 9	DSUB1.385-2H9
19	JP1		dianyuankou	DYK
20	JP2		Header 4	HDR1X4
21	L1		LED2	LED
22	Q1		2N3906	BCY-W3/D4.7
23	Q2		2N3906	BCY-W3/D4.7
24	Q3		2N3906	BCY-W3/D4.7
25	Q4		2N3906	BCY-W3/D4.7
26	Q5		2N3906	BCY-W3/D4.7
27	Q6		2N3906	BCY-W3/D4.7
28	R1	10K	Res1	AXIAL-0.3
29	Designator	Value	LibRef	Footprint
30	R2	10K	Res1	AXIAL-0.3
31	R3	10K	Res1	AXIAL-0.3
32	R4	10K	Res1	AXIAL-0.3
33	R5	8.2K	Res2	AXIAL-0.3
34	R6	10K	Res2	AXIAL-0.3
35	R7	2K	Res1	AXIAL-0.3
36	R8	2K	Res1	AXIAL-0.3
37	R9	2K	Res1	AXIAL-0.3
38	R10	2K	Res1	AXIAL-0.3
39	R11	2K	Res1	AXIAL-0.3
40	R12	2K	Res1	AXIAL-0.3
41	R13	0.2K	Res1	AXIAL-0.3
42	R14	0.2K	Res1	AXIAL-0.3
43	R15	0.2K	Res1	AXIAL-0.3
44	R16	0.2K	Res1	AXIAL-0.3
45	R17	0.2K	Res1	AXIAL-0.3
46	R18	0.2K	Res1	AXIAL-0.3
47	R19	0.2K	Res1	AXIAL-0.3
48	R20	0.2K	Res1	AXIAL-0.3
49	S1		SW-PB	KEY
50	S2		SW-PB	KEY
51	S3		SW-PB	KEY
52	S4		SW-PB	KEY
53	U1		AT89C52	DIP-40
54	U2		MAX232EJE	DIP-16
55	U3		SN74LS138N	DIP-16
56	U4		SN74LS373N	DIP-20
57	Y1	12MHz	XTAL	XTAL

图 6-89　温、湿度控制仪元器件清单

6.5.6　主体控制电路 PCB 图设计

1. 导入网络表和元器件

在导入网络表和元器件封装之前，应确保原理图电路连接正确，而且所有元器件都具有唯一标注和有效封装，否则将导致网络表文件导入时出错。

在 PCB 工作界面下，执行菜单命令 Design|Import Changes From［温、湿度控制仪 1.PRJPCB］，检查导入的元器件封装和网络连接是否正确，确保 Status 栏的 Check 列中显示全部为 ，如图 6-90 所示。若显示错误，必须回到原理图进行修改。

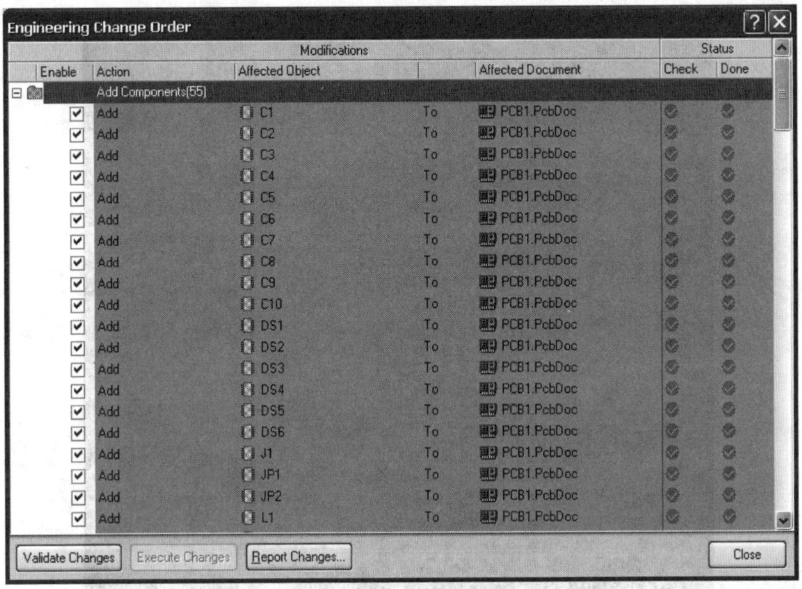

图 6-90　导入网络窗口

2. 元器件布局

此项目板框大小为 100mm×106mm，仍然可以用快捷键 J+L 来对板框定位。将设计工作层切换到 Keep-Out Layer，然后单击直线绘制按钮 ，在图纸绘制相应板框。在 PCB 图中，还是以芯片 AT89C52 为核心元器件，同时参考原理图，尽量使原理上靠近的元器件放在一起，使元器件之间的连线尽可能短。在元器件布局的过程中，应充分考虑人性化设计。数码管作为显示模块放在电路板的上方；键盘则为了便于使用，放在右下方；各种接口为了便于与外围电路连接，放在左侧。因电路图中各种相同元器件的个数较多，可充分利用元器件排列工具栏，将元器件排列整齐。

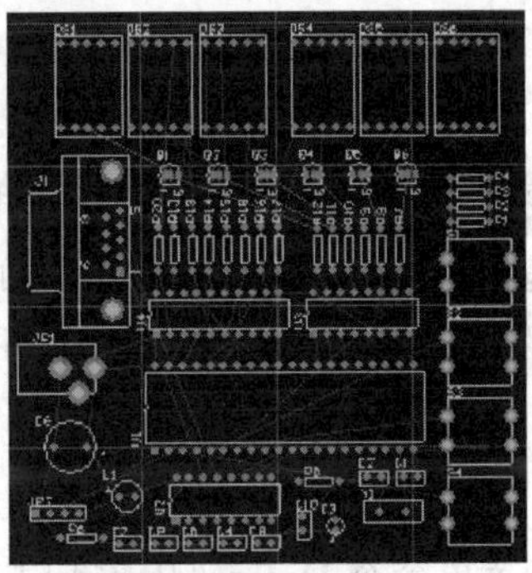

图 6-91　布局后的 PCB 图

布局后的 PCB 图如图 6-91 所示。

3. 手动布线

在此同样要加粗电源线和地线的宽度。执行菜单命令 Design|Rules,打开布线参数设置对话框,展开 Routing 中的 Width 选项。在右击 Width 选项弹出的快捷菜单中选择 New Rule,系统将在布线宽度选项中添加新的布线宽度子项 Width_1,在其右边的设置栏中将 Name 设置为 VCC。在 Where the First object matches 区域中选择 Net 选项,并在其右边的下拉列表中选择 VCC,即设置电源线的宽度。在 Constraints 区域中,将 Min Width(最小宽度)、Preferred Width(首选宽度)、Maximum Width(最大宽度)都设置为 30mil。同理,添加地线的宽度项,其线宽分别为 30mil 和 40mil。

完成布线后的 PCB 图如图 6-92 所示。

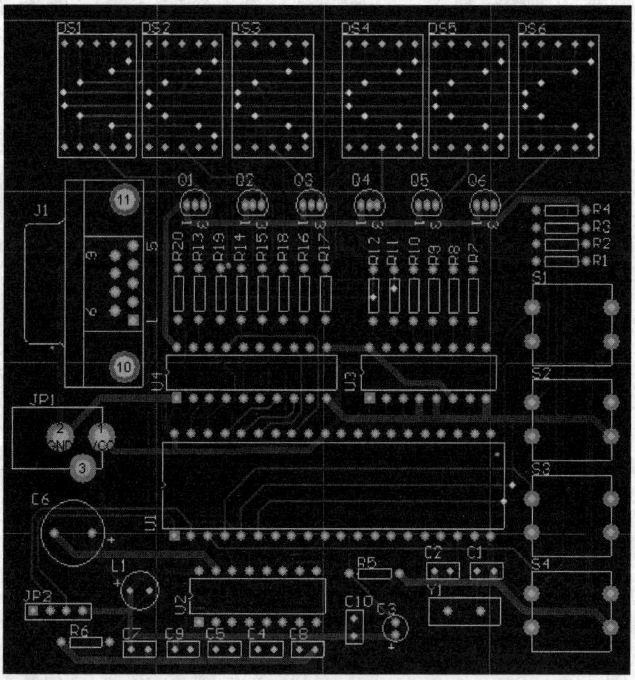

图 6-92　完成布线后的 PCB 图

4. 设计规则检查(DRC)

执行菜单命令 Tools|Design Rule Check,采用默认设置,然后单击  Run Design Rule Check... 按钮开始检查,并生成 DRC 报告文件,如图 6-93 所示。通过查看,第 3 项中有 2 个地方违背了规则,即 9 针串口 J1 的两个引脚(10 脚和 11 脚),所以在 PCB 图中呈高亮显示。但因为该引脚只是起固定作用,没有电气意义,所以可忽略提示的错误。

5. 裁板

最后,根据电路图板框大小绘制边框线并进行裁板,即确定电路板尺寸。裁板时,执行菜单命令 Design|Board Shape|Redefine Board Shape,光标变为"十"字形。将光标移动至适当的位置,单击确定板边的起点。移动鼠标,依次确定各板边,形成一个四边形的

```
Protel Design System Design Rule Check
PCB File : \book\chapt6\温湿度控制仪\温湿度控制仪1.PcbDoc
Date     : 2009-8-27
Time     : 18:26:42

Processing Rule : Width Constraint (Min=45mil) (Max=45mil) (Preferred=45mil) (InNet('GND'))
Rule Violations :0

Processing Rule : Width Constraint (Min=35mil) (Max=35mil) (Preferred=35mil) (InNet('VCC'))
Rule Violations :0

Processing Rule : Hole Size Constraint (Min=1mil) (Max=100mil) (All)
   Violation         Pad J1-10(1804.016mil,2968.07mil)  Multi-Layer  Actual Hole Size = 128.346mil
   Violation         Pad J1-11(1804.016mil,3951.93mil)  Multi-Layer  Actual Hole Size = 128.346mil
Rule Violations :2

Processing Rule : Width Constraint (Min=12mil) (Max=12mil) (Preferred=12mil) (All)
Rule Violations :0

Processing Rule : Clearance Constraint (Gap=10mil) (All),(All)
Rule Violations :0

Processing Rule : Broken-Net Constraint ( (All) )
Rule Violations :0

Processing Rule : Short-Circuit Constraint (Allowed=No) (All),(All)
Rule Violations :0

Violations Detected : 2
Time Elapsed        : 00:00:00
```

图 6-93　DRC 报告文件

电路板。注意，布线区距离电路板边缘应大于 5mm，并在电路板四周安装定位孔。定位孔直径根据实际电路板尺寸确定，一般取 3mm。制作完成的电路板如图 6-94 所示。

6. 实物图

制作并焊接完成的电路板如图 6-95 所示。

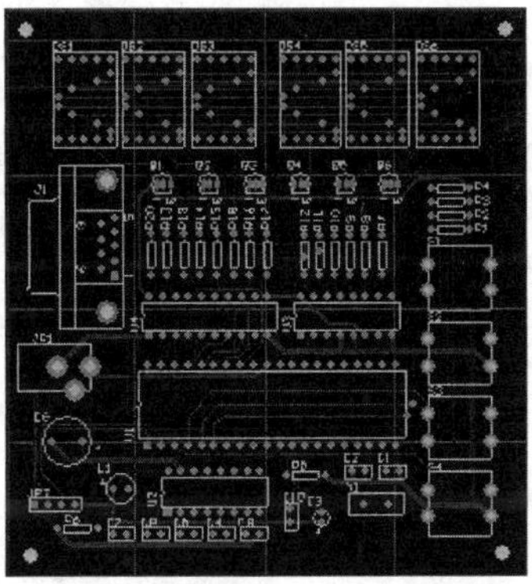

图 6-94　制作完成的电路板

图 6-95　焊接完成的电路板

6.5.7 温、湿度传感器电路 PCB 图设计

将温、湿度传感器电路板分开制作,目的是根据实际需要,与主体控制电路板分开安装。由于该模块电路非常简单,可在 PCB 环境下直接绘制 PCB 图。

1. 选取元器件

在 PCB 环境下打开 Libraries 面板,在其上方选择 Footprints 选项。从 Miscellaneous Connectors. IntLib 库中选取 4 针单排插针 HDR1×4,从 Miscellaneous Devices. IntLib 库中选取电容 RAD-0.1,从温、湿度控制仪. PcbLib 库中选取 SHT11 的封装。

2. 元器件布局与连线

因为 SHT11 的封装是贴片式的,而且是顶层贴片式,所以凡是与该元器件引脚相连的线都应该在顶层上布线。连线时,要将设计工作层切换到 Top Layer。虽然 SHT11 的封装有 8 个引脚,但只有左边的 4 个引脚有电气意义,右边一排只起固定作用。制作完成的电路板如图 6-96 所示。

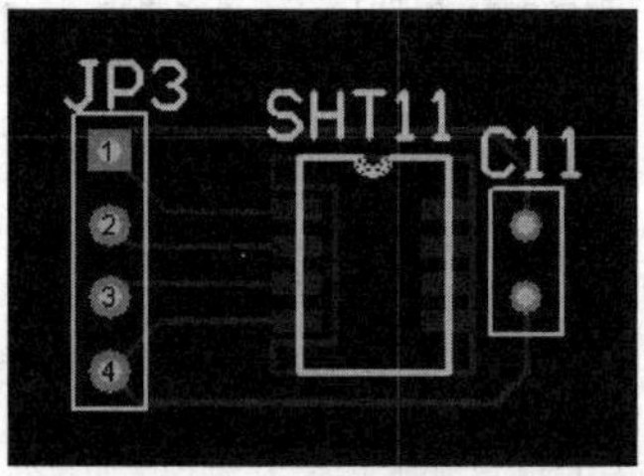

图 6-96 制作完成的电路板

6.6 案例 6-5:公交显示屏电路设计

6.6.1 项目设计任务

1. 设计任务

完成公交显示屏的原理图及 PCB 图设计,制作双面板并生成元器件清单。板子大小为 6760mil×4600mil。公交显示屏电路图如图 6-97 所示。

2. 电路功能

LED 点阵显示屏在公交车、银行、医院等多处可见。此公交显示屏由 4 片 8×8 的 LED 点阵模块构成 16×16 的 LED 点阵显示屏,可显示字符、数字等。LED 点阵的行列扫描、驱动由 4 片 74LS574 电路实现。单片机 AT89C52 输出显示数据,并控制 4 片 74LS574。3 个键盘用于控制不同的显示方式,上、下或左、右移动。另外,语音芯片 ISD1420 实现录音及播放功能,用于播报车站名称等。

6.6.2 新建文件

执行菜单命令 File|New|PCB Project,新建一个工程文件。然后,执行菜单命令 File|Save Project,将新建的工程文件保存到公交显示屏文件夹下,将其命名为公交显示屏. PrjPCB。

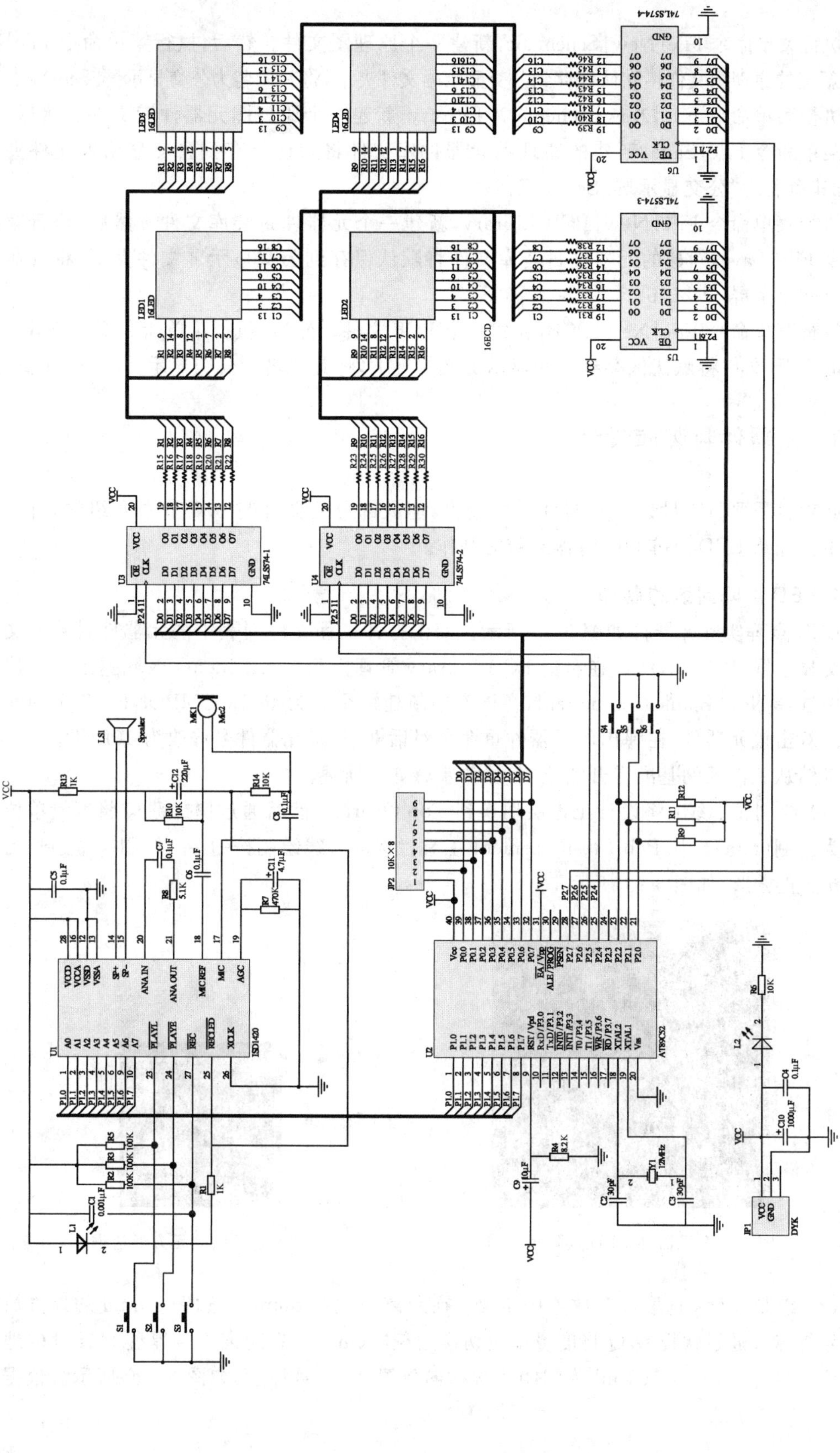

图 6-97　公交显示屏电路图

执行菜单命令 File|New|Schematic,新建一个原理图文件。然后,执行菜单命令 File|Save,新建的原理图文件将默认保存到公交显示屏文件夹下,将其命名为公交显示屏.SchDoc。

执行菜单命令 File|New|Schematic Library,新建一个原理图元器件库文件。然后,执行菜单命令 File|Save,新建的原理图元器件库文件将默认保存到公交显示屏文件夹下,将其命名为"公交显示屏.SchLib"。

执行菜单命令 File|New|PCB Library,新建一个元器件封装库文件。然后,执行菜单命令 File|Save,新建的元器件封装库文件将默认保存到公交显示屏文件夹下,将其命名为公交显示屏.PcbLib。

执行菜单命令 File|New|PCB,新建一个 PCB 文件。然后,执行菜单命令 File|Save,新建的 PCB 文件将默认保存到公交显示屏文件夹下,将其命名为公交显示屏.PcbDoc。

6.6.3 元器件封装库设计

此项目需要重新设计的元器件封装较多,但大部分元器件与 6.5 节中介绍的相同。这里主要介绍 LED 点阵和蜂鸣器封装的制作。

1. LED 点阵封装的制作

LED 点阵实际元器件如图 6-98 所示。双击打开工程文件列表中的元器件封装库文件公交显示屏.PcbLib,然后在右击 PCB Library 管理面板 Components 区域弹出的快捷菜单中选择 New Blank Component,在该库中新建一个名为 PCBCOMPONENT_1 的元器件。双击该元器件,在弹出的元器件重命名对话框中,将元器件名修改为 16LED。

依然从工作区的基准点开始绘制,操作步骤如下所述。

(1) 绘制轮廓线:将设计工作层切换到 Top Overlay,然后通过快捷键 Q 将度量单位切换为公制(mm)。从 Pcb Lib Placement 工具栏选取直线绘制按钮 ⁄ ,绘制一个边长为 38mm 的正方形,如图 6-99 所示。

图 6-98 元器件 LED 点阵示意图

图 6-99 绘制正方形边框

(2) 绘制焊盘:选取焊盘放置按钮 ◉ ,在距离顶边距 5mm、左边距 10mm 的地方放置 1 号焊盘。通过快捷键 Q 将度量单位切换为英制(mil)。在距离 1 号焊盘 100mil 的地方放置 2 号焊盘,并以 100mil 为间距依次横向放置 3~8 号焊盘,如图 6-100 所示。根据该元器件的对称性，同样放置 9～16 号焊盘。制作完成的 LED16 封装如图 6-101 所示。

2. 蜂鸣器封装的制作

蜂鸣器实际元器件如图 6-102 所示。双击打开工程文件列表中的元器件封装库文件公交显示屏. PcbLib，然后在右击 PCB Library 管理面板 Components 区域弹出的快捷菜单中选择 New Blank Component，在该库中新建一个名为 PCBCOMPONENT_1 的元器件。双击该元器件，在弹出的元器件重命名对话框中，将元器件名修改为 FMQ。

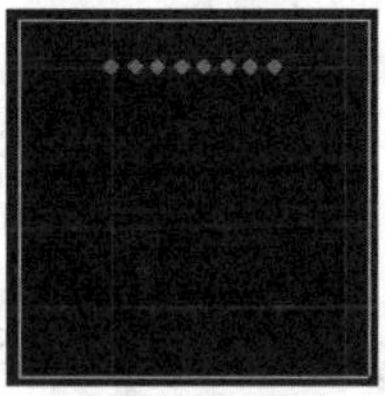

图 6-100　绘制焊盘

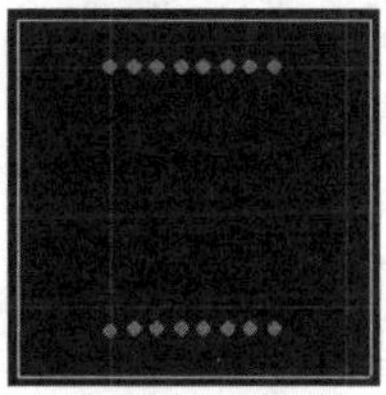

图 6-101　制作完成的 LED 点阵封装

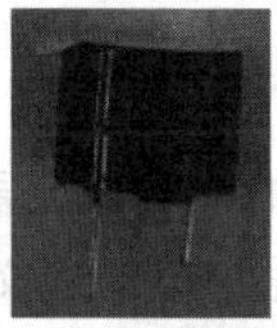

图 6-102　元器件蜂鸣器示意图

依然从工作区的基准点开始绘制，操作步骤如下所述。

(1) 绘制轮廓线：将设计工作层切换到 Top Overlay，然后通过快捷键 Q 将度量单位切换为公制(mm)。从 Pcb Lib Placement 工具栏选取圆绘制按钮，绘制一个半径为 6mm 的圆，如图 6-103 所示。

(2) 绘制焊盘：将设计工作层切换到 Top Layer，然后选取焊盘放置按钮，在离中心点 4mm 的 X 轴两端各放置 1 号和 2 号焊盘，如图 6-104 所示。

(3) 添加极性符号：因为该电容是有极性的，根据原理图中的元器件符号，1 号脚为正。将设计工作层切换到 Top Overlay，然后单击文本按钮 T，在 1 号脚旁边放置符号"＋"。制作完成的电容封装如图 6-105 所示。

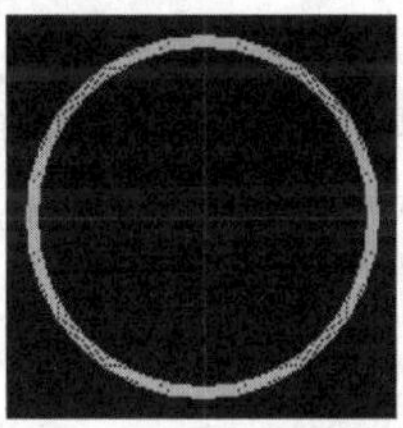

图 6-103　绘制圆形轮廓

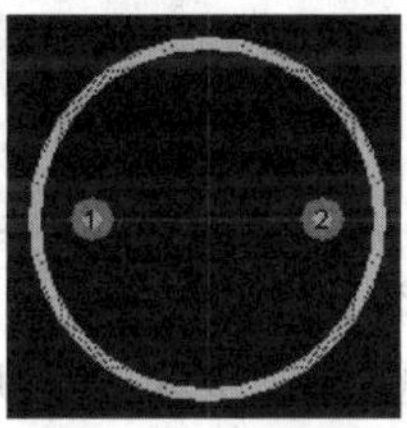

图 6-104　绘制焊盘

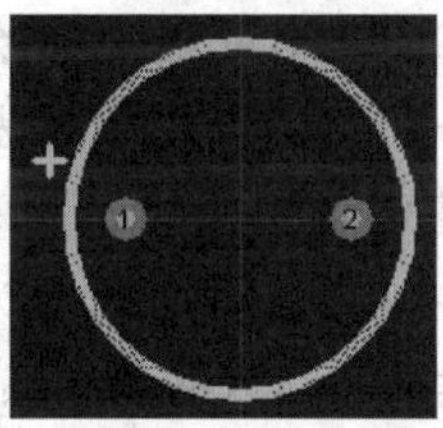

图 6-105　制作完成的电容封装

为芯片 ISD1420 选择一个合适的 DIP-28 封装，以及芯片 74LS574 的封装 DIP-20，都复制到元器件封装库中。设计完成的元器件封装库文件公交显示屏. PcbLib 包括 11 个元器件，如图 6-106 所示。

6.6.4　原理图元器件库设计

元器件 AT89C52 和电源口的原理图符号与 6.5 节中所述相同。下面介绍元器件 LED 点阵和 ISD1420 原理图符号的绘制。

Components

Name	Pads	Primitives
16LED	16	20
CAPB	2	4
CAPS	2	4
DIP-20	20	26
DIP-28/D38.1	28	34
DIP-40	40	46
DYK	3	7
FMQ	2	4
KEY	4	8
LED	2	5
XTAL	2	6

图 6-106 设计完成的元器件封装库元器件列表

1. LED 点阵元器件的绘制

双击打开工程文件列表中的原理图元器件库公交显示屏.SchLib，然后单击 SCH Library 管理面板 Components 区域中的 Add 按钮，在该库中新建一个名为 Component_1 的元器件，将元器件名修改为 16LED。

依然从工作区的基准点开始绘制，操作步骤如下所述。

(1) 选取矩形绘制按钮，绘制一个正方形。

(2) 选取放置引脚按钮，分别在行与列两边放置 16 个引脚。注意引脚编号。

(3) 打开元器件属性对话框，设置 Properties 区域中的 Default Designator(默认标号)为 LED?，Comment(注释)为 16LED。绘制完成的 LED 点阵原理图符号如图 6-107 所示。然后，添加之前设计的元器件封装库文件“公交显示屏.PcbLib”中的封装 16LED。

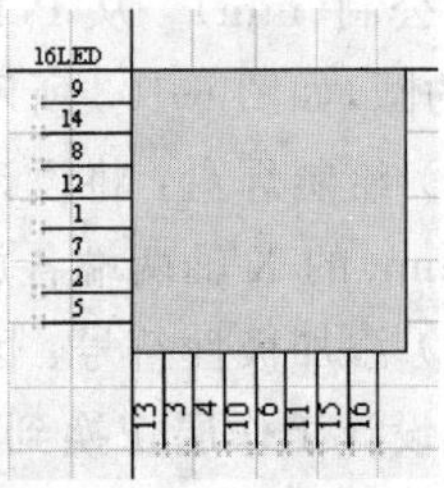

图 6-107 绘制完成的 LED 点阵

2. ISD1420 元器件的绘制

双击打开工程文件列表中的原理图元器件库公交显示屏.SchLib，然后单击 SCH Library 管理面板 Components 区域中的 Add 按钮，在该库中新建一个名为 Component_1 的元器件，将元器件名修改为 ISD1420。

依然从工作区的基准点开始绘制，操作步骤如下所述。

(1) 选取矩形绘制按钮，绘制一个长方形。

(2) 选取放置引脚按钮，分别在左、右两边放置 14 个引脚。此处引脚号按功能排列，悬空的引脚可省略。

(3) 打开元器件属性对话框，设置 Properties 区域中的 Default Designator(默认标号)为 U?，Comment(注释)为 ISD1420。绘制完成的 ISD1420 原理图符号如图 6-108 所示。最后，添加封装 DIP-28/D38.1。

设计完成的原理图元器件库文件“公交显示屏.SchLib”包括 4 个元器件，如图 6-109 所示。

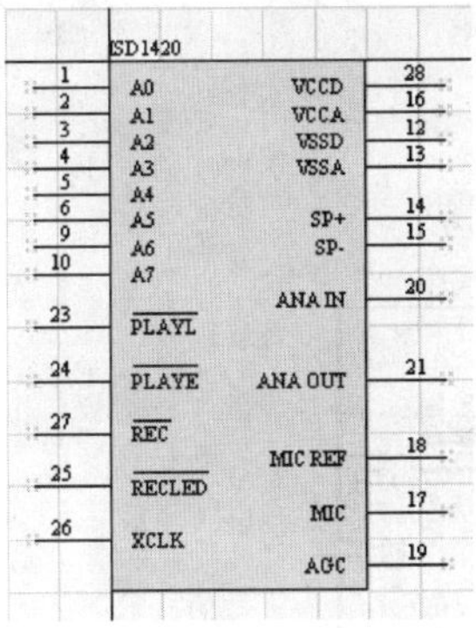

图 6-108　绘制完成的 ISD1420

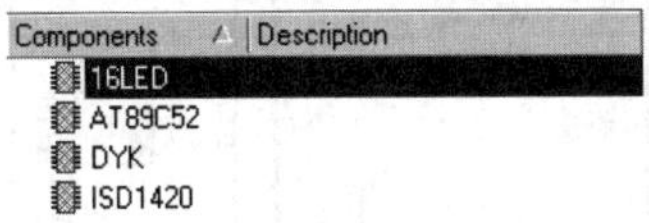

图 6-109　设计完成的原理图元器件库元器件列表

6.6.5　原理图设计

1. 选取元器件

在 Miscellaneous Devices. IntLib 元器件库中选取阻容元器件等，然后设置电阻、电容和晶振值，在 Miscellaneous Connectors. IntLib 元器件库中选取 9 脚单排插针作为排阻。注意，修改电容、晶振、发光二极管和键盘的封装分别为 RAD-0. 1、XTAL、LED 和 KEY，带极性电容的封装为 CAPS 和 CAPB。在公交显示屏. SchLib 元器件库中选取 AT89C52、电源口 DYK、LED 点阵 16LED 和 ISD1420。

通过搜索，查找元器件 74LS574，并加载相应的元器件库。根据搜索结果得知，DM74LS574N 在 FSC Logic Flip-Flop. IntLib 集成库中。

2. 元器件布局与连线

以芯片 AT89C52 为核心，将各元器件摆放整齐。由于 LED 点阵较多，所以控制 LED 点阵行与列选择的 4 块芯片 74LS574 均采用总线与总线分支配合网络标号绘制，使电路清晰可辨。

3. 统一标注

执行菜单命令 Tools|Annotate，将原理图中的所有元器件统一标注。

绘制完成的原理图如图 6-97 所示。其中，语音芯片模块电路如图 6-110 所示，主芯片 AT89C52 的最小系统、键盘外围模块电路如图 6-111 所示，显示模块电路如图 6-112 所示，电源接口模块电路如图 6-113 所示。

4. 生成网络表

执行菜单命令 Design|Netlist For Project|Protel，系统在该工程文件下生成一个与该工程文件同名的网络表文件公交显示屏. NET。

5. 生成元器件清单

执行菜单命令 Reports|Bill of Materials，系统在该工程文件下生成元器件清单。分别选取元器件的 Designator、Value、LibRef、Footprint 属性，并保存成 Excel 文件，如图 6-114 所示。

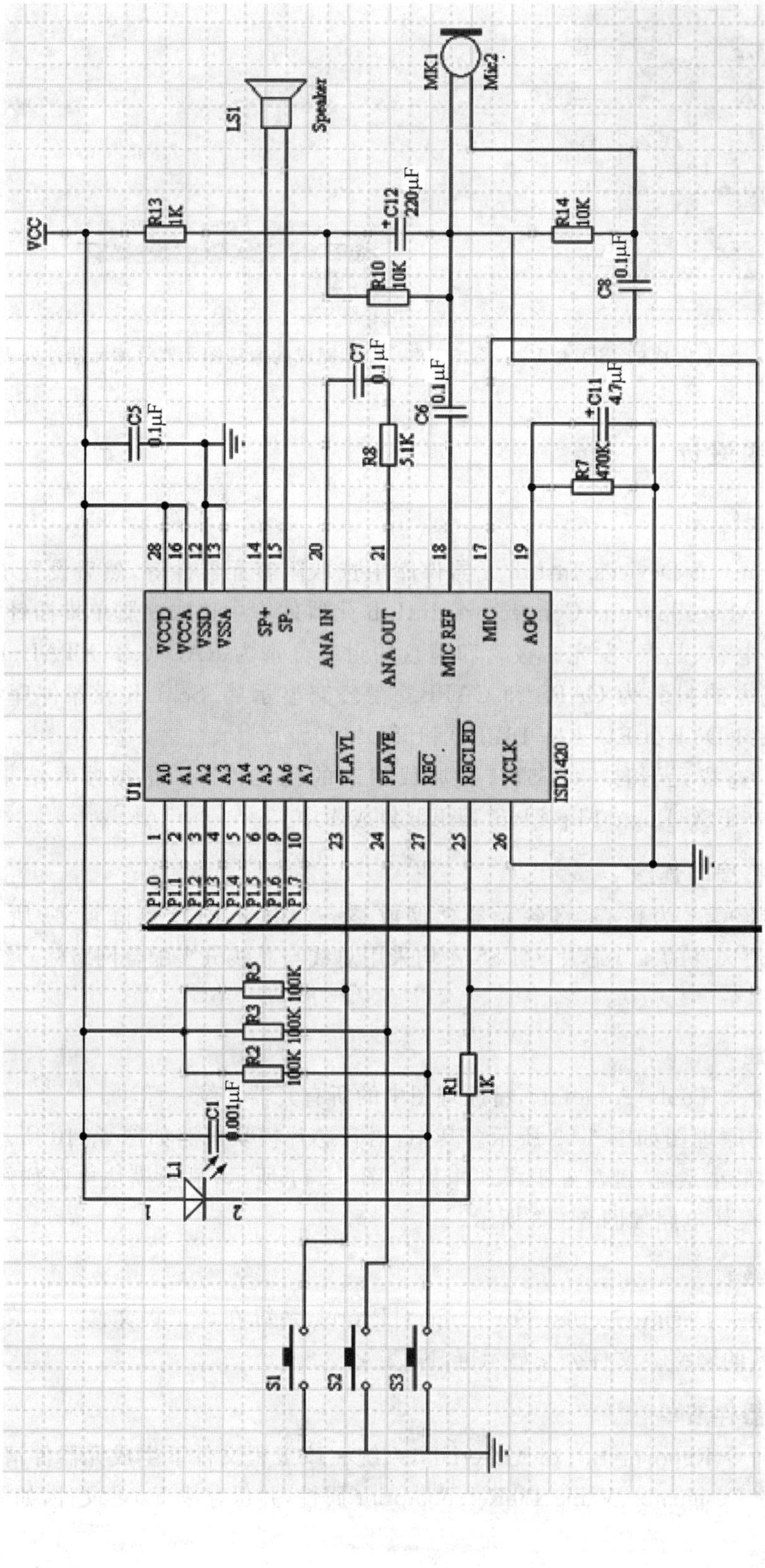

图 6-110 语音芯片模块电路

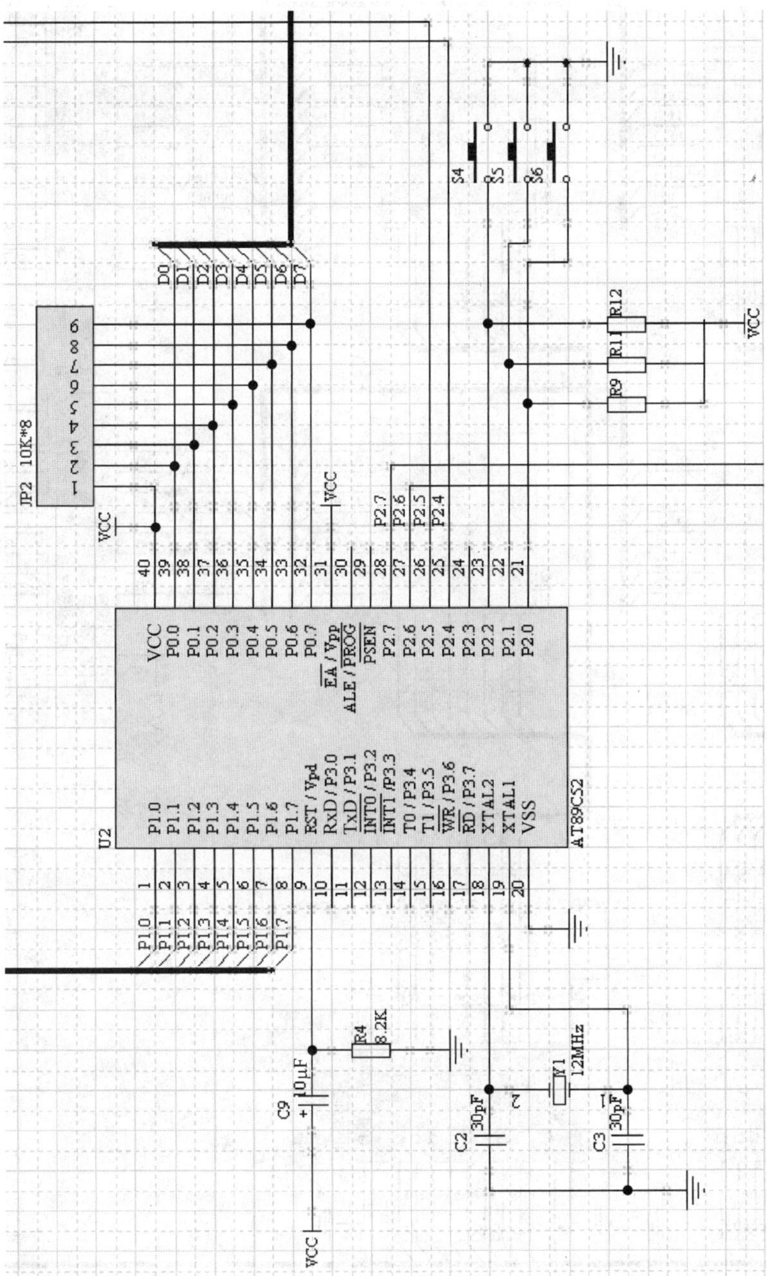

图 6-111　主芯片 AT89C52 的最小系统、键盘外围模块电路

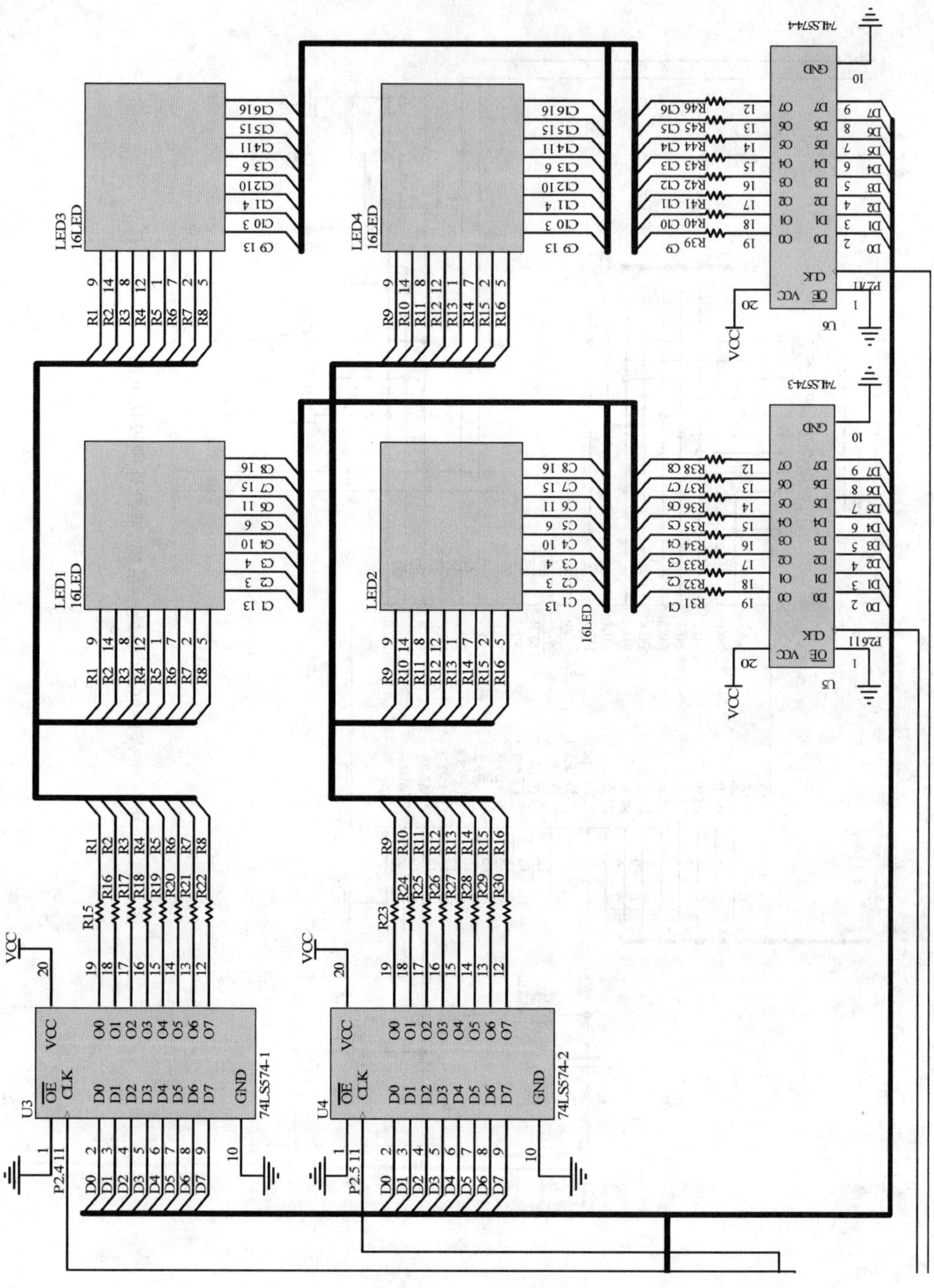

图 6-112 显示模块电路

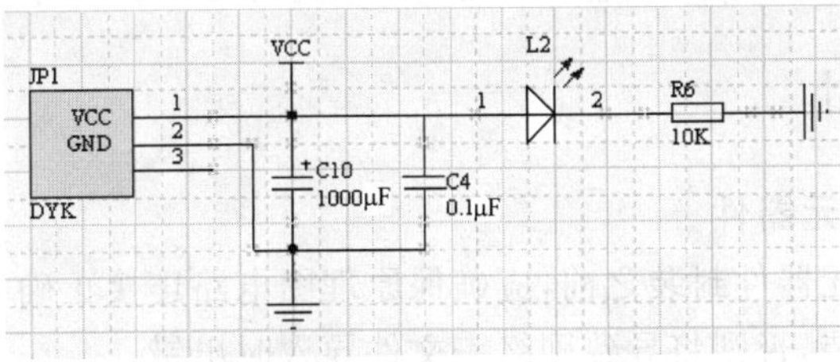

图 6-113　电源接口模块电路

	A	B	C	D
1	Designator	Value	LibRef	Footprint
2	C1	0.001uF	Cap	RAD-0.1
3	C2	30pF	Cap	RAD-0.1
4	C3	30pF	Cap	RAD-0.1
5	C4	0.1uF	Cap	RAD-0.1
6	C5	0.1uF	Cap	RAD-0.1
7	C6	0.1uF	Cap	RAD-0.1
8	C7	0.1uF	Cap	RAD-0.1
9	C8	0.1uF	Cap	RAD-0.1
10	C9	10uF	Cap Pol1	CAPS
11	C10	1000uF	Cap Pol1	CAPB
12	C11	4.7uF	Cap Pol1	CAPS
13	C12	220uF	Cap Pol1	CAPB
14	JP1		dianyuankou	DYK
15	JP2		Header 9	HDR1X9
16	L1		LED2	LED
17	L2		LED2	LED
18	LED1		16LED	16LED
19	LED2		16LED	16LED
20	LED3		16LED	16LED
21	LED4		16LED	16LED
22	LS1		Speaker	FMQ
23	MK1		Mic2	PIN2
24	R1	1K	Res2	AXIAL-0.4
25	R2	100K	Res2	AXIAL-0.4
26	R3	100K	Res2	AXIAL-0.4
27	R4	8.2K	Res2	AXIAL-0.3
28	R5	100K	Res2	AXIAL-0.4
29	Designator	Value	LibRef	Footprint
30	R6	10K	Res2	AXIAL-0.3
31	R7	470K	Res2	AXIAL-0.4
32	R8	5.1K	Res2	AXIAL-0.4
33	R9	10K	Res2	AXIAL-0.4
34	R10	10K	Res2	AXIAL-0.4
35	R11	10K	Res2	AXIAL-0.4
36	R12	10K	Res2	AXIAL-0.4
37	R13	1K	Res2	AXIAL-0.4
38	R14	10K	Res2	AXIAL-0.4
39	R15	0.2K	Res1	AXIAL-0.3
40	R16	0.2K	Res1	AXIAL-0.3
41	R17	0.2K	Res1	AXIAL-0.3
42	R18	0.2K	Res1	AXIAL-0.3
43	R19	0.2K	Res1	AXIAL-0.3
44	R20	0.2K	Res1	AXIAL-0.3
45	R21	0.2K	Res1	AXIAL-0.3
46	R22	0.2K	Res1	AXIAL-0.3
47	R23	0.2K	Res1	AXIAL-0.3
48	R24	0.2K	Res1	AXIAL-0.3
49	R25	0.2K	Res1	AXIAL-0.3
50	R26	0.2K	Res1	AXIAL-0.3
51	R27	0.2K	Res1	AXIAL-0.3
52	R28	0.2K	Res1	AXIAL-0.3
53	R29	0.2K	Res1	AXIAL-0.3
54	R30	0.2K	Res1	AXIAL-0.3
55	R31	0.2K	Res1	AXIAL-0.3
56	R32	0.2K	Res1	AXIAL-0.3
57	Designator	Value	LibRef	Footprint
58	R33	0.2K	Res1	AXIAL-0.3
59	R34	0.2K	Res1	AXIAL-0.3
60	R35	0.2K	Res1	AXIAL-0.3
61	R36	0.2K	Res1	AXIAL-0.3
62	R37	0.2K	Res1	AXIAL-0.3
63	R38	0.2K	Res1	AXIAL-0.3
64	R39	0.2K	Res1	AXIAL-0.3
65	R40	0.2K	Res1	AXIAL-0.3
66	R41	0.2K	Res1	AXIAL-0.3
67	R42	0.2K	Res1	AXIAL-0.3
68	R43	0.2K	Res1	AXIAL-0.3
69	R44	0.2K	Res1	AXIAL-0.3
70	R45	0.2K	Res1	AXIAL-0.3
71	R46	0.2K	Res1	AXIAL-0.3
72	S1		SW-PB	KEY
73	S2		SW-PB	KEY
74	S3		SW-PB	KEY
75	S4		SW-PB	KEY
76	S5		SW-PB	KEY
77	S6		SW-PB	KEY
78	U1		ISD1420	DIP-28/D38.1
79	U2		AT89C52	DIP-40
80	U3		DM74LS574N	DIP-20
81	U4		DM74LS574N	DIP-20
82	U5		DM74LS574N	DIP-20
83	U6		DM74LS574N	DIP-20
84	Y1		XTAL	XTAL

图 6-114　公交显示屏元器件清单

6.6.6 PCB 图设计

1. 导入网络表和元器件

在导入网络表和元器件封装之前,应确保原理图电路连接正确,而且所有元器件都具有唯一标注和有效封装,否则将导致网络表文件导入时出错。

在 PCB 工作界面下,执行菜单命令 Design|Import Changes From [公交显示屏.PRJPCB],检查导入的元器件封装和网络连接是否正确,确保 Status 栏的 Check 列中显示全部为 ,如图 6-115 所示。若显示错误,必须回到原理图进行修改。

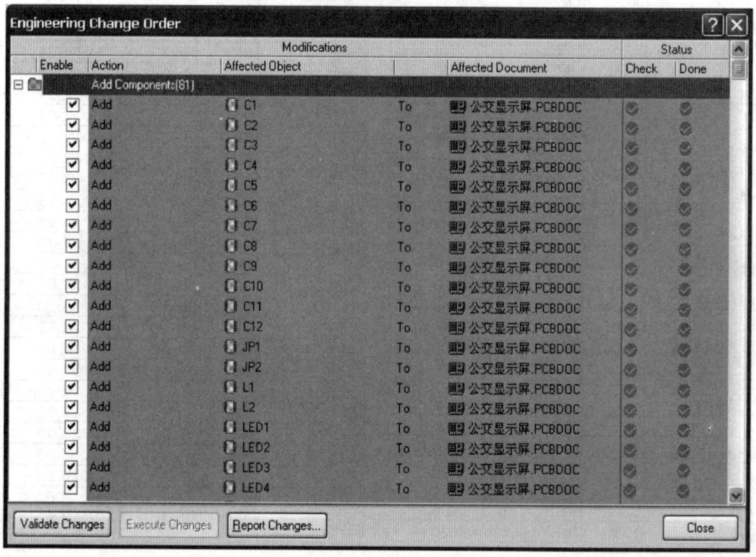

图 6-115 导入网络窗口

2. 元器件布局

此项目板框大小为 6760mil×4600mil,仍然用快捷键 J+L 对板框进行定位。将设计工作层切换到 Keep-Out Layer,然后单击直线绘制按钮 ,在图纸绘制相应的板框。在整个 PCB 图中还是以芯片 AT89C52 为核心元器件,语音芯片模块电路以芯片 ISD1420 为核心元器件,同时参考原理图,尽量使原理上靠近的元器件放在一起,使元器件之间的连线尽可能短。在元器件布局的过程中,应充分考虑人性化设计。数码管作为显示模块,放在电路板的右上方;键盘则为了使用方便,放在下方;电源接口、蜂鸣器和麦克风等都放在左侧边缘,以便使用。因电路图中各种相同元器件的个数较多,可充分利用元器件排列工具栏,将元器件排列整齐。

布局后的 PCB 图如图 6-116 所示。

3. 自动布线

在此同样要加粗电源线和地线的宽度。执行菜单命令 Design|Rules,打开布线参数设置对话框,展开 Routing 中的 Width 选项。在右击 Width 选项弹出的快捷菜单中选择

New Rule，系统将在布线宽度选项中添加新的布线宽度子项 Width_1，然后在其右边的设置栏中将 Name 设置为 VCC。在 Where the First object matches 区域中选择 Net 选项，并在其右边的下拉列表中选择 VCC，即设置电源线的宽度。在 Constraints 区域中，将 Min Width（最小宽度）、Preferred Width（首选宽度）、Maximum Width（最大宽度）都设置为 30mil。同理，添加地线的宽度项，其线宽分别为 30mil 和 40mil。

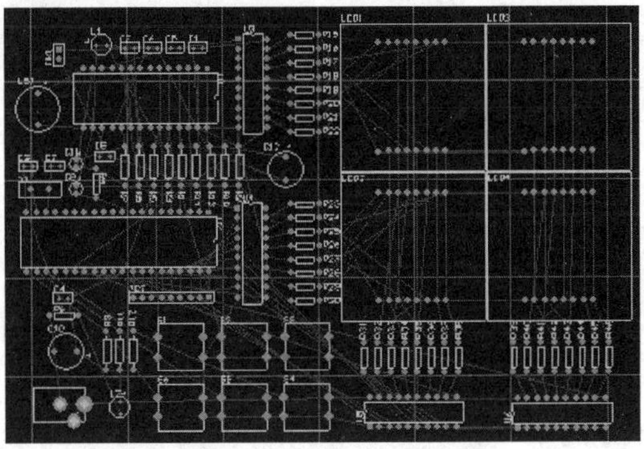

图 6-116　布局后的 PCB 图

因为电路板中元器件较多，特别是 LED 点阵与芯片之间的连线较复杂，所以采用自动布线。执行菜单命令 Auto Route|All，完成布线的 PCB 图如图 6-117 所示。自动布线是根据预先设定的布线规则自动进行的，可能某些地方的布线效果不佳，甚至很糟糕，这时可手动调整，尽量完善布线。

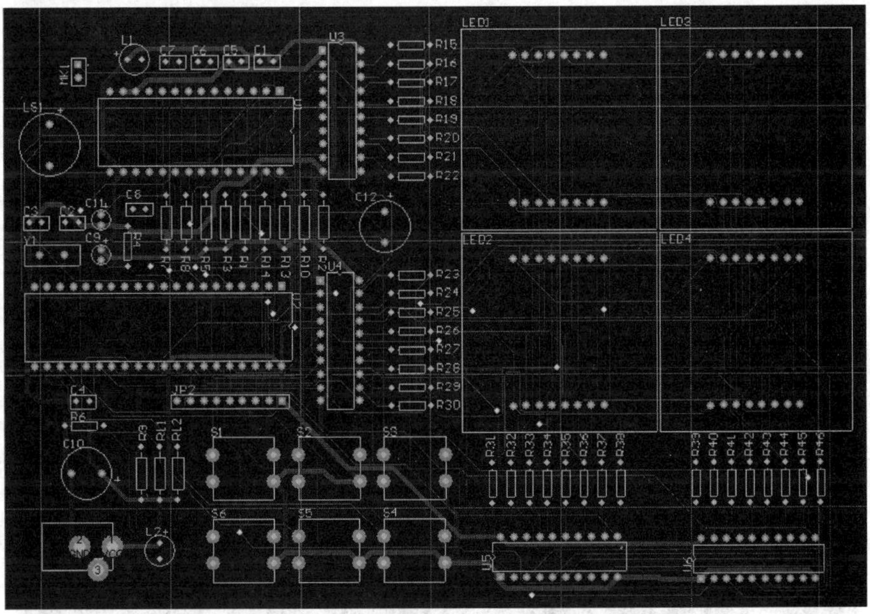

图 6-117　完成布线后的 PCB 图

4. 设计规则检查(DRC)

执行菜单命令 Tools|Design Rule Check，采用默认设置，然后单击 Run Design Rule Check...

按钮开始检查,并生成 DRC 报告文件,如图 6-118 所示。通过查看报告,Violations Detected 的结果为 0,没有违背任何规则。

```
Protel Design System Design Rule Check
PCB File : \book\chapt6\公交显示屏\公交显示屏.PCBDOC
Date     : 2010-3-14
Time     : 22:18:57

Processing Rule : Width Constraint (Min=40mil) (Max=40mil) (Preferred=40mil) (InNet('GND'))
Rule Violations :0

Processing Rule : Width Constraint (Min=30mil) (Max=30mil) (Preferred=30mil) (InNet('VCC'))
Rule Violations :0

Processing Rule : Hole Size Constraint (Min=1mil) (Max=100mil) (All)
Rule Violations :0

Processing Rule : Width Constraint (Min=10mil) (Max=10mil) (Preferred=10mil) (All)
Rule Violations :0

Processing Rule : Clearance Constraint (Gap=10mil) (All),(All)
Rule Violations :0

Processing Rule : Broken-Net Constraint ( (All) )
Rule Violations :0

Processing Rule : Short-Circuit Constraint (Allowed=No) (All),(All)
Rule Violations :0

Violations Detected : 0
Time Elapsed        : 00:00:00
```

图 6-118 DRC 报告文件

5. 裁板

最后,根据电路图板框大小绘制边框线并进行裁板,即确定电路板大小。裁板时,执行菜单命令 Design|Board Shape|Redefine Board Shape,光标将变为"十"字形。将光标移动至适当的位置,单击确定板边的起点。移动鼠标,依次确定各板边,形成一个四边形的电路板。注意,布线区距离电路板边缘应大于 5mm,并在电路板四周安装定位孔。定位孔直径根据实际电路板尺寸确定,一般取 3mm。制作完成的电路板如图 6-119 所示。

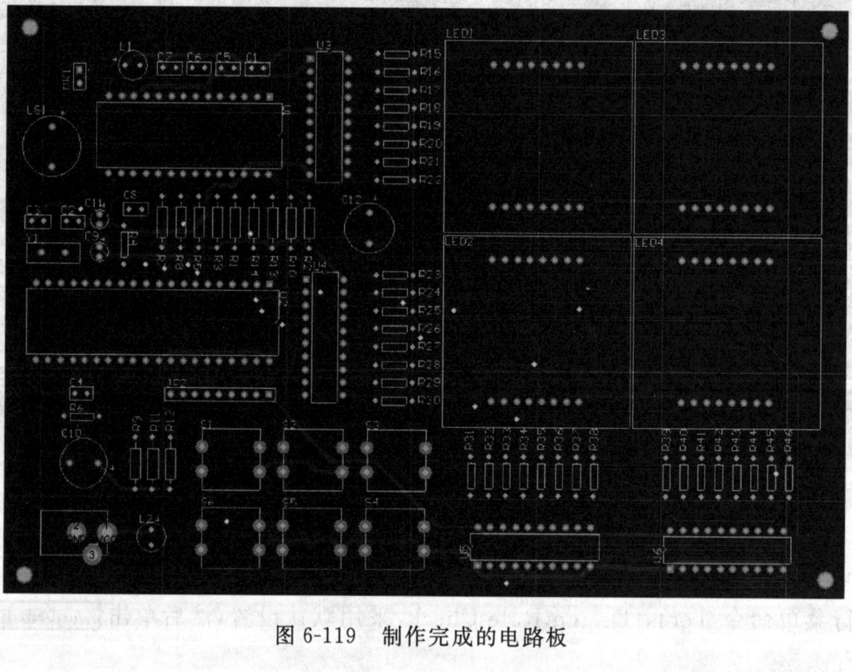

图 6-119 制作完成的电路板

6. 3D 效果图

执行菜单命令 View|Board in 3D，显示 PCB 板的三维立体图，如图 6-120 所示。

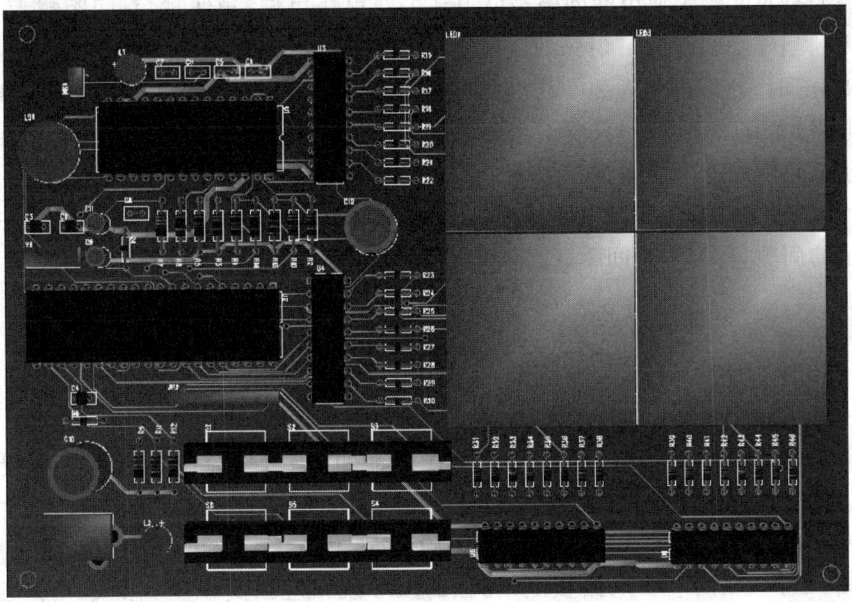

图 6-120　电路板 3D 示意图

6.7　印制电路板设计原则

通过以上几个项目的训练，学生应该初步掌握了电路板设计的基本流程和一些注意事项。对于复杂的电路板，在 PCB 板设计过程中应考虑的因素更多，不仅要考虑电路设计功能是否能够实现，还应考虑印制电路板制作工艺或焊接工艺对 PCB 板设计的局限性。下面介绍一些印制电路板设计的基本原则。

6.7.1　导线宽度与间距

导线用于连接各个焊点，是印制电路板最重要的部分。印制电路板设计都是围绕如何布置导线来进行的。

1. 导线宽度

导线的最小宽度主要由流过导线的电流值决定，其次需要考虑导线与绝缘基板间的黏附强度。对于数字集成电路，通常选 0.2～0.3mm 就足够了。对于电源和地线，只要布线密度允许，应尽可能采用宽的布线。

印制导线的载流量可以按 $20A/mm^2$（电流/导线截面积）计算，即当铜箔厚度为 0.05mm 时，宽度为 1mm 的印制导线允许通过 1A 电流。因此可以认为，导线宽度的毫米数等于载荷电流的安培数。

2. 导线间距

导线的最小间距主要由线间绝缘电阻和击穿电压决定，导线越短，间距越大，绝缘电阻就越大。当导线间距为1.5mm时，其绝缘电阻超过10MΩ，允许电压为300V以上；当间距为1mm时，允许电压为200V。一般选用间距1～1.5mm，就完全可以满足要求。对于集成电路，尤其数字电路，只要工艺允许，可使间距很小，甚至小于0.2mm，但在业余条件下自制电路板时不可能做到。

为了方便加工，避免印制电路板上的导线、导孔、焊点之间相互干扰，必须在它们之间留出一定的间隙，称为安全间距(Clearance)。安全间距可以在布线规则设计时设置。

6.7.2 焊盘、引线孔和过孔(导孔)

1. 引线孔的直径

在印制电路板上，元器件的引线孔钻在焊盘的中心，孔径应比所焊的引线直径大0.2～0.3mm，才能方便地插装元器件；但孔径不能太大，否则在焊接时，容易因为元器件的晃动造成虚焊，使焊点的机械强度变差。设计时，优先采用0.6mm、0.8mm、1.0mm和1.2mm等尺寸。在同一块电路板上，孔径的尺寸规格应当少一些。要尽可能避免异形孔，以降低加工成本。

2. 焊盘的外径

引线孔及其周围的铜箔称为焊盘。与此类似，SMT电路板上的焊盘是指形成焊点的铜箔。

焊盘用来放置焊锡、连接导线和元器件引脚，所有元器件通过焊盘实现电气连接。为了保证焊盘与基板之间牢固黏结，引线孔周围的焊盘应该尽可能大，并符合焊接要求。

(1) 在单面板上，焊盘的外径一般应当比引线孔的直径大1.3mm以上；在高密度的单面电路板上，焊盘的最小直径可以比引线孔的直径大1mm。如果外径太小，焊盘容易在焊接时粘断或剥落；但也不能太大，否则生产时需要延长焊接时间，用锡量太多，也会影响印制电路板的布线密度。

(2) 在双面电路板上，由于焊锡在金属化孔内形成浸润，提高了焊接的可靠性，所以焊盘的外径可以比单面板的略小。当引线孔的直径≤1mm时，焊盘的最小直径应是引线孔直径的2倍。

3. 过孔(导孔)

过孔(导孔)的作用是连接不同板层间的导线。过孔有3种，即从顶层贯通到底层的穿透式过孔、从顶层通道内层或从内层通到底层的盲导孔和内层间的隐藏导孔。

从上面看上去，过孔有两个尺寸，即通孔直径和过孔直径，如图6-121所示。通孔和过孔之间的孔壁由与导线相同的材料构成，用于连接不同板层的导线。

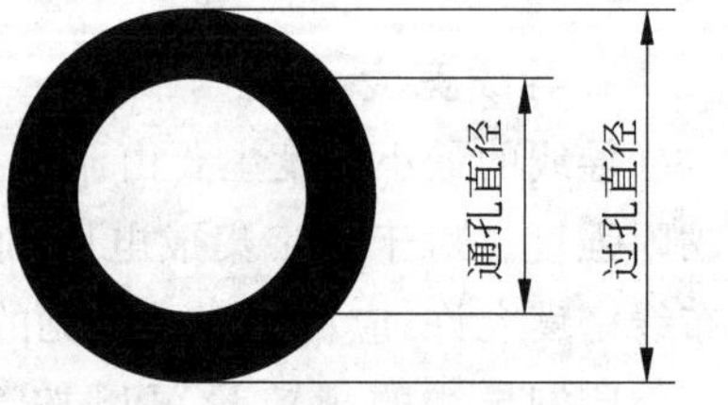

图6-121　过孔结构示意图

6.7.3　元器件的布局

正如之前所述，虽然软件 Protel DXP 提供了功能强大的自动布局功能，但是其布局的结果往往不尽如人意，还需要手工布局调整，所以经常直接进行手动布局。元器件布局是设计 PCB 的第一步，是决定印制板设计是否成功和满足使用要求的最重要的环节之一，是印制板设计中最耗费精力的工作，要经过若干次布局比较，才能得到比较满意的布局结果。

元器件布局是将元器件排放在一定面积的印制板上。应当从机械结构、散热、电磁干扰及布线的方便性等方面综合考虑元器件的布局。可以通过移动、旋转和翻转等方式调整元器件的位置，使之满足电路设计要求。一个好的元器件布局，首先要满足电路的技术性能，其次要满足安装尺寸、空间的限制。

1. 元器件布局的一般要求

元器件布局的一般要求如下所述。

(1) 器件优先。首先确定主集成电路、晶体管等器件的位置。

(2) 排列整齐。在保证电气性能的前提下，元器件应排列紧凑，放置在栅格上且相互平行或垂直排列，不允许重叠，输入和输出元器件应尽量远离。元器件在整个板面上应分布均匀、疏密一致。

(3) 注意电压。某些元器件或导线之间可能存在较高的电位差，应加大它们之间的距离，以免因放电、击穿引起意外短路。带高电压的元器件应尽量布置在调试时手不易触及的地方。

(4) 注意电流。注意元器件电流的大小，应保证焊点和导线允许该电流流过。

(5) 留出边缘。元器件不能够顶边布置，离印制板的边缘至少有两个板厚。

(6) 注意引脚方向。对于 4 个引脚以上的元器件，不可翻转操作，否则将导致该元器件安装插件时，引脚端位置不能一一对应。使用 IC 时，一定要特别注意 IC 座上定位槽放置的方向是否正确，并注意各个 IC 脚位是否正确。

2. 核心元器件

以电路的核心元器件为中央，围绕它按照信号走向布局，应注意以下几点。

(1) 通常以电路的核心元器件为中心，按照信号的流向，逐个安排各个单元功能电路核心元器件的位置，围绕核心元器件进行其他元器件的布局。应尽可能靠近核心元器件。

(2) 一般情况下，信号的流向安排为从左到右或从上到下；输入、输出、电源、开关、显示的各个元器件的布局应便于信号流通，使信号尽可能保持一致的方向。

3. 屏蔽

印制板的元器件布局应加强屏蔽，防止电磁干扰，一般要求如下所述。

(1) 相互远离。对于电磁场辐射较强，以及对电磁感应较灵敏的元器件，应加大相互之间的距离并加以屏蔽。元器件放置的方向应与相邻的印制导线交叉。

(2) 避免混杂和交错。电压高、低和信号强、弱的元器件应尽量避免相互混杂、交错安装在一起。

(3) 相互垂直。对于会产生磁场的变压器、扬声器、电感等元器件,在布局时应注意减少磁力线对印制导线的切割;相邻元器件的磁场方向应相互垂直,减少彼此间的电磁耦合。

(4) 屏蔽干扰源。对于干扰源进行屏蔽。屏蔽罩应良好地接地。

(5) 减少分布参数。在高频电路中,要考虑元器件之间的分布参数对性能的影响。

4. 通风散热

印制板的元器件布局时应注意通风散热,抑制热干扰,一般要求如下所述。

(1) 对于功率元器件、发热的元器件,应优先安排在利于散热的位置,并与其他元器件隔开一定距离,必要时可以单独设计散热器或小风扇,以降低温度。要注意热空气的流向,以减少对邻近元器件的影响。

(2) 热敏元器件应紧贴被测元器件,并远离高温区域和发热元器件,以免受到其他发热元器件影响,一起误动作。

(3) 双面放置元器件时,底层一般不要放置容易发热的元器件。

5. 机械强度

印制板的元器件布局时应注意印制板的机械强度,一般要求如下所述。

(1) 重心平衡与稳定。一些重而大的元器件尽量安置在印制板上靠近固定端的位置,并降低重心,以提高机械强度和耐振、耐冲压能力,以及减少印制板的负荷和变形,保持整个 PCB 板的重心平衡与稳定。

(2) 对于重量和体积较大的元器件,不能只靠焊盘来固定,应采用支架或卡子、粘胶等方法来固定。

(3) 将一些笨重的元器件,如变压器、继电器等安装在辅助底板上,并利用支架或夹子、粘胶等将其固定,以缩小体积或提高机械强度。

(4) 印制板的最佳形状是矩形(长宽比为 3∶2 或 4∶3)。当板面尺寸大于 200mm×150mm 时,要考虑印制板能够承受的机械强度,可以采用金属边框加固。

(5) 要在印制板上留出固定支架、定位螺孔和连接插座的位置。在布置接插件时,应有一定的空间,使得安装后的插座能方便地与插头连接,而不至于影响其他部分。

6. 可调元器件的布局

对于电位器、可变电容器、可调电感线圈或微动开关等可调元器件的布局,应考虑整机的结构要求。若为机外调节,其位置要与调节旋钮在机箱面板上的位置相适应;若为机内调节,应放置在印制板上方便调节的位置。调节方向是:顺时针调节时,升高或者加大;逆时针调节时,降低或者减少。

电位器的安放位置应当满足整机结构安装及面板布局的要求,因此应尽可能放置在板的边缘,且旋转柄朝外。

6.7.4　印制电路板的布线

采用印制导线将元器件连接起来的过程称为布线。布线可以采用自动和手工两种方法。自动布线后往往需要采用手工布线进行调整。本节介绍手工布线。

布线和布局密切相关,布局的好坏直接影响布线的布通率。布线受布局、板层、电路结构、电性能要求等多种因素影响,布线结果又直接影响电路板性能。布线时要考虑各种因素,才能设计出高质量的印制板。

1. 基本布线方法

(1) 直接布线:首先把最关键的一根或几根导线从开始点到终点直接布设好,然后把其他次要的导线绕过这些布线布设。常用的技巧是利用元器件跨越导线来提高布线效率,布不通的线用顶层飞线(跳线)解决,如图 6-122 所示。飞线(跳线)是单面印制线路板布线常用的一种方法。

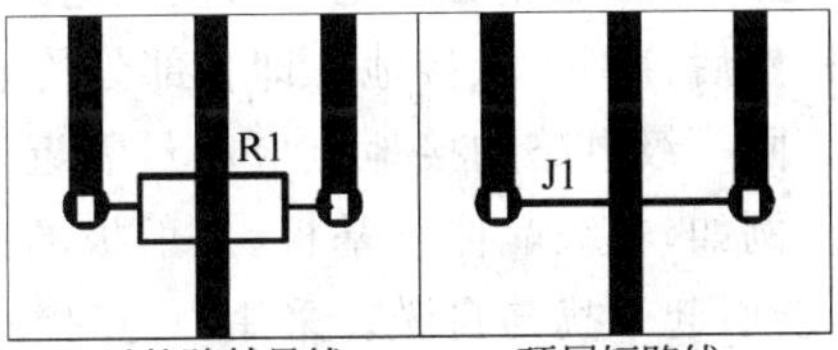

图 6-122　单面板布线处理方法

(2) X-Y 坐标布线:X-Y 坐标布线是一种双面印制板布线方法。布设在印制板一面的所有导线都与印制线路板的 X 轴平行,布设在另一面的所有导线都与印制线路板的 Y 轴平行,两面导线正交。印制板两面导线的相互连接通过过孔(金属化孔、导线)实现。

2. 印制板布线的一般要求

1) 布线方向

设计应按一定的顺序方向进行,例如可以按由左往右或由上而下的顺序来设计。在满足电路性能及整机安装与面板布局要求的前提下,从焊接面看,元器件的排列方位尽可能保持与原理图相一致,布线方向最好与电路图走线方向一致,便于电路的检查、调试及检修。

2) 信号线的走向

(1) 输入、输出端的导线应尽量避免相邻平行,平行信号线之间要尽量留有较大的间隔,起到屏蔽作用。

(2) 双面印制板两面的导线应互相垂直、斜交或弯曲走线,避免平行,减少寄生耦合。

(3) 信号线高、低电平悬殊时,要加大导线的间距;在布线密度比较低时,可加粗导线,信号线的间距可适当加大。

(4) 阻抗高的走线尽量短,阻抗低的走线可长一些。因为阻抗高的走线容易发出和吸收信号,引起电路不稳定。电源线、地线、无反馈元器件的基极走线、发射极引线等均属低阻抗走线。

3) 地线的布设

(1) 一般将公共地线布置在印制板的边缘,便于印制板安装在机架上,也便于与机架地相连接。印制地线与印制板的边缘应留有一定的距离(不小于2倍板厚),这不仅便于安装导轨和进行机械加工,还可提高绝缘性能。

(2) 在印制电路板上,应尽可能多地保留铜箔做地线,以改善传输特性和屏蔽作用,并且起到减少分布电容的作用。地线(公共线)不能设计成闭合回路,在高频电路中,应采用大面积接地方式。

(3) 印制板上若装有大电流器件,如继电器、扬声器等,其地线最好分开独立布线,以减少地线上的噪声。

(4) 模拟电路与数字电路的电源、地线应分开布线,以减少模拟电路与数字电路之间的相互干扰。

(5) 为避免各级电流通过地线时产生相互间的干扰,特别是末级电流通过地线对第一级的反馈干扰,以及数字电路部分电流通过地线对模拟电路产生干扰,通常采用地线割裂法,使各级地线自成回路,然后分别一点接地。即各部分的地是分开的,不直接相连,再分别接到公共地的一点上。同一级电路的接地点应尽量靠近,并且本级电路的电流滤波电容应接在该级接地点上。例如,本级晶体管基极、发射极的接地点不能离得太远,否则两个接地点间的铜箔太长,会引起干扰与自激。采用"一点接地法"的电路工作较稳定,不易自激。

(6) 总地线必须严格按"高—中—低"逐级按弱电到强电的顺序排列原则,切不可随便翻来覆去乱接。级与级间宁可接线长,也要遵守这一规定。特别是高频电路的接地线安排,要求更为严格,如有不当,会产生自激,以致无法工作。高频电路常采用大面积包围式地线,以保证有良好的屏蔽。

(7) 公共地线、功放电源引线等强电流导线应尽可能宽,以降低布线电阻及其电压降,减小寄生耦合而产生的自激。

4) 模拟电路的布线

模拟电路的布线要特别注意弱信号放大电路部分,尤其是输入级的输入端是最易受干扰的地方。所有布线要尽量缩短长度,要尽可能紧挨元器件,电源线、高频回路等尽量不与弱信号输入线平行布线。

5) 数字电路的布线

频率较低的数字电路布线,采用X-Y坐标方式,布通即可,一般不会出现太大的问题。对于工作频率较高的数字电路,如单片机、FPGA等,时钟工作频率从几十到几百兆赫,布线时要考虑分布参数的影响,要遵守高速数字电路的布线原则。

6) 高频电路的布线

(1) 在高频电路布线中,高频退耦电容和扼流圈应靠近高频器件安装,以保证电源线不受本级产生的高频信号的干扰。另一方面,将外来干扰滤除,防止高频干扰通过空间或电源线等途径传播。

(2) 高频电路布线要考虑分布参数的影响,引脚之间的引线越短越好,引线层间的过孔越少越好。引线最好采用直线形式，如果需要转折，采用 45°折线或圆弧线，以减少高频信号对外辐射和相互间耦合。

7）信号屏蔽

（1）对于印制板上的元器件屏蔽，可以在元器件外面套一个屏蔽罩（注意，不要与元器件的外壳和引脚端短路），在印制板的另一面对应于元器件的位置再罩一个扁形屏蔽罩（或屏蔽金属板）。将这两个屏蔽罩在电气上连接起来并接地，构成一个近似完整的屏蔽盒。

（2）印制导线如果需要屏蔽，在要求不高时，采用印制导线屏蔽。对于多层板，一般利用电源层和地线层对信号线屏蔽。

3. 导线走向与形状要求

（1）印制线的布设要合理运用印制板上的有效面积，尽量保持不连通导线间的最大间距，保证焊盘与不连通导线间等距布设。另外，走线要尽量保持自然平滑，避免产生尖角。因为过尖角处的铜箔容易出现翘起或剥离，从而影响印制电路板的可靠性。在高频电路和布线密度高的情况下，直角和锐角会影响电气性能。拐弯的印制导线一般应取 45°折线。

（2）从两个焊盘间穿过的导线尽量均匀分布。一些印制板走线的示例如图 6-123 所示。其中，上面为不合理的走线形式，下面为推荐的走线形式。在图 6-123(a)中，3 条走线间距不均匀；图 6-123(b)中，走线出现锐角；图 6-123(c)和图 6-123(d)中，导线转弯不合理；图 6-123(e)中，印制导线尺寸大于焊盘直径；图 6-123(f)中，印制导线分支。

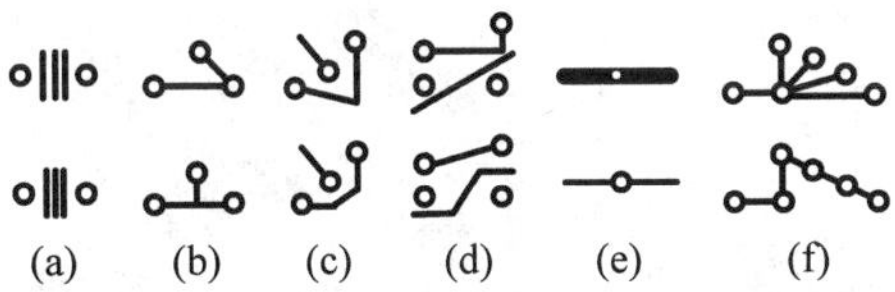

图 6-123　印制电路板导线走向与形状

（3）在印制板板面允许的情况下，对公共地线尽可能多地保留铜箔，最好使铜箔的宽度保持在 1.5～2mm，最小也不要小于 1mm。

（4）如果印制线的宽度大于 3mm，应在印制线的中间进行开槽处理，防止印制线过宽，而在焊接或温度变化时，铜箔鼓起或剥落。

（5）在印制线布设时，还要根据焊接工艺和实际电路的特点，充分考虑地线干扰、电磁干扰及电源干扰等情况。

4. 大面积铜箔的处理

在电源和地线、高频电路等布线中，会使用到大面积的铜箔布线。为防止长时间受热时，铜箔与基板间的黏合剂产生的挥发性气体无法排出，热量不易散发，以致铜箔产生膨胀和脱落现象，需要在大面积的铜箔面上开窗口（镂空）。

参考文献

[1] 黎文模. Protel DXP 电路设计与实例精解[M]. 北京：人民邮电出版社，2006.

[2] 黄智伟. 全国大学生电子设计竞赛技能训练[M]. 北京：北京航空航天大学出版社，2007.

[3] 郭勇. Protel DXP 2004 SP2 印制电路板设计教程[M]. 北京：机械工业出版社，2009.

[4] 陈强. 电子产品设计与制作[M]. 北京：机械工业出版社，2010.